创新奇迹与创新史话

陈季香　王桂秋　邵　颖　主编

清华大学出版社
北京

内 容 简 介

本书是一本以世界上著名的创新奇迹发展为创新案例和主线来介绍隐藏在这些创新奇迹背后的创新启迪的创新课程教材。本书介绍了航空母舰、火箭与飞船、空间站、北斗卫星导航、海上大桥、天文望远镜、三峡水坝、哥达基线隧道、巨无霸运输机、核动力潜艇、广州塔、希思罗机场、豪华邮轮、洋山港、海上风力发电、破冰船、核动力潜艇、蛟龙探海、深水钻井平台、巴拿马运河、中国高铁等一系列人造奇迹的创新故事，并着重介绍这些创新得以实现的历程、思维及其方法；此外也介绍了创新在科技和产业中发挥的作用。

本书可以作为创新课程的参考教材，也可以成为创新发明爱好者的启蒙手册，更是一本有关世界著名人造奇观精彩创新发展的系列故事书。

图书在版编目（CIP）数据

创新奇迹与创新史话/陈季香，王桂秋，邵颖主编.— 北京：清华大学出版社，2023.3
ISBN 978-7-302-62901-6

Ⅰ.①创… Ⅱ.①陈… ②王… ③邵… Ⅲ.①创新工程—教材 Ⅳ.①T-0

中国国家版本馆CIP数据核字（2023）第037894号

责任编辑：朱红莲
封面设计：傅瑞学
责任校对：赵丽敏
责任印制：宋 林

出版发行：清华大学出版社
　　　　　网　　　址：http://www.tup.com.cn, http://www.wqbook.com
　　　　　地　　　址：北京清华大学学研大厦A座　　　　邮　　编：100084
　　　　　社 总 机：010-83470000　　　　　　　　　邮　　购：010-62786544
　　　　　投稿与读者服务：010-62776969, c-service@tup.tsinghua.edu.cn
　　　　　质量反馈：010-62772015, zhiliang@tup.tsinghua.edu.cn
印 装 者：三河市君旺印务有限公司
经　　销：全国新华书店
开　　本：185mm×260mm　　　印　　张：24.5　　　字　　数：470千字
版　　次：2023年3月第1版　　　　　　　　　　　印　　次：2023年3月第1次印刷
定　　价：77.00元

产品编号：098025-01

前　言

创新改变世界，创新使世界更加精彩纷呈。创新是人类进步和现代文明的源泉，创新也是一个民族进步的灵魂，是国家兴旺发达的不竭动力。人类社会发展的历史，就是一部创新的历史，就是一部创造性思维实践、创造力发挥的历史。创新思维对我们培养能力强、素质高的人才具有不可替代的作用。

创新是一种态度，它改变了我们的思维与生活方式。本着事事可创新，处处可创新的思想，本书设计的内容既深入浅出、通俗易懂，又蕴涵着丰富的创新思维和创新精神。在分析众多世界奇迹的创新启示中，采用讲故事的方式介绍了许多生动的创新案例。

本书是我校开设的五门创新课程的配套使用教材，这五门课程是：现代十大创新奇迹、航空母舰创新百年、海上奇观的创新启迪、航天与飞船创新史话、创新无限。在过去几年中，每学年选修这五门课程的学生总计都在千人以上。

目前全国已有 82% 的高校开设增加了创新创业课程。编写本书的目的是希望总结在讲授创新课程方面的教学内容与实践经验，并将在教学中所使用的笔记、讲义、习题等资料汇总在一起，满足这五门创新课程的使用。编者一直从事高校创新课程的讲授工作，积累了丰富的文字资料和教学素材，希望能够与同行分享交流在讲授创新课程中的经验和心得，也希望学习创新课程的广大青年学生受益。这些内容以不同专题或课程内容的形式编写出来，满足学习创新课程的需要。

本书具有以下主要特色：①内容选择注重实用性，不仅可以作为教材使用，也可以作为工具书进行查阅参考，为有志创新的年轻人提供理论和实践动力；②内容上深入浅出，案例生动丰富、通俗易懂；③以课程为依托，利用专题的形式进行编写，便于独立学习使用和查询。

本书共分为 5 章。第 1 章介绍了海上大桥、天文望远镜、三峡水坝、哥达基线隧道、巨无霸运输机、核动力潜艇、广州塔、空间站、希思罗国际机场的创新故事，并着重介绍这些创新得以实现的历程；第 2 章介绍了百年航母的起源、太平洋战争中的航母及美国、英国、法国、苏联和俄罗斯、日本、印度及中国航母的发展之路，着重介绍了航母发展史上的创新之举；第 3 章介绍了豪华邮轮、洋山深水港、海上风力发电、破冰船、核动力潜艇、蛟龙探海、深水钻井平台、巴拿马运河等海上创新奇观带来的创新启迪;第4章介绍了航天科技中火箭的发明与发展、载人航天以及外太空探索的历史,着重介绍世界航天发展和我国神舟飞船的主要创新方法、创新途径和创新点;第5章介绍了创新点亮世界、专利对创新的保护、知识产权成为国际竞争中的制高点、世界知识产权(world intellectual property organization, WIPO)与专利合作协定(patent cooperation treaty, PCT)、PCT为企业带来的崛起与荣耀、创新的基石之科学精神与知识力量、创新土壤之大学的使命、创新环境之政府的责任、创新保障之创新的资本、创新的核心之创造者的力量,重点介绍创新在科技和产业中发挥的作用。在每章的最后,是该章对应的创新课程的选择题和创新简答题。

本书第1章由陈季香、李磊、王轶卓编写;第2章由陈季香、尹淑慧、刘大军编写;第3章由仲海洋、栾玲、张希珍编写;第4章由邵颖、车丽、薛晓红编写;第5章由王桂秋、孙敏、夏文文编写。

在本书的编写过程中,我们还参考了国内外出版物(见本书后面的"参考文献")中的部分观点和内容,在此谨向这些编著者致以真诚的谢意。本书配套教学资源完善,选用本书开设创新课程的同行可以向出版社或编者索取相关教学资源。

创新其实不难,重要的是拥有创新的勇气、创新的意愿。本书就是一本以创新案例分析为主线的创新课程教材,一部世界著名人造奇观的精彩创新发展史话,一场欣赏人类创新发明创造之旅,一场充满创新启迪的创新思维与方法的盛宴。翻开本书,您就步入了创新的殿堂。从现在做起,从我做起,让创新改变世界。

编者

2022年10月

目 录 /

第1章
现代创新奇迹篇

英国著名哲学家、心理学家和经济学家约翰·穆勒曾经说过一句名言："现在的一切美好事物，无一不是创新的结果。"如果你环顾一下周围的一切，你一定会发现，在如今的世界，创新无处不在。构筑我们这个世界的一切元素，无一不充满了人类的创造力。

创新是一个民族进步的灵魂，是人类发展的不竭动力。一个没有创新的民族，难以屹立于世界先进民族之林。因此，我们只有注重创新，才能让我们的人生不断向前迈进，才能让我们的民族拥有进步的灵魂，才能让我们的国家拥有兴旺发达的不竭动力。

中国的伟人邓小平曾经说过"创新是第一生产力"。

1.1　创新改变世界

自人类文明诞生以来，创新无处不在。

尤其人类近代文明进步的历史，就是一部关于创新的历史。在工业革命以前，英国的挖煤业完全依靠人力，不但效率低，而且容易造成安全事故。工业革命中发明了挖煤机后，煤炭产量上涨了50倍，成本也大为下降。拥有无数创新专利的英国，最终在18世纪称雄。

由此可见，创新对于一个国家是多么重要。依靠创新，一个小家也能拥有巨大的实力和伟大的成就；依靠创新，再大的困难面对知识的时候也会低头；依靠创新，再贫穷的社会也能创造出巨大的财富。

1876年，英国的贝尔发明了电话，为人类缩短了通话的距离；1879年，美国的爱迪生创新发明了电灯，为人类带来了光明；1886年，德国卡尔本兹制造了第一辆汽车，使交通更加快捷；1903年，莱特兄弟创新发明了飞机，使人类插上了翅膀翱翔蓝天；1942年，美国数学家埃克特·莫奇利创新发明了计算机，为以后的世界创造了数不胜数的科技奇迹；2007 年，第一部苹果手机诞生……

在如今的世界，创新更是迸发出了巨大的能量。乔布斯的苹果公司曾经与微软是无法比拟的，无论是资金还是技术、人才都相差甚远，苹果公司的产品甚至遭到过微软公司的嘲笑。但在拥有了极有创新精神的领导者和公司文化后，他们的产品拥有了别具一格的外形和出类拔萃的性能，受到了很多人的喜爱。苹果公司在市值上超过了微软，销售额达到上千亿美金。拥有了创新精神的公司，生产出的不仅是销路好的商品，更是伟大的产品。拥有了创新意识的人，也能受到人们的尊重与敬佩。大到国家政府，小到公司个人都需要依靠创新来进步和发展。没有了创新也就没有了发展进步的源泉和动力。

中华民族具有悠久的创新历史。在中国的史书上更是记载了无数的创新发明。如今，中国的创新正方兴未艾。中国的高校积极开展创新创业教育，持续深化科教融合，推动创新创业教育融入人才培养全过程，目前有上千所高校开设了创新创业课程，参与创新创业训练计划的学生达 50 万人。

1.1.1 什么是创新

创新指的是以现有的思维模式提出有别于常规或常人思路的见解为导向，利用现有知识和物质，在特定环境中，本着理想化的需要或为满足社会需求，而改进或创造新的事物、方法、元素、路径、环境等，并且能获得一定有益效果的行为。

创新是以新思维、新发明和新描述等为特征的概念化过程。它起源于拉丁语，有三层含义：第一，更新；第二，创造新东西；第三，改变。

创新是人类所特有的认识能力和实践能力，它是人类主观能动性的高级表现，是推动民族进步和社会发展的不竭动力。一个民族要想走在世界前列，就一刻也不能没有创新思维，一刻也不能停止创新。本质上说，创新是创新思维蓝图的外化、物化。

由于创新中存在的不确定与风险性因素非常多，所以失败的可能性也很大，即使在一些知名的国际公司里，他们也承认其一半的产品或创新都失败了。如著名的吉列（Gillette）公司承认，每三个上市产品中只有一个能够取得市场成功，而这三个产品也是从 100 项前期技术研究中得到的。可见，创新的风险有多大。而且创新的不确定和风险性与创新主体的期望值成正比，期望值越高、规模越大，风险也就越大。正如现代管理学之父德鲁克所说，"绝大多数创新思想不会产生有意义的结果。创新思想正好像青蛙所产的卵一样，孵化 1000 个只能成熟一两个。因此，那些具有创新思想的人员应该仔细思考一下，为了把创新思想变成一种产品、一种生产程序、一项业务或一种工艺技术，需要做些什么工作。"

德鲁克这里提到的创新是指通常意义上的创新，他要求人们重视并探究创新过程。

1.1.2　创新思维

思维是指人脑利用已有知识，对记忆的信息进行分析、计算、比较、判断、推理、决策等的动态活动过程，它是获取和运用知识来求解问题的根本途径。

创新思维也称创造性思维，它是创造者利用已掌握的知识与经验，从某些事物中寻找新的关系、新的答案，创造新的成果的高级、综合、复杂的思维活动。它有三层涵义：第一层是创造性思维基础，即知识和经验；第二层是创造性思维的结果，即创新；第三层是创造性思维，它是一种高级的、综合的、复杂的思维活动。

1. 创新思维的特征

创新思维有五个特征，介绍如下。

（1）对传统的突破性。第一，突破性体现为创造者突破原有的思维框架；第二，突破性还体现为突破已有的思维定势；第三，突破性也体现在超越人类既存的物质文明和精神文明的成果上。注意：突破有风险，要有胆识、有勇气，甚至要有以付出生命为代价的准备。

（2）思路上的新颖性。创新思维是以求异、新颖、独特为目标的。

（3）程序上的非逻辑性。这指的是创造性思维往往是在超出逻辑思维，出人意料地违反常规的情形下才出现。它具有跳跃性，省略了逻辑推理的中间环节。

（4）视角上的灵活性。表现为：视角能随条件的变化而转变，能摆脱思维定势对它的消极影响；善于变换视角看待同一问题，善于变通与转化，并重新解释信息。它反对一成不变的教条框架，会根据不同的对象和条件，具体情况具体对待，灵活运用各种思维方式。

（5）内容上的综合性。创新活动并不是从头开始，也不是全部都是全新的成果，而是在前人的基础上进行，综合利用已有的成果。

2. 创新思维的障碍

创新思维有三大障碍，介绍如下。

（1）思维固化。主要表现为钻牛角尖和从众心理，原因是我们不能跳出原来思维的框框，不敢去多想一步，结果让思维在原地打转，无法突破或者太容易受到其他人的观点影响，没有自己的主见，结果就是让自己也陷入其中。这种情况最好的解决办法是在工作与生活中细心观察，保持好奇心，不断拓宽自己的思路。

（2）思维定势。主要表现为在解决问题时，一直采取此前惯用的思维逻辑，也就是用老的经验来判断和解决新问题，往往达不到好的效果。最好的克服方法是先不去考虑以前是如何做的，而是看一看有没有新的解决办法，或者以原有经验为基础，以新的方式来解决。

（3）封闭思维。有这种障碍的人，往往听不进去别人的意见，自己也没思路，做事情顾虑重重，所以不能达成创新的结果。在创新活动中，要敢于去尝试，不要过多担心发生错误，有时候，创新就是一个试错的过程，如果不敢去做，又怎知效果好不好呢。

1.1.3　创新方法

创新方法一直为世界各国所重视，在美国它被称为创造力工程，在日本它被称为发明技术，在俄罗斯它被称为创造力技术或专家技术。我国学者则认为创新方法是科学思维、科学方法和科学工具的总称。其中，科学思维是一切科学研究和技术发展的起点，它始终贯穿于科学研究和技术发展的全过程中，是科学技术取得突破性、革命性进展之先决条件。科学方法是人类进行创新活动的创新思维、创新规律和创新机理，它是科学技术实现跨越式发展和提高自主创新能力的重要基础。科学工具则是开展科学研究和实现创新的必要手段和媒介，是最重要的科技资源。所以，创新方法既包含实现技术创新的方法，也包含实现管理创新的方法。

人类的创新活动有着悠久的历史，最早创新方法的出现可以追溯到公元 4 世纪的启发法。目前已有的创新方法据统计可以达到 300 多种。按发展的时间顺序，可以大体将其分为三个阶段：创新方法发展的远古阶段、近代阶段和现代阶段。创新方法发展的远古阶段是公元 4 世纪到 19 世纪，主要的创新方法为启发法。启发法的内涵实质上就是"单凭经验的方法"、有根据的推测、直觉的判断或者只是常识性的理解，典型的启发法就是试错法。创新方法发展的近代阶段是 20 世纪初到 20 世纪 50 年代，主要的创新方法有头脑风暴法、形态分析法、综摄法、检核表法、TRIZ 与属性列举法等。创新方法发展的现代阶段是指从 20 世纪 60 年代至今。主要的创新方法有中山正和法、信息交合法、六顶思考帽法、公理化设计法等。

创新方法虽然多达 300 多种，但概括来说，根据各阶段主要技术创新方法的特性和创新视角的分析可以总结为 8 种类型：基于经验的方法、基于智力交流激励的方法、基于组合的方法、基于类比的方法、基于设问的方法、基于解决矛盾的方法、基于变化思维角色的方法、基于公理的方法。本教材重点推荐的创新方法有如下 16 种。

（1）灵感创新发明法。哲学家说：灵感是大脑的一种特殊机理，是思维发展到最高级阶段的产物，是人认识的一种质的飞跃。心理学家说：所谓灵感，是指人在进行创造性活动过程中显意识和潜意识相互通融、交互作用后所出现的心理高潮，并能使创新性活动产生飞跃的独特的思维现象。灵感是灵感思维的结果，灵感思维是指人们长期思考某个问题不得其解时，由于某些偶然因素的激发，突然想出了解决办法的一种思维方式。灵感创新发明法就是利用灵感思维进行创新发明的方法。

（2）移植组合创新发明法。移植组合创新法，就是将某一领域已见成效的发明原理、功能、方法、结构、材料等，部分或全部引进到其他领域再进行重新组合，或者在同一领域、行业中，把某一产品的原理、构造、材料、加工工艺和试验研究方法等，引用到新的发明创新或革新项目上，得到新成果的创新发明方法。

（3）想象创新发明法。想象是指人在头脑中把已经获得的知识、经验和信息（记忆中的表象）等加以重新组合，产生新思想、新方案、新方法，即创造新形象的思维过程。其实整个创新发明的过程，我们都可以简单地认为是由想象过程和实现过程组成的。想象过程可称为一次创造过程，实现过程可称为二次创造过程。由此可见，创造发明过程中的想象步骤是成果实现的先导。没有发明想象这先导的一步，就不可能有发明成果。

（4）问题创新发明法。有问题就会有创新和发明。创新和发明的过程就是质疑问题、发现问题、提出问题和解决问题，这其中关键是要有寻求问题、提出问题、解决问题的意识和方法。问题创新发明法是指人们在好奇心和求知欲的驱动之下，从对客观事物的观察中发现问题，提出问题，分析问题存在的原因，探求解决问题的过程和方法，继而最终实现创新发明的方法。

（5）确定目标创新发明法。确定具有创新发明和创造价值的目标，从而集中精力和智慧向目标进攻，最终取得创新发明的成功。所谓确定目标创新发明法，就是从众多设想和思考所得到的新设想、新方法、新方案中，判断和确定具有发明和创造价值的目标，然后围绕这个确定的目标进行思考、构想、设计和试验等，最终获得有价值的创新发明成果。

（6）类比推理创新发明法。类比是一种科学的推理方法，是指通过比较个体事物之间在某一方面存在相似性或类似性，进而做出它们在其他特征上也可能存在相似的结论。类比推理创新发明法是指将陌生事物与熟悉事物，或者未知事物与已知事物进行比较，从而推断出它们之间的异同点，然后采取模仿来解决问题的创新发明方法。

（7）模拟创新发明法。人类通过模仿向大自然借鉴学习了许多东西。对于发明者来说，只要善于模仿，就可能从大自然中的各种事物或他人所创造的事物中找到发明的契机点。模拟创新发明法，是指通过模仿生物或其他事物的结构、特征或功能原理等而进行发明创新的发明方法，也称为模仿创新发明法。从模仿入手，进行再创造，这也是人类历史上流传最久、最古老的一种创造方法。

（8）希望点列举创新发明法。希望是发明创新的最强大动力，世界上许多发明创新，都是根据人的希望创造出来的。希望点列举创新发明法就是指发明创新者从个人愿望或广泛收集到的社会需求出发，通过把希望的事物应该具有的属性、功能、特点等逐一列举出来，以寻求新的创新目标、创新方向、确定发明创新项目的一种创新发明方法。

（9）缺点列举创新发明法。找出已有事物的缺点，进而克服或改进这些缺点，这项活动就意味着发明创新。缺点列举创新发明法，就是抓住事物的缺点和不足（如不方便、不美观、不便宜、不安全、不实用、不省料、不轻巧、不环保、不节能等），将它们一一列举出来，从而针对这些缺点和不足确定发明创新的方向和目标，最终达到发明目的。

（10）观察创新发明法。观察，就是审视、视察、察看，是指人们通过自身的感觉器官或借助其他科学仪器，有目的、有计划地感受客观事物或现象所产生的各种刺激，借此产生并形成对周围现象与事物的印象，从而获得有关观察事物知识信息的一种方法。在发明创新活动中，观察往往具有先决性和前提性，只要拥有思考的大脑和仔细观察的感官，善于把看和想有机地结合起来，就有可能实现发明与创新。

（11）联想创新发明法。联想能够帮助我们将不同的事物联系起来，达到由此及彼，触类旁通，产生认识的飞跃，从而实现发明创新。联想创新发明法，是人们在头脑中把一种事物的形象与另外一种事物联系起来，或者由某一概念引起其他相关的概念，研究它们之间有无共同的或类似的规律，举一反三，从而实现创新与发明。

（12）智慧激励创新发明法。智慧激励创新发明法是一种依靠集体的智慧和力量的创新发明方法，也被称为头脑风暴法、集体思考法、畅谈会法、互激设想法、头脑震荡法等。尽管其名称各异，但核心内容是一致的，那就是像刮风一样，使人的大脑处于一种激荡和奔放的氛围之中，把人的想象力激发到最为活跃的状态，从而激励出尽可能多的创意。

（13）兴趣调动创新发明法。兴趣是由爱好而产生的愉悦情绪。从心理学角度看，人如果对某件事物产生了浓厚的兴趣，就会在大脑中形成强势兴奋中心，从而使注意力高度集中，并且能维持相当长的时间。因为探究的是自己心中向往和喜欢的东西，所以就会呈现情绪饱满、充满自信、联系丰富等这些最佳状态。通过激发发明创新的兴趣来进行创新活动，不仅是推动人们积极从事科技创新工作的驱动力，还能使人在艰辛、烦琐、枯燥的科学研究中，体会到享受的快乐，并乐此不疲，孜孜以求。

（14）直觉创新发明法。直觉是指人脑对于突然出现的新事物、新现象、新问题，不经过必要烦琐的逻辑分析和逻辑推理，而是运用自己的直接经验，迅速把握其本质，做出整体合理的判断、猜想或领悟的思维方法。而所谓直觉创新发明法，就是利用直觉直接洞察出事物的本质与规律，从而迅速解决问题，最终实现发明创新。

（15）逆向创新发明法。逆向思维是指人们沿事物的相反方向，用反向探索的方式对产品、课题或方案等进行思考，从而提出新的设计或完成新创造的思维方法。而逆向创新发明法，就是发明者在发明创新过程中跳出常规框架，运用逆向思维从反面寻求解决问题的新方法和新思路，从而实现发明创新。

（16）意外创新发明法。意外创新发明法是指通过对料想不到、意料之外的事物与现象的观察、分析中取得有价值的发现和发明创新的发明方法，又可称为偶然发明法或捕捉机遇法。

1.1.4 如何进行创新

关于如何创新，在此只做概括性的介绍，因为本书的主要内容就是通过创新案例来具体展示如何创新，在此暂不详细说明和展开。

1. 创新要有创造意识和科学思维

1）强化创造意识

（1）创造意识要在竞争中培养。

（2）要敢于标新立异：第一要有创新精神；第二要有敏锐地发现问题的能力；第三要有敢于提出问题的勇气。

（3）要善于大胆设想：第一要敢想；第二要会想。

（4）创新的源泉：第一要有兴趣；第二要适合所从事的事业。

2）确立科学思维

科学思维包括：相似联想、发散思维、逆向思维、侧向思维、动态思维。

2. 开拓创新要有坚定的信心和意志

（1）坚定信心，不断进取。

（2）坚定意志，顽强奋斗。

（3）当创新活动误入歧途，需要调整方向时，能够强迫自己"转向"或"紧急刹车"。

在本书后边的章节中，我们会结合人类历史上曾经出现过的创新奇迹案例，来具体诠释该如何进行开拓创新。

我们将以世界上著名的创新奇迹发展为创新案例和主线，介绍隐藏在这些创新奇迹背后的创新点、创新思维和创新方法，希望读者在通过这些创新案例的分析和学习之后，为自己的创新思维掀开新的一页。同时也希望这些人类历史上的创新奇思妙想，为大家带来层出不穷的创新灵感，再结合自身实际情况的需求，选择适宜的创新方法，提高创新的成功率，也为将来的创新探索和创新方法应用打下基础。

跟随我们，走进一个发现创新的旅程。在创新的时间隧道里，我们探索创新的普遍规律。

创新，塑造了人类文明；创新，带来繁荣与活力；创新，改变着人类的福祉；创新，决定着国家的战略与未来。

我们，就是未来。从这里开始，为你的头脑风暴找到创新灵感和出路。这就是创新的魅力，因为，创新改变世界，创新者既改变世界也改变人生。创新可以带来前所未有的改变，创新是成功的唯一途径。

1.2　吊桥的创新奇迹

明石海峡大桥是全球最繁忙的水路之一，它位于日本的神户和人口密集的地段之间，是贯穿神户—淡路—鸣门线路上的重要桥梁，也是本州四岛联络道路中的组成之一。明石海峡大桥建成后，极大地改善了神户市及淡路岛的交通运输状况，原来神户至淡路岛之间的航运需要 270 分钟，明石大桥通车后，运输时间缩短到 90 分钟，为原来的三分之一。

明石海峡大桥是全球最长的吊桥，为了打造这座足以跨越明石海峡这条鸿沟禁区的桥梁，日本人真正将科技创新发挥到了极限。明石海峡大桥的修建，为特大悬索桥的设计施工提供了宝贵的成功经验，其设计中采用的独特创新做法，对大跨径悬索桥的建设具有重要的指导作用。

明石海峡大桥是桥梁工程学的顶峰之作。它之所以能建造成功，得益于历史上 6 座地标性桥梁中的重大工程学的创新突破，而其中每一座都蕴含着重大的创新科技，使得工程师们建出的桥梁跨度日益升级。正是这独具匠心的七大创新突破，使桥梁规模不断扩大，最终成就了全球最长的吊桥——明石海峡大桥。

1.2.1　赛文河铁桥的创新：首次使用铸铁建造拱桥

位于英国什罗普郡的赛文河铁桥峡谷，作为工业革命的发源地而闻名于世。1986 年，赛文铁桥峡谷被收录为世界文化遗产，这是世界上第一例以工业遗产为主题的世界文化遗产。18 世纪的英国，见证了用一种全新建筑材料打造的长仅 30 米的赛文桥（图 1.2.1）。

1779 年的英国在工业革命的影响下进行着轰轰烈烈的变革。然而在什罗普郡，当地的发展却受到了赛文河的阻碍。出现的问题是：实业家的大部分工厂和原料分隔在深邃湍

急的赛文河两岸，当时的渡轮已经不足以
应付两岸暴增的人货往来，切实可行的解
决办法就是建一座桥，但这并不容易办到。
虽然这条河只有 30 米宽，对当时的造桥者
而言，却是难以跨越的距离。

图 1.2.1　英国赛文河铁桥

　　在过去，跨越这样一条河的传统方式
是建造一座石拱桥，这个古老方法源自罗
马时代。但对石拱桥而言，30 米几乎就是
极限值。为了达到这样长的桥梁跨度，桥的拱要加宽，桥梁的高度也得增加。如果要保证
桥梁的强度，桥拱必须达到一定的厚度，可是这样做的代价太大，因为桥拱的尺寸翻一倍，
建桥所用的石材就得增加七倍，造成的结果就是桥拱承受的重量太大，桥梁注定会被自己
的重量压垮。既要保证质量，又要提升桥梁的规模，最好的办法是找到新的建材，既具有
石材的强度和承重力，而质量又轻，同时又容易处理的材料。

　　当时人们已经在制造厨具等小玩意儿时用到了一种颇具潜力的新型材料，即加热后融
化成液体状的铁。把融化的金属倒进模子里，冷却后脱模就成形了。利用这个过程造出来
的创新材料叫作铸铁。但这种铸铁并不适合造桥，因为送进火炉的焦炭含有杂质，烧出的
铁太脆，容易折断。后来什罗普郡一家铸造厂发现，当地的焦炭质量好、炼出的铁强度高，
用途很广泛，可以制造任何机器，例如蒸汽机等，所以用来造桥也没任何问题。

　　1779 年，全球第一座铸铁桥开始动工，这座桥由 1700 块预铸铁建造而成，其 30 米
长的中央桥拱由 5 条半圆形的拱肋构成。由于铁格取代了石块，整座桥的质量仅为 380 吨。
建成后人们将这座桥命名为铁桥，但看上去它更具有木桥的风范，结果令人惊艳。原因是
它运用了典型的大规模细木工连接法，只不过这里是用铸铁取代了木材，取得了巨大的成
功。赛文河铁桥的建造手法，在当今许多创纪录的结构中仍然能够见到。

1.2.2　梅奈桥的创新：世界上第一座现代吊桥的杰作

　　19 世纪，威尔士的梅奈海峡是人们前往爱尔兰时最可怕的障碍。接受横越这条诡谲
水道任务的工程师叫特尔福德，是一位 62 岁自学成才的苏格兰人。特尔福德到梅奈海峡
勘察时已经有了英国最佳土木工程师的美誉，所以英国政府将改善英国和爱尔兰之间运输
路线的艰巨任务交给他非常合适。

　　特尔福德最初考虑用铸铁建造这座拱桥，可是如果这样做的话，在施工过程中肯定会
用到脚手架来支撑桥拱，几条繁忙水道的往来船只便会受到阻拦。政府不接受这个做法，

特尔福德只好从原始的桥梁设计中寻找创新灵感。绳桥自古就被当成过河的工具，任何形式的桥梁，最大的关键都是锚固点，少了这些锚固点，建造起来的桥梁就非倒不可。合理地绑住绳索就能形成一座坚固的大桥。但问题是这样的绳桥马车可绝对没法在上面跑。如果铺垫上厚木板来充当桥面，过桥就会容易得多；再换上铁链，桥梁的荷载力便能增加。可是尽管如此，桥面仍然处于下陷状态，要建造真正的现代吊桥，工程师必须设法将下陷的桥面拉平。

创新解决的办法是用石塔吊桥，将绳索往下拉，把桥面拉平。但问题是如何在两端固定铁链，因为如果想把铁链往下拉，铁链迟早会撑不住，除非锚固得很扎实，而这就是特尔福德的挑战。特尔福德不能把铁链固定在树上，必须锚固在海峡两端的岩岸深处。为了实现他这一创新的想法，工人们将岩石炸穿，炸出一个 18 米长的地道，在地道的末端架设好坚固的铁构架，把铁链的末端穿入地道，用 3 米长的螺栓固定在构架上，金属杆把螺栓和构架牢牢卡在洞穴底部，除非岩石松动，这个锚具才可能出问题。

特尔福德的创新方法奏效了，这座新桥使伦敦到都柏林的路程时间缩短了 9 小时。他设计的锚具使 177 米的大桥屹立不倒超过 180 年。如今每周仍有数千辆汽车往来其上，这座桥是现代吊桥的第一件杰作，也为未来的桥梁发展照亮了曙光。

1.2.3　尼加拉瀑布大桥的创新：利用铁丝构成的缆索来承重

特尔福德在梅奈海峡桥上用的大铁链看起来确实坚硬无比，但薄弱的环节也会令铁链强度变得有限。1845 年，在英格兰某城镇发生的一场意外，可以很好地证明这一点。当时，观看表演的 300 多名观众，为了争相观看在桥梁一侧的表演，全都蜂拥挤到了桥的一边，重量突然转移，造成铁链负荷过重，铁链一下子就断裂了，结果桥面坠到河里，造成 79 人溺水身亡的悲剧。

1851 年，美国工程师在修建一座吊桥来横跨尼加拉瀑布 250 米宽的峡谷时，面临更加巨大的困难。他们的吊桥必须能够承载一列 360 吨重的火车在桥上通过，因此桥梁的强度和长度一样重要，所以负责在尼加拉瀑布峡谷建桥的工程师需要比铁链更加坚固的材料来支撑桥面。他们想到如果将铁拉成一股细丝，强度就会增加。因为把物质拉长变成一条线，其内部的成分会排列成一条线。例如只是把棉球扯开，强度非常非常低。可是如果在制造过程中把棉花的成分拉成一条线，就可以做成棉线，强度就会大为增加。通过实验测试的结果显示，金属杆遭受大约 1500 牛顿的拉力就会断裂，而细丝则坚固得多，拉力达到 1900 牛顿才会断裂。

尼加拉瀑布大桥的工程师计算后得知大约 3500 条铁丝构成的缆索已足以承受住桥梁

和火车的重量了。可是工人们根本吊不起来 900 吨重的缆索，工程师想出了一次运送两股铁丝的办法，将一圈铁丝用滑轮拉到峡谷对岸，一到对岸就把铁丝拴在锚具上，然后把滑轮送回来，再挂上一圈铁丝。运送完 1820 趟后，一条铁缆才得以制成。每条铁缆由 3640 条铁丝构成，要 4 条铁缆才能吊住大桥。1855 年尼加拉大桥通车，第一辆美国通往加拿大的火车顺利通过。这座桥现在早就经历过翻新，可后人仍在继续沿用和效仿用缆索支承桥面的创新做法。

1.2.4　布鲁克林大桥的创新：利用沉箱进行水下施工

钢缆越强有力，工程师建造的桥梁单一跨度就越大。可是有的水路实在太宽，单跨桥梁不可能实现，支撑的索塔就得建到河中央，深入到河床中。

19 世纪的纽约是全美发展最快的城市之一，然而城市的快速扩张，受到了群岛地理特点的限制。1874 年，工程师计划兴建一座大桥，连接布鲁克林与曼哈顿。可是在桥下的激流中，锚固桥墩却是个大难题。必须盖一座横跨 600 米宽的桥梁。单跨桥梁根本跨不过去如此的长度，因此不得不在河中建桥墩。

这条湍急的河流在曼哈顿这边深达 9 米，岩床上方压着层层淤泥和污物，在污泥上兴建桥塔，塔基会很不稳定。为了穿过淤泥，凿开底下的岩床，工人必须 24 小时在水底工作。工程师想出了一个叫沉箱（沉箱法施工是我国土木工程师茅以升创新发明的，最早用于钱塘江大桥桥墩的建设。这种方法为中国几十年间的桥梁建设贡献巨大。它对机械化的程度要求低，而且不影响通航。）的创新解决方案，将以厚木板打造的翻转的巨大箱型结构坐落在河床上，为 125 位工人提供作业空间。箱型结构的壁面会往下逐渐变细，最下部的边缘非常锐利，专门用来切开淤泥。先在陆地上建好沉箱，再用强大的拖船将其拖入河中。工程师用数吨重的花岗岩砌块，让沉箱下沉到河底。但在工人进入沉箱施工之前，必须把沉箱里的水抽干，避免河水再度涌入。13 台巨大的压缩机为沉箱灌入空气，避免河水涌入。沉箱里的环境仍非常恶劣，工人们虽然可以呼吸，但在沉箱里施工的感觉并不好，经常处于炎热、潮湿的环境，工作非常辛苦。工人们一旦挖到了岩床，就会出来为沉箱灌注混凝土，这样一来沉箱就构成了上面巨塔的塔基。

1883 年 5 月 24 日，布鲁克林大桥建成了，当时构成纽约天际线的其他建筑，高度大多比不过这座桥的桥塔。这座连接曼哈顿与布鲁克林的大桥将大都会和它的劳动人口紧紧绑在了一起，并协助造就了现代的纽约市。每天有超过 14 万辆车经过布鲁克林大桥，数千名行人在桥上通行。这座大桥至今仍是一件工程系杰作，和 100 多年前相比，其重要性丝毫未减。

1.2.5 金门大桥的创新：钢材竖井蜂巢结构桥塔

沉箱挖得越深，桥梁就能建得越长，不过要横越 1.6 千米宽的金门海峡，连接旧金山市和邻近的玛林县，造桥者还得设法盖出更高的桥塔才行。海峡的恶劣气候使渡海的危险性很高，但人们仍然在想办法用渡轮把车子运到对岸。

第一次世界大战后的 10 年间，旧金山的交通流量暴增了 7 倍，渡轮已经无法应付暴涨的交通流量，于是工程师在 1934 年开始规划兴建全球最长的吊桥（图 1.2.2）。

吊桥要达到最佳平衡，缆索就必须形成某种弧度。为了维持这个形状，工程师要加长车道，桥塔的高度也得相应增加。从一座相对短的吊桥变成一座相对长的吊桥，桥塔增加的高度大约和桥长成正比，

图 1.2.2　美国金门大桥

如果桥的长度是原先的两倍，桥塔大约也要升到两倍的高度，极其复杂的工程学挑战随之而来。

如果桥的跨度是 1280 米，工程师就得把缆索悬挂在桥面以上 152 米，而支撑的桥塔必须高达 227 米。如果利用石材建造桥塔，修长的石塔会被自己的重量压变形。另一个选择是把桥塔盖得厚实一些，可是任何能抗变形的石塔底部都至少宽 50 米，结果势必会阻碍船只的往来，也会影响桥梁的美观。无疑，这座桥的桥塔的建造需要更坚固、更轻盈的建材。造桥者最终没有选择石砌块，而是换成了钢板来建造桥塔。他们创新地把四块钢板结合，构成一个 11 米高的竖井，这样做成的建筑砌块既坚固，又比实心钢轻盈得多。将竖井拼在一起构成坚固的蜂巢结构，再用起重机将蜂巢结构吊定位，完成一段之后，起重机会自行提升，继续吊装。由于以空心的竖井取代了实心的石块，桥塔可以从头到尾保持修长。钢材增加了桥塔的柔韧度，使其不会被缆索压变形。

不过桥塔升高，建造的风险也随之增加，蜂巢结构要接合固定好，需要安装 100 多万枚铆钉。钢铁工人冒着死亡和重伤的风险，悬吊在桥塔之外施工，承受着强烈的太平洋暴风。这是造桥者有史以来第一次戴着安全帽、安全面罩、吊着安全索进行作业。尽管有种种预防措施，建造这座桥仍旧夺走了十几条人命。

1.2.6　维拉扎诺海峡大桥的创新：开放式格状钢结构箱型保护罩

建造更高的桥塔能让吊桥跨越更远的距离，但随着桥面加长，桥梁扭曲和折弯的风险也随之增加，因此桥梁的设计必须经受住大自然的某种摧毁力，即风的考验。

1940 年，华盛顿州横跨塔科马海峡的新桥建成通车后，即使风势不大，桥面也会上下摆动，后来甚至开始发生扭曲，以至于最后整座桥都倒塌了。工程师分析了结构失灵的原因，即空气动力的不稳定性和风吹过桥梁时遭遇的结构形状息息相关。桥面平坦的侧边，会对风造成阻碍。当侧风吹向桥梁时，气流受到干扰，桥面上下就会产生旋涡。各个区域由于压力不同，会承受向上或向下的不同作用力，一旦桥面开始移动，桥梁也会随之弯曲。风和建筑结构的移动其实是相对作用，这是一种共振，一旦振幅达到某种程度，连塔科马大桥这样巨型的建筑也会被摧毁。

创新解决的方法是将桥面两侧的轮廓设计成流线型，这样风从中间被切开，会完全地吹向路面上下。1946 年工程师考虑用这种设计建一座更长的新桥，新桥横跨纽约港 1.6 千米宽的入口，穿越维拉扎诺海峡。

由于预计往来车流会很大，设计的桥梁便包含了 12 条车道，分成上下两层桥面。但工程师深知双层桥的流线型边缘或许并不能安全引开风势，反而会造成气流相撞，产生进一步的干扰。因此他们决定为桥面加固防风屏障，以免桥面扭曲或弯折。最有效的加固方法是用一个大箱子来包裹桥面，但桥梁的钢缆绝对无法承受 2 千米长钢制箱型物的重量，于是工程师想到用纤细的钢杆组装成一个个的轻质钢骨架组件，再将 75 个组件接合成一个巨型的开放式格状钢结构，让风在桥梁里通行无阻。这个独特创新的设计，足以抵抗住强大的大西洋暴风，支撑 12 车道的车流也不成问题。

维拉扎诺海峡大桥是当时最长的也是最重的桥梁，标识出了纽约港的出入口，是纽约市的地标式建筑之一。维拉扎诺海峡大桥是美国造桥工程的一个伟大时代的巅峰之作，在 1964 年完工之初，成为全世界最长的悬索桥。

1.2.7　七大创新荟萃：明石海峡大桥

创新一：栅格状的预铸铁组件建成

日本工程师规划新建全球第一大吊桥时知道，必须尽量让桥梁保持轻盈。于是他们像当年的铁桥建造者一样，创新采用栅格状的预铸铁组件，建成了明石大桥。可是由于规模巨大，桥梁仍然用了 25 万多吨的钢材，而且钢还有一个很大的缺点，会生锈。结构工程师很清楚这座桥的弱点。这里每年都有台风经过，由于位于海上，生锈变成了一个很大的问题。为了维护大桥的安全，专门有机器人看守员负责将桥上生锈的地方找出来，由机器人油漆工重新为这些受损部分刷好漆。桥下吊着三个龙门架，工人可以方便地在桥下展开维修，而车流也不会受到干扰。

创新二：金属构架固定厚重的桥梁钢缆

为明石海峡大桥进行锚固，日本工程师面临的挑战更为艰巨。明石大桥的悬索用的不是铁链，而是厚重的钢缆。和梅奈海峡不同，这里没有坚固的岩石可供固定，只能在海岸线上打造锚固点。他们先挖了一个巨大的洞来打造桥基，往里面灌了 23 万立方米的混凝土。接着又运来巨大的金属构架，这些构架必须牢牢固定住锚固桥梁的钢缆，所以必须用混凝土包裹。工人们分别浇灌了 5 个混凝土砌块，砌块之间的缝隙利于散热，避免混凝土龟裂。等凝固之后再进一步用混凝土填满空隙，最后浇铸的实心砌块高度超过了 50 米。

创新三：直升机把组成钢缆的钢丝运送到对岸

明石大桥缆索的强度承受 90 座尼加拉桥的重量绝无问题，明石大桥使用的一段钢缆，直径超过了 1 米，是由数千根钢丝组合而成。为了把钢丝运到对岸，日本工程师使用了直升机，由机上附带的导引绳将一捆捆钢丝拉到对岸。每捆钢丝有 127 根，一共运了 290 捆，厚实的钢缆才得以制成。每一条钢缆重约 25000 吨，用到的钢丝足以环绕地球 7 圈。

创新四：两层立面沉箱

日本明石海峡大桥（图 1.2.3）对索塔建造难度要求更高，必须在 60 米深的明石海峡中打造塔基。塔基由沉箱构成，沉箱有 70 米高、80 米宽，是由钢材而非木材制成的。由于体积太大，每只沉箱要动用 12 艘拖船，才能在挖开的海床上定位。沉箱创新采用外墙和内墙两层立面设计，墙壁间的缝隙构成充满空气的环形分隔舱，使沉箱得以浮在海面上。为了使沉箱下沉，工程师会逐渐把分隔舱里注入海水。一旦在海床上定位，中央密封层的海水便会立即排出，注

图 1.2.3　日本明石海峡大桥

入潮湿的混凝土，这种特制的混凝土在水中也能保持凝聚力。最后在沉箱上做好混凝土加

盖，整根墩柱就完成了，随时可以作为塔基使用。

创新五：在工厂焊接好组件，用螺栓在现场接合

如今全球最高的吊桥索塔非日本明石海峡大桥莫属，其高度达 300 米，比金门大桥的索塔都高出了 70 米，每座桥塔都由 30 段组件架构而成。工程师把所有组件的顶部和底部都打磨平坦了，当起重机把组件层层叠起，形成 100 层楼高的桥塔时，塔身仍百分之百垂直，蜂巢状结构使桥塔轻盈坚固。先在工厂里将这些钢板焊接好，然后再用螺栓现场接合，先进的机器人焊接技术和 150 万颗优质的老式螺栓，将桥塔牢牢地接合在一起。

创新六：开放式箱型格状结构防止弯曲

由于设计精良，工程师仍采用开放式箱型物来为明石海峡大桥的桥面加固。加固大梁基本上是三角形、由钢杆构成的格状结构，这样整座建筑很难发生弯曲。

创新七：通过吸收震动和 20 个巨大阻尼器来防震

日本为全球地震活动最频繁的地区之一，每年都会发生数百次地震。由于地质非常不稳定，工程师认为日本并不适合兴建全球最长的吊桥。如果吊桥下的地底因地震而摇晃，最严重的情况，整座桥塔都会倾倒，这样肯定会造成巨大的灾难。

明石海峡大桥应对地震的第一层防护就是桥塔本身。以钢材打造的桥塔十分柔韧，一旦发生地震，钢塔会随地面移动，吸收震动。第二层防护则在每座桥塔的内部，每座桥塔内部安装有 20 个巨大的摆锤，它们被称为阻尼器。10 吨重的阻尼器悬挂在支架上，如果地震使桥塔摇向一边，巨大的液压式阻尼器就会往反方向摆动，可抵消晃动的力量，防止桥塔倒塌。工程师安排了 100 多个工人，让他们同时移向一侧，模拟地震，在这场人造地震中，阻尼器的摆动维持了桥塔的稳定。

1995 年 1 月 17 日，这种防震技术受到了真正的考验。明石海峡大桥北岸的神户发生了一场里氏七级的大地震，地震造成 6000 多人死亡，十几万栋建筑物倒塌。但明石海峡大桥却靠阻尼器逃过了一劫，那不幸的一天留下的伤痕至今仍然存在。地震打开了桥梁正下方的海床断层线，造成地面和桥塔的位移，使桥梁裂开了一米多的大缝。工程师加铺了面板，填补了桥面的这段空隙，这场地震使全球最长的吊桥又加长了一小截。险恶的环境证明了明石海峡大桥创新设计的牢固程度，200 多年的创新和工程突破，在这里达到了最高峰。1998 年 4 月明石海峡大桥开始通车，至今这座桥仍是全球最长最高的吊桥。

1.3 港珠澳大桥的创新奇迹

港珠澳大桥是中国境内连接香港、广东珠海和澳门的桥隧工程，为珠江三角洲地区环线高速公路南环段。大桥于 2009 年 12 月 15 日动工建设；于 2017 年 7 月 7 日实现主体工程全线贯通；于 2018 年 2 月 6 日完成主体工程验收，同年 10 月 24 日开通运营。港珠澳大桥设计创新点包括：

（1）针对跨海工程低阻水率、水陆空立体交通线互不干扰、环境保护以及行车安全等苛刻要求，港珠澳大桥采用了桥、岛、隧"三位一体"的建筑形式。

（2）大桥全路段呈 S 形曲线，桥墩轴线方向和水流的流向大致取平，既能缓解司机驾驶疲劳，又能减少桥墩阻水率，同时还能提升建筑美观度。

（3）斜拉桥具有跨越能力大、造型优美、抗风性能好以及施工快捷方便、经济效益好等优点，往往是跨海大型桥梁优选的桥型之一。结合桥梁建设的经济性、美观性等诸多因素以及通航等级要求，港珠澳大桥主桥的三座通航孔桥全部采用斜拉索桥，由多条 8～23 吨重、具有 1860 兆帕超高强度的平行钢丝巨型斜拉缆索从约 3000 吨重主塔处张拉，承受约 7000 吨重的梁面。

（4）整座大桥具有跨径大、桥塔高、结构稳定性强等特点。

港珠澳大桥是世界上最长的跨海大桥，工程师共花费长达近 9 年的时间完成这座巨型建筑。其间他们每天要避开 4000 艘海船和 1800 多架航班的密集通行，共耗费 33 万吨钢材和 233 万吨钢筋混凝土，在深海水下打造世界上最长的沉管海底隧道，启用世界最大的巨型震锤来完成人工岛的建造。同时要全力抵抗台风和地震向大桥的挑战，对环境保护的苛刻要求也前所未有。所有这些努力都是为了完成一个几代人的梦想。

1.3.1 港珠澳大桥创新奇迹之一：修建海底隧道加跨海大桥设计方案

要建一座从香港横跨 30 多千米的南海伶仃洋水域、直接贯通到珠海和澳门的跨海大桥，需要解决很多问题。如果完全复制杭州湾的造桥经验要容易得多。但现实情况是，这里并不是杭州湾，这里是全球最重要的贸易航道，同时密集复杂的海床结构让施工难度大大增加。每年南海的台风几乎都经过这里，所以在这里修建大桥要做好足够的心理准备。除此之外，工程师还要面对一个不可超越的数字，即 10%。伶仃洋是一个典型的弱洋流水域，每年都会从珠江口夹杂着大量的泥沙涌入海洋。大桥的桥墩就像一个阻挡泥沙的篱笆，超过 10% 的阻水率，泥沙就可能被阻挡、沉积，从而阻塞航道，让伶仃洋变成一片冲积平原。

伶仃洋水域靠近香港方向，有一个重要的深水航道——伶仃洋航道，它是大型运输船只在这片海域通行的唯一通道，所以这座大桥的修建将关系到这个重要航道的生死。对伶仃洋航道的通航等级的要求非常高，现在是 10 万吨，远期将考虑 30 万吨的油轮可以通行。要满足 30 万吨巨轮的通行，就必须要修建一座桥面高度超过 80 米、桥塔高度达到 200 米的超级大桥，这给设计师出了很大的难题，因为这段深海航道不能够修建任何超级大桥，如果找不到解决的办法，那就只有选择停工。

一个疯狂又创新的想法，在即将陷入僵局时提了出来，这个想法非常大胆，那就是放弃在海面以上修建桥梁，而在海面以下修建一座超长的海底隧道。2009 年，在中国跨海大桥历史上最具想象与创新力的方案被批准实施。在这片海域上，将要建成一座 6.7 千米长的海底隧道和一条 22.9 千米长的跨海大桥。这是目前在中国修建的最大、最长也是最复杂的一座跨海大桥。这座大桥建成后，从珠海或澳门抵达香港的陆路交通时间由 4 小时缩短到 30 分钟。

1.3.2　港珠澳大桥创新奇迹之二：圆钢筒围岛和内胆定型进行拼接

虽然中国的工程师已经有了建造跨海大桥的经验，但还从来没有在海中修建过规模如此巨大的海底隧道，所以珠港澳大桥建设对他们来说无疑是一场史无前例的创新挑战。

摆在工程师面前的第一个难题就是要解决桥梁和海底隧道的贯通，就是找到一座岛屿，把它们连接在一起。但没有任何岛屿可以使用，唯一的办法是修建人工岛。在这片海床上建岛是一个难以想象的巨大工程，因为筑岛的地方下面有一层大约 15～20 米厚的淤泥。如果采用常规的方法在这片淤泥上施工的话，只要把抛石或者沉箱一放到淤泥上去，它在淤泥上无法站稳就会滑出去。常规的方法就是把这块淤泥挖掉，或者先用排水固结的方法使之变干，然后才能使抛石或者沉箱坐稳。如果把淤泥挖掉，超过 800 万立方米的淤泥将要被移走，相当于可以堆砌 3 座 146 米高的胡夫金字塔，这样的工程对海洋将是毁灭性的污染。

时间有限，建造工程必须按照计划在一年内完成，工程师要想出更好的创新办法。一个大胆的设计方案被提出来，那就是圆钢筒围岛的计划。这个方案非常巧妙，用一组巨型圆钢筒直接固定在海床上，然后在中间填土形成人工岛。这个计划将不用移走天文数字般的淤泥，对海洋环境来说也是最好的选择。120 个超级大的圆钢筒形成隧道两端的人工岛，这在中国是史无前例的。每个圆钢筒的直径达到 22.5 米，几乎和篮球场一样大，高度 55 米，相当于 28 层楼的高度，重达 550 吨，相当于一架 A380 空中客车的重量（图 1.3.1）。

图 1.3.1　港珠澳大桥人工岛围护钢圆筒

第一个难题终于解决，但另一个非常棘手的问题又摆在设计团队的面前，那就是该如何在长达 6.7 千米的深海航道区修建海底隧道。工程师首先想到的就是采用盾构技术。中国的盾构技术已经非常成熟，最大的盾构机能够承担在 45 米深的地下挖掘 15 米直径的隧道。但在这里只能放弃这个成熟的技术，因为要面对 10% 阻水率的挑战。在 10% 阻水率的苛刻要求下，1000 米是不能接受的长度。唯一可以采取的就是沉管隧道技术，这样做直接的结果就是改变了人工岛的长度。从环境保护角度来看，每个人工岛减少近 400 米的长度，将大大改善对海洋环境的影响。但这项技术对工程难度提出巨大的挑战。每节沉管长 180 米、宽 33 米、高 11 米，由两个三车通道和两个工程通道组成，重达 76000 吨，相当于一艘航空母舰的重量。它们从西人工岛到东人工岛，依次沉入海床以下，并在海下进行无人对接。要一次成型长 180 米、重达 76000 吨的钢筋混凝土隧道是一个非常大的挑战，实际的施工难度远远超出工程师的想象。工程师采用了创新办法，把 180 米长的隧道再划分成 8 个小单元，然后将这些单元在工厂里拼接成一个整体。

模块化方案终于解决了沉管隧道制造的难题。开工第一步是制造出这些巨大的圆钢筒，这对中国的工程师来说还是第一次。这项任务被交给了中国最大的钢结构制造中心——上海振华，它位于距上海市中心 30 千米的长兴岛上。这座巨大的钢结构生产基地，每天吞吐数以万吨的钢材，为来自全球各地的建筑商打造属于他们梦想中的巨无霸。工人们必须在 8 个月完成 120 个圆钢筒，这并不是一件容易的事情，没有任何一个卷板机和模具能够一次完成这个巨大圆钢筒的制作，他们必须想出其他的新办法。最终圆钢筒被分解成 72 个单元，一组组拼装完成。但分解的数量越多，拼接误差就越大，而圆钢筒的制作要求误差不能超过 3 厘米，这对于一个 18 层楼高的庞然大物来说绝对是一个超级挑战。

工程师又想出了一个创新办法——内胆，一个能够控制圆钢筒外形的钢结构支架。在内胆的定型下进行拼接，误差终于降到了要求的范围内。

1.3.3 港珠澳大桥创新奇迹之三：自动化模板系统生产海底隧道沉管

建造一条 6.7 千米长的海底隧道，这是史无前例的，其消耗 33 万吨钢筋和 200 万吨混凝土，这些材料足以建造 8 座 828 米高的迪拜塔。建造一个迪拜塔花费 5 年的时间，但是沉管隧道不允许用那么长时间，工程计划必须要在一年半的时间里生产所有的沉管隧道（图 1.3.2）。

图 1.3.2　港珠澳大桥海底隧道沉管

这个难题让工程师必须要想出新的办法，最初他们打算采用世界级制造模板专家——德国工程师的建议。他们是欧洲最长的海底隧道纪录——欧雷松德大桥的制造者，经验非常丰富。他们建议是使用一种快速完成拼接的模板设备，其非常精密、自动化效率非常高，能够大大提高工程效率。这套设备可以确保模板在 20 分钟之内顺利就位，保证按时完工。

但购买一套模板设备的价格远远超出工程预算，别无选择，工程师需要自己来完成这个高难度模板的制作。中国的工程师再次接受了这个挑战，来完成世界上精度最高的自动化模板的制造。整个模板用钢量达到 3000 多吨，能够留给工人们的时间只有短短几个月，这对于一个从未制作过模板的团队来说是很大的挑战。

经过 6 个月的时间，最后一批钢模板构件已经在紧张的装配当中，工人们必须在 3 天的时间完成所有的组装和测试工作。3 天以后这块模板会被再次拆解，分装到运输船上，运往 1600 千米之外的沉管隧道制造工厂——桂山岛。这座超级工厂是在 100 天的时间里建造，它的任务是生产 33 根世界最长的海底沉管隧道。这一工程足足占用了 10 个足球场的面积，挖去 300 万立方米的土石，每个月能够生产两根 76000 吨重的沉管隧道。

与此同时，在 1900 千米之外的海滨城市大连进行了一项非常重要的实验，实验的结果告诉工程师如何顺利安装巨大的沉管隧道。实验模拟最恶劣环境下，洋流对沉管隧道运输和安装的影响。得到的数据告诉工程人员采用多大的钢板才能够安全地牵引重达 76000 吨的沉管隧道，实验数据必须是精确可行的，否则后果不堪设想。如果实验不够精确，一旦现场牵引沉管的钢管发生断裂，沉管隧道就有可能在巨大的洋流中倾覆而沉入海底，那是价值上亿元的沉管，甚至还有可能造成人员伤亡。最终 3 年多的努力终于有了成果，大连的实验有助于工程人员掌握采用何种方案才能够更加安全合理地控制体积庞大的沉管隧道。

1.3.4　港珠澳大桥创新奇迹之四：8个节段拼接成33个巨大的沉管

沉管预制厂内港珠澳大桥海底隧道两节180米长的标准管节预制完成，预制管节不仅尺寸刷新了世界之最，其生产工艺也是国内首创。每一个标准管节都是由8个长22.5米的小节段拼接而成。每一个小节段的钢筋笼重量超过了900吨，在浇筑完成之后，总质量超过了9000吨。港珠澳大桥海底隧道长6.7千米，最大水下深度达46米，是迄今为止世界上埋深最深、规模最大的海底公路沉管。整个隧道由33个管节组成，在管节制造工厂标准化预制，这是目前国内首例，世界第二例采用工厂流水线法进行海底隧道的管节预制。

面对两个这么巨大的沉管，怎么样把它们顶推到浅坞区，也是一大挑战，港珠澳大桥的建设者们自有创新妙招。他们利用先进的设备，巧妙地撼动了这两条500千克的巨龙。每个单个管节底下有192个千斤顶，安装在管节底部，然后在整个滑移梁上进行顶推，就相当于一艘大的轮船，循序渐进地往前顶推。工人们对这两个标准管节进行第一次栖装，将管节两端封闭，管内安装水箱，相当于将管节变成一个钢筋混凝土结构的巨型潜水艇。

经历了5天的施工，克服了天气变化莫测以及海况复杂等因素，港珠澳大桥海底隧道首节沉管成功实现对接。经过86小时连续施工，港珠澳大桥首节隧道沉管与新人工岛成功对接。整个沉管的安放完成是在2015年年底，为期3年，整个接头的贯通是在2016年年初。

工期比计划足足提前了1个月，它将再次刷新世界纪录。沉管预制的长度是22米，厚是11.94米，宽是37.95米，要求一次浇筑是24小时，养护3天然后顶推出去。

1.3.5　港珠澳大桥创新奇迹之五：高阻尼橡胶减震抵挡地震的威胁

伶仃洋蕴藏着强大的能量，台风巨浪，每一个力量都直接威胁港珠澳大桥的安全。其实，这里还隐藏着一种人们所无法看到的威胁。桥墩最大的威胁不全是来自风浪，还有一种看不见的危险——氯盐。于1987年就放在海边的一个钢筋混凝土试件，经过20多年之后，可以看到氯离子已经渗到了钢筋表面，引起了钢筋的锈蚀，如果时间再延长，那么整根钢筋都会锈蚀，造成膨胀，混凝土就会开裂，甚至剥落，这个结构就失效了。氯盐对于这座使用寿命长达120年的大桥来说是一个巨大的威胁。工程师和他的实验团队必须要找到一个好的创新办法抑制氯盐的锈蚀，这个问题的解决是解决港珠澳大桥120年使用寿命一个最重要的问题。20年的测试数据最终为桥梁如何抵抗氯盐找到一个好的创新方法，那就是一种高性能混凝土技术，它抵抗氯离子的能力比普通混凝土提高数倍以上。

港珠澳大桥是有史以来最大规模地使用钢材建造的桥梁，22 千米的桥梁使用了 50 万吨钢材，虽然全钢的桥梁比传统混凝土桥梁轻了很多，但它依然要面临一个严峻的挑战——地震。对于普通橡胶，自由落体以后它还会再弹起来，但是对于高阻尼的创新橡胶材料，它落下去以后的能量在分子之间的力中进行了消散。工程师在大桥正式开工之前找到了最佳的橡胶减震方案。

在港珠澳大桥横穿伶仃洋的水域，为保证每天 4000 多艘船只的顺利通行，除 6.7 千米的海底隧道之外，还设置了三座通航桥梁。从来没有一座桥横跨在三个国际机场的航线上，而且离得那么近，最危险的是离口岸最近的九洲大桥，其距离澳门机场仅有几米，飞机起飞不到一分钟就将飞越大桥的上空。在常规施工过程中，吊装设备要远高于桥塔本身，但这一经验却让工程师在这里无计可施。航空部门要求在大桥的整个建设期间，不能有任何设备的高度超过大桥桥塔，大桥的桥塔已经达到 120 米，设计师必须找到新的施工方案。一种创新的吊装方案被设计出来，这是一种富有创意的安装方法，工人们将桥梁的索塔直接在陆地上预制完成，然后通过底座上的连接轴进行连接，通过巨大的钢缆牵引，整座塔从水平到 90 度垂直一次完成。

新的桥塔施工方案让人新奇，但能否实施还需要通过另一个考验，那就是风。伶仃洋水域是台风多发地，每年超过 6 级以上风速的时间接近 200 天，韧性强的钢梁会在风力的作用下自然摆动，一旦频率相同，就会产生共振，后果不堪设想。上海同济大学通过一个关键的实验，试图利用风洞模型来找到解决共振的办法。他们发现了一些不利的涡振现象，这会对行人、驾驶员、坐在车上的人员造成不舒适的感觉，甚至于会导致桥梁结构的疲劳。解决涡振现象是这个实验的重点，必须让涡振消失。创新想法是加上 50 多厘米高、1 米宽的一个溢流板以后，可以使得原来在 7 级风作用下的 40 厘米大的振幅，降到只有 6 厘米。

1.3.6　港珠澳大桥创新奇迹之六：重新规划航道

30 千米长的海域却是世界上最繁忙的航道，港珠澳大桥一旦开始施工，每天 4000 多艘船只和工程船只的交叉通行将是巨大的麻烦。工程师必须想到办法来确保万无一失。他们和海上交通警察、海事局合作，在 30 千米的海面上重新规划航道，这是中国最大规模的一次航道改造工程。

将巨大的圆钢筒运送到远在 1600 千米之外的上海振华重工圆钢管施工现场，也并非想象中那么简单。开始的时候，5 名工人在高空中连续工作 10 小时，才能够将 8 根圆钢筒装到运输船上。这是一次对体力和耐力的挑战。一艘 7 万吨的运输船最多能够装载 8 根圆钢筒，4000 吨的圆钢筒对于 7 万吨的集装箱货轮来说似乎并不难，但高度 45 米的圆钢筒直接挡在了驾驶室的正前方。有 20 年航海经验的船长也是第一次遇见这种困局,这是一次非常有挑战性的航行。他们须在船两边不停地来回穿插走动,才能从两侧看见一点点过往的船舶。最终振华号载着这 8 个巨大圆钢筒启航了,驶向南部 1600 千米之外的伶仃洋。

1.3.7 港珠澳大桥创新奇迹之七: GNSS 数据处理中心精确定位

这是一个极有挑战的工作,将 550 吨重、45 米高的巨型圆钢筒放置在规定坐标内的海床上,且允许的误差只有 2 厘米。

能胜任这个任务的是世界上最大的八向震锤,这是为了建造人工岛而定制的超级武器。它能够轻易吊起 1600 吨的重物。550 吨重的圆钢筒被吊起,但没有人知道误差只有 2 厘米的点在哪里。在 2 万千米的高空,GPS 卫星不断地传递数据,进入到大桥 GNSS 数据处理中心。这是大桥建立的一个 GPS 基站,任务就是确保在工程范围内的施工精度。GNSS 信号被传到了工程现场,550 吨重的圆钢筒逐渐下沉,它要穿透 37 米的海床,达到指定位置。

经历长达 28 年的准备,中国的工程师终于建造出世界上最长的跨海大桥。他们用超级大的圆钢筒来修建两座人工岛,生产 33 根航母般巨大的沉管来建造世界上最长的海底隧道,首次挑战地质复杂的海床,建立世界最长的钢铁大桥,并不断挑战新的工程极限。

1.4 天文望远镜的创新奇迹

400 多年前,当伽利略把他自制的望远镜指向天空的那一刻,人们就开始为探索宇宙而努力。现在,巨大望远镜早已存在,通过它们可以观测到光谱中人类肉眼所看不见的部分,从红外以下的低频无线电波到紫外以上的高频伽马射线。

然而,没有哪个传统光学望远镜可以与大型双筒望远镜(LBT)相提并论。它价值 6000 万英镑,是亚利桑那大学格雷厄姆山国际天文台最宝贵的明珠。2004 年架设至今已近 20 年,是继赫兹次毫米波望远镜和梵蒂冈尖端技术望远镜以来建于 10500 英尺高的格雷厄姆山顶上的第三台望远镜。

大型双筒望远镜的两个凹镜直径均达 8.4 米,总面积加起来达 110 平方米。两面凹镜片的表面加工精度非常高,它们安装在一个整体框架上,可以同时对准要观察的目标天体。借助光的干涉原理,所获图像的清晰度可与 23 米直径的镜片相当。它是一个单一整体,因此称为世界上最大的单个望远镜。而有些庞大的射电望远镜是由许多台小望远镜组成的阵列，所以并非单个望远镜。

大型双筒望远镜是全世界最大的光学望远镜，它是一系列历史性工程突破的终极跨越，是 300 年工程学的巅峰之作。它的成功要归功于望远镜世界的 5 个历史性创新进步与跨越：牛顿的反射望远镜、胡克望远镜、海尔望远镜、经纬台式巨型望远镜、大型双筒望远镜。每个创新跨越都是重大的技术革新，让天文学家得以建造出更大的望远镜。400 多年来，人们为探索宇宙不断地完善望远镜，从消除色差、消除球差，到口径越来越大、图像越来越清晰。今天，人们探索宇宙的渴望没有消减，它将继续引领人们前进，永不停止。

1.4.1 牛顿的创新：反射望远镜

回顾一下天文学家建造越来越大的天文望远镜来观察遥远太空的历史，最重大的创新出现在 17 世纪的英国，其主角是一项惊天动地的发明——反射望远镜。

1669 年，在英国剑桥大学，26 岁的聪明数学家牛顿爵士开始思索宇宙。毫无疑问，他是历史上最优秀的科学家之一，他有研究问题的能力，对某个问题一想就是数月甚至数年，很多人不是觉得无聊就是放弃了，但他却有着不凡的毅力。这时的牛顿开始研究物理学的几个关键问题了，其中之一就是望远镜的性能。

天文学家一直渴望研究太阳系的行星，但当时的望远镜却无法胜任这项工作。要看到夜空中这些模糊而遥远的星体，望远镜必须能捕捉到更多的光，为此就需要更大的镜片。望远镜中，镜片的作用是将光集中在一点，但大的镜片为早期的天文学家带来了许多问题。牛顿发现光穿透玻璃会发生弯曲，并分成不同的颜色，但每一种颜色的光焦点的位置都不同，这些不同的焦点使影像变得模糊，而且镜片越大，影像失焦模糊就越严重。

在剑桥研究期间，牛顿认为他已经解决了这个问题，他有办法做出影像清楚而且颜色不模糊的望远镜。他取出了问题镜片，创新放入了一种截然不同的东西，制成世界上第一部反射望远镜。1671 年，年轻的牛顿爵士的作品看起来似乎很简陋。他在剑桥的房间里使用当时唾手可得的材料：纸板做的管子、调整用的木球，但他采用镜子取代了镜片。牛顿的镜子是一片被磨凹的金属片，它能将遥远物体发出的光反射至一点，第二面较小的镜子接着将光反射至接收目镜，由于光没有穿过厚镜片，所以颜色不会分离，影像也不会模糊。牛顿通过反射望远镜，得到了当时世界上最清晰的影像。

1672 年 1 月，牛顿制作的望远镜让皇家学会的成员们啧啧称奇，因为它更强大，与传统的 6 英尺长的望远镜相比，它的影像更清晰。从这时起，望远镜的演化便以镜子越来越大为中心，而镜片已不再是主角。在望远镜的世界里，大即是好，因为镜子越大，捕捉的光就越多，成像也就越明朗清晰。

1.4.2 胡克的创新：大口径望远镜

在富商约翰·胡克的赞助下，口径为
100 英寸的反射望远镜于 1917 年在威尔
逊山天文台建成（图 1.4.1）。在此后的 30
年间，它一直是世界上最大的望远镜。为
了提供平稳的运行，这架望远镜的液压系
统中使用的是液态水银。1919 年阿尔伯
特·迈克耳孙为这架望远镜装了一个特殊
装置——干涉仪，这是光学干涉装置首次
在天文学上得到应用。

图 1.4.1　胡克大口径望远镜

迈克耳孙用这台仪器精确地测量了恒星的大小和距离；亨利·诺里斯·罗素使用胡克
望远镜的数据制定了他对恒星的分类准则；埃德温·哈勃使用这架 100 英寸望远镜完成了
他的关键计算，他确定许多所谓的"星云"实际上是银河系外的星系，在米尔顿·赫马森
的帮助下，他认识到星系的红移，说明宇宙是在膨胀的。

1.4.3 海尔的创新：高山上的望远镜

美国天文学家海尔成功说服并得到了华盛顿的卡内基协会赞助，监制了威尔逊山天文
台的望远镜，在 1908 年建造了口径为 1.5 米的望远镜，并在 1917 年建造了口径为 2.5 米
的望远镜。在 20 世纪 30 年代初期，海尔选择了位于加州圣地亚哥高 1700 米的帕洛马山
作为观测点，它是美国最好的场所，几乎完全不会受到洛杉矶等城市中心日渐增长的光污
染影响。康宁玻璃工厂选择以新的玻璃完成制造 200 英寸镜片这个艰巨的任务。从 1936
年开始施工，其间受到第二次世界大战的影响而中断，望远镜直到 1948 年才完成。

海尔望远镜 14.5 吨重的镜片是 20 世纪工艺技术的一项重大突破，它几乎是接近单一
镜片但仍能保持其刚性的最大极限。大的镜片在望远镜转到不同的位置时，会因本身的重
量而有轻微的下垂，改变表面形状的精确度，而镜片的精确度必须维持在二百万分之一英
寸内（25 纳米）。后续成功建造的镜片，使用不同于传统的创新设计，解决了这个问题。
使用单一的轻薄镜片或是许多灵活的小镜片组成镜子群，它的形状可以用计算机控制的伺
服机系统自动控制。海尔望远镜使用的望远镜架台的形式是赛路里桁架，这是加州理工学
院的马克·赛路里在 1935 年发明的。

具有装饰艺术的海尔望远镜圆顶在黄昏中开启。每一个天空晴朗的夜晚，来自加州理

工学院、康奈尔大学和喷射推进实验室的天文学家和共同经营的伙伴们，都会使用它来进行持续的研究工作。海尔望远镜装备了现代的光学和红外线阵列影像、光谱仪和调适光学系统，使得它的解析力在某些项目的观测上逼近理论上的极限值。如今，它依然保有单片玻璃制作的第二大望远镜的头衔。

1.4.4　俄罗斯的创新：经纬台式大型望远镜（BTA）

目前，在俄罗斯的 6 米望远镜——经纬台式大型望远镜是苏联建造的大型望远镜，它的主镜直径达 6 米，自从其建成之后至 1992 年凯克望远镜完工，一度是世界上口径最大的光学望远镜。现如今，它仍然是欧洲大陆上口径最大的光学望远镜。在其建造过程中创造了许多大型望远镜设计、建造的先例。然而，由于其选址和望远镜的制造质量问题，经纬台式大型望远镜的实际成像能力一直受到西方天文学家的质疑。

1950 年，苏联科学院决定建造一台新的大型望远镜以超过口径为 5 米的海尔望远镜。这台新望远镜的口径被确定为 6 米，这差不多是单面固体望远镜的最大极限了。在其之后建设的口径更大的望远镜，都采用了多面镜片拼接的工艺。该望远镜的镜片由列宁格勒光学机械联合体，也就是著名的 LOMO 制造。主镜直径 6 米，焦距为 26 米，结构质量 800 吨，高度约为 42 米。用于支撑的支架和容纳望远镜的观测室的质量也分别达到了 300 吨和 1000 吨。与之前的大型望远镜相比，经纬台式大型望远镜采用了许多创新技术。首先，正如其名字所示，它使用的是经纬台式架台，与赤道仪相比结构简单、造价低，但定位复杂，需要依靠计算机装置辅助。它还使用了水平式焦点结构，这种结构使得主镜所聚焦的成像被反射到镜筒侧面。这样光学胶片或是 CCD 装置可以装置在主镜外，利于减轻总重。

虽然其口径非常巨大，但实际成像能力和科研能力却并不高。首先，巨大的单一镜片非常沉重。受自重和热胀冷缩的影响，镜片很容易发生变形。实际上，1975 年所安装的主镜在使用后不久就发生了破裂，结果导致其成像能力只有设计值的六成左右。1978 年苏联又用了一面新的派热克斯玻璃替换了它。其选址也并不利于天文观测，该天文台所在地常有大风，温度变化也极为不稳定。近年来，该望远镜更换了膨胀率更低的玻璃并加装了 CCD 成像系统。

1.4.5　六大创新荟萃：大型双筒望远镜（LBT）

创新一：收集光的巨大主镜

大型双筒望远镜的镜子是迄今为止最大的，这部望远镜有两面 8.4 米的主镜，它们能收集落在地球上的星光，并将光聚焦，这样人们才能捕捉一些极其遥远的物体发出的微弱信号。采用并排两面镜子后（图 1.4.2），天文学家便能得到两倍的光，视野也开阔了许多，光被镜面反射至单一的焦点上，接着两部价值均超过百万的高感光度数码相机负责接收这些光，再经过微调的两部相机，分别侦测全部颜色的一半，而不是收集整个光谱的光，结合两部相机的影像

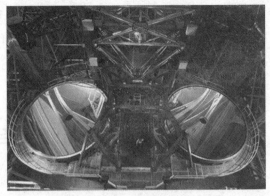

图 1.4.2 大型双筒望远镜 (LBT)

得到的最终画面，清晰度远远超过了单一相机。LBT 时代已经大大有别于牛顿用肉眼观察天体的时期了。

创新二: 平滑无比的抛物面镜

大型双筒望远镜巨大的外壳由亚利桑那大学团队负责建造，要试图创新做出有特定曲线的镜子，即抛物面镜。用玻璃做抛物面镜十分容易，先融合玻璃再旋转就可以了。但为了能做出大型抛物面镜，镜子实验室的技术人员建造了一个巨大的旋转熔炉，并在里面放了 21 吨玻璃，光学技师必须检查每块玻璃是否有瑕疵。在加热融化玻璃的同时，熔炉每分钟还要旋转 7 次，离心力会把融化的玻璃推成一个抛物面。为了在玻璃冷却时保持这种抛物面形状，熔炉必须坚持旋转 12 周的时间，接着抛光镜子制作出完美表面。直到今天抛光工具仍要模仿人手的随机动作，在最终阶段，抛光工具每次磨掉的镜子只有 100 个原子厚。最后要为玻璃铺上一层薄薄的铝，这样表面才会反射光。工程师把玻璃放入一个巨大的钟罩内，强大的气泵可以吸出所有空气，制作出真空状态。钟罩旁边的干锅会以超高温加热少量的铝，液体蒸发后，铝分子飘过钟罩，凝结在玻璃表面。真空状态可以确保分子平均地散布在整个表面，制造出完美无瑕的反光镜。经过近 4 年的抛光与测试，两面镜子终于完成了。

创新三: 稳定润滑的转动追踪

大型双筒望远镜在安装两个巨大的镜子之前，工作团队必须先将底座准备好，这样才能准确无误地移动望远镜，通常的做法是在轴承间加上一层润滑油就可以了。但极重的大型双筒望远镜会将油挤出来，于是工程师创新地把 C 形支架装在 4 个大垫子上，并用高压喷嘴向上朝望远镜喷油，以这种方式能持续补充被挤出的油，并形成一层薄而滑的膜，让

望远镜漂浮在上面。

创新四：巨大镜子的登山之旅

　　2003 年 10 月 23 日，LTB 的天文学家焦急地等待着巨大镜子的到来，工作团队要把它们送到海拔 3000 多米高的山顶。通往山顶的道路十分狭窄，山路迂回而且两旁都是树木。负责搬运的工人不能砍掉树木以方便前行，他们计算出结果，创新地让镜箱呈 60 度角倾斜，宽度能容纳于树干之间，高度也不会碰到上方的树枝。然而坡度陡峭，这个危险角度本身就有问题，镜箱重心这么高，稍微倾斜就可能会翻倒并压扁树木，也会毁掉价值上千万的镜子。为了维持拖车平稳，工作团队为车轮安装了液压活塞。在攀登陡峭道路时，随时调整拖车的角度，让镜子时时处在正确的角度，整个过程中没有树木受损。

创新五：克服温度的影响

　　由于温度的变化会造成镜面的变形，因而会造成成像的清晰度受到影响。美国亚利桑那州冬天温度会降低到 –15℃左右，而且还有强风，夏天则温度较高，为 16~18℃。与其冷却望远镜所在的整栋建筑，不如只冷却镜子。工程师创新地把镜子后方做成蜂巢状的凹穴，用小型喷嘴将冷空气喷入这些凹穴，从内部冷却镜子，使镜子保持恒温，并预防前方镜面发生弯曲，这样就可在短时间内与周围环境达到平衡。

创新六：抵消大气造成的扭曲

　　由于大气的流动干扰，在地面拍摄的太空图片会发生扭曲。而 LTB 的工程师却有办法拍到太空清晰照片。他们的创新构想是测量光被大气扭曲的程度，并谨慎调整第二面镜子，以抵消扭曲。光波经过折射在相机镜头里聚焦，就形成完美的平行同相光波了，就像大气不存在一样，这使得 LTB 的成像质量比哈勃太空望远镜（图 1.4.3）清晰 10 倍。除了看到遥远的恒星，他们还能看到绕恒星运行的行星。

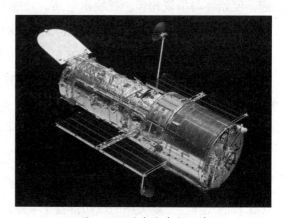

图 1.4.3　哈勃太空望远镜

　　美国大型双筒望远镜自 2005 年 10 月 12 日开始部分运作，当时只有一面镜片投入使用，用以观测仙女座中的螺旋星云，它于 2007 年捕获了首批图像。2008 年，当两面镜片同时投入使用后，大型双筒望远镜变得前所未有的强大，天文学家可以使用新设备以前所未有的精确度探测宇宙的过去。它的两面直径 27 英尺的镜片使其拥有了相当于单个直径 39 英尺的镜片的聚光能力，与直径 75 英尺的望远镜的解析度。

1.5　水库大坝的创新奇迹

自古以来，在华夏土地上的水利建设，就一直受到各族人民的重视。人们经过几千年百折不挠的努力，取得了辉煌的成就，陆续修建起千千万万的水利设施，如郑国渠、灵渠、都江堰等。最早提出长江三峡工程设想的是孙中山先生。

中华人民共和国成立以后，经过了长期、广泛的论证，全国人大终于在 1992 年 4 月 3 日通过了《关于兴建长江三峡工程的决议》。从此，中国历史上最大的水利枢纽工程进入了具体实施阶段，经过两年的准备工作，三峡工程于 1994 年 12 月 14 日正式开工。1997 年 11 月 8 日，三峡工程截流成功，2003 年 6 月 1 日正式下闸蓄水，于 2009 年全部完工。三峡工程在工程规模、科学技术和综合利用效益等许多方面都堪为世界级工程的巅峰之作。它不仅为中国带来巨大的经济效益，还为世界水电利技术和相关科技的发展作出有益贡献。

三峡水电站是迄今为止世界上规模最大的水电站，也是中国有史以来建设的最大型的工程项目。而由它所引发的移民搬迁、环境保护等诸多问题，使得它从开始筹建的那一刻起，便始终与争议相伴。三峡水电站的功能有 10 多种，包括航运、发电、种植等。三峡水电站大坝高程 185 米，蓄水高程 175 米，水库长 2335 米，静态投资 1352.66 亿元人民币，安装了 32 台单机容量为 70 万千瓦的水电机组。三峡电站最后一台水电机组，2012 年 7 月 4 日投产，这意味着装机容量达到 2240 万千瓦的三峡水电站，已成为全世界最大的水力发电站和清洁能源生产基地。三峡工程在充分发挥防洪、航运、水资源利用等巨大综合效益前提下，电站累计生产 1000 亿千瓦·时绿色电能。

三峡工程主要有三大效益，即防洪、发电和航运，其中防洪被认为是三峡工程最核心的效益。三峡大坝是全球最大的混凝土结构，共用了 4 万名工人，历经 17 年兴建，是大坝工程的杰作。三峡大坝的成功得益于 4 座地标水坝，每一座水坝都意味着一次重大的技术创新。正是这些巧妙的技术创新，使得水坝越建越大，规模足以向上攀升，发电量不断提升，最终打造出三峡大坝。

1.5.1　马维日水坝的创新：河川改道

1914 年第一次世界大战爆发，煤田遭德军侵占，法国陷入严重能源危机。法国人被迫从国外高价进口煤炭，供应发电厂所需维持国家的运作。后来他们决定用水力发电，建造水坝，提高国家的电力供应。不过要在湍急的多敦河中兴建一座混凝土水坝，可不是一件容易的事。

在多敦河，没办法直接把混凝土往河中央浇灌。在这里要盖水坝，就要盖三座。首先要盖一座临时水坝，叫作围堰，用来挡住河水。光挡水是不够的，河水会从顶上漫过去，除非另辟蹊径，做一条引水道。为了阻止河水回流，盖第二座围堰，围堰之间的水可以排出。多敦河工程师在岩层上炸出两条隧道，输送改道的河水，把装满岩石的钢笼投入河中，打造临时围堰。接着用混凝土强化，这时水坝后面的河水开始上涨，经过引水隧道排出。为了阻挡河水回流，工程师兴建第二座围堰，一旦围堰之间的河床抽干就出现一块干燥的地方。兴建主坝的工程师运气很好，因为围堰中间的这一段河床其实是坚硬的岩石，他们可以直接在上面修建巨大的混凝土建筑，从河床一层层上升到 30 层楼高。随后工程师关闭引水隧道，让水库的水上涨淹没围堰，任务就完成了。最后把轮机的闸门打开，开始发电。

马维日水坝完工后，发电量达 1 亿 2800 万瓦特，能发动一班开往里昂的列车，并为 400 千米外的巴黎市供电。

1.5.2　胡佛水坝的创新：混凝土降温

胡佛水坝位于科罗拉多河的内华达州与亚利桑那州之间的黑色峡谷之中，是美国西南地区最大的水利枢纽工程。千百年来，科罗拉多河在每年的春季及夏初，由于大量的融雪径流汇入，致使河流两岸低洼地区泛滥成灾，公众生命财产遭受严重损失，但到了夏末秋初，河流又会干涸得像一条细流，无法引水灌溉农田。

1928 年，国会通过了峡谷工程法案，授权建设胡佛水坝。该坝是以美国第 31 任总统赫伯特·胡佛命名的。胡佛水利枢纽的建筑费用达 1.65 亿美元，大坝始建于 1931 年，并于 1935 年 9 月 30 日完成 (提前 2 年)，是一座混凝土浇筑量为 260 万立方米的拱形混凝土大坝，其坝高 221.3 米，坝顶长 379.2 米，坝顶宽 13.7 米，坝底宽 201.2 米。胡佛水力发电厂位于坝后，共安装了 19 台机组，其中 2 台自用。1936 年 10 月第一台商业机组发电，1961 年最后一台商业机组投入运行。该电站现在的装机容量为 208 万千瓦，年发电量 40 亿千瓦·时，是世界上最大水力发电站之一，其装机容量居美国之首。

胡佛水利枢纽有灌溉、商业供水、电力、休闲等经济和社会效益，因此它在世界水利工程行列中占有重要的地位。此外，还能将河水引进科罗拉多河的某些低洼地区，为当地和外来的野生动物提供保护区或滞水区，用以恢复由于修建胡佛大坝而消失的生态环境。

1.5.3 大谷力水坝的创新：防止洪水侵蚀

水库满溢，水坝就会爆裂。1889 年 5 月 30 日，宾夕法尼亚州约翰小镇，遭遇了史上最大的暴雨，整个小镇被淹。1933 年，美国工程师开始兴建大谷力水坝，它横跨美国西北部的哥伦比亚。大谷力水坝消耗的混凝土和横跨的距离，都是胡佛水坝的三倍。

工程师建造大谷力水坝时，必须确保约翰镇的悲剧不会在这里上演。冲过水坝的河水，可能很快会侵蚀河床，酿成灾难。工程师在建大谷力水坝时，创新地把坝底设计成一道混凝土斜坡。水流朝排水口倾斜出去，形成翻滚的旋涡，销蚀其中的能量。当水从斜坡泄漏，破坏力也销蚀大半。斜坡建好之后，工程师就能安全运转美国最大的水力发电水坝了。

1.5.4 克拉斯诺亚尔斯克水坝的创新：保持船只通行

为了修建横跨浩瀚的叶尼塞河水坝，工程师必须设法阻挡河水，同时保持船只通行。20 世纪 60 年代苏联想提升国内的工业力量，计划兴建一系列大型水坝，克拉斯诺亚尔斯克水坝正是其中第一批。它长达整整 1 千米，横跨叶尼塞河，年发电量高达 60 亿瓦特。这条河也是前往西伯利亚的主要航运路线，水坝将会阻碍这条航道。

为了保持航运继续，工程师想出一个绝妙的创新计划，他们兴建了一条足以容纳船只的钢槽。接着把钢槽和船只推上坝顶，在这里把整个装置倒转，把水坝的另一侧下放到河面上。为了移动 7000 吨的载重，他们使用了液压泵。工程师用加压的液体举起船只，闸室墙壁里装有强大的压力泵，利用巨大的压力，把液压油挤压到安装在底部的一系列马达上。马达驱动巨大的钢嵌齿，沿着一条导轨推动钢槽。马达所产生的强大牵引力，在短短90 分钟内就能把船舱从河面吊上水库。这个机械创新奇迹是当时世界第一大坝的至高荣耀。

克拉斯诺亚尔斯克水坝电站装机12 台，单机容量 50 万千瓦，总装机600 万千瓦，年平均发电量 204 亿千瓦·时。工程具有发电、航运和供水等综合经济效益。工程于 1955 年开工，1963年 3 月截流，1967 年第一台机组发电，1972 年全部工程建成（图 1.5.1）。

图 1.5.1　克拉斯诺亚尔斯克水坝

1.5.5　六大创新荟萃：三峡大坝

创新一：发电量大

三峡大坝（图 1.5.2）有 32 台发电机，每台发电机造价大约 5000 万美元。工程师利用浩瀚长江的力量驱动发电机。在大坝后面的水库，水位上升到河床以上 60 层楼高，利用巨大的混凝土隧道，往下把水送往发电机。轮机在激流的河水冲击下转动，由此带动发电机的轴轮。这里装了大块磁铁，磁铁经过

图 1.5.2　三峡大坝

外壳上的铜线圈发电。其中一台机器的发电量就相当于一座小型核能发电厂，32 台发电机的总发电量，足以供 6000 万中国人使用。这项工程为国际水利发电工业立下了一个全新的基准点，与世界第二大水利工程伊泰普水坝相比，三峡工程的规模大了将近一倍。

创新二：河川改道巧妙

长江全长 6000 多千米，有时河宽好几千米，是中国第一大河。水坝工程师要面对许多后勤上的严峻挑战。当长江水在三峡大坝背后上涨时，将会淹没沿岸 15 万亩（1 万公顷）的土地，因此 100 多万人必须离开水坝背后的土地。所以事先必须建好几千栋房子，来安置迁居的居民，然后才能建坝拦河。兴建围堰所需要的岩石和预铸混凝土砌块在三峡工程施工期间，用来控制河水。如何控制河水，使这项巨大工程得以实施，这显然是一个特别重要的问题。因为长江水流快、河床深，因此兴建围堰，保证大坝安全施工在这里是一项重大考验。所以工程师认为这是在水利工程史中，最大也是最艰难的引水工程。他们着手修建一系列石围堰，挡住一部分长江河道，同时开放一条河道，让剩余的河水流过。他们在干河床上兴建前两段主坝，接着向河中抛下数以吨计的泥土，并在上面再建一座围堰，这次建造的是混凝土围堰。河水被挡住了，这时终于能兴建最后一段水坝。接着必须拆除围堰，好让河水流过主坝的轮机。围堰建得非常结实，拆除围堰可是一大挑战。在前两个阶段，围堰是用大石块打造，可以用相当传统的大型挖掘设备处理，不过在最后阶段，要拆除一道实心混凝土墙，就得有创新想法了。不同于马维日水坝的围堰，三峡大坝的围堰太高，无法弃置原地，因此工程师们建围堰时，预留了放置炸药的孔洞。2006 年 6 月 6 日，他们在孔洞中放入 190 吨炸药，几个月的辛苦劳动，几秒钟内就烟消云散，围堰崩塌

了，后面蓄积的河水被释放出来，这是对三峡大坝的最后测试，水坝经受住了考验，屹立不动。

创新三：混凝土冷却方法均匀快速

三峡大坝使得混凝土建筑更上一层楼。坝底的混凝土很厚实，足足有180米高，2千米长，混凝土的用量极其惊人。三峡大坝使用的混凝土比胡佛水坝多了10倍，因此工程师必须想办法让水坝保持冷却。他们采用的创新做法是先冷却骨料、建材、砂石，然后再把这些放进混合物中，加入冰块。他们在混凝土自行升温前要绞尽脑汁把温度降得最低，因为这里的夏天特别热，他们甚至还用了喷雾系统，等于在坝顶上喷了一层水雾，目的就是阻挡太阳辐射在混凝土内堆积，避免内部产生热气。

创新四：降低大水冲下的力道以防止洪水破坏

三峡大坝的工程师必须确保大坝不被冲过的洪水损坏。基本上大坝在汛期挡住了大量河水，三峡大坝可以阻挡220亿立方米的水，然后以人为控制的方式泄出。排水系统有46个排水闸门和下面的导槽。这种排水口的设计必须能应付水流的冲力。水从100多米高的地方冲下，在坝底达到极大的速度。为了抵消大水冲下的力道，三峡大坝采用和大谷力水坝相同的创新方法。当水位上升时，工程师打开一系列闸门，把洪水排出水库。但是如果让大水笔直倾斜而下，可能会破坏大坝的坝基，因此工程师在排水口设计安装了混凝土坝基导槽。与大谷力水坝的水底斜坡不同的是，三峡大坝的导槽能把水射向空中，射到空中的水裂成小水珠，这样就会失去不少破坏性能量，落在100多米以外的下游处，无法造成任何损害，因此打开排水口闸时，人们根本不用担心会破坏坝基。

创新五：保持航运通畅

三峡大坝的修建要面临巨大的交通问题。三峡大坝坐落于亚洲最繁忙的河川之一，从沿岸的上海通往九江，一路来到重庆，每年运输大约上万吨货物。100多米高的大坝，每天有160~180艘船只经过，对工程师来说，这可是个严峻的挑战。为了配合世界第一大坝的建设，他们的创新解决之道是建造全球第一大闸。船只在坝底进入船闸，闸门关闭，灌入河水，把船只抬高到下一段船闸。船只必须通过5段船闸才能开到坝顶，这要耗费4个小时。这个速度货船还能接受，但对于往来于长江的许多客轮而言，这个速度实在太慢。为了让客船的运输更有效率，工程师创新地打造了升船机系统，船只大约36分钟就能通过。三峡大坝的升船机就像电梯一样，船只可以笔直往上升，成功的秘诀就藏在混凝土墙壁中。工程师安装了一系列巨大的平衡锤，承担大部分的吊举作业。16个千吨以上的混凝土砌块用缆索连接到钢槽，钢槽承载着船只和使船只上浮的水。当平衡锤落下，就会把钢槽向上举起，让船只升上坝顶。这座升船机高 113 米，可以运输重达 3000 吨的船只，是全球第一大升船机。

创新六：运用洪水的力道清除淤泥

修建三峡大坝的主要原因之一是防止严重的水患，大坝挡住了致命的洪水，蓄积在水库中的水，在人为控制下泄出。但管理洪水的同时也会对环境产生一定的影响。长江淤泥，因为水坝而无法流动，被困在水库里流速缓慢的水中，很快就会沉到河床堆积。长江的淤塞问题非常棘手，每年共有 5 亿吨的沉淀量。万一淤泥一直困在水坝后面，下游数百英里的农民、渔民和野生动物就无法获得水中的养分。另外，数以吨计的沉淀物或沉淀淤泥可能堆积在水库里，危及水库本身的安全。而且落入水库中的沉淀物会缩小水库的容量，最后还可能影响到运转轮机的能力。三峡水坝的工程师，巧妙创新地运用了洪水的力道，把水库的沉淀物冲往下游。他们在大坝深处安装水闸门，每个闸门有一辆公共汽车那么重，需要强劲的液压活塞才能拉开。当操纵员开启阀门时洪水快速冲过，混在下面的沉淀物就会从水坝冲出去。工程师希望通过这种方式使累积的沉淀物至少在 100 年之后才会影响大坝的发电量。但是，即使是这个精巧的净化系统也无法彻底清除大坝的沉淀物，至于会留下多少沉淀物，相关的科学评估认为，大概为 30%～60%。

1.6　隧道的创新奇迹

哥达基线隧道是世界最长隧道之一，位于瑞士中南部阿尔卑斯山中，山口海拔 2112 米，自古为中、南欧交通要道，在国际交通上起着重要的作用。

瑞士的阿尔卑斯山地貌复杂，地势险峻，将山区与苏黎世、米兰、图灵等文化、经济枢纽相连，绝非易事。由于瑞士汽车量的增长以及意大利逐渐成为一个受欢迎的度假地，所以瑞士决定建造哥达基线隧道。

2015 年 8 月 24 日，瑞士政府在隧道内召开新闻发布会，宣布隧道基本完工。隧道的运行测试于 2015 年 10 月 1 日启动。2016 年 12 月 11 日，全长 57 千米的瑞士哥达基线隧道正式运营。它使意大利与瑞士两国之间的铁路旅程缩短 1 个小时（从瑞士苏黎世到意大利米兰车程缩短至 2 小时 50 分），同时还大大缓解瑞士公路的货运压力。

为保持山体稳固、保障隧道内部安全，这条穿越阿尔卑斯山的隧道在 17 年的建造过程中遭遇了诸多挑战和难题。哥达基线隧道的成功建设主要归功于 5 条重要的隧道的创新积累，每一条隧道都是一次技术上的重大创新，从而让工程师将隧道越钻越深。一条接着一条，规模越来越大。得益于这 5 次巧夺天工的大跨越，让宏伟的哥达基线隧道最终成为世界最长的隧道，令人叹为观止。

1.6.1　泰晤士隧道的创新：隧道盾牌防止塌方

19 世纪，伦敦的工程师打算在泰晤士河下修建世界上第一条水下隧道，他们首先要考虑的是防止隧道被河流冲垮。

伦敦的交通问题已不足为怪，19 世纪这里是全球最繁忙的港口，当时的英国是强大的殖民统治国，因此大多数贸易都要经过伦敦港口。泰晤士河上常挤有多只要过河的高桅船，高桅船使水上交通严重堵塞，要把这边的货物送到对岸，还不如用马车送到苏格兰来得快。更麻烦的是，跨越泰晤士河的大桥严重堵塞，修建新桥并不能解决问题，要从河的一边到对岸去建桥困难重重。问题就在于这里全是高桅船，要从桥下通过，桥梁必须建得非常高，一条坡道有好几米长，所以不能靠桥梁解决问题。

法国工程师麦克·布鲁内尔希望能修建一条穿越泰晤士河的隧道，他也知道修建这样一条隧道面临的危险，因为泰晤士河下的地质非常不牢固，但麦克·布鲁内尔认为他有办法解决，他的创新灵感来源实在出人意料。

布鲁内尔在查塔姆造船厂工作，造船厂四周到处都是木材，船就是木制的。他发现了一种很小的软体动物叫船蛆，它能钻进木头里。令他感到惊讶的是，船蛆是如何钻进去的，钻进去之后为何不会被压垮。船蛆是一种蛤，头部有外壳，外壳的边缘呈锯齿状。当船蛆渐进时，即便是最坚硬的木材也能被它钻透。然而有一个问题，潮湿的木头久了会膨胀，可能将通道封住，把船蛆压扁。于是船蛆有个聪明的绝招来避免这种情况的发生。它会分泌出一种黏液状物质，在它柔软的身体外部添加了一层坚硬的保护壳。当船蛆前行时，这层坚硬的外壳可以防止通道崩塌。布鲁内尔的做法跟历史上许多人一样，发现一个问题和自己的问题大同小异，只要能复制几个关键部分，就能有办法成功解决问题。他发现船蛆正在解决它所面临的问题——船蛆钻过的地方可能随时压下来。

布鲁内尔创新修建了一台能将船蛆所使用的技巧放大的机器，称之为隧道盾牌。这台机器由 36 个铁框架组成，每一个框架里都配有一个安装衬垫的工人，用木板为他们挡住随时有可能坍塌的工作面。他们每次移开一块木板就挖出 10 厘米厚的泥土，一旦挖出了一整块泥土，就会用起重机把框架往前推，露出很窄的一块泥土，没有任何支撑。布鲁内尔模仿船蛆趁隧道倒塌前快速铺好衬垫，用砖和水泥建成一条坚固的双孔隧道，这台机器由此成为泰晤士河下开凿隧道的重要设备。

布鲁内尔的泰晤士河隧道技术一直沿用至今。布鲁内尔的盾构可以防止隧道塌方，但无法隔离泰晤士河底下的污秽。在当时这就像一个大排水沟，工人每次只能工作两个小时，因为河底腐烂的物质释放出沼气，有些人会感到身体不适，最可怕的是挖开那些东西时工人连指甲都会腐烂。

如今通过隧道只需 45 秒，而建成隧道却花费了布鲁内尔团队 12 年的辛苦劳作。如果没有机械船蛆的创新，隧道的建造是不会成功的。

1.6.2　博克斯隧道的创新：火药爆破开凿

1825 年，布鲁内尔的隧道盾构为工程学开创了新局面，然而隧道仍要靠徒手挖掘，进度极为缓慢。为了让隧道挖掘的进展再迈进一个新台阶，必须解决进度慢这个问题。为了让更长的 3 千米博克斯隧道穿越坚硬的石灰岩，必须找到迅速挖掘的办法。

1833 年，决定建一条布里斯托港通往伦敦的铁路，以促进贸易发展，承担此重任的是麦克·布鲁内尔的儿子伊桑巴德·金德姆·布鲁内尔，他不到 30 岁就已经参与建设全国最大的铁路工程了。布鲁内尔勘察了一条 200 千米的路线，它位于伦敦和布里斯托港之间，是一条最平坦的路段。就在完工前他遇到了一个难以对付的障碍，这就是博克斯山。山坡太过陡峭，火车无法翻越。如果铁轨绕过博克斯山，就未免太绕路。于是布鲁内尔选择第三个创新方案，就是让火车隧道穿越博克斯山。

博克斯山是石灰岩构成的，很难用镐和铲凿开。布鲁内尔为了加快速度，决定用火药向大山宣战。火药成了布鲁内尔的最佳武器。他先从两头把博克斯山炸开，以加速隧道挖掘的进度。为了进一步加速，他也设计沿着隧道的预定路线，在博克斯山开钻了八口深井。这些深井在博克斯山深处增加 16 条隧道口，这样可以派更多工作人员从不同方向把山炸开。但这种爆破会产生严重的副作用，火药爆炸时会产生大量的气体，如蒸气、氢气、硫化物、二氧化硫和一氧化碳等。一氧化碳毒性很强，如果在固定空间内像这样爆破数次，毒气量会累积，长时间吸入过多有毒气体，人就会昏迷甚至死亡。布鲁内尔每周使用一吨火药，所以在隧道工作的人很可能丧失生命。

博克斯隧道的开通使它成为当时全世界最长的火车隧道，但有 100 多人为修建隧道而献出了自己的生命。

1.6.3　默西河隧道的创新：隧道镗床挖掘隧道

1841 年博克斯隧道向人们证明了爆破可以加快挖隧道的速度，但也足以致命。为了在默西河下开凿一条约 4 千米的隧道，而不炸伤工作人员，隧道挖掘人员必须靠机器。

19 世纪末，利物浦是英国最繁忙的城市之一，但许多工作人员上下班通勤却很辛苦，他们必须靠轮渡横越默西河口，在 1877 年就有 2600 万名乘客搭乘轮渡，他们需要以更快的方式渡河。于是在 1879 年，工程师弗朗西斯·福克斯带领 700 名工作人员开始在河口下面钻一条隧道。他们想办法炸开一个大洞，顶上只有几英尺厚的岩石，再上去就是默西河口了。这项工程的总工程师是弗朗西斯·福克斯，他每晚在夜班结束之前都下去一趟，查看一切是否正常，工人有没有敷衍了事。工人们整天都胆战心惊的，担心在默西河下的爆破终将会酿成灾难，因为河口底下的岩石到处都是断层，他们担心炸药产生的震波可能使这些断层破裂，使默西河水倾斜到他们的头上。

弗朗西斯·福克斯必须保持工程进度，同时又要保护工作人员的安全，于是他创新引进了钻开隧道的机器。机器的正前方是一个巨大的旋转臂，上面装有锋利的铁齿。铁齿切入岩石层，将其分割成多个碎块，当机器向前推进时，碎石就会掉到一条输送带上，然后用叉车把它们送出隧道。为了把钻头向前移动，采用液压式起重机把机器的上半部抬离地面，接着机架继续向前滑行，之后整个过程会再进行一次。这台镗床的确为挖掘默西河隧道发挥了重要作用，一周最多可挖 60 米。

1886 年 2 月 1 日，默西河隧道正式通车，大约 36000 人穿过隧道，如今隧道已是横渡默西河最便捷的方式了。

1.6.4　辛普朗隧道的创新：连通两条隧道用巨型风扇通风

随着隧道越来越长，一个新问题出现了，为了挖掘贯穿瑞士阿尔卑斯山 19 千米长的辛普朗隧道，必须设法把新鲜空气送到大山深处，以免工作人员窒息。

19 世纪是铁路时代，像东方快车这种代表性的火车，不到三天就把乘客从巴黎送到了伊斯坦布尔。国际旅行方兴未艾，只是缺少一条连接北欧至意大利的快速交通干线，因为途中有一个巨大的阻碍，那就是阿尔卑斯山，火车必须要克服险恶陡峭、曲折蜿蜒的地形才能翻过阿尔卑斯山脉。为了避免走陡峭的爬坡山路，工程人员决定开凿一条通道，直接贯穿至阿尔卑斯山，这就意味着要修建一条世界上最长的隧道。

负责这项庞大工程的是一位来自汉堡的工程师勃兰特，他知道在阿尔卑斯山下开凿隧道一个最大的致命因素就是通风不良。他想出一个简单而极具想象力的创新办法来解决通风问题，即修建两条较小的隧道，在一个入口处安装风力极强的风扇，在山里 200 米深处的地方，用一条横坑将两条隧道连在一起。山上的新鲜空气形成了一股强风推进其中的一条隧道，把空气从另一条隧道推出去。每隔 200 米就建一条横坑来连接隧道。当挖掘工人慢慢地深入阿尔卑斯山时，就会把身后的横坑封起来，把新鲜空气重新引入，工作人员就可以呼吸得更顺畅了。勃兰特的创新双隧道系统毫无疑问是工作人员的救星。

1905 年辛普朗隧道竣工，成为当时世界上最长的火车隧道，抵达威尼斯的路程缩短了 12 小时，事实证明勃兰特的创新通风办法非常实用。

1.6.5　英吉利海峡隧道的创新：利用激光来引导隧道镗床

自工业革命以来工程师们一直梦想通过一条海底大隧道来连接英法两国。随着隧道越来越长，又出现了新的问题。要修建一条连接英法的、长约 50 千米的隧道，英吉利海峡两岸的工程师在精确度上必须更上一层楼，才能确保双方在中间能顺利汇合。有一个地方最能激发隧道修建者的想象力了，那就是长 34 千米、将英国和欧洲大陆分割开来的英吉利海峡。

1987 年，这个梦想终于成真了。英吉利海峡隧道正式动工，长 50 多千米，位于海床下 120 米的隧道，是 20 世纪工程学面临的最艰巨的挑战。隧道开凿者为了修建隧道，必须找到理想的地质环境。灰泥质白垩岩是一种延展性强却很坚固的石灰岩，同时它的防水性也很好。地质学家在海峡底下发现了一层这种梦幻般的材质，结实而且成块。但白垩岩也给工程师们出了个难题，横越英吉利海峡最简单的办法，就是从两端开始沿直线挖掘隧道，让两条隧道在中间汇合。但隧道必须要在白垩岩层内，而白垩岩是可能上下弯曲的，因此英吉利海峡隧道不可能是直的，必须经常变换路线。所以沿着白垩岩，要确保两条隧道能在中心点顺利汇合，是个很大的挑战。

在地面上很容易勘察出一条精确的路线，而在地下勘察路线则极为困难。隧道的主要问题是看不出自己的方向，因此勘察人员承担了艰巨的任务，要一路沿着灰泥质白垩岩前进。一条 50 千米长的隧道，稍有不慎会导致很严重的后果，所以勘察人员必须设法避免隧道脱轨。

首先工程师请地质学家把探测器放在海床之下，用以测试白垩岩层的深度。接着工程师画出一条贯穿白垩层中央的路线，把方位输入一台激光器里，把光束打在隧道镗床前进的方向。勘察人员如果要改变路线就要重新定位辐射器，指向新的方向。沿着这条光的路径，隧道两头应该能在中间汇合。创新采用的激光引导的隧道镗床，让英吉利海峡隧道的挖掘人员能够精确地协调工作人员。

当隧道两边于 1990 年 12 月 1 日汇合时，差距不到 2 厘米，这是自冰河时期以来，英国第一次可以经由陆路前往欧洲大陆。

1.6.6 六大创新荟萃：哥达基线隧道

由于穿过阿尔卑斯山的公路只有 4 条，日益增多的交通流量使得它们全部都拥堵。瑞士政府决定改变这个现状，办法就是修建一条隧道，来解决中欧地区最严重的交通问题，将瑞士第一大城市苏黎世和意大利北部的米兰连接起来。但要让它成为现实，要克服一个极大的困难，那就是必须要穿越 2000 多千米高的哥达山口。2017 年隧道建成后，乘坐高速铁路列车通过这段 200 千米的路程会比乘飞机还要快。

瑞士人对做到这一点充满信心，因为他们有着多年来隧道挖掘的经验。13 年来，工作人员和机器设备都在日夜无休地打造他们的作品——哥达基线隧道。

创新一：压力喷浆快速强化隧道外壁

哥达基线隧道仍沿用布鲁内尔的高明想法，原来在外面工作的施工队也会马上强化隧道外壁，只是要喷一种能快速硬化的创新制成的特殊混凝土来代替砖块，它叫作压力喷浆。压力喷浆沿着隧道四周形成一个笔直的管道，防止隧道塌方压在工人身上，这是布鲁内尔机械船蛆的终极化身。但施工队开凿的地质层有时很糟糕，质地非常松软，仅靠压力喷浆无法完成任务。这种岩石会封闭隧道并向下挤压，往下挤压的松软岩石很容易导致隧道塌方，因此必须采用钢拱架。而且为了能承受住大山的重力，这些钢拱必须要经过专门的创新设计，如果还是采用长钢梁制成的钢拱可能无法承受这座山的重力。于是工程师采用许多小段组成的拱，每一段和两侧相互重叠，用钳夹固定，但拱段仍然可以来回滑动。当大山向下挤压钢拱时，拱段之间的摩擦力就会越来越大，直到它们最后紧紧扣在一起。待大山下压的趋势停止，就用压力喷浆加固钢拱。负责哥达基线隧道的工程师们吸取了经验教训，防止隧道塌方的关键并不是与大山形成对抗力，而是与其形成合力。

创新二：巨无霸机器来操控实现精确爆破

修建哥达基线隧道时，炸药的威力和安全性都超过了以前所用的火药弹。自布鲁内尔时代以来，钻井和爆破的方法并未改变，工作人员必须把炸药准确地放在指定位置，否则隧道最后会变形。钻井和爆破的方法可谓是一门艺术，因为岩石不是一种统一的材质，有各种不同的裂缝等，工程师得设法炸出一个大小精准的洞，或是大小差不多的洞，如果把炸药放错了地方，最后会炸出许多大块岩石，就不是一个好的结果，因为得把洞填满，这会耗费更多材料，或是炸的洞不够大，最后只好再炸一次。但哥达基线隧道的修建者不会出错，因为他们创新使用了一台神奇的机器——巨无霸用来钻洞放炸药，这个巨无霸有三根计算机控制的激光导引钻臂，把隧道精准的尺寸和方位输入计算机，两分钟就能钻出一个四米深的洞，误差只有几厘米。巨无霸创作出了钻孔的完美模式，保证爆破工人引爆炸药时，一定能命中目标。

创新三：装有切割转盘的隧道挖掘机

在哥达基线隧道面向乘客首次通行之前，修建者必须挖出 2000 多万吨的岩石。为了完成这项艰巨的任务，工程师们创新地为隧道镗床做了升级。他们用的镗床有 420 米长，还有个宽近 10 米的切割转盘。这个金属怪物（图 1.6.1），每天能前进 40 米，正前方的切割刀片从隧道表面刮下岩石。钻头边缘的铲斗舀起废渣，放到输送

图 1.6.1　哥达基线隧道挖掘机

带上，运出隧道后再进行回收利用。切割转盘后面的机械臂把保护的钢网螺栓咬合在隧道壁上，机器人用压力喷浆机把钢管固定好。液压式底脚把机器向前推动，跟上前面的切割转盘。接着工人们就会铺上铺设火车轨道所用的混凝土垫层，在这条生产线的末端就是成品了。隧道镗床是钻掘隧道最后一步用的机器，即使是除去地球上最坚硬的岩石也能用到它。钻花岗岩是一场消耗战，但哥达基线隧道的镗床捷报频传，如果没有这台机器，要用30 年才能打通这条隧道。

创新四：用冷水通过冷却器降温

哥达基线隧道的工程师仍采用勃兰特的办法，也用两条隧道横坑连接，让工人们能呼吸到新鲜空气。不过哥达基线隧道的工程师还有一个问题需要解决，从地心冒出的热气不停地烘烤隧道，头顶上的巨大岩石使热气回旋在山里，隧道里的温度可高达 45 摄氏度。工作人员要来到隧道施工地需要 2 小时，里面温度越来越高，就像坐在火炉一样，所以如何让工人保持凉爽，是哥达基线隧道工程的首要任务。最初安装了 30 台巨大的冷冻机来制造冷空气，给工人们降温。然而冷冻机的发动机在运转过程中发热可能会抵消冷却效果，于是瑞士人创新采用一种自然资源——水来解决问题。他们用多达 1000 立方米的水，把冷水输入隧道，通过冷却器，然后送出隧道，再重新冷却。隧道的施工作业在冷却上就耗费一半的能量。最后瑞士工程师修建了一个巨大的冷却管线网，它可以通到隧道的每个角

落。管线让冷水通过冷却器，冷水将吸收来的多余热能送出隧道，这就是最初的冷气机，没有它哥达基线隧道就无法建成。

创新五：创新方法取出被困的镗床

修建哥达基线隧道时，工程师们每天都为精确度大伤脑筋。为了避开地质断层线，隧道必须蜿蜒前进。在凿开松软多变的岩石时，隧道镗床经常会偏离预定路线。隧道镗床的驾驶员必须架设钢拱，因为这座山不断压下来，哥达基线隧道深处潜藏的意外危险，就连钢拱也应对不了。2005 年 6 月，一台镗床开进一条隐藏在岩石间的断层线时，困在重达数吨的碎石下。为了挽救昂贵的机器，修建者计划从隔壁的隧道炸开一条交通竖井，从后面解决断层线的问题。但他们担心交通竖井的顶部可能会不牢固，甚至坍塌。于是他们直接从侧面凿开第二条隧道，从这里把混凝土注入分崩离析的岩石深处，凝固后形成一个实心砌块，阻止岩石向下塌陷，才终于可以安全地把落下的碎石炸开，拿出隧道镗床。

创新六：修建两座紧急火车站

现在修隧道几乎是想要多长就有多长，不过要达到隧道工程发展的最后阶段，还得克服最后一个问题，那就是隧道越长，发生事故时人们逃生的难度也就越大。所以瑞士工程师在设计让哥达基线隧道穿越高山时，必须同时确保发生事故时能把人救出来。2001 年，不幸发生了。就在哥达基线隧道工地前方不远处，两辆卡车在哥达基线隧道相撞，随后爆炸。隧道里的气温高达上千摄氏度，瞬间成了一个大熔炉。大火持续了近 24 个小时，11 人不幸遇难。哥达基线隧道的修建者明白，必须驱散人们对隧道的恐惧，保证这条世界最长隧道的绝对安全。在这样一条隧道里，等待救援是没有用的，即使等到救援人员赶来，可能也为时已晚。因此一旦发生紧急状况，受困乘客必须依靠内部救援。哥达基线隧道的工程师在大山深处创新设计建了两座紧急火车站，车站有两个救援站台，由一条防火逃生隧道连接。如果一列火车发生火灾，驾驶员就可以在最近的车站停车，打开防火门，以便让乘客进入逃生隧道。火灾时还必须防止浓烟窜入乘客的逃生路线，创新解决方案就是在隧道上方 800 米处，通过风扇的强风吸入阿尔卑斯山的新鲜空气，再向下释放到逃生隧道里，强风把浓烟驱散到隧道里，远离逃生的乘客。乘客随即跨越到另一边的站台，和火灾现场维持一段距离，以保证安全。

1.7　运输机的创新奇迹

安托诺夫设计局一直以来都是重型运输机的摇篮，安托诺夫 124 运输机，绰号"鲁斯兰"重型运输机就是一个代表作，其最大起飞质量为 400 吨，可载质量 229 吨。安托诺夫124 是 20 世纪 70 年代为了满足苏联空军对超重型运输机的需求而研发的，主要用于运输坦克、导弹、桥梁等大型军用设备。

1972 年苏联通过了安托诺夫 124 项目研制决议，责令位于基辅的安托诺夫设计局启动研制工作。它的特点是采用了一系列在苏联这个级别的飞机上从来没有用过的尖端技术，包括为提高其性能而采用了超临界机翼、电传操纵飞行控制系统；为减轻重量而采用制造大尺寸机体结构部件的先进加工方法和材料；此外，该机采用了全新的发动机——伊夫琴科前进设计局的 D-18T 涡扇发动机，这是苏联第一次设计和制造这种类型的发动机。

安托诺夫 124 运输机身躯庞大，却能无视重力限制，加速飞上天空。它容量很大，可以将坦克、火车甚至另一架飞机运至全球任意角落。它是翱翔于浩瀚蓝天的最大运输机，也是航空工程的顶尖作品。这架硕大飞行器的诞生，应归功于近百年来航空技术的创新纪录，六款在飞机设计史上具有重大意义的卓越飞机，每一款所蕴藏的核心巧夺天工的技术飞跃和突破，使得运输机越造越大，世界之最——安托诺夫 124 运输机终于横空出世。

1.7.1　俄罗斯穆罗梅茨号的创新：增加引擎及尾部方向舵

回顾历史，我们得以了解安托诺夫 124 运输机为何可以建得这么大。为了提高货物运载能力，早期飞机的动力必须加强。设计师解决了这个问题，造出了这架具有突破意义，起飞质量为 5 吨的穆罗梅茨号。

第一次世界大战期间，人类首度在空中与地面同时作战。战争前期，俄国飞行员伊戈尔·西科斯基就预料到，可以载运炸弹的大型飞机一定能在新成立的俄国空军那里找到市场。但当时世界首架具备动力的飞机也不过在 10 年前刚问世。这些早期飞行器只能勉强承担一位飞行员的重量，根本不可能再装载炸弹。为了向俄国空军提供第一架真正的轰炸机，西科斯基需要造出推进力更大的飞机。

但即使是当时最大的飞机引擎也不能满足这种要求，所以西科斯基只能找寻别的创新途径。他需要更大的升力，升力要大，动力就必须加强。所以他采取了一个很大胆的创新做法，增加引擎的数目，不是只增加两具，而是在机翼上加装四具引擎。这在现在看来不足为奇，但在当时，在飞机上装设四具引擎可是前无古人的壮举，是非常了不起的主意。

西科斯基打算把四具引擎装在机身两边，但是早期飞机的引擎性能实在太不可靠，如果装在同一边的两具引擎同时发生故障，剩下的引擎会让飞机不停打转从而失控。西科斯基敏锐地认识到引擎的位置越靠近机翼外侧，两具引擎发生故障时让飞机转圈的力量就越大，所以他就尽量把引擎装在最靠近机身的位置，这样就算同一侧的两具引擎都发生故障，剩余引擎的转向力量也仍然在驾驶员的可控范围之内，飞机仍然能继续飞行。但是西科斯基还是无法确定这是否能保证飞机不会失去控制而发生不停地转动。所以他又做了最后一项创新改变，在穆罗梅茨号尾部加上一个巨大的方向舵，并在舵上多加两个叶片。飞行员凭借脚踏板来操控叶片的角度，从而改变飞机的行进方向。所以就算有两具引擎同时发生故障，飞行员也能抵消掉不平衡的推力，将飞机导正使之回到原来的轨道。

1915 年 3 月 10 日，俄军指挥官在穆罗梅茨号上装了 45 颗炸弹，在这次大胆的空袭行动中，飞行员将这些炸弹全部投到了德国的火车站上，目标被完全摧毁，穆罗梅茨号的成功设计使得战争中炸弹时代自此揭开序幕。

1.7.2 容克斯 G-38 号的创新：厚单翼型机翼

如果想载送大量的信件和包裹，设计师就要为起飞质量达 20 多吨的容克斯 G-38 号飞机装上创新型的机翼。20 世纪 20 年代，欧洲开始空运递送邮件，航空邮件自此诞生。

德国飞机设计师雨果·容克斯打算造出一架崭新的大型飞机，来应付柏林与伦敦间日益增多的邮件载运需求。但要造出这样大的飞机是一项艰巨的考验。

像穆罗梅茨号这样的早期飞机是双翼飞机，为了构成较坚固的结构，两片机翼是连接在一起的，因为当时工程师的能力无法造出足以承担飞机整体质量的单片机。当时的机翼设计相当粗糙，木头支架基本上只能为整架飞机提供一定程度的支撑力，而且两片机翼必须连在一起，上方的机翼会产生达到足以让飞机飞离地面的升力，所以钢缆在飞行中是完全绷紧、硬邦邦的状态。这些保证双翼飞机足够坚固的结构，一旦升入天空，就会给飞机带来其他问题。这些连接双翼飞机机翼的支柱和钢缆整体表面积出乎意料得庞大，这为飞机在空中飞行带来了很大的阻力。为了载送更多的货物，机翼必须扩大，这需要更多的支柱和钢缆，产生的阻力也会变大。多余的阻力，让大型双翼飞机很难承受笨重的货物。

雨果·容克斯凭直觉认为厚度足够的单翼应该可以产生大于双翼的升力及较小的阻力。于是他开始证明他的猜测。当时容克斯已经能通过风洞实验证明较厚的单翼效果优于较小的双翼。容克斯创新地将双翼合并为一体，把所有必要的支撑结构藏入内部。容克斯在厚厚的单翼上包覆上铝皮。虽然机翼超过两米，但流线型的机翼在划过空气时，会产生很小的阻力，同时带来巨大的升力。这些特点使这架飞机载运 6 吨邮件的需求得到了满足。容克斯这架被命名为 G-38 号的飞机在 1929 年首度启航升空，它的机翼厚到可以在内部加装乘客座椅，在前方加装窗户。

容克斯是非常有远见的人，许多想法都走在时代的前端，他利用厚机翼搭载乘客和货物的概念，也是如今最优秀的设计师正在钻研的构想。

1.7.3　波音飞剪号的创新：把飞机按照船来设计

为了说服想横越大西洋的乘客搭乘起飞质量达 38 吨的波音飞剪号，工程师必须确保这架飞机的安全。20 世纪 30 年代的美国，航空业已经变成了一项热门生意，商用飞机同时搭载乘客和邮件，创造了丰厚的利润。但是商用飞机一直无法攻克一条最重要的航线，那就是横越大西洋，连接美国与欧洲的航线。

泛美航空下决心要经营第一个横跨大西洋的航班，其中的困难并不仅是需要造出飞跃如此远距离的飞机，最主要的问题是，那时的航行并不像如今这么安全。以今天的标准而言，那时引擎的安全性简直难以让人认同。所以如果想让这条航线取得成功，就必须让大众相信，这趟旅程不但是种享受，而且就算发生了一些合理范围内的小差错，乘客也会安全无忧。

1936 年，泛美航空发函给美国所有的飞机制造商，向他们提出一项挑战，泛美将为符合以下严格规定的飞机设计者颁发奖金：这架飞机要能载运 4.5 吨货物和 70 名旅客；并能在风速达到每小时 50 千米时以 240 千米的时速逆风飞行；它的航程必须达到横越大西洋所需的 3100 千米，这样中途就不必停下；为了不让乘客因全程飞行于海洋上空而深感恐惧，它必须是全天下最安全的飞机。这些要求如此高端，以至于有些公司根本无法交出设计图。

但是波音公司的工程师却凭借非传统的创新做法达到了泛美航空的要求。他们把飞机当成一艘船来设计，把客舱变成了最时髦奢华的场所。里面不但设置了空调，还有分开的吧台。在甲板之下，设计师在两层基底外壳之间设置了 11 个水密舱。这样就算外层机壳出现裂缝，水也不会穿透内层机壳，从而使"船"沉没。他们甚至为这架飞机配置了锚和救生艇，当然他们也帮它装了机翼，所以这艘"船"无论是在空中还是在水上，都能愉快地胜任。20 世纪 40 年代，波音飞剪号水上飞机（图 1.7.1）是国际航线的热门选择，同时也是那个商用飞行黄金时代最奢

图 1.7.1　波音飞剪号水上飞机

华的空中旅行选择之一，它的翼展为 46 米，长度为 32 米，总质量将近 40 吨，最大航程可以达到 5000 千米。

1.7.4 梅塞施密特巨人号的创新：减震防弹起降轮

飞剪号虽然能安全地航越最广阔的海洋，但是起降都得在水面上进行，所以工程师在建造起飞质量达 43 吨的梅塞施密特巨人号时，尤其注重解决它在陆地上降落的问题。

1941 年德国在非洲沙漠和冷飕飕的苏联大草原两条阵线上同时展开作战，他们迫切地需要一架大型的运输机，用来为前线部队载送重型装备。德国空军最大的飞机是 ME321 巨型货运滑翔机。起飞时 ME321 需要先架设在可脱离的台车上，靠三架战斗机拖曳到跑道上，但这样的动力仍不足以让它起飞离地。为了制造更大的推力，工程师还为机身装上了活动火箭。这架飞机如此重，以至于在着陆时不得不用两对滑橇代替机轮，让飞机质量分散在较大的触地面积上。但这架滑翔机有一项致命的缺点，只要一着地，没有台车和其他飞机的牵引，ME321 就如龙困浅滩一般动弹不得。一架 ME321 在侵略行动中预计执行一次单程任务。每名飞行员都配备了爆破装置，用于着陆后摧毁飞机，因为滑翔机根本不可能胜任多次载货飞行的任务。

如果想把这种滑翔机改装成使用的运输机，工程师不仅要为它配上引擎，还要把滑橇换成耐久的起降轮。但是这么重的飞机，肯定需要特别的悬吊系统。而一般的弹簧能吸收撞击的能量，然后在反弹时将能量释放出来。而飞机最怕的就是在撞到地面后，像弹簧高跷一样再弹回空中。德国设计师从意想不到的地方——火车前端的减震器那里获得了解决问题的创新方案。减震器在受到撞击后，火车并不会反弹，而是会逐渐停下来，撞击的能量会被一个称为摩擦弹簧的特殊装置吸收。此装置由一系列边缘带有较多金属环的弹簧所构成，这些金属环会相互摩擦挤压，从而产生摩擦力，让瞬间碰撞的能量转化为热能，毫无损害地消散于空气中。

1.7.5 C5 银河号的创新：原机身上方加装第二个密封机身

工程师在设计起飞质量达 349 吨的 C5 银河号时有另一个不寻常的挑战要面对，他们必须找到在空中卸货的好方法。

20 世纪 60 年代初期，美军需要大型飞机将大量军方装备运送到远方。除了要载运沉重的货物，这种飞机还要能在敌军环绕的地区进行卸货，也就是说要能空投货物。但是在飞行途中打开大大的货舱门，本身就是一件很危险的事。为了解决这个问题，工程师需要强化机体，他们创新采用在原有机身上方加第二个密封机身的办法，使之成为整架飞机的坚固骨干。这样下方机身的舱门，即使在飞行途中开启也没有关系。

1989 年 6 月 7 日，C5 银河号飞机从北卡罗来纳州布拉格堡起飞，以测试飞机空投物资的最大能力。它的后货舱门打开后，四辆谢里登坦克以及 73 名作战部队士兵靠降落伞安全降落到地面。这次空投在当时为史上规模最大的一次。C5 银河号取得了巨大的成功，它不仅性能极佳，载货量巨大，续航距离超远，而且也一直不曾退役。

C5 银河号运输机采用悬臂上单翼，后来 C5A 机翼大量出现裂纹，所以 C5B 采用新的高强度耐腐蚀铝合金。C5 银河号运输机的动力系统采用 4 台通用电气公司的涡扇发动机，单台最大推力为 191.2 千牛，每台发动机长度约 8.2 米、重 3555 千克，4 台发电机的发电可供应 5 万人口城市的用电需要。该发动机还可以提供逆推力，增加飞机在空中的降落率，减少在地面的滑行距离。C5 银河号运输机货舱长 36 米、高 4 米、宽 6 米，为头尾直通型，飞机上有货物空投和伞兵空降设备，机舱分上下两层，具有很高的运输灵活性。现阶段有一项正在实施的计划就是以更新它的整体系统为目的，好让它今后还能继续服务多年。

1.7.6　五大创新荟萃：安托诺夫 124

创新一：涡轮风扇引擎

安托诺夫 124 运输机（图 1.7.2）的起飞质量是西科斯基设计的穆罗梅茨号的 80 倍。苏联工程师奥列格·安托诺夫 1976 年设计的这款飞机是用来为苏联空军载送坦克车及军方补给。因为想让西方各国的飞机相形见绌，对苏联而言，安托诺夫 124 运输机的庞大尺寸正象征着他们认为拥有的优势。想让这架庞然大物满载货物升空离地必须为其提供巨大的动力。这一项重

图 1.7.2　安托诺夫 124 运输机

任只有一种引擎可以担负，这种能让全副武装的战斗机助跑 300 米即可起飞的引擎就是喷射引擎。为了产生大量动力，喷射引擎需要燃烧大量燃料。安托诺夫 124 运输机需要长途飞行，而且中途不加油，所以它的引擎不仅要有力，还要相当有效率。它不是一般的喷射引擎，引擎前面有个大风扇，后面有个较小的风扇，叫涡轮风扇引擎。涡轮风扇引擎内部有一具普通的用于产生推力的喷射引擎。喷射引擎向后喷射的热空气，会让小风扇转动。

小风扇带动滚轴引擎，前端的大风扇相应地也会开始转动。前端的大风扇有螺旋桨的功能，转动时能吸入空气，增加额外的推动，所以涡轮风扇引擎其实是螺旋桨和喷射引擎的合体，既能比传统喷射引擎省油，又能产生惊人的动力。安托诺夫124运输机在起飞过程中产生的推力比10架战斗机都要大，就算载了一列车厢，安托诺夫124运输机的涡轮风扇引擎仍能发挥惊人效率，使整架飞机从德国飞往印度德里时，中途不必加油，也能完成全程。

创新二：利用计算机来操控金属的均匀冷却

安托诺夫124运输机机翼超过了70米长，就算8辆双层巴士头尾相连地停放在上面也绰绰有余。要造出如此巨大、坚固到足以支撑飞机满载货物后的重量的机翼，是一项艰巨的工程挑战，因为机翼是铝制的。金属工锻造铝条时必须确保整体冷却均匀，否则内部的压力会让铝的强度减弱。但是这么长的铝条很难保证各处的冷却速率相等。在安托诺夫124运输机建成以前，金属制造商只能生产较短的铝制大梁，然后再用螺栓把大梁固定到一起，给机翼提供支撑。这意味着会产生多处接合点，每一处接合点就是一个弱点。安托诺夫124运输机的机翼不能靠一段段短机件连接而成，所以苏联工程师建造了一座铝工厂，有史以来第一次创新采用计算机来操控金属的冷却过程。这座工厂可生产长达8米的巨型铝质长梁，而且保证这些长梁冷却均匀、强度足够，这样工程师只需要连接4根长梁就能达到安托诺夫124运输机的机翼长度，机翼的坚固程度足以承担最大的载重。

创新三：特殊的起落架

由于装载了一列地铁车厢，安托诺夫124运输机在降落时绝不能出现一点儿颠簸震荡，如此平缓地着陆，全靠创新特殊设计的起落架才能实现。起落架由24个轮子做成，轮子上方的活塞称为支撑杆，能吸收巨大的冲击力，在这些支撑杆上的压力极为庞大。这架飞机着陆时的质量可达330吨。这330吨的质量一开始都是由主起落架上的10个支撑杆来承担的，这相当于每个支撑杆上都放置了33辆1吨的汽车。每一具活塞都会与机上的一对轮子连接，活塞里有一层空气、一层油，还有一块儿中间带小孔的金属隔板。飞机着陆时，活塞将油从小孔推出，使空气压缩后如弹簧一般吸收掉着陆带来的冲击力。等飞机完成着陆，被压缩的空气又会发生膨胀，把活塞推回去，迫使油穿越小孔流回，这样活塞的动作就会减慢，不至于快速回弹。这套装置可以保证就算经历再猛烈的着陆，安托诺夫124运输机载运的货物也不会摇晃震荡。

创新四：跪姿卸货

和 C5 银河号一样，安托诺夫 124 运输机也能从它的巨大后舱门空投货物。不过将列车这种长型货物从这么大的飞机上卸下也绝对不是一件易事。这架苏联设计的飞机原本就是用来载运坦克、超重型装甲运兵车等超重型车辆的。安托诺夫 124 运输机的设计师必须找出方法，降低货仓的地板高度，使长的车辆能够轻松进入舱内。结果他们居然采用了一个异想天开的创新方式，让安托诺夫 124 运输机跪下来。首先，两只绰号叫"象脚"的可以延伸的腿会往下伸出。接着前方的起落架会开始折叠起来，这样的跪姿能使货舱地板降到足以让长的车辆经斜坡卸下的高度。如果安托诺夫 124 运输机不具备下跪的能力，地铁车厢几乎不可能从机上卸下。尽管如此，卸货过程还得小心进行。行动的精准是最重要的，稍有疏忽就可能招致大祸。技术人员让列车从坡道缓慢下滑，沿着特别铺设的列车轨道前进，靠两个绞盘防止列车滑走，整个过程耗时长达 7 小时。把列车装上飞机，从德国运到印度德里，只需 10 个小时，这是安托诺夫 124 运输机又一项了不起的功绩。

创新五：巨型货物空运

为了运输巨大的苏联暴风雪号航天飞机，设计师必须为起飞质量达 392 吨的安托诺夫 124 运输机稍作修改，让它变得更大，发射升空。苏联唯一有能力生产暴风雪号航天飞机的高科技工厂在莫斯科，但发射地点位于哈萨克斯坦的偏远沙漠地带。所以，工程师必须想办法把航天飞机运到 2000 千米之外。运这么大的飞行器不可能靠陆运，因为实在太庞大了，不可能带着它通过桥下，也不可能开到较小的路上，而且还得开得非常慢，这样太花时间。于是只剩下一种选择，空运航天飞机。但就算采用史上最大的运输机，这也仍非易事。这架航天飞机无法装进安托诺夫 124 运输机中，工程师可以把机身扩大，但是尺寸需要扩大到 20 米宽、17 米高，机身这么大，飞机会重到根本无法起飞。也可以像拖滑翔机一样拖曳航天飞机，但航天飞机并不适合拖曳，于是他们决定把暴风雪号装载到安托诺夫 124 运输机的顶上。但即使是史上最大的运输机也没有达到能将航天飞机背在背上的程度。

安托诺夫公司的工程师将飞机机身扩展了 7 米，又在机翼的底端用螺栓组接上了两段新加的机翼组件以制造空间，加装两具引擎，最后设计师又加了 8 个轮子来承担多出来的重量，史上最大的运输机变得更大了。但是如果不在飞机的方向舵上做最后一项变更，它还是无法载运暴风雪号航天飞机。飞机顶上载运着大型物体，方向舵仍然在转，但却并没有什么效果，显然这是个问题。因为机身上方负载的航天飞机会阻碍气流通过，使机身后方产生乱流，气流会从各种不同方向推击方向舵，使其无法操控方向。为此安托诺夫 124

运输机的设计师创新地将方向舵一分为二，将两个方向舵都设置在没有乱流的地方，也就是航天飞机的两侧。两侧的气流畅通无阻，方向舵也能有效地操控飞机航向，史上最大的飞机可以直线飞行了。

图 1.7.3　载运暴风雪号航天飞机的安托诺夫 124 运输机

1989 年 5 月 3 日，苏联工程师将暴风雪号航天飞机驾到了新改良的安托诺夫 124 运输机顶上（图 1.7.3）。这架世所罕见的最大飞机背上载着 60 吨重的航天飞机呼啸着飞上了蓝天，它在空中飞行的情景壮观无比。它有六具引擎，还有巨大的机尾结构，这么大的飞机飞起来却如此惊人得优雅，真是空中的一大绝妙美景。

时至今日，安托诺夫 124 运输机仍然称得上是货真价实的运输机之王。

1.8　电视塔的创新奇迹

广州塔又称广州新电视塔，昵称"小蛮腰"，位于中国广东省广州市海珠区赤岗塔附近。塔身主体高 454 米，天线桅杆高 146 米，总高度 600 米，总建筑面积 114054 平方米，是中国第一高塔。广州塔于 2005 年 11 月动工兴建，2009 年 9 月竣工，2010 年 9 月 30 日正式对外开放。广州塔是广州市的地标工程，塔身采用特一级的抗震设计，可抵御 8 级地震、12 级台风，设计使用年限超过 100 年。广州塔塔身处设有蜘蛛侠栈道，是世界最高、最长的空中漫步云梯；设有旋转餐厅，是世界最高的旋转餐厅；设有摩天轮，是世界最高摩天轮；设有极速云霄速降游乐项目，是世界最高的垂直速降游乐项目。

广州塔由钢筋混凝土内核心筒和钢结构外框筒以及连接两者之间的组合楼层组成。钢结构网格外框筒由 24 根钢管混凝土斜柱和 46 组环梁、钢管斜撑组成。外框筒用钢量达 4 万多吨，总用钢量约 6 万吨。

广州塔的创新技术设计特色有：

（1）三维空间测量技术。广州塔由于体型特殊，结构超高，测量精度要求高。为满足钢结构安装定位需要，确定了以 GPS 定位系统进行测量基准网的测设，进行构件空中三维坐标定位。空间测量基准网由 5 个空间点和 1 个地面点组成。

（2）综合安全防护隔离技术。广州塔钢结构安装为超高空作业，由于楼层的不连续，必须进行超高空悬空作业。高空坠物带来的伤害风险也随着高度增加。制定了以垂直爬梯、水平通道、临边围栏、操作平台和防坠隔离设施组成的安全操作系统。

（3）异型钢结构预变形技术。由于广州塔具有偏、扭的结构特征，因此结构在施工过程中，不仅会产生压缩变形、不均匀沉降，也会发生较大的水平变形，因此必须进行预变形控制。否则，即使初始安装位置精确，但在后续荷载的作用下，也会发生较大的累积变形，使得节点偏离原设计位置。所以广州塔制定了以阶段调整、逐环复位为特点的预变形方案，进行钢结构在恒载作用下的变形补偿。

广州塔，一个钢铁与混凝土浇筑的巨人，有着模特般纤纤细腰，它是高达 600 多米的全球最高的电视塔，是一个建筑奇迹，也表明了中国正日益成为工业强国。这座东方奇观的拔地而起，得益于国际上一系列著名高塔的 4 项巧夺天工的重大技术创新发明。

1.8.1　华盛顿纪念碑塔的创新：挖隧道用混凝土加固扶正倾斜塔身

19 世纪的美国华盛顿市急需建造一座宏伟的纪念碑，来纪念一位开国元勋。人们计划兴建一座巨大的石塔，设计成为当时全球最高的建筑。

1836 年的华盛顿经历着快速发展，市民们计划在首都市中心修建一座纪念碑，以纪念美国第一任总统乔治·华盛顿。他们打算从美国各地运来石材，建造一座细长的针状石塔。这座石塔不仅要高过欧洲所有大教堂和埃及的金字塔，也将成为当时史上最高的建筑。这项宏大的工程完全依靠捐款，募捐者希望立即动工。工程师想赶快把塔基建好，然后就能在上面建造塔身，好让美国民众看到他们的捐款用在哪里。

5 年后，塔基上的纪念碑盖了 50 米，到 1861 年美国陷入南北战争，近 20 年间没有再动过一块石头。很多人认为国家的面子都丢光了，只盖出这么一个矮小的石墩，当时的人都叫它"烟囱"。为了挽回国家颜面，政府找来顶尖的军事工程师托马斯·凯西。凯西到工地视察的时候发现，石塔只盖了不到三分之一，而且向一边倾斜。人们从塔底挖了一条隧道进入塔基才找到问题所在，原来它坐落在一层松软的黏土和沙土上，使得塔基极不稳定。如果继续盖下去，世界可能会迎来又一座斜塔，或者更糟，这座塔根本无法建成。塔身重达 3 万吨，因此修复塔基是一项浩大的工程。

凯西必须设法把纪念碑扶正，矫正倾斜的塔身。创新设计打算是修复塔基，先挖走一边的土壤，让纪念碑恢复垂直，然后在塔基下面开挖隧道，地道通向地下坚硬的黏土层，接着用混凝土将地道填满，最后用大型扶壁连接塔身和新塔基，这样才能安全地建成纪念碑。凯西必须小心翼翼，不能让现有的石块破裂。当工人们挖隧道，浇筑混凝土时，他则密切监视着下陷的情况，要是发现石塔往哪一边倾斜，他会在哪一边增加混凝土，以便支撑石塔。

凯西的计划顺利完成，新的塔基极为牢固，动工 36 年之后，整座华盛顿纪念碑终于竣工。但塔基曾经出现的问题，留下了抹不去的阴影。可以看到纪念碑上的颜色不同，因为施工期拖得太长，所用石材并不完全一样。在凯西的努力下，华盛顿纪念碑轰动一时。到了 1888 年，每月约有 55000 多名游客兴奋地登上当时全球最高的建筑物。

1.8.2 埃菲尔铁塔的创新：利用沙箱使铁塔不倾斜

华盛顿纪念塔证明，只要塔基足够坚固，石塔就可以盖得很高。不过随着塔越盖越高，石材的性能发挥到了极限。要想使高塔的建筑高度是华盛顿纪念碑的两倍，法国建筑师就必须采取革命性的创新施工技术。

1889 年巴黎即将举办世界博览会，用以庆祝法国大革命胜利 100 周年。为了吸引游客并展示国家的工业实力，法国政府决定广泛征集方案，在法国巴黎市战神广场上，靠近塞纳河兴建一座 300 多米高的高塔，这也是当时的世界第一高塔。一位名叫古斯塔夫·埃菲尔的建筑设计师提出了一项大胆的创新设计。多年来埃菲尔建造了许多铁桥，他认为金属是兴建高塔的最佳材料。埃菲尔梦想着把他的高塔盖得像一座垂直的铁桥。要用铆钉把数千个基础组件固定在一起，组装成四个巨型支架，然后再把这些支架互相连接，搭建起一个水平基座，进而在基座上建造一座巨大的金属尖塔。

然而埃菲尔的设计引发争执，民众觉得这座塔很丑陋，是一个金属怪物，会玷污这座美丽的城市。当时很多人喜欢另一个设计，以砖石砌成，被称为"太阳塔"。两座高塔的设计使得巴黎陷入关于石材与金属的争论之中。埃菲尔决定采取攻势，声称一座 300 多米高的石塔根本不可能建成。

100 多年后，结构工程师卡尔·布鲁克斯证实了埃菲尔的说法。布鲁克斯的团队在计算机上一砖一瓦地建造"太阳塔"，以验证这个方案是否可行。他证明了埃菲尔是对的，建造如此高的石塔并不现实，石塔重达 15 万吨，如果当初真的动工一定会以失败收场。埃菲尔在这场争论中胜出，他让评委们相信，铁仍是最佳的选择。铁塔不仅坚固，而且非常轻盈。虽然熟铁是金属，而且很重，但是如果像埃菲尔这样组合起来，整座建筑将极为轻盈。

方案通过之后，埃菲尔面临着一个巨大的挑战。他只有两年的时间，要锻造 1.8 万个铁质部件，并将它们正确地组装起来。为了确保铁塔不会倾斜，他必须精确地摆放 4 个巨大的支架，埃菲尔利用了一个巧妙的、叫作沙箱的创新发明法。把沙子从沙箱排出，并且一定要非常小心，因为没有办法把沙子再放回去。他几乎是一粒一粒地排沙，慢慢地移动到位，一旦 4 根支架等高，就有了他所要的完美的基座。这种方法虽然很原始，却是埃菲尔心目当中最理想的做法。

埃菲尔用了一年多的时间建造这 4 座支架，很快他发现时间所剩无几。1888 年 3 月第一阶段完工，只剩下一年来完成其余的两个阶段。在高塔上用铆钉固定几千根铁梁相当费时，但是埃菲尔早有计划。他的团队在工厂里完成了大部分铆钉装配工作，然后把完成的部件运到工地，只有三分之一的铆钉在现场组装。250 万枚铆钉，1.8 万个铁质部件，仅仅动用了 130 人来组装。埃菲尔把预制的部件从工厂运到塞纳河左岸的工地，然后用蒸汽动力绞盘和起重机把巨大的部件吊上铁塔。在铁塔最高的部分，让两架起重机背靠着背前进。随着铁塔的升高，千斤顶把起重机向上抬，慢慢地塔越建越高。竣工后，埃菲尔巧妙地把起重机轨道改成升降梯轨道。由于采用塔式起重机与合理的组装流程，铁塔得以按时完工。

1889 年 3 月 30 日，铁塔正式竣工。第二天，埃菲尔带领着一群政要一口气爬上了 1710 节台阶，直接登顶。他们看到了前所未见的景象，从 300 多米的高空俯瞰巴黎。

埃菲尔铁塔（图 1.8.1）初始高度 312 米，现高 330 米，铁塔总质量 10100 吨，其中金属框架质量 7300 吨。一楼高 57 米，面积 4415 平方米；二楼高 115 米，面积 1430 平方米；三楼高 276 米，面积 250 平方米。从广场到二楼有五部电梯，从二楼到顶层有两部双人电梯。铁塔设有广场、一楼、二楼、顶层、花园五个区域，每年接待游客 700 万人次。

图 1.8.1　埃菲尔铁塔

1.8.3　西恩塔的创新：钢筋混凝土的竖井增加强度

1889 年，埃菲尔向世界证明，轻盈是打造高层建筑的关键。不过随着大楼越盖越高，工程师必须对付新的挑战——风。加拿大多伦多市决定兴建全球最高的建筑，必须让建筑物经得起风雨侵袭。

20 世纪 70 年代，多伦多市遇到一个难题，遍布城市的摩天大楼扰乱了电视信号，因此要建造更高的天线，人们决定兴建一座当时全球最高的建筑——西恩塔。但建筑师要面对一个难缠的力量，那就是风。塔底的风不会有任何危害，但到了塔顶却会变得非常危险，风势极大，尖塔落成以后测量到的最大风速约为每小时 120 千米。以这种速度行进的风，会以数千吨的力量推起高塔。

为了使西恩塔足够坚固，工程师决定创新使用钢筋混凝土。他们组装了一台巨大的混凝土铸模，有 30 层楼高。工人从顶部灌入混凝土，混凝土流入下面的模具中，在混凝土凝固的同时，液压式千斤顶把铸模往上抬，如此浇铸出完美无缺的竖井。进展顺利时，西恩塔一天之内就能升高 5 米。

但仅靠混凝土是无法抵御多伦多的强风的。尽管混凝土是一种绝佳的建筑材料，已经使用了 1000 多年，不过它有一大缺点，那就是建筑物如果遭遇侧向载荷，则很容易弯曲，弯曲会造成一边被挤压，另一边被拉长，混凝土打造的高塔被拉长的一边就会出现断裂，然后倒塌。为了使高塔更加坚固，就要用钢条把混凝土连接起来。如果把两者结合起来，钢条承受张力，混凝土承受压力。这种钢缆与混凝土的完美结合，正是增加西恩塔强度的关键创新措施。在设定好的楼层上，工人把钢缆穿过混凝土竖井，一直通向底部，再用液压式千斤顶把钢缆拉紧，固定在塔基上。西恩塔需要近 1000 千米长的钢缆，才能防止被强风吹歪。

西恩塔的混凝土核心筒在 1973 年动工，为了赶上进度，工人要在寒冬里继续作业。但是气温骤降至零下 18 摄氏度时，工程师遇到了一个难题，如果混凝土冻结，就可能导致水泥和沙砾无法黏合到一起。为了避免混凝土开裂，施工者必须设法保温，所以他们在西恩塔底部的一个车间里搅拌混凝土，把水加热到 57 摄氏度，并且把沙子加热到 55 摄氏度，以确保工作温度有利于混凝土的黏合。为了避免温热的混凝土遭遇寒风，要在核心筒内部把混凝土一桶一桶地吊上去，核心筒内部有丙烷加热器，用于给混凝土加温。

随着西恩塔越盖越高，钢缆穿过混凝土墙壁直到塔基。利用钢缆加固高塔抵挡强风，因此混凝土不会因为强风而开裂，或是被它的自身重量所压垮。为了给西恩塔封顶，施工者找了一架直升机，它精确地堆砌着塔顶的 44 个构件。

1975 年 3 月，最后一个构件装配到位，创造历史的西恩塔就此竣工。西恩塔塔高553.33 米，共 147 层，圆盘状的观景台远看像是飞碟，现为世界上第五高的自立式建筑物。塔内装有多部高速外罩玻璃电梯，只需 58 秒就可以将游客从电视塔底层送至最高层，每年吸引超过 200 万人次参观。

1.8.4　四大创新荟萃：广州塔

广州塔（图 1.8.2）上有各种令人称奇的设施，人可以在观景平台欣赏风景，在旋转餐厅享受美食，还有塔顶的摩天轮，供敢于冒险的游客乘坐。广州塔的兴建仅耗时三年，这是一项惊人的成就。建造广州塔的主要困难之一在于它非常纤细，同时又很高。因为纤细修长，所以必须有足够的强度，以免建筑物不够稳定。在塔顶真的能感觉到它总是在摇晃，建造这样一座高塔是建筑学上一个巨大的挑战。

图 1.8.2　广州塔

创新一：混凝土浇筑的竖井和一道环形混凝土梁建造塔基

广州塔的高度和重量是华盛顿纪念碑塔的 3 倍以上，这个钢铁与混凝土浇筑的庞然大物需要极为坚固的塔基。同华盛顿纪念碑一样，广州塔的选址也有问题，附近有一条河距离很近，因此挖出的地基要承受很大的水压，建筑师必须分两个阶段打造地基。为了支撑混凝土芯墙，要把巨大的混凝土底座直接建在基岩上，而且为了固定高塔的外部钢结构，就必须朝地下挖得更深。工人们在混凝土芯墙周围挖了很多竖井，挖井的同时创新采用环形混凝土梁加固潮湿的土壤。竖井挖掘几米后，就用混凝土浇筑，最后在顶部架起环形混凝土，彼此连接竖井。每一根钢柱都有一根柱桩向下深入基岩，大约有 20~40 米深，直径有 4~5 米。工作过程中基本上是徒手挖掘，偶尔使用钻机和铲车，建广州塔 30 米深的塔基用了整整一年。

创新二：把钢环梁集中在最纤细的地方支撑强度

与 100 多年前的埃菲尔一样，广州塔的设计师也想打造一座与众不同的建筑。传统的电视塔就像是一根带有圆形观景台的长针，工程师马克·海默尔的想法则完全不同。大多数瞭望塔像甜甜圈，如果想有一些创新，就必须想办法改变这种布局。他的设计理念很简单，就是两个圆形或者是椭圆形，用钢柱连接起来。下一步就是把两个圆形反向旋转，顿时就会意外地出现纤纤细腰的效果。把这一大胆的设计化为现实，对工程师来说是一项巨大的挑战。为了达到效果，必须同时利用混凝土和钢材的强度，并在高塔中间建造一座混凝土空心圆柱来容纳电梯和楼梯。这里会分成 5 个空间，作为观景走廊和设备的楼层。为了固定中心的混凝土圆柱，工程师用钢柱保护，以产生他们想要的效果。但纤细的腰身有一个缺点，它可能会在这里变形。工程师担心如此独特的高塔，其建造难度会非常大。起初工程师很怀疑这个设计，因为它是先收紧再变宽，看起来非常不符合逻辑。纤纤细腰是建筑设计师的梦想，却是工程师的噩梦。

不过马克很有信心，因为他之前见过这种设计。在设计这一作品的过程中，他深受自然界的影响——人类骨骼的结构，它和高塔的功能非常类似。人的大腿骨就像广州塔，两端宽阔，中间狭窄。不过中间的骨密度结实得多，因而更加坚固。人类可以向大自然学到很多的诀窍，就是在需要的地方让结构更加紧密。广州塔中间必须很坚固，同时底部和顶部要更加轻盈，去掉更多的材料。工程师创新地在圆柱内侧增加了钢环梁，形成坚固的格栅结构，制造环梁集中在最纤细的地方，以此增加强度，就像人类的大腿骨一样。这样，有着纤纤细腰的高塔就变得非常坚固。

广州塔由 4000 多个构件组成，为了装配这些构件，工程师借用了埃菲尔的几个绝招，像埃菲尔那样，用起重机把铁构件吊上去，然后在固定位置工人把铁构件焊接起来，形成无缝的骨架。同埃菲尔的施工团队一样，工人用千斤顶把起重机往上抬。如果没有埃菲尔的创新发明，广州塔恐怕无法成为现实。短短 23 个月后，广州塔爬升至 610 米的高空。尽管工程师曾忧心忡忡，但纤纤细腰获得了巨大成功，优雅而坚固。开放式阶梯一路盘旋而上，游客可以感觉到微风拂面。

创新三：格栅开放式结构和水槽减震器对抗台风

广州塔惊人的高度和纤纤细腰看起来弱不禁风，但这座塔的一项特殊设计使它足以抵御强风。当强风吹过，传统的高塔是会形成螺旋状的风旋涡，旋涡会把高塔拉向一侧，导致高塔面临倒塌的危险。但广州塔弯曲的不规则造型扰乱了旋涡。由于广州塔外部采用开放式格栅结构（图 1.8.3），进一步打乱了旋涡，因此强风不会对高塔产生任何威胁。

图 1.8.3　广州塔格栅开放式结构

尽管开放式结构使广州塔免受强风吹袭，但它依然有一个极具威胁的劲敌——台风。特大暴风雨每年都在这一带肆虐，最大风速达到每小时 200 多千米，可以轻易吹倒高楼大厦。不过在广州塔塔顶隐藏着一个对抗台风的利器，那就是两台装满了超过 10 万升水的矩形水槽。当强风吹来，会造成建筑物摆动，如果摆动频率和建筑物的自然频率差不多，一个大问题就出现了，长此以往，这座建筑必将倒塌。将塔顶灌满水，由于液体不断地晃动，撞击着周围，每一次撞击都抵消建筑物的摇晃，这是一个简单而又高明的创新办法。广州塔的水槽也叫做减震器，可以沿着轨道系统左右移动。遭遇强烈台风时，水槽可以移动 1 米左右，以吸收风的能量，从而维持广州塔的稳定。这些水槽甚至可以确保餐厅里的顾客饮用葡萄酒时一滴都不会洒。

创新四：设计三道防线避免火灾

2000 年 8 月 27 日中午，全莫斯科的电视都没有画面，因为奥斯坦金诺电视塔发生了火灾，大火在欧洲第一高楼内迅速蔓延，消防人员无法进入火场，四人受困于塔中不幸遇难。这一悲剧告诉我们，细长的管状建筑一旦发生火灾，后果不堪设想。

广州塔高达 600 多米，每天接待 8000 多名游客，会有几百人同时聚集在观景台。身处高空，为了避免发生火灾，广州塔创新设计了三道防线。

塔顶巨大的水槽配了一个神奇的发明——负责守卫大厅的消防机器人。当大火突然燃起，机器人的红外感应器会在几秒钟内侦测到，并打开水龙头，向火焰喷射出强劲的水柱，将大火熄灭。当机器人感应到大火已经熄灭，就会关闭水龙头，以免水量过多损坏建筑物。

灭火是保证安全的第一步，但大火本身未必是最大的危险。火灾发生的时候，浓烟才是最危险的。因此电梯前方的大厅必须经过加压，楼梯也一样，必须让游客迅速离开公共区域，进入核心筒的楼梯间。因此，广州塔的第二道防线就是智能通风系统。要避免浓烟窜入楼梯井和重要的出口，有一个方法就是把空气吹进去。楼梯井周围的房间一旦发生火灾，绝不能让出口浓烟弥漫。但如果把空气吹进去，浓烟就会马上从楼梯间散出去。最关键的事情就是尽快让浓烟散出去，这样人们就可以迅速地从建筑物中疏散出去。这个方法非常有效，这是因为位于出口区域的通风机可以使周围的气压上升，因此里面的浓烟会向外扩散。不过更重要的是，建筑物里别处产生的浓烟不会蔓延进去。因此出口处不会有浓烟。广州塔的核心筒有很长的通风导管，贯穿整座疏散楼梯，如果发生火灾，强大的风扇会吸入空气通过导管吹出。

人们顺着楼梯进入第三道防线，分布在整座电视塔的避难区。每层的顶部都有这样的区域，人们顺着楼梯往下来到这个避难区，消防员可以从这里救援，把人直接送到楼下去。这些设施让广州塔即使深陷火海，也能使游客的安全得到保障。

广州塔把工程学的潜力发挥到了极致，并且唤起了人类对高层建筑的向往。广州塔是目前向公众开放的最高的电视台。

1.9　空间站的创新奇迹

国际空间站是空中最大的人造物体，一天环绕地球 16 圈，距离地面 350 千米，生活着一个由 10 名航天员组成的小组，他们正在进行各种实验，研究如何能让生命迁出地球，他们的工作或许将来能让我们在月球或是火星上生存。国际空间站利用地面无法提供的空间零重力状态的有利条件，可以使科学家们进行一系列科学实验。

国际空间站由美国、俄罗斯、日本、欧洲航天局成员国、加拿大和巴西等共同建造，耗资超过 630 亿美元。国际空间站计划最早是美国提出的，当时名为国际自由号空间站计划，并于 1984 年得到美国总统里根的批准。但随着时间的推移和数十亿美元的耗费，这项计划并没有取得进展。1993 年，克林顿入主白宫，提出将自由号空间站计划由美国独自建造改为国际合作建设，使这一计划得以生存下来。1993 年 11 月 1 日，美国国家航空航天局与俄罗斯宇航局签署协议，决定在和平号轨道站的基础上建造一座国际空间站，命名为阿尔法（俄罗斯加入空间站计划后，反对使用这个名字，因为俄罗斯 1971 年发射的礼炮 1 号才是世界上第一座空间站。故现在国际空间站没有名字）。1998 年 1 月 29 日，来自 15 个国家的代表在美国华盛顿签署了关于建设国际空间站的一系列协定和三个双边谅解备忘录。美国、俄罗斯、日本、加拿大以及欧洲航天局的 11 个成员国（德国、意大利、比利时、丹麦、瑞典、瑞士、法国、荷兰、挪威、西班牙和英国）的科研部长或大使在文件上签字。这些文件的签署标志着国际空间站计划的正式启动。

国际空间站的建成，意味着一个共同探索和开发宇宙空间时代的到来。它成功的背后隐藏着四架跨时代的航天器，每一架航天器的建造完成都依赖于一次重大的科技突破和巧妙的技术飞跃，这些突破让工程师可以建造出更大的宇宙飞船，一架接着一架，让空间站的规模越建越大，直至建成世界上最大的空间站。

1.9.1　苏联礼炮号空间站的创新：可控喷射推进器

为了建造世界上第一个空间站——礼炮号，苏联工程师需要克服的第一个问题就是地球引力。

科学家不知道人类是否能长时间待在外太空这个极端的环境中，因此他们决定在太空里设置一个实验室。礼炮号搭载三名航天员，加压的隔间舱将包含一间控制室和宿舍。他们计划让航天员在太空中生活三个星期，在执行任务期间，时速必须达到 2.8 万千米。如果速度不够快，航天员就会从太空中掉下来，只有达到轨道速度，加速度产生的力才刚好可以抵消地球引力。当这两种力一样大的时候，物体才不会被吸向地球或是它正在绕行的星体。

为了达到时速 2.8 万千米的轨道速度，苏联人为礼炮号设置了一枚质子火箭，一旦进入轨道，礼炮号会与火箭脱离，之后它就可以一直保持这个速度。太空中是真空，因此不会有空气阻力使速度降低。但这个真空并非什么都没有。原则上说，如果没有任何摩擦力，航天器一旦进入轨道，就会留在轨道上。不过地球被大气层包裹着，即使是在数百千米的高空，仍会有一些空气分子。就算与礼炮号撞击的是空气分子，也可以产生阻力，从而降低航天器的速度。而一旦航天器的速度低于轨道速度，地球引力便会把航天器拉回地球，后果将不堪设想。因此空间站和其他航天器需要定期被推进。点燃火箭引擎，把轨道再次向上推移，可以抵消阻力产生的效应。但用火箭推进礼炮号的风险很高。火箭发射时会产生一个猛烈的推力，而且燃料维持的时间也很短。一次无控制的喷击可能会使礼炮号冲进太空深处，工程师需要的是他们能控制的火箭。

问题的答案来自一个令人意想不到的地方，即朝鲜战争期间出现的一个创新发明——火箭背包。这个由工程师创新设计出的火箭背包，可以让一个人从地面升入空中并进行移动。火箭人之所以能在空中盘旋是因为喷射器的动力来自一种易于控制的化学反应。化学马达使火箭背包成为可能，苏联则采用类似的马达安装在他们的空间站上，航天员就可以给宇宙飞船施加一个可以人为控制的动力，让宇宙飞船加速，这样航天员就能绕行地球23 天，刷新世界纪录了。

1.9.2　美国天空实验室的创新：利用通信飞机保持与地面通信

推进器让礼炮号空间站得以在轨道上运行 23 天，美国人下决心要打破这项纪录，开工兴建一个巨大的实验室，但是首先他们得想办法让实验室可以与地球保持联系。

20 世纪 60 年代末，美国国家航空航天局的科学家计划在太空进行一系列特别的实验，实验室是一个重达百吨的空间站，名为天空实验室（图 1.9.1），有 3 名航天员成为实验对象。科学家想查明在零重力环境中生活，对人体造成的重大伤害。他们将通过一条通信链，在地球上对整个实验进行监控。

图 1.9.1　美国天空实验室外观

天空实验室任务能否成功的关键在于科学家是否能够在地球上监控航天员的生命迹象。可问题出现了，休斯敦航天中心计划用无线电波和天空实验室保持联系，不过无线电波只能直线传播。天空实验室绕行地球一圈需要 90 分钟，因此在地面的科学家只有短短6 分钟的时间可以监控从休斯敦上空飞过的航天器，时间太短，无法搜集到所需的资料。因此，航天总署在全球建造了另外 11 座地面中心，以协助休斯敦航天中心。

然而大片的海洋上仍然没有接收器，于是他们想在一艘船的甲板上安装几个接收器，追踪从海面上空飞过的空间站。不过，一艘船负责的海域很大，没有一艘船的航行速度能赶得上天空实验室。美国国家航空航天局需要机动性更高的无线电接收器，于是他们创新地把接收器安装在航空器上。由于飞机本身的特性使然，可以被开到世界上的任何地方。这样就可以依循航天器的轨道与航天员保持全天候不间断的实时通信了。飞机最前端安装了一个直径两米的无线电波接收盘，电子马达可以让接收盘转到不同角度以瞄准天空中的任意一点。当空间站从上空经过时，飞机内部的操作员就可以调整接收盘的角度，接收来自天空实验室的无线电信号了。当天空实验室脱离一架飞机的接收范围后，就会有另一架飞机连上。这种方法需要 8 架飞机环绕地球飞行，才能和天空实验室的航天员保持不间断的联系。

1.9.3 阿波罗联合号空间站的创新：利用减压舱实现成功对接

1975 年，美国和苏联做出一项震撼世界的宣言，双方将汇集资源，合作打造一座空间站。

计划是这样的，苏联在哈萨克斯坦的拜科努尔发射场发射联合号宇宙飞船，同时美国从卡纳维拉尔角发射一艘阿波罗宇宙飞船。飞船在 220 千米上空的轨道上对接，美国航天员在这里与苏联航天员会合，双方将联手执行历史上第一次国际太空任务。

一项艰巨的工程学挑战出现了。苏联和美国的宇宙飞船在机械设计上是完全不同的，双方对对方的飞船都十分不了解。在一个关键问题上，两艘飞船完全不同，那就是气压。苏联联合号宇宙飞船上的气压和地球上的气压一样，而在美国的阿波罗号上，航天员呼吸的是纯氧，储藏纯氧所需的压力低很多。一旦美国人打开舱门，气压突然改变，就可能会对苏联航天员产生毁灭性的影响。平时溶解在他们血液中的氮气会重新变成气泡，而这些气泡可能会要了航天员的命。例如深海潜水员过快浮上水面，也会出现同样的惨状。但是坐在减压舱里慢慢适应气压降低，可以防止这种情况出现。

于是，工程师创新地借用这个办法，把一个减压舱固定在阿波罗宇宙飞船正前方。一旦两艘宇宙飞船结合，美国航天员将离开阿波罗号进入减压舱。他们将在那儿等上 3 个小时，直到减压舱气压与联合号内部的气压相当，接着航天员就能进入苏联太空舱了。

1.9.4　苏联和平号空间站的创新：脐带式求生索与活动式背包

为了建造更大的空间站，苏联宇航员必须掌握太空漫步的艺术。1986 年 2 月，一枚苏联火箭载着一架巨大飞行器的第一个组件发射升空。和平号空间站（图 1.9.2）一旦建成，质量达 130 吨，无法靠一枚火箭送上太空，因此必须分成 6 个部分分别运送。建造工程要依靠会太空漫步的航天员完成，这是一个极大胆的想法。

第一项挑战是在险峻的舱外环境实施作业，那里的温度向阳时会达到 135 摄氏度甚至更高，背向太阳时则会降至零下 170 摄氏度。早期的航天服是通过一条很长的脐带式求生索，把为

图 1.9.2　苏联和平号空间站

航天员降温的液体、呼吸所需的氧气以及维持身体运动的电力，从空间站输送到航天服。对于建造和平号的航天员来说，这条求生索十分不便，它不但限制了他们在空间站附近活动的灵活度，而且一旦求生索被缠住产生漏洞，后果不堪设想。

设计师为了克服这个问题，除去了脐带式求生索，创新改用活动式背包取而代之。背包里面有氧气、充电电池、冷却液壶、加热液，可以直接注入航天服中。每一种成分设计师准备了两份，以防其中一份失灵。但是无论航天员怎样低头，都看不见胸口的控制仪表板，因此设计师贴心地提供一面内置镜子，使得这一问题得到圆满解决。

1.9.5　五大创新荟萃：国际空间站

创新一：陀螺仪校对位置

国际空间站（图 1.9.3）不是使用自备的推进器，而是使用成功对接的飞行器搭载推进器，比如航天飞机。空间站还需要经常校对位置，以便让太阳能板可以一直面向太阳，太阳能板会提供空间站所需的一切动力。要做到这些微调，航天员靠的不是火箭的推动力，而是陀螺仪。工程师在国际空间站创新设计安装了四个

图 1.9.3　国际空间站

陀螺仪，当在地面的工程师调整这些转动着的陀螺的倾斜角度时，就会产生一个力，使空间站发生转动。陀螺仪需要经常做出微调以确保飞行器的太阳能板能永远面向太阳，为航天员进行实验提供动力。

创新二：利用通信卫星与地面保持通信

科学家已经研究出航天员每天必须运动 2.5 小时，才能保持肌肉的健康。不过在这个绕地球运行的实验室里，航天员本身已不再是科学实验的主要对象，航天员也要研究在无重力环境中应该如何种植农作物、饲养动物等，而天空实验室的地面专家会与航天员经常保持接触。今天他们不是通过飞机，而是创新使用卫星实现通信。在空间站上方数千千米，有 9 颗人造卫星环绕地球运转，卫星被锁定在地球赤道周围上空的轨道定点上，任务控制中心依靠这些卫星间的合作与下方轨道上的空间站保持几乎不间断的联系。每当空间站发出信号，距离最近的人造卫星便会接收信号传送到地球，然后发射到位于休斯顿的任务控制中心。

创新三：高效废水循环利用系统

近 10 年来，一直都有人生活在空间站上，这主要归功于工程师，是他们想出了一个创新的办法，循环使用人类最宝贵的资源——水。在亚拉巴马州的马歇尔太空飞行中心，科学家建造了一个空间站舱的实体模型，用于研究如何使最新的水源循环技术更加完美。他们让平民义工进入密封的隔间舱，过着和航天员一样的生活。这个隔间舱可以产生真正的废水，尽可能重现航天员在空间站会产生的废水。抽风机吸入浸满汗水的温暖空气，收集从湿衣服上蒸发的汗水，科学家给这种汗液取了个文雅的名称——"湿气浓缩物"，他们还要设法回收尿液中的水分。因为尿液受到的污染比湿气浓缩物更严重，因此工程师要先进行初步的蒸馏，尿液固有的水分有 85% 可以被回收，空间站的回收系统可以回收高达 94% 的由航天员产生的废水。回收后的水，航天员不但要喝进肚子里，还要吸进鼻子。在空间站的生命维持系统内部，电流贯穿了再生水的水槽，这股电流把水分解成两种化合物——氢和氧，泵可以通过贯穿飞行器的开键，把维持生命的气体氧气输送给组员，这是用汗水和尿液生产的新鲜空气。这项技术对于未来执行载人登陆火星的任务十分重要。火星任务来回可能需要两年时间，期间 4 名组员要使用 36000 多升的水。因此，太空科学家必须找到方法循环使用每一滴水，让组员机载的水量降到最低。

创新四：机械肢臂协助太空施工

国际空间站安装新舱的时候，即预制科学实验室之前，航天员要在地球上接受 200 多个小时的密集训练。约翰逊航天中心的水槽为航天员接受训练创造了一个几乎无重力的环境。工程师把这个设施叫作"中性浮力实验室"，因为在水里穿的服装基本上与太空漫步时穿的太空装一样。负责协助的潜水员会在航天员的航天服上加上重物，达到中性浮力，那种感觉很像无重力。主水槽底下有个空间站的复制品，航天员可以在水底学会如何在壳体附近灵活行动。他们穿着太空装，灵活度受到了限制，甚至连转动扳手这种最简单的动作也变得极为困难。回到真正的空间站，航天员的首要任务是从航天飞机上卸下新舱。10 吨重的实验室在太空或许轻若无物，但要搬动这麻烦的家伙，还需要一个帮手。加拿大航天局创新研发出一种特制的手臂（图 1.9.4），由 7 根机械肢臂组成，手臂牢牢地固定在空间站壳体的舱口，一只可拆卸的手可以把东西举起来，协助建造施工。航天员用这只手臂把实验室调出货舱，手臂弯曲让舱体与连接口对齐，然后航天员亲手把实验室固定好。

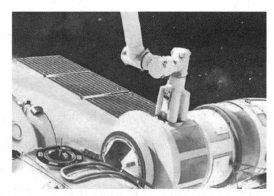

图 1.9.4　机械肢臂协助航天员太空施工

创新五：凯夫拉分层保护罩

国际空间站这么大的建筑物，由于体积庞大，很容易成为意外撞击的目标。十几万片火箭与人造卫星的碎片散布在空间站的轨道上，国际空间站经常要面对被飞行物击中的威胁。美国国家航空航天局用雷达追踪最大的残骸，引导空间站避开危险。但最大的威胁却是来自肉眼看不到的，像一粒沙子那么小的碎片，它们在以轨道速度运行时本身具有的冲击力足以穿透空间站的壳体，导致空间站压力降低，站里的人会一命呜呼。约翰逊航天中心的科学家可以复制这种碎片撞击的情景，他们把一小块儿碎片放进一把特制的手枪中，以 2.5 万千米的时速发射，小碎片以高速喷出，就像一枚手榴弹。如果空间站里面有人员，碎片喷出可能会对他们造成极其严重的伤害。工程师发现一块厚重铝片提供的保护还不如两张间隔一定距离的薄片。碎片从第一张薄板进入速度很快，穿过这层薄板发生振荡，会使微粒碎裂，微粒从这里出来速度就会减慢，形成一阵碎片云，它很像一种由微粒物质组成的气球。碎片云向外散开，等到它击中我们想要保护的墙壁时，已经散开很多了。为了强化这种保护板，工程师创新地在空隙外加垫了制作防弹背心用的材料——凯夫拉。如果有物体穿透了外层，凯夫拉可以消除碎片云的杀伤力，使内层完好无缺。工程师把空间站最脆弱的地方，逐一加上保护罩，甚至为窗户装上窗门，在不用时对窗户加以保护。将来可以运用这种科技保护月球和火星上的前哨站，与地球完全不同，那里几乎没有大气层可以吸纳落尘或陨石造成的冲击。有了铝片和凯夫拉的安全防护，宇航员就可以在新的哥伦布实验室里工作了。

国际空间站为人类移居其他星球做了准备，是不折不扣的终极宇宙飞船。

1.10　机场的创新奇迹

第一次世界大战以后，伦敦希思罗国际机场的所在地是一座空军基地。到了 20 世纪 30 年代，这座机场被命名为"大西方机场"，作为飞机零件组装和测试之用。第二次世界大战后，它转由英国民航局管理。

希思罗国际机场为伦敦最主要的联外机场，也是全英国乃至全世界最繁忙的机场之一。由于机场有众多的跨境航班，因此以跨境的客流量计算，希思罗国际机场的客流量是全球最高的。希思罗国际机场为全球 90 家航空公司所用，可飞抵全球 170 余个机场，2008 年旅客吞吐量已达 6700 万人次，其中 11% 为英国国内乘客，43% 为短程国际旅客，46% 为长程国际旅客。

到目前为止机场共有 5 座航站大厦及一座货运大厦。其中 5 号航站楼于 2008 年 3 月 27 日开放使用，造价超过 80 亿美元，用时 19 年。5 号航站楼是由 3 栋巨大的建筑组成的，主航站楼堪称是摩天航站楼，总高度达 40 米。这栋航站楼里有旅客签到台等设施，还有零售商店和各种客服设施，建筑下面还有 3 个大型火车站，一切设施都要协调运作，5 号航站楼每年能为 3000 万名旅客提供服务。

伦敦希思罗国际机场是全球最繁忙的国际机场，每年在这里起降的飞机有近 50 万班次，旅客流量相当于全英国的人口数。希思罗国际机场能演变得这么大，全依靠一连串重大的技术创新和 7 座具有划时代意义的机场，每座航空巨型机场都利用一项新技术创新来增加机场的旅客流量，让旅客能安全、快速又舒适地通关。七项具有开创性的发明，让机场变得愈来愈大，最终使伦敦希思罗国际机场跃升为世界最大的机场。

1.10.1　伦敦克罗伊登机场的创新：首次实施航空管制

1920 年，克罗伊登机场是伦敦的主要机场，当时航空业刚刚开始，航空技术尚未成熟，当时的飞行员全凭感觉驾驶飞机，他们利用地标辨别方位，例如海岸线、河川、大型城镇和道路等，但人的视力有时候并不可靠。

为了防止飞机碰撞事故的发生，克罗伊登机场创新发明了一项高明的新技术，即所有朝机场前进的飞机都要发出无线电波报。克罗伊登机场的无线电接收机会测量这些信号的角度，这样就能知道飞机是从哪个方位飞来的。但光靠飞机方位无法确定飞机的确切位置，于是克罗伊登机场又创新设置了两座无线电台，并锁定了无线电台的接收器。只要知道飞机的坐标位置，就可以指引飞机安全地降落在机场，航空管制也因此诞生。

1.10.2 伦敦盖特威克机场的创新：蜂巢形航站楼——全世界第一座运营的机场航站楼

当机场塞满了飞机，旅客就很难安全登机和下机了。伦敦盖特威克机场，如果要为2万名旅客提供服务，就必须拉近飞机和旅客之间的距离，但同时也要适时地将他们隔开。

在20世纪20年代，乘客们必须穿过很大的停机坪才能上飞机。莫里斯·雅克曼想为盖特威克机场的旅客提供一项创新的设施，也就是航站楼，但他一直想不出该把航站楼设计成什么形状。他考虑了各种变量，想到飞机该如何停放，如何在跑道上滑行，规划飞机的停放位置。对比来说方形建筑不行，因为一架飞机停在这里，另一架就出不去，空间还会闲置。在父亲的启发下，他想到将航站楼设计成圆形就可以解决这个问题，他所创新设计建成的蜂巢形建筑，至今仍然屹立在那里。

雅克曼的创新设计十分新颖，盖特威克机场航站楼的形状对旅客和飞机都有利，每架飞机都可以快速滑行到其登机门，让旅客下机，加油，再让旅客登机。旅客可在蜂巢形航站楼内舒适地候机，直到通往飞机舱门的伸缩式遮棚架设好。盖特威克机场蜂巢形航站楼是全世界第一座运营的机场航站楼。

盖特威克机场1958年建成通航；1988年机场北航站楼启用；1998年盖特威克机场主跑道延长至3316米；2012年盖特威克机场升格为4F级机场。2018年，盖特威克机场共完成旅客吞吐量4607万人次，货邮吞吐量11万吨，飞机起降28万架次。据2020年7月机场官网统计，盖特威克机场的两座航站楼，北航站楼面积9.8万平方米，南航站楼面积16万平方米；民航站坪共设119个机位，其中62个为近机位；有2条跑道，均为45米宽，长分别为3316米和2565米。

1.10.3 芝加哥奥黑尔国际机场的创新：滑模混凝土摊铺机铺设坚固跑道

位于美国芝加哥的奥黑尔国际机场是全球最繁忙的机场之一（图1.10.1）。这里每天要起降2700次航班，每年大约有7200多万名乘客经该机场来往穿梭于世界各地。奥黑尔国际机场是美国联合航空公司和美利坚航空公司的中转枢纽，在这里工作的员工共有5万

图 1.10.1 芝加哥奥黑尔国际机场

多人，占地达 7700 英亩，拥有 4 座航站楼、182 个登机门、7 条跑道和一个庞大的候机楼。

航站楼的出现加快了旅客登机和飞机整备的速度，不过螺旋桨飞机开始应对不了不断增多的旅客。但后来有一样东西的出现改变了一切，那就是喷射机。喷射机可运载更多的旅客，但也带来了新的问题。为了建造可容纳更多旅客的机场，芝加哥修建机场需大幅改善跑道的设计。

20 世纪 50 年代的航空公司很喜欢新型喷射机，喷射机比最先进的螺旋桨飞机飞得更快更远。但这种新型飞机需要新型的机场。波音 707 客机的发动机比 DC3 螺旋桨飞机重 3 倍多，燃油装载量比 DC3 螺旋桨飞机多 19 倍，载客量则多 8 倍，一架 707 的重量等于 13 架 DC3，传统的跑道无法应对庞大的喷射机。芝加哥计划为喷射机时代建造新机场，工程人员知道，必须将跑道升级才能应对喷射机。

芝加哥奥黑尔国际机场的工程师为提高跑道强度，创新将钢制框架埋在了混凝土中，但他们只能人工制作小块跑道，方法耗时又昂贵。后来他们发现，有种奇妙的机器，它铺混凝土的速度比人快，那就是滑模混凝土摊铺机。滑模混凝土摊铺机可以连续铺设长长的跑道，速度极快，而且铺好的混凝土跑道平滑无暇又坚固，结果对于工程师和喷射机来说都很理想。

1.10.4 达拉斯爱田机场的创新：全世界首条机场电动通道

达拉斯爱田机场位于美国得克萨斯州达拉斯，1974 建成启用，它是达拉斯地区的主要机场，是西南航空的公司总部所在地和维珍美国航空的主要枢纽之一。

喷射机的出现提高了飞机的载客量，为航空公司节省了成本。但喷射机需要的空间比螺旋桨飞机大，因此航站楼必须跟着变大。登机就成为一种体力考验，乘客得走很远的路去登机。为了服务 300 万名旅客，达拉斯爱田机场必须加快旅客登机的速度。

机场在 20 世纪 60 年代开始扩建，以便能容纳大型喷射机，但机场在变大的同时并没有考虑旅客的感受。从外地来的旅客开始抱怨，他们得走很远的路才能登机。例如芝加哥的奥黑尔国际机场，旅客转机时，如果必须从最远的登机门走到另一头的登机门，而且时间很紧迫，即使跑过去，也未必能赶得上飞机，因为机场的面积实在太大了。达拉斯爱田机场，在建造一条 500 米长的走廊时，他们意识到必须让旅客更轻松地登机。

加利福尼亚的一座采石场给他们带来了创新的灵感，这座采石场通过长达 15 千米的全世界最长的输送带将石块运送到水塔。橡胶如果能运送岩石，自然也能运送人。爱田机场的工程师于是在走廊上安装了一条橡胶输送带，在橡胶输送带下的轨道上放置了木质拖板，好让旅客踩在坚固的平台上。他们把这个输送带叫作"电动通道"，由单一电动机驱动输送带，就能轻松地将旅客送到登机门。

爱田机场启用时，航空公司对创新装设的电子通道表示肯定和满意，因为这样旅客就可以更快速地抵达航站楼了，而且旅客对机场服务的满意度也会提升。如今输送旅客的问题不仅仅局限于机场内部，将旅客送抵航站楼是输送链中最薄弱的一环。

1.10.5　亚特兰大国际机场的创新：金属探测器

亚特兰大国际机场共有 7 座航站楼，总面积 63 万平方米，共设 247 个登机廊桥，是达美航空的机场总部，达美干线航班占据亚特兰大机场所有航空公司班次的 30% 以上，同时也是边疆航空和西南航空的基地机场。2009 年机场旅客吞吐量 8803 万人次，飞机起降 97 万架次。

自从电动通道加快了机场内旅客的移动速度之后，越来越多人选择乘坐飞机旅行。但在 20 世纪 60 年代末期，劫机者察觉到飞机是理想的攻击目标，极容易下手。亚特兰大机场为了维持 1400 万人次的旅客量，不得不大幅加强安全措施。"以枪对付枪"不是什么好办法，必须在劫机者登机之前将他们留在机场。这项做法给全球最繁忙的亚特兰大机场带来了严重的问题。

这座机场因此承担了重大的责任，要从 1400 多万名旅客中揪出有不良意图的人，唯一保险的做法就是对所有旅客搜身，但这样会造成机场运作严重停摆。他们急需找出可以更快揪出劫机者的方法，结果他们居然从锯木厂找到了解决问题的创新方法。价值上千美元的圆木锯刀片是最重要的伐木工具，如果木材里藏有小型金属物，可能会弄坏刀片，让锯木作业停摆。如果有 20 人等待更换原木锯刀片，这样坐着没事儿干，会带来很大的损失。因此在将木材送入原木锯之前，他们必须先用金属探测器检查木材。任何可疑物体都会触动探测器。金属探测器通过巨大电圈产生电磁脉冲，电磁脉冲遇到金属物时会反射电磁回波。传感器接收到这类信号时，会触动警铃。这不仅适用于木材装置，也同样适用于旅客，现在机场不用对所有人搜身了。

1.10.6　洛杉矶国际机场的创新：条形码处理行李

洛杉矶国际机场建于 1948 年，拥有 4 条跑道，1 个主体航站楼，9 个航厦，排列成马蹄形。除旅客航厦外,洛杉矶国际机场另有占地18万平方米的货运设施,并设有一个直升机起降场。2001年旅客吞吐量为6161万。

随着飞机安全性的提高,更多人乘坐飞机出行,这又给机场带来了另一个难题,那就是行李数比旅客数还要多。如果洛杉矶国际机场想保持行李的流动,就必须大幅革新运送行李的技术。

1975年,洛杉矶国际机场每年要为近2400万名旅客提供服务,并处理两倍于旅客数的行李,这对行李运输工来说简直是个梦魇。多年来机场一直希望能分类运送行李,但找不到能读取行李标签的机器。1974年夏天,一包口香糖带动了行李分类作业的进步。口香糖是最先采用条形码这种新技术的产品,产品相关信息通过黑白线条来加密,这些线条会反射激光扫描仪的光,有一部传感器能接收反射的光,然后计算机会译码显示该产品的价格,这似乎是解决机场行李分类问题的最佳方法。

但西方航空将条形码技术引入洛杉矶国际机场之后,却引发了一个问题。这就是标签可能在行李的任何地方出现,甚至可能在底部,因此机器要从各个角度对行李发射激光,甚至还会从底部发射。这需要对机器进行创新。

中央计算机会处理卷标上的数据,然后把行李分别送到正确的飞机上。有机器能读取行李标签,加快了处理行李作业的速度。但机器并非万无一失,因为机场还是得靠人力处理行李,因此目前美国的航空公司每年仍会误送300多万件行李。

1.10.7 七大创新荟萃:伦敦希思罗国际机场

创新一:航空管制之新塔台的建造

如今,希思罗国际机场每小时有多达100个航班的飞机起降。航空管制员引导飞机降落,然后将飞机交给地面管制员,地面管制员必须保证亲眼看见跑道上的所有飞机。这也是建造5号航站楼会带来问题的原因。5号航站楼的建筑很高,挡住了地面管制员的视线,使他们看不到远处的飞机,所以需要建一座较高的新塔台,塔台的位置必须在机场正中央,也就是希思罗国际机场最忙碌的十字路口上。在这里进行工程建设会让机场现场混乱。

唯一的解决办法是在机场的边缘建造新塔台,再将整座塔台迁移到预定位置。但塔台有1000吨重,要把它运送到机场里面,要花几个月的时间做详细的规划,这是一项艰巨的挑战,因为不能让机场作业停摆,也不能更改任何航班的起降时间。工程师决定在傍晚将塔台运入机场。他们要做的就是拆掉围栏,然后把塔台运上停机坪。塔台是靠3部用来运送航天飞机的传送机运送的，工作人员要在机场重新开放之前，用不到 5 个小时的时间将塔台运送到目的地，前进的速度是每小时 3.22 千米。把塔台安全地放置在基地上之后，工程师用千斤顶托起塔台，实际高度变成了 87 米。现在希思罗国际机场的航管人员终于可以在塔台上工作，而不会受到 5 号航站楼的影响了。

创新二：长方形吐司架型的航站楼

希思罗国际机场将快速整备的概念发挥得淋漓尽致，飞机在再次起飞之前，极少会在地面上待 90 分钟以上，在这里每分每秒都很重要。应对如此繁忙的一座机场，圆形航站楼的容量很快就达到了极限。较大的圆形航站楼能让更多飞机停靠在外面，但这样的设计会导致一大半的内部空间闲置。如果能把许多小型圆形航站楼连接在一起就可以节省空间，但只要有一架飞机出现故障，就会导致很多架飞机动弹不得。

希思罗国际机场 5 号航站楼创新采用了吐司架型建筑模式（图 1.10.2），这个长方形建筑群通过地铁相连，以保持滑行道的畅通。这样即使发生特殊状况，飞机也能绕过去，省下宝贵的时间。希思罗国际机场 5 号航站楼的设计看似简单，但实施起来却是相当复杂。5 号航站楼的工地面积相当于伦敦海德公园的面积，首席建筑师麦克·戴维斯设计了一座 40 米高的航站楼，为更好地利用其内部空间，为航站楼

图 1.10.2　希思罗国际机场长方形吐司架型的 5 号航站楼

加上了一座单跨屋顶，屋顶的面积与 5 座足球场的面积相当，但吊起这座巨大的屋顶成了工程团队最艰难的任务。一块屋顶部件的重量就超过了六架大型喷气式客机的重量总和，想用塔式起重机把它吊到 40 米高的地方，可说是困难重重。起重机非常高，因此会干扰希思罗机场雷达系统。雷达天线平台的高度只比 5 号航站楼高 3 米，工程师不能在那个区域放置高大的起重机，因为这样可能会打到飞机的起落架，所以他们必须设法在地面上建造屋顶。工程团队利用几部小型起重机在地面上组装屋顶截面，然后用一种巧妙的吊运技术，将屋顶吊离地面。这项技术叫作"爬升千斤顶吊运"。他们用钢绞线吊起屋顶截面，这些钢绞线穿过多股钢绞线，成千斤顶。水锤泵十分强大，每部的起重量高达 185 吨，16 步爬升千斤顶，辛苦地把屋顶截面吊到 10 楼。工程团队花了近一年的时间，才吊好所有的屋顶截面，制造这些屋顶截面共用了 1800 吨钢。

创新三：新型混凝土建造跑道

希思罗国际机场 5 号航站楼将面临从波音 747 客机问世以来，喷射机体积最大幅的增加。全球最大的客机空中客车 A380 高度相当于 7 层楼，比大型喷气式客机重 200 吨。A380 的 560 吨的重量会对混凝土造成压迫，这款飞机考验了混凝土技术的极限。

铺设 5 号航站楼的停机坪时，工程师不能使用一般的混凝土。一般的混凝土含有水分，无法与混合料中的石头黏合，笨重的 A380 客机碾过时混凝土会裂开。唯一的解决办法就是铺设近 1 米厚的混凝土，但连最先进的铺设机都做不到这一点。5 号航站楼周围的路面面积超过 100 座足球场的总和，所需的混凝土量超过 62000 辆车的装载量，超出了预算和后勤能力，于是工程师决定创新采用一种新型混凝土建造 5 号航站楼。这种混凝土用一种类似肥皂的液体取代水，以提高混凝土的黏合性。这种混凝土可以承受 A380 的碾压，而厚度只要 60 厘米。新型混凝土为整个工程节省了近 28 万吨的混合料。现在航站楼四周的路面已经足够坚固，可以承受 A380 客机的碾压。

但喷射机又给机场带来了另一个难题，再先进的飞机也不是十全十美的，所有的喷射机都有一个弱点，那就是飞机的发动机和地面贴得太近，因此容易吸入跑道上的物质，这种情形可能会导致机毁人亡。2000 年 7 月 25 日，航空史上最具代表性的飞机——协和飞机，因为在跑道上吸入了一小块金属而失事坠毁，有 114 人在这场空难中丧生。为了维护喷射机的安全，机场的跑道必须保持干净，每年有 50 万架次的飞机在这两条跑道上起降，使用率高达 99%。这两条跑道的安全全靠两个人来维持，检查小组的成员要在有飞机在跑道上起降时检查跑道上有无异物，希思罗国际机场的两条跑道可能是全英国最干净、最宝贵的柏油路了。

创新四：运输系统 PRT（个人快速公交系统）

如今输送旅客的问题不仅仅局限于机场内部，将旅客送抵航站楼是输送链中最薄弱的一环。因此希思罗国际机场 5 号航站楼装置了一套创新而且极具试验价值的运输系统，叫作 PRT，也就是个人快速公交系统（图 1.10.3）。这种智能机器人装备机载计算机，可以感受周围的状况，工程师先利用测试轨道测试 PRT，再把它装设在 5 号航站楼里。

PRT 的概念完美到令人难以置信，以电

图 1.10.3　希思罗国际机场个人快速公交系统

池驱动的小型快速轨道电动车,每三秒可送四名旅客。小型快速轨道电动车不需要驾驶员,也不会相互碰撞,激光装置每秒会测量路缘与小型快速轨道电动车的距离几千次,接着有一部计算机会推动车轮,让小型快速轨道电动车保持在轨道中央。轨道上的金属回路会侦测每辆车的确切位置,这样如果有小型快速轨道电动车太接近前方的车子,PRT 的计算机就会命令这辆车停下来。

希思罗国际机场会先安装少量机器人车辆,18 辆小型快速轨道电动车将快速运送旅客往返于收费停车场和 5 号航站楼之间。当这套系统遍及整座机场时,每天可运送成千上万名旅客。从运送旅客数量上来看,小型快速轨道电动车几乎可说是天下无敌。如果拿小型快速轨道电动车跟公交车相比,公交车有 50 个座位,但公交车每五分钟才能发车一次,一小时只能运送 600 人。而只有四个座位的小型快速轨道电动车,每三秒发车,每小时可运送 1200 多人,所以这套系统的载客量很大,运转方式却十分缓和。如果 PRT 在希思罗国际机场试验成功,将来或许还能延伸到机场外,协助舒缓市区的拥堵交通。

创新五: X 光扫描拱道侦测器

适用于木材装置的金属探测器,也同样适用于旅客。现在机场不用对所有人搜身,也能查出安全隐患。但金属探测器无法解决所有的安全问题,反而引发了反恐与恐怖主义之间的科技竞赛。用于检测的机器在不断改良,而罪犯也在不断设法钻空子。2001 年 12 月 22 日,联邦调查局逮捕了一名企图在飞机上引爆自制炸弹的男子,他在鞋子里放了塑料炸弹,并且通过了安检顺利登机。

现在有一种创新技术可以对付在鞋子里放置炸弹的做法——拱道侦测器。拱道侦测器利用空气喷流移除头发和衣物上的粒子,然后将粒子吸入连微量爆裂物都能侦测到的侦测器,通过只能穿透衣物无法穿透皮肤的反散射 X 光机,显示旅客身上是否藏有可疑物品。如今机场最注重的是安全,攻击机场不仅会伤害民众,还会危害国家的经济。5 号航站楼创新装设了特殊的 X 光扫描仪,每天能检查 8 万多名旅客。X 光扫描仪利用多束 X 光测量每件行李的原子量,然后自动显示可疑物品,进而加快了扫描作业的速度,这样旅客在登机之前能有更多时间自由支配。20 世纪 70 年代开始实施的安检措施,再次向旅客证明了乘坐飞机是安全的。

创新六: 早期行李储存设备

希思罗国际机场 5 号航站楼每一小时能处理 4000 多件行李,各种形状、大小的行李要分别送上飞往不同目的地的数百架不同的飞机,这是一项非常艰难的物流作业。

5 号航站楼拥有全球最大的行李系统,这座巨大的迷宫就藏在航站楼内部,并拥有近 8 千米长的高速行李轨道和 18 千米长的输送带。这套创新设计的系统造价近 5 亿美元，整座航站楼是以行李系统为中心来建造的。行李系统建筑师花了 13 年研发这套系统，最后又花了 8 个月对它进行测试，每小时 12000 件行李是这套系统的最大处理量。

5 号航站楼的行李处理机器异常复杂，但促成这场发明的，却是一种非常简单的设施——高速签到台。按传统机场的平面配置，行李输送带是设在签到台后方的，这样会挡住旅客的行走路线。5 号航站楼内的输送带装置在签到台的下一层，行李升降机会把行李从签到台往下送。这项高明的创新规划，让旅客可以直接穿过签到台，加快了数百万名旅客的登机速度。其他机场是将旅客汇集在某一处，5 号航站楼则让旅客直接登机。但如此先进的系统还是得靠传统条形码扫描仪来运作。条形码扫描仪可以辨别行李，供中央计算机追踪控制行李的流向，行李系统随时可以掌控行李的下落，寻找行李所有者的身份。如果系统测试失败了，可能会连带拖累整座航站楼无法正常运行。

1993 年，丹佛机场开始采用全自动行李处理系统，但原本预期能成功的装置却引发了一场灾难，不断有行李从输送带上飞出，卡住机器。丹佛机场不得不延后一年启用。希思罗国际机场为了以防万一，5 号航站楼设置了两套行李系统，两套系统的规模一样大。

希思罗国际机场还要处理一个特殊的行李问题，那就是过境机场的旅客行李。希思罗国际机场有近三分之一的旅客是过境旅客，行李系统规模庞大。这套系统叫作"早期行李储存设备"，就是一项科技创新奇迹。早期行李储存设备可容纳 4000 件行李，由机器人操作，机器会自动取回行李，然后将行李送上飞机。为确保行李能赶上飞机，机器会把慢速输送带上的行李放到平台车上。平台车会把行李送到位于航站楼地下室的卫星楼。平台车靠磁加速器前进，速度可达每小时 30 多千米，这套系统的目标是在 15 分钟内将行李从签到台送上飞机。

创新七: 极高的可塑性

100 年前航空业的出现，一开始就是为了给富豪名流提供冒险的机会。如今，航空业已经成为全球的产业，现在旅客到很多机场时，要连续到好几个柜台办理手续，常常感到很困惑。机场在发展的同时也失去了自己的灵魂，希思罗国际机场 5 号航站楼的建筑师，希望他们设计的航站楼能恢复航空业原有的魅力。旅客来到希思罗国际机场时会清楚自己在哪里，这里只有一个房间，是一个相当简单的空间。旅客站在这里，可以清楚地看到航站楼周围 16 架飞机的情况。

5 号航站楼是一座高科技建筑，其内部空间的可塑性极高，能随时顺应将来机场内部的作业形态的变化，其简单的形状也会成为未来其他机场仿效的对象。

课程习题

第 1 课　创新改变世界

【创新学习简答题】

1. 创新简介。

2. 简述如何创新。

【选择题】

1-1 日本明石海峡大桥坐落在日本神户市与淡路岛之间，是世界上目前最长的 ____。

　　A. 吊桥　　B. 跨海大桥　　C. 双层桥

1-2 港珠澳大桥把香港、珠海、澳门连接在一起，是世界上目前最长的 ____。

　　A. 海底隧道桥　　　　B. 跨海大桥

　　C. 双层桥

1-3 大型双筒望远镜（LBT）是世界上最大的 ____，也是 300 多年工程学上的创新巅峰之作。

　　A. 太空望远镜　　　　B. 射电望远镜

　　C. 光学望远镜

1-4 中国三峡大坝长度达到 2 千米，有 60 层楼高，由 4 万名工人历经 17 年修建，是世界上规模 ____ 的水利工程。

　　A. 最大　　B. 第二大　　C. 第三大

1-5 哥达基线隧道穿过阿尔卑斯山脉，连接苏黎世和米兰，隧道长度达到 ____ 千米，是瑞士人创造的隧道工程史上的巅峰之作。

　　A. 46　　B. 57　　C. 63

1-6 世界上最大的运输机是 ____，它起飞质量高达 392 吨，是运输机中当之无愧的巨无霸。

　　A. 安托诺夫 124 运输机

　　B. C5 银河号运输机

　　C. 梅塞施密特运输机

1-7 美国海军最大的潜艇（俄亥俄级潜艇）是 ____ 核潜艇，可以在 250 米水下无声航行 6 个月。

　　A. 鹦鹉螺号　　B. 乔治华盛顿号

　　C. 宾夕法尼亚号

1-8 有着模特般纤纤细腰的中国广州塔高达 600 多米，是全球最高的 ____，是一个建筑奇迹，表明中国正日益成为工业强国。

　　A. 摩天大楼　　B. 电视台　　C. 观景塔

1-9 国际空间站是空中最大的人造物体，距离地面 350 千米，造价高达 ____ 亿美元，是人类历史上最昂贵的建筑工程。

　　A. 1000　　B. 2000　　C. 3000

1-10 英国希思罗国际机场，造价高达 80 亿美元的新航站楼，____ 航站楼，通过 19 年建造得以完成，主航站楼堪称摩天航站楼。

　　A. 4 号　　B. 5 号　　C. 6 号

1-11 美国尼米兹号航空母舰是第一艘尼米兹级核动力航空母舰，时速可超过 55 千米，可以航行 ____ 而无须补充燃料。

　　A. 10 年　　B. 15 年　　C. 20 年

第 2 课　吊桥的创新奇迹

【创新学习简答题】

1. 灵感创新发明法简介。

2. 日本明石海峡大桥的建造集成了哪些历史上的创新成就？

【选择题】

2-1 1779 年，在英国的什罗普郡，为了跨越宽度达 30 米的赛文河，桥梁建造者采用的创新建造方法是 ____。

　　A. 建造石拱桥　　　　B. 建造铸铁拱桥

　　C. 建造细木工连接法的木拱桥

2-2 日本明石海峡大桥采用栅格状的预铸铁组件建成，采用钢铁建造有一个很大的缺点和弱点，那就是 ____。

　　A. 质量会很大　　　　B. 会生锈

　　C. 容易发生扭曲震颤

2-3 世界上第一座现代吊桥的杰作是 ____。

　　A. 布鲁克林大桥　　　B. 梅奈桥

　　C. 尼加拉瀑布桥

2-4 在设计建造世界上第一座现代吊桥时，英国最佳土木工程师托马斯·特尔福德灵感来源是 ____。

71

A. 绳桥   B. 拱桥   C. 铁链桥

2-5 在建造尼加拉瀑布大桥时，为了能够承载300吨重的火车通过，采用的创新方法是____。

A. 利用新材料制造铁链来承重

B. 利用铁丝构成的缆索来承重

C. 在桥中央建造辅助桥墩来承重

2-6 在建造明石海峡大桥时，为了把组成钢缆的钢丝运送到对岸，日本工程师特地使用了____来进行输运。

A. 直升机   B. 滑轮

C. 电动导引绳

2-7 纽约曼哈顿岛与布鲁克林之间需要建造一座横跨600米宽东河的桥梁，单跨桥梁不可能跨越，设计师想出的创新设计方案是____。

A. 水下隧道与吊桥相结合

B. 拱桥与吊桥相结合

C. 在河中建造辅助桥墩

2-8 在建造布鲁克林大桥时，为了能够在水下施工，工程师想出的创新方法是____。

A. 利用圆钢筒   B. 利用围墙   C. 利用沉箱

2-9 在建造金门大桥时，为了能够建造出更高的桥塔来建成当时世界上最长的吊桥，工程师采用的创新方法是____。

A. 厚实坚固的石桥塔

B. 钢铁浇灌铸造桥塔

C. 钢材竖井蜂巢结构桥塔

2-10 明石海峡大桥的300米高的桥塔成为世界之最，每个桥塔都由30段组件架构而成，采用的创新建造方法是____。

A. 一次组装成型后再运送到现场

B. 在工厂焊接好组件，然后用螺栓在现场接合

C. 在现场沉箱内逐层焊接组合而成

2-11 1940年，美国华盛顿州新建的一座吊桥，____，由于桥面形状设计不合理，导致风与桥面形成共振，最终导致吊桥被风摧毁。

A. 塔科马大桥   B. 华盛顿大桥

C. 弗兰克斯大桥

2-12 1946年，为了使双层的维拉扎诺海峡大桥能够抵抗住强大的大西洋暴风，采用的是____创新设计，使得这座桥成为当时世界最长、最重的吊桥。

A. 将桥面两侧的轮廓设计成流线型

B. 封闭型钢结构箱型保护罩

C. 开放式格状钢结构箱型保护罩

2-13 明石海峡大桥对付地震的第一道防线是桥塔本身，钢材打造的柔韧桥塔在地震时会随地面移动，通过____来防震。

A. 吸收震动   B. 阻尼震动

C. 弯曲变形

2-14 明石海峡大桥用来抵抗地震的第二道防护是在每座桥塔的内部安放了20个巨大的摆锤来防震，他们被称为____。

A. 平衡摆   B. 阻尼器   C. 减震锤

第3课 港珠澳大桥的创新奇迹

【创新学习简答题】

1. 培养与激发灵感的方法和途径。

2. 港珠澳大桥的建造有哪些主要的创新之处？

【选择题】

3-1 港珠澳大桥在世界桥梁长度排名上是____。

A. 第一长   B. 第二长   C. 第三长

3-2 港珠澳大桥在建造中必须面对来自珠江口的泥沙问题，桥墩超过____的阻水率，泥沙就可能被阻挡沉积，从而阻塞航道。

A. 5%   B. 10%   C. 15%

3-3 为了保障伶仃洋航道能够满足30万吨油轮的通行，港珠澳大桥采用的创新设计方案是____。

A. 修建桥塔高度达到200米的大桥

B. 修建桥面高度超过80米的高桥

C. 修建海底隧道+跨海大桥

3-4 为了在松软的海底上修建人工岛，港珠澳大桥的工程人员采用的创新方法是____。

A. 将海底淤泥全部移走后建岛

B. 将海底淤泥全部固结后建岛

C. 圆钢筒围岛

3-5 为了解决阻水率的苛刻要求，港珠澳大桥的工程人员在修建海底隧道采用的创新方法是 ____。

A. 水下盾构技术　　　　B. 沉管隧道技术

C. 水下浇铸技术

3-6 为了建造围岛所需直径 22.5 米、高 55 米超级巨大圆钢筒，工程人员采用的创新方法是 ____。

A. 用新型卷板机制作

B. 用新型模具一次铸造完成

C. 用内胆定型进行拼接

3-7 为了能够按照工程计划在 1 年半的时间里生产铺设港珠澳大桥的海底隧道沉管，最后由德国专家帮助创新设计的快速拼接方案是 ____。

A. 自动化模板系统

B. 钢结构拼装系统

C. 自动化倒模灌注

3-8 为了能够安全铺设港珠澳大桥海底隧道重达 76000 吨的巨大的隧道沉管，在大连理工大学进行创新实验的目的是测量 ____。

A. 海浪对大桥的冲击破坏力

B. 最恶劣环境下洋流对隧道的影响

C. 采用多大的钢缆才能够安全地牵引隧道沉管

3-9 港珠澳大桥的海底隧道是由长 180 米巨大的管节拼接而成，在建造每段管节时采用的创新方法是 ____。

A. 利用模具一次灌注成型

B. 建造大型施工平台进行逐层搭建

C. 用 8 个小节段拼接而成

3-10 港珠澳大桥的海底隧道 6.7 千米长，是世界上最长的海底沉管隧道，是由 ____ 个巨大的沉管管节拼接而成。

A. 28　　　　B. 33　　　　C. 38

3-11 在海洋环境下的工程建设，对于工程质量造成最大、最长期影响的是 ____ 问题。

A. 洋流　　　　B. 泥沙　　　　C. 氯盐

3-12 为了使得港珠澳大桥能够抵挡住地震的威胁，采用的创新减震方法为 ____。

A. 高阻尼橡胶减震　　　　B. 全钢结构防震

C. 分模块拼接减震

3-13 为了使得港珠澳大桥能够抵挡住强风的威胁，大幅降低桥面的振动幅度，需要创新解决的重点问题为 ____。

A. 共振　　　　B. 涡振　　　　C. 扭摆

3-14 为了保证港珠澳大桥跨越的 30 多千米的海域中工程船只及其他通航船只的安全通航，工程师与海上交通警察和海事局合作，采用的创新管理方法是 ____。

A. 重新规划航道

B. 为工程船只指定航道

C. 进行通航管制

3-15 为了把建造港珠澳大桥的巨大的圆钢筒运送到 1800 千米外的伶仃洋，需要创新解决的最大问题是 ____。

A. 4000 吨重的圆钢筒对于运输船来说有些过重

B. 圆钢筒的高度过大遮挡了驾驶室正前方

C. 如何把圆钢筒吊运到运输船上安放

3-16 建造港珠澳大桥人工岛的巨大圆钢筒要放置在规定坐标内海床上，所允许的误差只有 ____。

A. 2 厘米　　　　B. 5 厘米　　　　C. 10 厘米

3-17 为了建造港珠澳大桥人工岛时把巨大圆钢筒下放穿透 37 米的海床土层里，所定制的世界最大的、能够吊起 1600 吨重物的超级武器是 ____。

A. 四向震锤　　　B. 六向震锤　　　C. 八向震锤

3-18 在建造港珠澳大桥的工程中，为了确保工程范围内的施工精度，采用的创新方式是利用 ____ 进行精确定位

A. GNSS 数据处理中心

B. GPS 数据处理中心

C. GMDSS 数据处理中心

3-19 港珠澳大桥全长约 ____ 千米，为世界上最长的跨海大桥。

A. 48   B. 55   C. 61

3-20 港珠澳大桥为世界首次外海筑岛，利用 _____ 个巨型钢圆筒直接固定到海床上直接插入海底，中间填土建成人工岛。

A. 100   B. 120   C. 180

3-21 港珠澳大桥的设计使用寿命为 _____ 年，能抗 8 级地震，抵御 16 级台风。

A. 90   B. 100   C. 120

第 4 课　天文望远镜的创新奇迹

【创新学习简答题】

1. 移植组合创新发明法简介。

2. 大型双筒望远镜（LBT）的建造集成了哪些历史上的创新成就？

【选择题】

4-1 为了解决传统望远镜的影像失焦模糊的问题，牛顿采用的创新方法是 _____，从而获得了令人啧啧称奇的清晰影像。

A. 利用新工艺磨制更薄的透镜

B. 增加一面新的补偿镜

C. 利用凹面镜子来反射聚集光

4-2 大型双筒望远镜（LBT）创新地利用两个 _____ 负责接收反射光，他们分别侦测全部颜色的一半，结合后得到更高的清晰度。

A. 8.4 米的主镜

B. 高感光度数码相机

C. 巨大的镜筒

4-3 由于帕森斯望远镜的镜片太大，无法用手工磨制，为了制作更大的镜片采用的创新方法是 _____。

A. 利用蒸汽机来机械研磨

B. 利用创新工艺进行拼接

C. 利用旋转抛物水面进行冲刷

4-4 大型双筒望远镜（LBT）采用巨大的抛物面镜，用来制造巨大镜子的创新方法是 _____。

A. 旋转融化玻璃的方法

B. 大型磨具一次熔铸

C. 巨大玻璃块逐层打磨

4-5 为了能够持续稳定地锁定追踪一颗恒星，建造胡克望远镜的工程师采用的创新方法是 _____。

A. 利用高速旋转的陀螺来保持方向不变

B. 利用液压驱动可旋转框架

C. 用时钟机器来驱动可旋转框架

4-6 为了能够使大型双筒望远镜（LBT）平滑稳定转动来锁定追踪天空目标，采用的创新方法是 _____。

A. 利用润滑型滚珠轴承

B. 利用高压喷油 C 型支撑架

C. 利用两片玻璃之间夹一层油膜

4-7 为了把海尔望远镜的巨大镜片从纽约州运送到加州，采用的创新运输方法是 _____。

A. 设计特殊车厢用火车运送镜片

B. 制造特殊拖车用汽车运送镜片

C. 用巨型运输飞机吊装运送镜片

4-8 为了保护环境，既不砍伐路边树木，也不触及树木，运送大型双筒望远镜（LBT）镜片去往山顶采用的创新方法是 _____。

A. 利用直升机调运镜片

B. 搭设高空轨道运送镜片

C. 把镜箱呈 60 度倾斜安放在拖车上

4-9 为了能够保持经纬台式大型望远镜的温度恒定，使得获得的影像不发生扭曲，苏联科学家采用的创新方法是 _____。

A. 在镜子后方建造蜂巢状凹穴，喷入冷气从内部冷却镜子

B. 冷却望远镜所在整栋建筑来保持恒温冷却镜子

C. 利用冷却机冷却空气后，再泵入圆顶冷却镜子

4-10 为了保持大型双筒望远镜（LBT）的镜子维持在恒温的夜间温度状态，采用的创新做法是 _____。

A. 在镜子后方建造蜂巢状凹穴，喷入冷气从内部冷却镜子

B. 冷却望远镜所在整栋建筑来保持恒温冷却镜子

C.利用冷却机冷却空气后再泵入圆顶冷却镜子

4-11 望远镜建造在山顶，只能解决一部分大气的问题，为了解决大气的问题，哈勃望远镜采用的创新方法是 _____。

A.把哈勃望远镜安放在美国最高的高山顶上

B.把哈勃望远镜的镜子变小、镜筒加长

C.把哈勃望远镜送入高 500km 的外太空

4-12 为了解决大气造成的相差问题，大型双筒望远镜（LBT）采用的创新做法是 _____。

A.利用两面巨大的反射镜来抵消大气造成的扭曲

B.调整第二对镜子的镜面来抵消大气造成的扭曲

C.调整两个数码相机来抵消大气造成的扭曲

第 5 课　水库大坝的创新奇迹

【创新学习简答题】

1. 想象创新发明法简介。

2. 中国三峡大坝建造集成了哪些重大创新成就？

【选择题】

5-1 在 19 世纪英国的诺森伯兰，醉心于发明的企业家阿姆斯特朗勋爵在他的庄园里创先使用的发电方法是 _____。

A. 水力发电　　　　　B. 火力蒸汽发电

C. 马拉转动发动机发电

5-2 三峡水坝创造了世界上规模最大的水利发电站，共有 _____ 台发电机，发电总量足以供 6000 万人使用。

A. 25　　　　B. 32　　　　C. 40

5-3 在法国修建马维日水坝发电站时，采用了河水改道的方法来排水建造，为了防止河水回流，采用的方法是 _____。

A. 修建地下排水隧道

B. 修建左右两边穿山排水隧道

C. 修建围堰来挡水

5-4 三峡大坝在修建时，为了把水排开进行施工，采用的方法是 _____。

A. 把长江水改道

B. 开放河道的一部分，另外部分用围堰围起来进行施工

C.修建沉箱型水下空间进行施工

5-5 利用混凝土修建大坝，会在内部产生大量的热量，为了能够尽快散热，兴建胡佛大坝的美国工程师法兰克·科洛采用的创新方法是 _____。

A. 先冷却骨料、建材、砂石，再混合冰块进行提前冷却降温

B. 用小砌块进行堆砌并在内部铺设水管灌水降温

C. 整体一次性灌注完毕，但在内部铺设大量水管灌水降温

5-6 为了能够尽快散去巨大混凝土建筑的内部热量，三峡大坝的建造者采用的创新方法是 _____。

A. 先冷却骨料、建材、砂石，再混合冰块进行提前冷却降温

B. 用小砌块进行堆砌并在内部铺设水管灌水降温

C. 整体一次性灌注完毕，但在内部铺设大量水管灌水降温

5-7 如果水库漫溢，水坝就会因为堤趾冲刷的破坏而爆裂，1933 年美国工程师在兴建大谷力水坝时，采用的防范方法是 _____。

A. 把坝底设计成一道混凝土斜坡来销蚀水下冲的能量

B. 加长水坝的落水坡来消减落水的破坏力

C. 在排水口安装了混凝土导槽，把水射向空中裂成小水珠

5-8 为了确保三峡大坝不被冲过的洪水造成堤趾冲刷的损坏，并能够有效销蚀落水下冲的能量，采用的创新防护方法是 _____。

A. 把坝底设计成一道混凝土斜坡来销蚀水下冲的能量

B. 加长水坝的落水坡来消减落水的破坏力

C. 在排水口安装了混凝土导槽，把水射向空中裂成小水珠

5-9 克拉斯诺亚尔斯克水坝，会阻挡叶尼塞河上

的航运交通，为了让船只继续通行，工程师采用的创新方法是 _____。

A. 利用垂直升船机把船只从坝底升到坝顶

B. 利用快速垂直升船机和船闸举起船只

C. 利用液压斜坡钢槽把船只从坝底推到坝顶

5-10 长江是中国很重要的航运水路，为了保持航运畅通，三峡大坝采用的创新做法是 _____。

A. 利用垂直升船机把船只从坝底升到坝顶

B. 利用快速垂直升船机和船闸举起船只

C. 利用液压斜坡钢槽把船只从坝底推到坝顶

5-11 即使有好几台轮机还没有启动，三峡大坝的发电量仍稳居世界之冠，兴建三峡大坝的主要原因是 _____。

A. 管理洪水，防治严重的长江水患

B. 提供干净的能源

C. 保护长江流域的生态环境

5-12 三峡大坝会形成数以吨计的沉淀淤泥或沉淀物，危及水库本身安全并影响下游生态环境，采用的创新解决方法是 _____。

A. 利用洪水的力道把沉淀物冲往下游

B. 利用清淤船只来运走淤泥或沉淀物

C. 每十年定期清理一次淤泥或沉淀物

第 6 课 隧道的创新奇迹

【创新学习简答题】

1. 问题创新发明法简介。

2. 哥达基线隧道建造集成了哪些重大创新成就？

【选择题】

6-1 在 19 世纪英国的伦敦，在泰晤士河下修建泰晤士隧道时，为了防止挖掘过程中的塌方，工程师布鲁内尔采用的创新方法是 _____。

A. 隧道盾牌 　　 B. 利用结实的黏土层

C. 压力喷浆

6-2 在哥达基线隧道的挖掘过程中仍然使用工程师布鲁内尔的技术，此外为了快速强化隧道外壁，采用的创新方法是 _____。

A. 长钢梁制成的钢拱

B. 利用钢架与大山形成对抗力

C. 压力喷浆

6-3 1833 年，在修建博克斯隧道时，为了穿过博克斯山坚硬的石灰岩，工程师布鲁内尔采用的创新方法是 _____。

A. 在山两头爆破挖掘

B. 开钻深井向两头爆破挖掘

C. A+B

6-4 在哥达基线隧道的挖掘过程中，为了能够实现精确爆破，不出现失误，采用的钻洞放炸药的方法是 _____。

A. 利用定向爆破来控制

B. 利用巨无霸机器来操控

C. 利用激光控制爆破挖掘方向

6-5 在 19 世纪末的利物浦，在修建默西河隧道时，为了在挖掘中保护工人的安全，工程师弗朗西斯·福克斯采用的创新机械是 _____。

A. 隧道巨无霸机器 　　 B. 隧道盾构机

C. 隧道镗床

6-6 在哥达基线隧道的挖掘过程中，在隧道挖掘机上最主要的挖掘部件是宽度接近 10 米的 _____。

A. 钻头机械臂 　　 B. 切割刀片

C. 切割转盘

6-7 1905 年瑞士在修建辛普朗隧道时，为了保障良好通风，工程师勃兰特采用的创新方法是 _____。

A. 开凿竖井用巨型风扇通风

B. 沿着隧道铺设管道用巨型风扇通风

C. 连通两条隧道用巨型风扇通风

6-8 在哥达基线隧道的挖掘过程中，隧道内的温度高达 45 摄氏度，为了降温，他们最终所采用的有效方法是 _____。

A. 用冷水通过冷却器降温

B. 安装冷冻机降温

C. 开凿竖井用巨型风扇通风

6-9 1987 年，在英法两国从两边同时挖掘英吉利海峡隧道时，为了保持在白垩岩层内挖掘，并在中部精确会合，采用的创新方法是

_____。
- A. 利用超声波来引导隧道镗床
- B. 利用 GPS 来引导隧道镗床
- C. 利用激光来引导隧道镗床

6-10 2005 年 6 月，在哥达基线隧道的挖掘过程中，一台镗床开进一条断层线，被困在碎石之下，他们最终所采用的创新解决方法是 _____。
- A. 放弃镗床，重新改变挖掘路线
- B. 先将碎石凝固，然后爆破取出镗床改道而行
- C. 先将碎石凝固，然后爆破后令镗床继续前进

6-11 哥达基线隧道中，为了在火车发生火灾时乘客能够安全逃生，他们所采用的创新方法是 _____。
- A. 修建两座紧急火车站
- B. 每隔 2 千米修建一个逃生竖井
- C. 两条隧道之间每隔 1 千米有一个逃生通道

6-12 在哥达基线隧道中，在发生火灾的情况下，为了防止浓烟伤害乘客的生命，他们所采用的创新解决方案是 _____。
- A. 在逃生通道安装巨大的排气风扇
- B. 在逃生通道配备足够的防毒面具
- C. 向逃生通道释放强风

第 7 课　运输机的创新奇迹

【创新学习简答题】
1. 确定目标创新发明法及其主要特点。
2. 安托诺夫 124 运输机的建造集成了哪些重大创新成就？

【选择题】

7-1 为了提高飞机的推力，伊戈尔·西科斯基在世界上第一架运输机穆罗梅茨号上采用的创新方法是 _____。
- A. 改进引擎　　　　　B. 增加引擎
- C. 改变机翼的外形

7-2 为了防止引擎出故障后导致飞机盘旋失控，

除了让引擎更靠近飞机外，西科斯基还采用 _____ 的方法。
- A. 在飞机尾部加装方向舵
- B. 增加应急备用引擎
- C. 改变机翼的外形

7-3 大型双翼飞机的钢缆结构会带来巨大的空气阻力，为了解决这种问题，雨果·容克斯创新设计了 _____ 型飞机"容克斯 G-38 号"。
- A. 双扑翼型　　　　　B. 双翼分装型
- C. 厚单翼型

7-4 世界上最大的安托诺夫 124 运输机，机翼长度超过了 _____ 米长，制造的材料采用的是 _____。
- A. 60，钢　　　B. 70，铝　　C. 80，钛

7-5 为了能够保障横越大西洋航线的"飞剪号"飞机乘客的安全，泛美航空公司采纳了波音公司的非传统设计方案是 _____。
- A. 双扑翼型
- B. 为乘客配备了水上救生衣
- C. 把飞机按照船来设计

7-6 1947 年，波音公司设计的"飞剪号"飞机受到了真正的考验，在横越大西洋的途中迫降在海上之后，在风暴中仍然漂浮了 _____。
- A. 24 小时　　B. 36 小时　　C. 48 小时

7-7 德国创新制造的世界上最大的运输机梅塞施密特巨人号，在设计飞机降落时的减震防弹起降轮时所获得的创新灵感来自 _____。
- A. 火车前端的减震器
- B. 轮船靠岸时的减震器
- C. 汽车橡胶轮胎的减震作用

7-8 安托诺夫 124 运输机之所以能够在承载重物时平稳降落，全靠特殊的起落架才能实现，起落架上最主要的缓冲装置是 _____。
- A. 支撑杆活塞　　　　　B. 支撑杆弹簧
- C. 24 个轮子的橡胶轮胎

7-9 为了能够实现大型运输机在空中打开舱门空投货物，并能够保障机身不被风力损毁，C5 银河号运输机采用的创新设计方案是 _____。
- A. 机舱采用分仓设计提供内部支撑

B. 在机身内部安装支撑龙骨

C. 在原机身上方加装第二个密封机身

7-10 为了能够把火车车厢从高大的安托诺夫 124 运输机顺利平稳地装上和卸下，采用的创新装卸方法是 _____。

A. 利用巨型滑轮车组

B. 让安托诺夫 124 运输机采用跪姿

C. 把安托诺夫 124 运输机舱底整个卸下

7-11 1989 年，为了能够空运巨大的暴风雪号航天飞机，安托诺夫 124 运输机采用的创新载运方案是 _____。

A. 加大机舱容积来运送航天飞机

B. 利用牵引绳拖运航天飞机

C. 把航天飞机架在安托诺夫 124 运输机的背上空运

7-12 在安托诺夫 124 运输机空运航天飞机时，为了能够避开航天飞机造成的空气乱流，并利用方向舵有效操控飞机航向，采用的创新方案是 _____。

A. 把方向舵转移到机尾的下方

B. 把方向舵在机尾的原位置之上加高

C. 把方向舵一分为二设置在尾部乱流之外

第 8 课 电视塔的创新奇迹

【创新学习简答题】

1. 模拟创新发明法简介。

2. 广州塔的建造集成了哪些重大创新成就？

【选择题】

8-1 华盛顿纪念碑塔最初建造的 50 米高度，由于塔基之下地质相对松软，造成塔身倾斜，军事工程师托马斯的后续建造方案为 _____。

A. 保持倾斜加固塔基，继续造世界上第二座斜塔

B. 挖走一边的土壤，把塔扶正后继续建造

C. 挖走一边的土壤把塔扶正，再在塔基下开挖隧道用混凝土加固

8-2 广州塔的高度比华盛顿纪念碑高 3 倍以上，广州塔的塔基建造的独特创新之处在于

_____。

A. 塔基建造得更深，底座直接建在基岩上

B. 塔基的四周建造了很多扶壁来加固塔身

C. 在混凝土芯墙周围环绕建造很多用混凝土浇铸的竖井和一道环形混凝土梁

8-3 在巴黎建造埃菲尔铁塔的初期，为了铁塔不倾斜，必须精确地摆放 4 个巨大的支架，工程师埃菲尔采用的创新方法是 _____。

A. 巧妙地利用沙箱

B. 巧妙地利用水漏

C. 巧妙地利用液压平衡

8-4 在建造埃菲尔铁塔的最高部分时，埃菲尔采用的向高处运送钢铁部件的创新方法是

_____。

A. 利用滑轮组逐级向上运送部件

B. 在塔旁边建造辅助建筑来传递部件

C. 两架起重机背靠背衔接并逐渐升高

8-5 广州塔之所以既拥有纤纤细腰又拥有足够的支撑强度，设计师的创新灵感是来自自然界中 _____ 的启发。

A. 大树   B. 竹子

C. 人类的腿骨

8-6 为了增加广州塔纤纤细腰部分的支撑强度并更加坚固，建筑工程师所采用的创新方法是

_____。

A. 钢圆柱内侧增加钢环梁形成格栅结构

B. 把钢环梁集中在最纤细的地方

C. 把纤纤细腰部分的钢圆柱加粗

8-7 高速行进的风，会以数千吨的力量推挤高塔，为了使得西恩塔足够坚固，工程师决定创新使用 _____ 来建造。

A. 钢铁格栅结构

B. 钢铁和坚固的石材组合

C. 钢筋混凝土

8-8 为了增加西恩塔的抗风强度，设计者采用的创新方法是 _____。

A. 在塔的中心建造钢筋混凝土核心筒

B. 用长长的钢缆穿过混凝土竖井通向塔底拉紧

C. 先建造好格栅状钢架结构然后用混凝土灌注

8-9 拥有纤纤细腰的广州塔虽然看起来弱不禁风，但一项特殊设计使它足以抵御大自然的强风，那就是 _____。

A. 它的不规则造型和格栅开放式结构

B. 建造在顶部的巨大的摆锤减震器

C. 环绕广州塔四周的钢圆柱

8-10 台风对广州塔来说也是一个巨大威胁，在广州塔的顶部隐藏着一个对抗台风的利器，即 _____。

A. 巨大的摆锤减震器　　B. 水槽减震器

C. 油压阻尼器

8-11 为了避免火灾，广州塔共设计了三道防线，在大火燃起时，第一道防线会采用 _____ 进行灭火。

A. 灭火机器人喷水

B. 红外感应喷头喷水

C. 感应灭火器喷射干冰

8-12 为了避免火灾，广州塔共设计了三道防线，在有浓烟产生时，第二道防线是 _____ 系统，会把浓烟吹出逃生核心筒通道。

A. 智能排风　　　　　B. 智能驱烟

C. 智能通风

8-13 为了避免火灾，广州塔共设计了三道防线，在火灾发生时，逃生的人可以顺着楼梯进入第三道防线，_____，等待救援。

A. 快速逃生滑梯　　B. 应急逃生通道

C. 分布在塔内每层的避难区

第 9 课　空间站的创新奇迹

【创新学习简答题】

1. 希望点列举创新发明法。

2. 国际空间站的建造集成了哪些重大创新成就？

【选择题】

9-1 苏联的礼炮号空间站是世界上第一个空间站，为了使空间站的速度保持轨道速度，从而保持高度，苏联采用的创新方法为 _____。

A. 利用火箭推动　　B. 利用喷气推动

C. 利用螺旋桨推动

9-2 为了给国际空间站提供动力，空间站需要经常校对位置，使得太阳能板保持面向太阳，做到这些微调所采用的方法为 _____。

A. 火箭推动力　　B. 航天飞机的推动力

C. 陀螺仪

9-3 美国天空实验室需要与休斯顿航天中心保持不间断通信，美国国家航空航天局采用的创新方法是 _____。

A. 利用分布在全球的 11 个通信基站

B. 利用陆上的通信基站和海上通信船

C. 利用通信飞机

9-4 在今天的国际空间站，与地面保持不间断通信的方法为 _____。

A. 利用分布在全球的 11 个通信基站

B. 利用陆上的通信基站和海上通信船

C. 利用地球通信卫星

9-5 1975 年美苏太空合作开始，两国的宇宙飞船将在太空进行对接，为了完成两艘飞船间的压强过渡，采用的创新方法为 _____。

A. 美国飞船内缓慢过渡增压

B. 苏联飞船内缓慢过渡降压

C. 两艘飞船间安装一个减压舱

9-6 美苏两国的宇宙飞船在太空成功对接之后，宇航员在两艘飞船间进行压强过渡需要等待的时间大约为 _____。

A. 2 小时　　B. 3 小时　　C. 4 小时

9-7 在空间站中，航天员用水的主要来源是废水回收循环利用，空间站的回收系统，可以回收高达 _____ 的由航天员产生的废水。

A. 85%　　B. 94%　　C. 98%

9-8 在国际空间站中，航天员呼吸所需的氧气的来源是 _____。

A. 化学分解二氧化碳

B. 航天飞机运送来的压缩液态氧

C. 电解水

9-9 苏联和平号空间站的质量达 130 吨，无法用火箭一次发射升空，为了能够成功建造，苏联采用极其大胆的创新方案是 _____。

A. 分 3 部分分别运送，由航天员进行太空拼接

B. 分 4 部分分别运送，由航天员进行太空拼接

C. 分 6 部分分别运送，由航天员进行太空拼接

9-10 空间站的组装需要航天员经常出仓作业，为了解决脐带式航天服的限制和不足，苏联的设计师采用的创新方案是 _____。

A. 利用活动背包取代脐带式求生索

B. 特制的航天服不再需要脐带

C. 利用太空座椅取代脐带式求生索

9-11 国际空间站由于体积巨大，会更容易受到太空垃圾碎片的撞击，对于大块的垃圾碎片，美国国家航空航天局的做法是 _____。

A. 用雷达追踪，并引导空间站及时打开防护盾板

B. 给空间站外部增加一层保护罩

C. 用雷达追踪，并引导空间站避开

9-12 国际空间站由于体积巨大，会更容易受到太空垃圾碎片的撞击，对于微小的垃圾碎片，不容易被发现，采取的保护方法是 _____。

A. 给空间站外部增加分层保护罩

B. 给空间站外部增加一层坚固的保护罩

C. 给空间站的玻璃窗户安装了窗门

第 10 课　机场的创新奇迹

【创新学习简答题】

1. 缺点列举创新发明法。

2. 英国的希思罗国际机场的建造集成了哪些重大创新成就？

【选择题】

10-1 1920 年，克罗伊登机场为了避免飞机空中碰撞事故的发生，创新发明了航空管制技术，要求所有朝机场前进的飞机都要必须 _____。

A. 发出无线电波报

B. 发出闪烁灯光信号

C. 发出红绿黄三色灯光

10-2 希思罗国际机场 5 号航站楼的建筑很高，需要在机场正中央建造新的更高的地面瞭望塔台，为了不影响繁忙机场运行，采用的创新建造方法是 _____。

A. 把新塔台直接建造在 5 号航站楼之上

B. 在机场外分块建造新塔台，然后再到预订位置组装

C. 在机场外建造新塔台，然后再整体迁移到预订位置

10-3 世界上第一座运营的机场航站楼是莫里斯·雅克曼为伦敦盖特威克机场的旅客创新设计的 _____ 航站楼。

A. 长方形　　B. 椭圆形　　C. 蜂巢形

10-4 为了应对机场的繁忙并且能够保证飞机通航彼此不影响，希思罗国际机场 5 号航站楼采用的创新设计形状为 _____。

A. 一个巨大蜂巢圆形

B. 把 6 个小型圆形航站楼连接在一起

C. 长方形的吐司架形

10-5 传统的飞机跑道无法满足喷射式飞机的要求，芝加哥奥黑尔国际机场为了提高飞机跑道的强度，最初采用的费时且昂贵的方法为 _____。

A. 将钢制的框架埋在了柏油跑道下

B. 将钢制的框架埋在了混凝土中

C. 利用滑膜混凝土摊铺机

10-6 全球最大的客机空中客车 A380 满载时，质量可达 560 吨，一般的混凝土会被 A380 碾裂，希思罗国际机场采用的创新跑道铺设方法为 _____。

A. 将跑道铺设的厚度达到 1 米以上

B. 将铺设跑道的钢筋密度增加一倍

C. 用新型混凝土来建造跑道

10-7 机场越建越大，达拉斯爱田机场为了能够把旅客快速运送到航站楼，首次安装使用了电动通道，创新灵感来自 _____。

A. 挖煤场　　B. 采石场　　C. 淘金矿厂

10-8 为了能够把旅客快速运送到航站楼，希思罗

国际机场 5 号航站楼装设了一套创新而且极具实验价值的运输系统 PRT，也就是 _____。

A. 旅客快速运送系统

B. 个人快速公交系统

C. 智能快速电动客运系统

10-9 为了提早制止劫机者，保护飞机乘客安全，亚特兰大机场从锯木厂获得启发，创新使用了 _____ 来探测乘客携带的危险物品。

A. X 光机　　　　　　B. 红外感应器

C. 金属探测器

10-10 现代有一种技术可以对付非金属炸弹，拱道侦测器利用 _____ 来发现并检测出乘客身上的微量爆裂物。

A. 空气喷流　　　　　　B. X 光机

C. 感应电子鼻

10-11 由于行李数比旅客数还多，洛杉矶国际机场为了大幅革新运送行李的技术，终于找到了能够分类运行李的有效方法，即 _____。

A. 条形码识别分类技术

B. 莫尔斯码识别分类技术

C. 红外激光双重识别分类技术

10-12 希思罗国际机场 5 号航站楼每小时能够处理 4000 多件行李，行李系统规模庞大，极具创新发明科技奇迹的 _____，可以在 15 分钟就能将行李从签到台送上飞机。

A. 高速签到台　　　　　　B. 高速行李系统

C. 早期行李储存设备

10-13 100 年前，航空业的出现，一开始就是为了 _____，现在航空业已经成为全球产业，机场在发展的同时已经失去了这个灵魂。

A. 给富豪名流提供冒险的机会

B. 给交通运输提供更快的途径

C. 让更多人实现飞上蓝天的梦想

10-14 希思罗国际机场 5 号航站楼是一座高科技建筑，但其简单的形状可能会成为其他机场效仿的对象，其内部空间的 _____ 极高，可以随时顺应将来机场内部的作业形态的变化。

A. 可塑性　　　B. 整合性　　　C. 灵活性

第2章
航空母舰创新百年篇

　　航空母舰，简称"航母"，是一种以舰载机为主要作战武器的大型水面舰艇，可以提供舰载机的起飞和降落。现代航空母舰是高科技的产物，是以舰载作战飞机为主要武器，并整合通信、情报、作战信息、反潜、反导装置及后勤保障为一体的大型海上战斗机移动基地平台。航空母舰的舰体通常拥有巨大的甲板和舰岛，舰岛大多坐落于右舷。

　　在战争中，航空母舰一般总是一支航空母舰战斗群的核心舰船。舰队中的其他船只为其提供保护和供给，而航母则提供了空中掩护和远程打击能力。航空母舰大致可分为攻击型航空母舰和多用途航空母舰，第二次世界大战结束后，随着科技的进步和作战思想的改变，美国把航母的作战类型全部综合到一艘航母上，即多用途航空母舰；按排水量的大小来划分的话，可分为大型航母（排水量6万吨以上），中型航母（排水量3万～6万吨）和小型航母（排水量3万吨以下）；按动力装置来划分，可分为核动力航空母舰和常规动力航空母舰。

　　发展至今，航空母舰已经成为现代海军中不可或缺的武器，也是海战最重要的舰艇之一。依靠航空母舰，一个国家可以在远离其国土的地方、在不依靠当地机场的情况下施加军事压力和进行作战。航空母舰已是现代海军不可或缺的利器，也成为一个国家综合国力的象征。经过100多年的发展，许多国家已经拥有了航母。现在拥有航母数量最多的还是美国，除美国之外，俄罗斯、意大利、巴西、印度、西班牙、泰国、中国也都拥有不同型号的航母。另外，截至2021年，法国是除美国外唯一拥有核动力航母的国家。这100多年来，航空母舰到底是怎样一步步发展蜕变，直到发展成今天这个样子的？这100年来，人们又是怎么看待航母的呢？

2.1　航空母舰的起源

　　人类关于航空母舰的最初梦想来自一向富有创意的法国人。1909 年法国人克雷曼·阿德第一次向世界描述了飞机与军舰结合这个颇具想象力的创新梦想。他在 1909 年出版的《军事飞行》一书中首次提出了航母的基本概念和制造航母的初步设想,并第一次使用了航空母舰这一概念。

　　1910 年 11 月 14 日,美国人开始尝试着实践这一创新的设想。军方的实验小组在轻型巡洋舰伯明翰号的前甲板上铺设了一条长 25.3 米、宽 7.3 米的木质飞行跑道。飞行员尤金·伊利驾驶一架单人双翼飞机在这条特制跑道上迎风而起。1911 年 1 月 18 日,还是飞行员尤金·伊利驾驶飞机,在重巡洋舰宾夕法尼亚号上完成了成功降落。这两次起飞与降落试验的成功,奠定了航空母舰作为一种新型舰种的技术基础。

　　1917 年是航空母舰发展史上十分重要的一年,这一年英国海军决定建造航空母舰。百眼巨人号是英国造船商为意大利造的一艘客轮,开工不久即被英国海军买下,准备将其改建成一艘航空母舰。改建工作自 1917 年开始,船上原有的烟囱被拆除,设计人员重新设计出从主甲板下面通向舰尾的水平排烟道,从而清除了妨碍飞机起降的最大障碍——烟囱。飞机跑道前后贯通,形成了全通式的飞行甲板,极大地方便了舰载机的起降作业。这种结构的航母被称为平原型。百眼巨人号初显了现代航母的雏形,但在改建过程中遇到的最大难题就是不定常涡流的问题。正当英国的造船专家们无计可施之时,一名海军军官想出一个奇妙的创新办法,这个办法就是把舰桥、桅杆和烟囱统统合并到上层建筑中去,然后把整个建筑的位置,从飞机甲板的中间线移到右舷上去,这样起飞甲板和降落甲板就能连为一体,而不定常涡流的影响也将不复存在。这位海军军官把自己的高招称为岛式设计。1918 年 5 月,百眼巨人号的改装工程彻底完工。百眼巨人号的标准排水量为 14450 吨,最大航速 20 节,可搭载飞机 20 架。百眼巨人号的舰载机采用了一种原来在陆地起降的鱼雷攻击机,它有折叠式的机翼,能携带 450 千克重的 457 毫米鱼雷,具有很强的进攻能力。1918 年 9 月,该舰编入皇家海军的作战训练。然而由于当时第一次世界大战已经接近尾声,匆忙服役的百眼巨人号尚未来得及接受战火的洗礼,战争便已经结束了。

　　而世界上第一艘真正意义上的航空母舰,却是被日本海军捷足先登。1922 年 12 月日本建成的凤翔号航空母舰,由于它不是改装的,因此被认为是世界上设计制造的第一艘航空母舰。这种全通式飞行甲板、上层建筑岛式结构的航空母舰成为后来各国航空母舰的样板,这一时期可以说是航空母舰的初创阶段。

　　所以人类最初的航母梦想是由法国人提出,经过美国、英国、日本等国的大胆实践,最终成型。从航母的起源以及后期的发展来看，航空母舰的发展一直都贯彻了需求牵引和技术推动这两个特点。第一次世界大战有了军事需求，拉动了这样的航空业的发展。

2.1.1 英国的创新改装航母

航空母舰最早的雏形——水上飞机母舰

在第一次世界大战前，水上飞机首先被用于海上侦察。各国海军都喜欢使用这种飞机，因为它能非常方便地在水面上进行起飞和降落。但是水上飞机的装载和运输一直是一个大问题。因为早期的水上飞机只能被置于船的后边，由船只来牵引拉动，所以一旦遇上恶劣天气，缺少保护的水上飞机就有进水、发生倾覆的危险。1912 年，英国海军把一艘老旧的巡洋舰改装成了世界上第一艘可容纳飞机的船只。后来英国海军又征用了 3 艘在英吉利海峡营运的渡轮，并把它们全部改装成可以装载水上飞机的军舰，这种船只后来被称为水上飞机母舰。它是航空母舰最早的雏形。

暴怒号

在第一次世界大战中，英国是唯一拥有舰载水上飞机的参战方。英国军方提出将水上飞机用于作战，并要搭配保护它的战斗机。由于有这种需求的拉动，就不能再只使用没有飞行甲板、无法供空战能力更强的战斗机起飞的水上飞机母舰，必须重新设计另一种新军舰，这即是后来出现的航空母舰。1917 年 6 月，英国皇家海军暴怒号巡洋舰在建造过程中改变原有设计，

图 2.1.1　1918 年二次改造完成后的暴怒号航空母舰

将舰艏部分上层建筑全部移除，转而铺设 69.5 米长的甲板供飞机起飞，这使暴怒号成为第一艘可以起降固定翼飞机的船只（图 2.1.1）。不过起飞后的飞机无法再返回母舰，只能去陆地的机场寻求着陆。

1917 年 8 月 2 日，英国海军少校、暴怒号海军航空兵指挥官欧内斯特·邓宁驾驶"幼犬"战斗机，创新采用与军舰平行飞行、侧滑着陆的方式降落到航行中的暴怒号前甲板上，地勤人员抓住了机翼后缘使飞机停了下来。这成为世界上首次飞机在航行中的军舰上成功降落的尝试。几天之后，当邓宁少校再次试图尝试这种危险的降落方法时，飞机失控翻出军

舰，坠入海中，邓宁不幸溺死海中以身殉职。1918 年 4 月，英国对暴怒号完成了二次改装，将其后主炮和后桅拆除，在后部加装了 86.6 米长的飞行甲板。这样，以中部上层建筑为界，前部甲板用于飞机起飞，后部甲板用于飞机降落，飞机可以互不干扰地同时进行起降作业。尽管如此，暴怒号仍然不具有全通飞行甲板，飞机降落仍然十分困难。所以，当时的暴怒号还是一艘很不完善的航空母舰。

百眼巨人号

历史上第一艘安装全通飞行甲板的航空母舰是由一艘建造中的客轮卡吉林号改建的英国百眼巨人号航空母舰。它的改造于 1918 年 9 月完成。飞行甲板长 168 米，甲板下是机库，有多部升降机可将飞机升至甲板上。1918 年 7 月 19 日，7 架飞机从百眼巨人号航空母舰上起飞，攻击德国停泊在同德恩的飞艇基地。这是历史上第一次从母舰上起飞飞机对敌方进行的攻击。

竞技神号

1917 年 7 月，英国开始建造一艘具有"纯正血统"的航空母舰，并将其命名为竞技神号（又译作赫尔墨斯号，图 2.1.2），用来纪念航母的鼻祖——世界上第一艘水上飞机母舰竞技神号。其完工服役日期晚于日本的凤翔号航空母舰。英国在第一次世界大战中大伤元气，后来又选择了两艘

图 2.1.2　英国竞技神号航空母舰

大型巡洋舰勇敢号和光荣号作为被改装成航母的军舰。1930 年，英国建造的"皇家方舟号"航空母舰采用了全封闭机库、一体化的岛式上层建筑、强力飞行甲板、液压弹射器，被誉为"现代航母的原型"。

2.1.2　美国航母的早期发展

兰利号

美国的第一艘航空母舰是 1922 年 3 月 22 日正式启用的兰利号航母。兰利号其实并不是一开始就以航空母舰为用途所建造的舰艇，其前身是 1913 年下水的木星号运煤船。

1917 美国海军看上它运载煤炭用的腹舱容量充足，因此最终将其改装为航空母舰。在改装中，木星号煤仓上甲板的上层建筑及起重机被全部拆除，从舰首至舰尾架设了 13 个单位桁架，在上面铺设了长 165.3 米、宽 19.8 米的全通飞行甲板。在甲板中心设置了一台飞机升降机。兰利号的机舱设置在军舰的尾部，原有的 6 个煤仓中的 4 个被改成飞机库，其余的被改成航空汽油库、弹药库和升降机械室。

第一次世界大战后，1922 年各海军强国签署的《华盛顿海军条约》严格控制了战列舰的建造，但条约准许各缔约国利用 2 艘战列舰改建为排水量 3.3 万吨的航空母舰。当时，作为东道主的美国正在建造 6 艘排水量为 43200 吨的南达科他级战列舰。而美国在太平洋战场上的潜在对手——日本海军对这一举动非常敏感。所以在条约签署时，日本的主要目的就是让美国放弃这 6 艘战列舰。经过反复讨价还价，美国被迫做出让步，暂停这几艘战列舰的建造。但作为交换条件，日本也必须同时放弃在建的两艘排水量 41000 吨的天城级战列舰。此次谈判导致了两国第一代大型攻击航母的诞生——日本的赤城级航母和美国的列克星敦级航母。美国的列克星敦级的两艘航母（CV2 列克星敦号和 CV3 萨拉托加号）、日本的赤城号、加贺号两艘航母，以及英国的勇敢号、光荣号、暴怒号，并称为世界七大航母。1936 年《华盛顿海军条约》期满失效后，各海军列强又展开了新一轮军备竞赛。在这一轮军备竞赛的过程中，具有军事变革思想、那些看到未来技术发展的国家坚持大力发展航空母舰的军事战略，而思想保守落后的国家却继续坚持"大炮巨舰致胜"的思想，大力发展以战列舰为主的军事战略。美国的约克城级航空母舰、日本的翔鹤级航空母舰、英国的光辉级航空母舰正是这一时期的杰作。

埃塞克斯级

航母一直不断地在创新、发展变化之中，从它诞生之初最初的样子——艏尾两段式的航母，到兰利号和百眼巨人号全通式的甲板，再到约克城级的航母，这个时候它的舰岛已经移到了船的右舷侧。

埃塞克斯级的航母是美国在历史上建造数量最多的一级航母，可以说它为盟军夺取在太平洋上的制海权，最后直逼日本的本土，起到了巨大的作用。第二次世界大战爆发前，美国已有 5 艘航空母舰。当时的战列舰仍被视为海上力量的中坚，航空母舰只是一种海上浮动机场，从上面起降的是侦察机和尚未证明其威力的攻击机。但是随着欧洲战事的爆发和日本的扩张，美国深感有加强航空母舰建造的必要。

在罗斯福总统的大力支持下，美国国会计划于 1940 年建造 11 艘埃塞克斯级航空母舰，1941 年再造两艘埃塞克斯级航空母舰。然而由于种种原因，等到日本偷袭珍珠港、太平洋战争爆发时却只有 5 艘开工。珍珠港事件导致了美国海军战略思想的彻底变化，美国国会和政府做出了加速建造航母的决定，优先建造埃塞克斯级航空母舰。

埃塞克斯级航空母舰的标准排水量为 27500 吨，舰长 267.2 米，宽 28.4 米，舰体长宽比为 8 : 1，飞行甲板为长方形状，长 246 米。在飞行甲板前部和中后部设有升降机拦阻系统，在舰尾和舰艏各设一组拦阻索，能阻拦降落重量达 5.24 吨的舰载机。埃塞克斯级航空母舰的主要作战兵力是舰载机，机库有近百架飞机，此外还可在飞行甲板上停放飞机。军舰可搭载飞机 100 多架，编制舰员 3442 人，其中军工 382 人。埃塞克斯级航空母舰的水下防护和对空火力都有所加强，舰体分割更多的水密舱室。这种结构使埃塞克斯级航空母舰在第二次世界大战后期虽然遭受日本的鱼雷、炸弹和自杀飞机的轮番攻击，绝大部分都保存了生存能力，而且没有一艘被日军击沉，创造了海战史上的一个奇迹。

2.1.3　日本航母的起步发展

信心满满的英国海军由于拥有了世界上第一艘航母，他们完全有理由认为：他们将建成世界上第一艘纯种航母。然而皇家海军忽视了一个正在日益崛起的对手，航空母舰发展史上的又一个"后起之秀"——日本海军。日本海军之所以具有较高的发展速度，其中一个重要原因在于善于向先进的海军强国学习，善于跟踪海军建设中的最新浪潮，一旦看准就不惜血本地大力建造。

凤翔号

日本是最早关注海军航空兵和航空母舰发展的国家之一，早在 1913 年时，日本海军就曾将商船改装为水上飞机母舰，日本也成为最早拥有水上飞机母舰的国家之一。

在 1919 年 12 月 16 日，日本海军开工建造了本国第一艘航空母舰凤翔号（图 2.1.3）。凤翔号航空母舰是完全按照英国的竞技神号的思路开始

图 2.1.3　日本凤翔号航空母舰

设计的，改变了过去航空母舰的平原型结构，设置了一个小型右弦岛式上层建筑，并且上层建筑后方的三个矮烟囱在飞机进行起飞作业时可以被放倒。

凤翔号于 1922 年 12 月 27 日在横须贺海军船厂竣工，编入日本海军服役。由于该舰在航空发展史中第一次使用了岛式上层建筑，因而被称为第二代航母，以区别于第一代平

原型航母。它在外形上已经与现代的航空母舰十分相似，这也是人类历史上第一艘专门设计制造的航空母舰。

凤翔号航空母舰的标准排水量为 7470 吨，满载排水量为 10600 吨，舰长 168.25 米，宽 18 米，飞行甲板长 168.25 米，宽 22.7 米。凤翔号的动力装置为 8 座锅炉和 2 台蒸汽机，最大航速为 25 节，可搭载舰载机 20 架，有 4 座 140 毫米火炮，2 座 80 毫米火炮。凤翔号航母的设计理念在当时是十分先进的，创新采用了岛式上层建筑。但是飞行员对于这一设计却很不满意，因为在本就狭窄的飞行甲板上安装岛式上层建筑，对于飞机的起飞造成了影响。鉴于此，在 1922 年下半年凤翔号航母上的岛式上层建筑被拆除，改装成了和英国百眼巨人号、美国兰利号一样的直通式甲板。在 1936 年时，凤翔号航空母舰后方的三个矮烟囱已被改成了固定式结构。在第二次世界大战中的太平洋战场上，因为凤翔号被作为训练舰来使用，没有直接参加战争，所以没有被击沉，在日本第二次世界大战战败投降后，凤翔号于 1947 年被拆除。

2.2　第二次世界大战中的航空母舰大海战

航空母舰的出现改变了海上作战的样式。过去的作战，就是两个舰队相遇的时候，一定要在自己的视距之内作战。航母的出现改变了这个作战理念，双方航空母舰不再见面，只有飞机见面，这个从来没有过。过去在战略舰时代，空中是没有用的，航空母舰的出现使战争的层面多出一个维度——空中，这个创新完全改变了海军的作战方式。

1941 年 12 月 7 日，从日本航空母舰上起飞的 183 架飞机偷袭了美国在太平洋上最大的军事基地——珍珠港。之前，虽然美军曾数次发现日本的潜艇和飞机，但未引起重视，而且竟然误认为是己方飞机，未加防范。日本偷袭珍珠港取得了巨大成功，使美国人遭到了沉重打击。由于日本做到了出其不意，致使美国的各艘战舰瞬间丧失了战斗力。亚利桑那号爆炸，俄克拉荷马号倾覆，加利福尼亚号和西弗吉尼亚号沉没，内华达号、田纳西号和宾夕法尼亚号全都受到了不同程度的重伤。日军飞机还摧毁了停在机场上的大量飞机，使美军造成重大伤亡。整个偷袭珍珠港期间，日本海军共出动 6 艘航空母舰,400 多架飞机。攻击行动使美国海军太平洋舰队共有 18 艘军舰被击沉或遭重创，188 架飞机被炸，159 架飞机严重损坏，美国海军官兵死亡 2403 人，失踪和受伤 2233 人。所幸的是，当时美国太平洋舰队的航空母舰并不在珍珠港内，而日本飞机的轰炸又漏掉了海军船坞里的油库和潜艇，否则美国海军的损失还要更大一些。

　　珍珠港事件是美国航空母舰作战史上的重要事件，由于日军创新采用了航空母舰长途偷袭的战法，取得了这次战役的成功。此时，美国战略舰部队已经不复存在，不可能再采用传统的巨舰大炮的海军战略战术，最后唯一的选择也只有被迫采用纯粹的航空母舰战术。美国海军尽管没有正式颁发文件，实际上已彻底放弃了用战略舰来作为舰队的主力舰种，转而组建的是航空母舰特混舰队。

　　几个月后美国的航母特混舰队就与日本人在海上遭遇了。珍珠港偷袭得手后，日本海军继续南下，准备攻占莫尔兹比港和图拉吉岛，从而控制珊瑚海处的澳大利亚。而遭到打击的美军为了给日本还以颜色，不顾海上的兵力不足，迅速向日军发起了复仇的反击。

2.2.1　珊瑚海大海战

　　珊瑚海大海战是人类海战史上第一次双方完全靠航空母舰的舰载机，在超视距的距离之下展开的海空大战。它是此前的巨舰大炮时代相互之间以战列舰火炮对攻的方式与此后的航空母舰互相靠舰载机之间对攻的海战模式的一个转折点，是现代海战方式与过去的分水岭。

　　日军偷袭珍珠港得手后，在太平洋上处于进攻态势，因而决定于 1942 年 4 月深入所罗门群岛进攻新几内亚，主要战略目标是要切断澳大利亚与美国之间的联系。日军擅于强调进攻上的先发制人，为此联合舰队司令山本五十六在进攻舰队组成上下了血本，他专门抽调日本海军最新最大的翔鹤号与瑞鹤号两艘航空母舰组成第五航空战队，参与珊瑚海海战。而美国方面这个时候虽然经过此前的一系列的海空反击战，在整个太平洋战场上，美军还没有能够扭转由于珍珠港败局所导致的极端被动的局面，主动权仍然在日本海军手里。对日本即将展开的向珊瑚海方向的进攻作战，当时美国新任海军太平洋舰队司令的切斯特·尼米兹海军上将事先就获悉了这个情报。因为在此之前的一次意外海上遭遇战中，日本的一条潜艇在布雷过程中被美军击沉了，美军在这条潜艇上获得了日军当时的密码本，也就破译掌握了日军进攻新几内亚的作战计划。所以这次日军是处在明处，美军是处在暗处。但当时美海军手中的兵力捉襟见肘，太平洋舰队拥有的五艘大型航空母舰中，萨拉托加号刚被日本潜艇击成重伤，正在美国本土维修，几个月内不可能修好，企业号和大黄蜂号航空母舰去执行轰炸东京的任务还没有回来。但反击决心已定的尼米兹派出了手中仅有的列克星敦号与约克城号两艘航母组成第 17 特混舰队，由弗莱彻海军少将统一指挥前往珊瑚海，迎战来势汹汹的日军，人类海战史上第一次超视距海战由此正式打响。

珊瑚海大海战中的超视距对攻

海战的第一天。1942 年 5 月 7 日，珊瑚海海战的第一天，美日双方的主力部队都在茫茫大海上寻找着对方。尽管双方航空母舰都派出了侦察机进行大范围的侦查，但双方都没能发现彼此，即双方作战主力没有打到一块。战争伊始，日军出动的舰载机偶然发现并击沉了美军作为补给舰船的一艘大型油船以及一艘护航的驱逐舰。而美军也未能找到日军第五航空战队的主力航母翔鹤号与瑞鹤号，但却意外发现了为日军登陆作战部队担任护航任务的翔凤号轻型航空母舰。美军第 17 特混舰队牢牢抓住战机，从列克星敦号与约克城号两艘大型航母上分别派出数批舰载机发起进攻。这是美军在太平洋上第一次发现日本人的航空母舰，也是第一次对日军航母发起进攻。凭借明显的实力优势，美军两艘大型航母对翔凤号轻型航母大开杀戒，创造了第一次击沉日本航母的纪录。

海战的第二天。1942 年 5 月 8 日上午，日本航空母舰翔鹤号上起飞的侦察机发现了美国第 17 特混舰队，双方的航母大战——航母舰载机的彼此攻击由此拉开序幕。美军列克星敦号上起飞的 43 架飞机和约克城号起飞的 39 架飞机攻击日军航母，翔鹤号不幸命中三枚炸弹，受到严重破坏，被迫退出战场。但瑞鹤号航母的受攻击结果就完全不同，因为它所在区域的天空阴云密布，导致美军舰载机始终没能有效发现目标并进行攻击，这让瑞鹤号航母在整个战斗结束后几乎毫发未损。与此相对的受到日军舰载机攻击的两艘美国航母结局就很悲惨，列克星敦号与约克城号两艘航母的上空都是晴空万里，这为发起攻击的日军 68 架舰载机创造了极为有利的进攻条件。经受了数番打击后，列克星敦号航母命中两枚鱼雷、两枚炸弹，并引发了舰身的强烈爆炸。到下午美军不得不自己发射 5 枚鱼雷将其炸沉。约克城号航母也被日军舰载机击成重伤。所以在 5 月 8 号的战斗中，日军的战果是远远超过美军的。

从战术角度来讲，日本人毫无疑问是占了便宜的。日军以损失了一艘翔凤号轻型航空母舰为代价，把对方的两艘大型航空母舰列克星敦号和约克城号一艘击沉、一艘重创，而自己仅有翔鹤号被击伤，瑞鹤号几乎毫发未损。所以这个时候的日本海军是有能力继续追歼，甚至全歼美国海军的第 17 航空特混舰队的。但是日本海军的战场指挥官缺乏"宜将剩勇追穷寇"的作战理念和作战精神，而是以匆匆退出了珊瑚海而结束了这场战役。

珊瑚海大海战中的得与失

珊瑚海海战结束之后，日军方面的战果相对更胜一筹。但在接下来的中途岛海战中，直接导致日军兵败的主要原因是日军在修理受伤战舰、补充舰载机以及补充战斗人员方面与美军比存在巨大的差异。

日军方面：珊瑚海海战结束后，受伤的翔鹤号航母接受修理要用几个月的时间，不能参加战斗。其实航母本身没有问题，但在战斗中它损失的舰载机及飞行员却无法在短期内得到补充，导致它在数月内无法有效参战，而在日军进攻中途岛的计划中，这两艘航母按照原计划是担当重任的。日本有限的修理及战时供应能力，让南云忠一在即将开展的中途岛决战中损失了三分之一的兵力。

美军方面：美国方面的情况则完全不同于日军。遭受重创的约克城号航母艰难返回珍珠港后，尼米兹上将就命令修理及后勤部门全面动员奋力抢修。在正常状态下修理好受到重创的约克城号航母通常需要 3 个月的时间，结果美国人仅用 3 天时间便修理好了约克城号，让其回归大海，重返战斗岗位。虽然美国方面在战术上表面看来是处于劣势，但凭借着强大的造船能力和修理能力，让他在即将展开的中途岛海战中，在与日军的兵力对比上创造了一个最佳的条件。

2.2.2　中途岛大海战

中途岛是夏威夷和珍珠港的西大门，控制了中途岛才能保证珍珠港和夏威夷的安全，而有了珍珠港和夏威夷才能保证美国本土西海岸的安全，也正因为如此，日本选择了中途岛作为攻占的目标。

由于中途岛的重要地理位置，美国方面是绝对不会放弃的，所以一旦日本人集中主力进攻中途岛，美国一定会全力来救，这就促成了日本歼灭美国太平洋舰队主力最后的有利战机。所以山本五十六才会不惜以辞职相威胁，也要强行通过进攻中途岛的战略计划。就在日本军队各方力量在为是否实施攻打中途岛的计划而争论不休之时，美国为报复日军偷袭珍珠港事件而制订轰炸东京的报复计划已经开始实施。美国海军由企业号航母护航，由大黄蜂号航母搭载的轰炸机中队，开始了执行轰炸东京的行动。

美军之所以在中途岛海战的决战时刻能够集中绝对优势的兵力，一举击沉了日军的大型航空母舰，很重要的一个原因就是他的战场侦察能力。美军战场侦察的组织远胜于日军，这绝对不仅是密码的问题，日军在这方面确实明显不足，他不太重视战场情报信息的获取，不太重视战前战役侦察和战术侦察的组织和实施。从中途岛海战双方的总体兵力对比来看，日军无论是航空母舰、战列舰还是作战飞机的数量上都是占有绝对优势的，但双方投入战场侦察的兵力、侦察机，尤其是航程比较远的陆基侦察机，日军的数量远远少于美国人。日本离开自己的基地远征去打中途岛，那里对他们来说是生疏的地形、生疏的海防，如果不注重组织战场侦察，就必然会吃亏。

美军空战中的创新战法——"萨琪穿梭"

"萨琪穿梭"创新战法产生的背景。 在太平洋天空中，日本的零式战斗机一直占据着霸主的地位。美军航母上的 F-4F 野猫战斗机和零式战斗机比起来，无论是在速度、机动性、爬升速率比及活力等方面都毫无优势，这些对战机来说都是很重要的因素。

当时美军一个野猫飞行中队的中队长吉米·萨琪非常清楚，敌人的零式战斗机比他的野猫占据更明显的优势，他们创新想出以团队战术来弥补单机的不足的战法。经过研究，萨奇发现团队合作是战机飞行员的重中之重，在战术上更是如此。最初他用火柴在桌子上研究各种飞行战术，很快他发现将两组飞机的小队并肩排列，两组间隔一个转弯之间的距离，如果敌人从正面进攻，他只能选择其中一个小组作为攻击目标，所以在这组战机能够正面迎战的同时，另一组飞机就可以转弯到敌机侧面进攻。如果敌机从后面袭击，两组飞机可以相互对转，没有受到攻击的一组就可以正面攻击敌人。这样受攻击者不但可以让同伴来帮你，而且会把敌人引入自己的炮口之下。而且两组飞机穿越交叉点后还可以调头，再继续交叉穿梭飞行，实施新一轮正面攻击。这种穿梭迎战的创新战法后来被称为"萨琪穿梭"。

"萨琪穿梭"创新战法的实施。 新战术的想法产生后，萨琪很想上天测验他的新队形。1942 年 6 月 4 日，机会终于来了，野猫飞行中队中队长吉米·萨琪带着 4 架 F-4F 野猫战斗机从约克城号航母起飞，护送 12 架 TBD 破坏鱼雷轰炸机，准备去轰炸日军赤城号航空母舰。当他正在 1700 米的高度缓慢飞行时，日本航母编队很快发现了他们，从舰队中发射出的防空炮在萨琪身边炸开，紧接着 40 多架日本零式战斗机很快出来迎战。开始零式战斗机还是相当致命的，美军袭击日本航母的 29 架 TBD 破坏鱼雷轰炸机很快就被击落了 25 架。紧接着萨琪编队中的一架野猫战斗机被敌机击中，这让萨琪很懊恼，而且另一群大约 10 架零式战斗机的编队也向萨琪编队开火了。零式战斗机采取了环形编队战术，这种战术能让每一架零式战斗机都有把握瞄准野猫战斗机，并射击，而不用担心会挡住其他队友的路径，这样萨琪的野猫战斗机就很难发动攻击。萨琪不得不要求大家全力防守，而零式战斗机也在全神贯注地追击。就在这时萨琪发现最后一架零式战斗机离开得慢了一点，他赶紧抓住机会掉头猛冲过去，并瞬间对这架零式战斗机发动了进攻。这架零式战机机身上马上冒出了白烟，很快就坠落下去。萨琪又紧急呼叫另外两架 F-4F 野猫战斗机立即排成萨琪穿梭队形来迎战，而此时其他零式战斗机也呼啸而至，然而他们太过于专注地盯住其中一架 F-4F 野猫战斗机，完全没有看到穿梭而来的另一架野猫战斗机已经冲自己开火了。这些零式战斗机还没有弄明白是怎么回事，就化成了火球。由于 F-4F 野猫战斗机不断转弯，空中数十架零式战斗机竟然一时找不到合适的位置射击，这让萨琪的飞行中队有了开火的机会，他们又连续击落了两架敌机。此时他们已经身处日军舰队的腹地，不过他知道由于数量悬殊，自己被击落是迟早的事。而此时被护航的 TBD 破坏鱼雷轰炸机也仅剩了两架，因此萨琪感到非常挫败。就在这时一直盘旋在周围的零式战斗机群突然高速飞离战场，萨琪往上张望，看到了零式战斗机群追逐的目标——另外一队美军的俯冲轰炸机正在呼啸着向日本航母展开猛烈轰炸。

"萨琪穿梭"创新战法的功效。正是因为萨琪发明的萨琪穿梭战术，让战局发生了转变，可是当时萨琪还不知道，当日本的零式战斗机将目标对准自己的时候，高空飞来的美国俯冲式轰炸机已经如入无人之境，畅通无阻了。这时萨琪和他的队友们就可以安全返航了，轰炸日本航母的事情就交给美国俯冲式轰炸机了。

中途岛海战的意义

规模庞大的中途岛海战，以美国的全胜画上了句号。海战的结果，参战的日军 4 艘大型航空母舰赤城号、加贺号、苍龙号、飞龙号被美军一战全部击沉，而美军只付出了约克城号航空母舰被最终击沉这一个损失。中途岛海战之所以被称为太平洋战场的转折之战，就是因为美国通过这一战，以劣势兵力彻底击败了优势兵力日军的进攻，重新夺取了太平洋战场的制空权、制海权，当然也夺取了太平洋战场的主动权。

2.2.3　马里亚纳海空大战

马里亚纳群岛的战略位置

1944 年 2 月，美日双方在太平洋上的战争结束，这场人类历史上最为血腥的战争，以美军取得胜利结束。为了乘胜追击，太平洋舰队尼米兹上将开始计划着一步步逼近日本本土。

马里亚纳群岛由大小近百个岛屿组成，从马里亚纳群岛到日本本土的距离只有 2000多千米。如果美军攻下此地，日本本土就将处在美军飞机的轰炸半径范围之内。为了防止遭到攻击，日本以本土为圆心画了一个半径为 2000 多千米的圆形防御区，马里亚纳群岛就在其中。1944 年日本将这个区域称为 "绝对国防圈"，他们更是在马里亚纳群岛上布下了重兵，要死死保住此片海域。尽管日军将马里亚纳群岛守到了连一只苍蝇也飞不进去，但罗斯福总统决心已下，不管有多难，一定要拿下马里亚纳群岛。

马里亚纳海空大战

大凤号航空母舰的沉没。 1944 年 6 月 19 日上午 8 点，美军青花鱼号潜艇意外发现了日本引人注目的新型装甲航空母舰大凤号（图 2.2.1）。这是当时日本刚刚建造完成的一艘大型航空母舰。为了防止被炸毁，日军在建造大凤号航母时特地创新加强了甲板装甲。大凤号的甲板能够承受 500 千克级炸弹的袭击，因此它被誉为"不沉的航母"。大凤号航母一个月前才刚刚服役，这一次是它的首次出征。美军青花鱼号潜

图 2.2.1　日本大凤号航空母舰

艇发现大凤号时，日军飞机正在小泽治三郎的指挥下前往攻击美军舰队。就在这关键时刻，一名刚刚驾驶鱼雷机从大凤号上起飞升空的日本飞行员发现了射向大凤号航母的鱼雷。为了保护大凤号免遭攻击，他毅然决然奋不顾身地俯冲下来，采取自杀式撞击行动，用自己驾驶的飞机和其中一颗鱼雷同归于尽。然而即便是这样，仍旧有一枚鱼雷命中了大凤号航母，随后发生了大爆炸，碎片纷纷抛向大海，把日军士兵掀到半空。这艘还没来得及真正开始战斗的大凤号航空母舰便就此沉没了。

日军飞机进攻的瓦解。 在小泽治三郎的命令下，第一机动舰队派了 300 多架各式各样的飞机，准备分 4 个攻击波，向美军舰队发动攻击，来完成史上最大规模的航空母舰大决战。在日军飞机距离美军舰队只有 130 千米时，美军飞机才刚刚起飞，此时的美机根本没时间爬升到足够的高度。就在如此紧要的关头，日军飞行员却由于经验不足，不熟悉战斗队形，要在空中盘旋重新进行编队。很快 10 分钟过去，就因为有了这 10 分钟，美军的飞机全部升到了足够可以与日军飞机展开决战的高度。很快，日军的飞机进攻几乎就这样被瓦解了。

看到日军飞机送死般的进攻，美国将领斯普鲁恩斯十分兴奋，他焦急地等待着日军下一波攻击的到来。果然，日军没有让斯普鲁恩斯等太久，几十分钟后，日军的第二波飞机如约而至。日军攻击机群在离美军舰队还很远的时候，美军舰队上的雷达就响彻天空。在激烈的空战中，看着天空中到处是摇摇欲坠的日本飞机，一位名叫普罗马斯·马歇尔的美国海军情不自禁地在无线电里面激动地大声喊起来："嘿，这多么像古代猎杀火鸡的场面呐！"

马里亚纳海空大战，美军击沉日军三艘航母：大凤号、翔贺号和飞鹰号；击落日本飞机共 380 架，重创了千代田号、瑞鹤号、隼鹰号三艘航母。美军成功切断了日军给马里亚纳群岛上的支援，日军舰队也彻底失去了中太平洋的制海权和制空权。

2.2.4　莱特湾大海战

莱特湾的战略重要性

美军攻下马里亚纳群岛后，决定乘胜追击，向莱特湾推进，意在夺取莱特岛。因为如果拿下莱特岛，日本在东南亚的资源补给线将被彻底切断。为了确保此次进攻万无一失，美军决定由海陆两军协同作战。

美日力量对比。美国陆军方面麦克阿瑟派出了他的手下爱将金凯德指挥第七舰队支援在莱特岛上的登陆部队。海军方面尼米兹派出了素有"蛮牛"之称的哈尔西率领第三舰队。哈尔西的任务是击毙随时可能出现的日本联合舰队。这一次美国共出动了 17 艘航空母舰、18 艘护卫航空母舰、12 艘战列舰和 1500 架飞机，如此规模是史无前例的。

日本舰队却只拿得出 9 艘战列舰、200 架飞机和最后仅剩的 4 艘航空母舰。日本人很清楚，如此悬殊的兵力，硬碰硬显然不行。

日军的"调虎离山"之计。日本海军决定搞一个创新战法，造成美军的判断失误来出奇制胜。他们决定用最后的这 4 艘航母去当诱饵，调离哈尔西指挥的航母舰队，然后再偷袭金凯德指挥的战力比较弱的第七舰队和莱特岛上的登陆部队。

于是小泽治三郎率领日军最后的 4 艘航空母舰开始在莱特湾招摇过市，他甚至下令用明码发报故意暴露自己的位置来引起美军的注意。然而几个小时过去了，美军却没有做出任何反应，于是小泽治三郎怀疑他们的计谋被哈尔西识破了。事实上，美军并没有发现日军航母舰队的踪影，只是因为哈尔西太过自信，他认定日军不敢有什么作为，甚至都没有派出一架侦察机在海上搜寻日军的踪影。

日本爱宕号的沉没。日军派出的诱饵一直没有引起哈尔西的注意，更不幸的是，反而正在小心翼翼准备偷袭美军的日军战舰——爱宕号却被美军发现了。

时年 55 岁的栗田健男是在日本海军服役时间最长的指挥官，在被美军潜艇发现时，他正在爱宕号重巡洋舰上举行出击前的晚宴。忽然他感到脚底下一阵巨大猛烈的轰响声，接着爱宕号冒出了乌黑的浓烟，在一阵阵爆炸声中，爱宕号随之沉没。栗田健男只得狼狈逃命。之后他将司令部转移到了大和号战列舰上，并当即下令重整编队继续前进，而此时美军潜艇早已把栗田舰队所在的位置报告给了哈尔西。

莱特湾大海战的过程

序幕。1944 年 10 月 20 日上午十点，美舰载攻击机向莱特湾袭来，莱特湾海战拉开了序幕。整整一天，美军对日军实施了 5 次大规模的空袭，60% 的美军都对准了武藏号战列舰。武藏号战列舰是日本海军建造的历史上最大的超级战列舰之一，它标准排水量64000吨，满载排水量72816吨。武藏号战列舰遭到了美军舰载机的5次轮番攻击，被20个鱼雷和17枚重磅炸弹击中，晚上七点，武藏号翻转着263米长的庞大身躯，带着遍体鳞伤沉入海底，舰上1300多名日本士兵随之葬身大海。

哈尔西中计。 已经被喜讯冲昏头脑的哈尔西迅速下令率领第三特混舰队高速北上，全力追击小泽治三郎舰队。为了保证自己能够彻底消灭小泽治三郎的舰队，哈尔西带走了他手中的全部兵力，并没有给他应守住的这片海域留下一兵一卒。更可怕的是，哈尔西甚至没有和他的搭档金凯德打一声招呼。此时此刻，哈尔西终于离开了他应该保护的登陆滩头，一门心思地在追击日军，还没有意识到自己是中了日军的调虎离山之计，而之前狼狈撤离的栗田健男已经趁着夜色卷土重来，向着莱特湾扑来了。

日军成功偷袭美军护航舰队。 小泽治三郎的调虎离山之计终于奏效了，日本的战列舰编队如入无人之境，栗田健男兴奋至极，此时他只需要集中精神给予金凯德指挥的登陆部队最后一击了。

然而，就在金凯德被栗田健男的舰队攻击到穷途末路之际，奇迹却意外出现了，日军竟然意外停止了进攻，之前惨烈的战斗在瞬息间突然就结束了。原因是无计可施的金凯德面对日军的狂轰滥炸，十分惊慌，他甚至不顾日军截获，用明码发出了痛苦的请求：立即派哈尔西舰队前来营救。栗田健男从这封电报的内容上判断，前面肯定已经发出了很多封，如果再不尽快撤走，很可能会被返回的哈尔西切断了后路。所以他最后选择放弃即将到手的莱特湾，全速后撤。

日本航母舰队的覆灭。 哈尔西的回返救援行动出奇得缓慢，直到下午四点才回到莱特湾海区，而此时的栗田舰队已完全驶出这片海域，再也不见踪影。看到莱特湾风平浪静，金凯德的登陆部队也暂无危险，哈尔西的心又重新扑到了小泽治三郎舰队身上。此刻哈尔西留下继续追击的舰队对日军舰队进行了猛烈的攻击，没过多久瑞鹤号便摇摆着扎入了海底。随后在美军的强大攻势下，日军最后3艘航空母舰也全部沉没。

莱特湾大海战的战略意义

莱特湾大海战是迄今为止，人类历史上海战规模最大、参战舰艇数量最多、吨位最大的一场海空战。海战从1944年10月20日开始，一直持续至10月26日。在这6天的时间里，盟军和日本方面共投入了航空母舰39艘、战列舰21艘、巡洋舰47艘、舰载和岸基飞机2000余架。战役结果，日军被击沉航空母舰4艘、战列舰3艘、巡洋舰9艘、驱逐舰9艘，共计30.6万吨。美军被击沉航空母舰1艘、护航航空母舰2艘、驱逐舰2艘，共计3.7万吨。日本联合舰队不仅未能达成作战前的既定目标，反而自身遭到致命损失，再也无法实施大规模海上作战了。莱特湾海战是太平洋战争中的最后一次大战。至此，显赫一时的日本海军走向了覆灭。

2.3　美国航空母舰的发展

美国是世界上头号航空母舰大国，关于航母的改装和建造起步早、实战多，因而为后期的进一步创新发展和完善积累了丰富的经验。美国的首艘航空母舰于 1912 年开始研制，它由民用运煤舰改装而成，到了 1920 年又以民用船的身份退役，所以并不能称之为严格意义上的航空母舰。1921 年美国开始建造完全用于军事作战的列克星敦级航母，太平洋战争爆发后，美国为扩张势力范围，将更多精力投入到军事装备，建造了独立级的克里夫兰级航母和中途岛级航母。这些航母的建造极大地提升了美国的防空军事能力，使得美国有了更多领海权，即便拥有数量如此庞大的航母舰队，美国依然继续着手打造新一级超级航母。

第二次世界大战结束之后一直到现在，美国创新发展了三加三共六代航空母舰。所谓的三加三就是先后创新发展了三代常规动力航空母舰和三代核动力航空母舰。三代常规动力航空母舰分别是战后的第一代中途岛级、战后第二代福莱斯特级和战后第三代小鹰级。在三代常规动力航空母舰之后，以企业号核动力航空母舰为标志，美国海军又先后创新发展了三代核动力航母，第一代就是企业号，也可以叫企业级，第二代是大批量建造的尼米兹级，第三代是现在已经下水的福特级航空母舰。尼米兹级航母目前仍然是美国海军的现役主力航母。

2.3.1　尼米兹号航空母舰的七大创新飞跃

尼米兹号航空母舰（图 2.3.1）能搭载多达 90 架飞机，一次攻击就能发射 300 多吨的炸药，是第一艘尼米兹级航空母舰，是全世界最大的战舰。这全要归功于造船技术的种种创新发明。史上具有里程碑意义的 7 艘航空母舰的设计，每艘船舰都有一项重大的技术创新，使得航空母舰变得越来越大，

图 2.3.1　美国尼米兹号航空母舰

一艘接着一艘向更高的等级迈进。回顾创新的历史，可以了解尼米兹号是如何集大成而最终成为历史上最强大的战舰的。

创新飞跃一：高压蒸汽弹射起飞

人类学会飞行后不久，就在尝试驾驶飞机从一艘船的甲板上起飞，这艘船就是 16000 吨的美国北卡罗来纳号战舰。要达到起飞速度需要一条很长的跑道，但是战舰甲板上安装了各式各样的武器和雷达，并没有留出铺设起飞跑道的空间，所以工程师必须想办法让飞机可以在较短的跑道上达到起飞速度。问题的根本涉及物理学的一个基本定律，要想在较短的距离或时间内把一个较大质量的物体发射出去，就必须让它快速获得一定的能量，这是一项有着几千年历史的技术。

飞机之父莱特兄弟在思索这个问题时，受到了弹弓技术的启发，提出了创新的解决办法，他们在 1903 年成功实现了第一次动力飞行，然后自行研发出了弹射器。他们的设计包含一座 6 米高的木塔，并用绳子吊着一个重物，重物向下坠时，绳子拉着飞机沿着轨道滑行以达到起飞速度。莱特兄弟将这一创新发射系统提供给了美国海军。但是让重物吊着然后重重地下落砸在甲板上，并不是个好主意，海军只得从头开始。他们受到启发，想出一个更好的办法，另一种可以在船上获得能量的创新方法，就是利用安装在战舰上用来发射飞机的压缩空气——用压缩空气把飞机从战舰上发射出去。

1916 年军方在战斗巡洋舰美国北卡罗来纳号上对这个想法进行了测试，工程师在船尾建造了一条 30 米长的钢铁轨道，通过压缩空气推动其钢铁的活塞，活塞沿着绳索轨道拉动飞机。但是只靠压缩空气无法拉动 800 千克重的飞机。为了使飞机尽快加速，他们创新使用滑轮组增加施加在飞机上的力，使速度提高到原来的 7 倍。经过多年的失败与尝试，他们终于找到了一个有效的方法。在那之前，战舰舰队决定着一个国家的军力是否强大，但此刻从航空母舰甲板上升空的那架单薄的双翼飞机，却能击沉装备最好的战舰，航空母舰的时代就此来到了。

如今，弹射器就相当于美国尼米兹号的心脏，没有弹射器，飞机便无法升空。弹射器就像一个巨大的弹弓，发射员的任务是调整弹射器，综合考虑飞机的重量以及在甲板上的排列方式，然后确定弹射器的推进设定，从而把一架架的 F12 战斗机从甲板上弹射出去。

弹射器能把一辆凯迪拉克弹飞到 1000 米以外，弹射器力量如此之大的秘密就藏在甲板之下。那里不再有复杂的滑轮缆组，取而代之的是跑道下的一对气缸，气缸内有活塞，活塞通过气缸顶部的窄缝与飞机相连，气缸内充满了高压蒸汽。将活塞和飞机向前推，为

了避免蒸汽溢出，工程师创新组装了两条
活动金属条，活塞经过后，便将窄缝重新
封起来。F18 战斗机（图 2.3.2）在地面上
升空，需要 1500 米以上的距离，但是有了
蒸汽弹射器，只要不到 100 米的距离，飞
机就会成功起飞。

现在的核航母共设有 4 个飞机弹射器。
每个弹射器长 91 米，由两个并排气缸内的
活塞组成。每个活塞的动力冲程跟橄榄球

图 2.3.2　美国 F18 战斗机

场那么长，活塞与一个活动的滑梭连接在一起，装配在甲板跑道的沟槽内。当飞行员和飞
机准备就绪后，飞机滑行至指定位置，设备操作员或者"绿衣人"引导飞机的前轮——前
起落架，然后把飞机用挂钩挂到滑梭上，牵引释放杆负责将飞机固定就位，直到弹射完成
为止。舱内的核反应堆加热蒸汽发生器，直到弹射器的蒸汽储蓄器充满气体为止。射手密
切监控着弹射器的蒸汽压力，压力必须根据飞机的重量进行调整，这样才能确保弹射器以
正确速度弹射。如果压力太低，飞机很难弹射升空，但压力太大，前起落架就会被折断。
弹射开始前，工作人员会升起飞机后方的喷流偏向板，牵引释放杆保持飞机就位，飞行员
启动引擎，射手随即按下弹射按钮，牵引释放杆脱离蒸汽。弹射器推动飞机快速向前移动。
它就像一个火箭弹弓，在短短的两秒内就能使 F18 战斗机从静止达到时速 265 千米。

创新飞跃二：舰岛安置在右舷，舰岛是控制塔

1916 年的航空母舰北卡罗来纳号有个很大的缺陷，就是没有地方供飞机降落，每次
飞行完毕都要用绞盘把飞机吊上甲板，如果是在战争中这种做法会很不实用。在船上降落
飞机需要很长的甲板，以及可以运搭飞机的超大船舰。1917 年 8 月，英国皇家海军飞行
员邓宁首度尝试成功证明了在甲板上降落飞机是可能的，但 5 天后的又一次尝试让他付出
了生命的代价。

要想在甲板上安全降落，就需要重新设计船舰的上层建筑。邓宁就是因为上层建筑的
问题才降落失败的。一项创新提议是将上层建筑一分为二，分置于飞行甲板的两侧，但空
间几乎不够飞机降落，造船工程师也担心这种设计会让飞行员感到害怕。他们考虑去掉一
边的上层建筑，但这会造成船体的倾斜。于是造船工程师必须寻找新的降落方法，而且还
要使船身保持平衡。他们将左弦的油箱装满燃油，而右弦的油箱只装一半。但是当燃油越
用越少之后，船便又失去平衡而开始发生倾斜了。接着他们试着把整个飞机棚移向左弦，

原来飞机棚的空间被船员和装备占据了，但是如果这样，船身又开始向右舷倾斜。最后他们决定将船身左弦向外延伸，并保持船身平衡。

经过了20年的努力，他们最终取得了一项真正的革命性的创新设计。英国海军舰队皇家方舟号在1937年开始服役，皇家方舟号是现代航空母舰的模板，皇家方舟号的舰岛在右弦，为飞行甲板让出了空间，此后的航空母舰都是以这种创新设计为样板的。尼米兹号跟皇家方舟号一样，也是一个漂浮的机场，位于右弦的舰岛是控制塔，是航空母舰的耳目与大脑。负责飞行甲板的军官在一楼的神经中枢内，他的上面是雷达和气象室，五楼是舰长的舰桥，舰长在这里运筹帷幄，指挥全舰的战略。飞行甲板被称为世界上危险性最高的工作场所，甲板上的地勤人员要在造价数百万美元的战斗机上进行加油装弹，小心地避开机翼、螺旋桨和飞机。工程师利用飞行甲板模型记录每架飞机的来去，这是真正的螺栓与螺母式的创新科技。尼米兹号运载的飞机比其他航空母舰都要多，可以搭载90架战斗机。

创新飞跃三：强大的拦截索系统

在1938年，英国最大的航空母舰皇家方舟号只能处理大约50架飞机。当时的美国海军想使航空母舰的载机数量加倍，但是飞机棚里却放不下，所以多出来的飞机就要停放在甲板上。如果飞机降落在甲板后没有停下来，就会与甲板上停放的飞机发生碰撞，后果将是灾难性的。

这个问题直到许多年后才得到解决，创新的答案就体现在34000吨的美国大黄蜂号（图2.3.3）上。自从航空母舰出现后，工程师们就开始实验拦截索。最早的方法是把绳索连在一堆沙包上，当然光靠一堆沙包并不能让飞机停下来，所以飞机在飞行甲板上前进时要接连钩住一堆堆的沙包，直到阻力大到能让飞机停下来为止。这个方法过于简单朴素，所以必须发明一个更加复杂的拦截系统。例如在美国大黄蜂号上，船员必须

图2.3.3　美国大黄蜂号航空母舰

设法在45米之内停下时速为135千米、质量8000千克的战斗机。在飞机触地时会尽力使飞机钩住一个钩子，向前拉就会带动甲板下的撞锤，撞锤压紧装满液体的气缸，就会降下飞机的动能。但在现实中，要想钩住其中的一条拦截索对飞行而言有些困难，于是工程师又增加了几条绳索，以增加成功钩住的机会，就算这样仍然无法保证一定可以成功。要是

一条都没钩到，就会有前方设置的戴维斯障碍撞上起落架，将飞机停下来，虽然很管用，但是这些戴维斯障碍通常都会让飞机翻置。

之后 60 多年来，拦截索系统的原理从未改变，但尼米兹号将其刹车力量推到了极限，它必须让时速 225 千米，质量达 5000 千克的 F18 战斗机在 100 米以内停下来，这大约是一个足球场的长度。就算有 4 条拦截索，飞行员有时仍一条也不能扑中，那样的话就必须重新起飞，然后再次降落。他们把这种情况叫作脱缰。脱缰就是放下钩子准备降落，而飞机却没有停下来，有很多原因会造成脱缰。为了让脱缰的飞行员有机会全身而退，尼米兹号的整个甲板在设计上创新采用向海上延伸的方法，让脱缰的飞机远离那些停在甲板上的飞机。

创新飞跃四：处在层层高科技的保护罩之下

拦截索让飞机能够在拥挤的甲板上安全降落，但是在第二次世界大战期间，甲板本身就是敌轰炸机的目标。1945 年 6 月 19 日发生了一场海上灾难，日军的炸弹炸沉了美国富兰克林号航空母舰的木质飞行甲板，并在甲板下方的飞机棚内爆炸，724 名美国海军和空军因此丧生。美国海军下定决心绝不让这种事情再次发生。把木板换成钢板听起来十分简单，但是这对船舰设计师来说是一个巨大的挑战。把木制甲板换成装甲钢板，会让船舰显得头重脚轻，这会降低船舰的稳定性。为了让船更稳定，船身必须更宽，但船身越宽，阻力也就越大，不利于船舰在水中运动。为了保持原有的速度，需要把船身做成流线形，这可以让船身更加修长，美国中途岛号便是用这种想法创新设计的船，它几乎是上一代航空母舰大黄蜂号的两倍。第二次世界大战之后的 10 年间，中途岛号是全世界最大的船，它的长度近 300 米，总质量达 61000 吨，拥有近 12000 平方米的 9 厘米厚钢板，保护着飞行甲板。中途岛号耐用而且保养得好，它服役了 50 多年。

尼米兹号也是钢铁材质的，但并没有覆盖重甲板，因为它不需要。没有攻击可以离近向它投射炸弹，因为它处在层层高科技的保护之下。远程雷达扫描空中有无狙击者，如果有则派出 F18 战斗机进行拦截和摧毁。如果导弹逃过了飞机的拦截，就会启动下一道防线，准确配有导弹的战舰，这种导弹可摧毁方圆 8 千米的任何目标，所以远方和近处的威胁都逃不过它的点防御系统。

创新飞跃五：用镜子反射光引导协助飞机降落

装甲甲板为中途岛号提供了它所需的防护，但是舰上所搭载的飞机却已经过时了。20 世纪 50 年代的海军指挥官希望在航空母舰上配备喷气式飞机，但是这种更大更快的飞机却无法在航空母舰上安全降落。又过了 10 年，一个巧妙的创新点子诞生了。

1945 年 12 月，一架喷气式飞机首次成功降落在 3000 吨的美国佛瑞斯塔号航空母舰上，由艾里克·布朗驾驶，他是英国皇家海军的王牌试飞员。现在，最主要的问题是喷气式飞机的速度加快了，而飞行员则要在更短的时间内找到正确的进场角度，如果角度太大飞机会重击甲板，而进场角度太小，飞机起落架就有可能钩到船尾。工程师创新地发现，安全降落最理想的进场角度是 3 度，但让飞行员每次都以这个角度进场几乎是不可能的。过去，驾驶较慢的战斗机时，飞行员有时间响应飞行甲板上人员的指示，他们用圆板协助引导飞机降落。如果指示员认为飞行员角度太高了，就会给信号，飞行员就会减小油门，稍微降低一些，如果指示员认为太低了，飞行员就会再加点油门，这样就能达成合适的角度。而在飞行员即将接触跑道时，指示员做出关掉的手势，飞行员就把油门全关，优雅地降落在甲板上。

这个程序其实很危险，许多飞行员曾因此丧命，这远远超过了战争中被敌人杀死的人数。惊叹于这一重大损失，英国飞行员尼克·古德哈特自己想出了一个简单而实用的创新做法，让飞行员可以自行找到正确的角度。他把一面镜子放在航空母舰的甲板上，镜子中间画出一条红线。飞行员看着手电筒的光，只要慢慢让光点对齐红线，很自然就能保持正确的降落角度。放到航空母舰上，这种办法就是把手电筒变成了固定在甲板上的 4 个灯，前面是镜子，一排灯带就相当于红线。飞机进场时，甲板上的光束以 3 度角反射向飞行员，如果飞行员能让反射光维持在镜子中间，就能得到正确的降落角度。但实际情况却没有那么简单，船在海浪中摇晃，光束会随之一起晃动，这样搞不好就会造成灾难性的后果。为了稳定住光束，他们创新地把镜子装在了回转仪上，光束的方向不再随着船身摇晃。这样无论海浪多大，飞机都能保持正确的下降路线。

古德哈特创新发明的光学结构导引方法十分成功，适用于各种大小与速度的飞机，使得新一代的超音速战斗机和轰炸机在航空母舰上降落成为可能，使佛瑞斯塔号变成了名副其实的全球超级航空母舰。

现在尼米兹号上使用的是古德哈特上将辅助工具的改良版，飞行员把这排灯中间的那一个称为"肉球"，那上面装有特殊的镜片，进场飞行员只有在角度正确时才会看到亮灯。

创新飞跃六：核动力

传统的采用化石燃料的航空母舰大约 3 天就会把油用光。中途加油的航空母舰离不开速度缓慢的油轮，油轮更容易遭到敌军飞机和潜艇的攻击，所以需要找到一个更好的方法来为航母提供能源，这个方法就是原子分裂时释放的巨大能量——核能。

科学家发现把中子射向铀原子时，会发生裂变反应来释放出能量，而传递的连锁反应能释放出巨大的热能。这些热能可以用于产生蒸汽，然后蒸汽通过涡轮使涡轮叶片高速旋转，这样便会带动涡轮相连的齿轮组产生动能，从而带动螺旋桨。这些螺旋桨产生的推力足以推动几万吨的金属船舰，以每小时 15 千米的速度在水上前进。但是使用核动力也有一定的危害——辐射，为了避免致命的辐射危害舰船人员的安全，工程师需要用成千上万吨的铅罩住核反应堆。但是超级航空母舰需要 8 个反应堆，在汹涌的大海上，在船身中部多出来的重量可能会造成龙骨弯折。于是工程师创新采用蜂窝状的钢材结构设计，加强龙骨的强度，这样龙骨就能承受反应堆的重量，全球最大的航空母舰也由此诞生。美国企业号 1961 年 11 月下水，舰上装设 8 个核反应堆，当时是全世界最大的核电设施，足以为人口是 50 万的城市提供照明电。与传统的航空母舰相比核动力航母的巨大优势是它可以航行 3 年而不需补充燃料。

现在的尼米兹号超级航空母舰，每隔 20 年才需补充燃料，而且只需两个核反应堆就能提供同样的动力。原本用于储存引擎战斗的空间，现在用来储存飞机所需的燃料与弹药。尼米兹号反应堆产生的电力通过 1510 米长的电线，为这名副其实的海上城市 6000 人使用。过去 30 年中，这个漂浮的城市向世人展示了自己的实力，在全球各地的冲突中，空中无敌，直击敌人的心脏。

核动力航空母舰也有它自身的问题。其一就是造价很贵，远远高于常规动力航空母舰。另外一个更重要的问题，就是在当时的技术条件下，核动力舰艇本身在战时可能被击中，或者是被击穿，造成大量的核泄漏。从第二次世界大战中的海战可以看出，没有哪条航空母舰可以保证在战时不会被击中。核动力航母一旦被击中造成巨大的核泄漏，甚至引发核爆炸，这一直是拥有核动力航母国家的梦魇。

虽然存在种种弊端，但是今天航母仍然是海军的主战兵器，也是世界海战史上出现的最大装备，它的地位在相当长一段时间内还是其他兵器无可替代的。

创新飞跃七：分模块制造后再焊接组合的建造方法

第一艘尼米兹级航空母舰于 1975 年开始服役，尼米兹级航空母舰十分优秀，以至于美国海军又建了 9 艘。但是第一艘花了漫长的 7 年才得以建造完成，而且全美国只有一个干船坞可以装下 99000 吨的尼米兹航空母舰。要建造剩余的航空母舰需要找到更快的方法。

在 1981 年之前，美国海军都是用传统工法建造航空母舰的，这就意味着造船的过程十分缓慢。在干船坞上机械的建造过程需要很长时间，电工可能会妨碍水管工的工作，而水管工在这拥挤的隔间里也会妨碍焊接工作，所以原来建造一艘航空母舰需要 3300 万的工时。现在他们创新采用在码头边分段制造尼米兹级航空母舰，然后再焊接组合的方法。

各工种的工人轮流工作，由于彼此不再互相妨碍，建造进度也就快了许多。原来在传统船厂要花 3 小时完成的工作，现在用创新的模块工作方法只需 1 小时。

终于在施工 3 年后，造船公司引水注入到这个巨大的干船坞，完成了最新也是最后一艘尼米兹级航空母舰，美国布什号下水。它是近百年来航空母舰设计创新的集大成之作，甲板运载最新一代的隐形战斗机，特制的球形船身大大降低了阻力，更新的合成建材使美国布什号不愧是造价 60 亿美元的超级军舰。

2.3.2　第二次世界大战后美国三代常规动力航母的发展

中途岛级

1942 年 8 月中途岛号登记注册，1945 年 9 月服役，当时第二次世界大战已经结束，中途岛号也因此成为美国战后的第一代常规动力航母（图 2.3.4）。中途岛级航空母舰最初三条舰命名是中途岛号、珊瑚海号、莱特湾号，这都是用第二次世界大战时期美军在太平洋战场跟日军几次著名大海战——而且是决战决胜的大海战的名字来命名的。根据英国航空母舰的作战经验

图 2.3.4　美国中途岛号航空母舰

和太平洋战争初期美国航空母舰受损的情况，美国海军决定建造加强飞行甲板防护、增加舰载机数量的大型航空母舰。

尽管中途岛号没有参加第二次世界大战，却作为主力参加了侵朝战争、中东危机以及海湾战争。作为美国海军战后的第一代航空母舰，中途岛级排水量 59000 吨，舰体长 295 米、宽 41.5 米，相当于两块足球场的面积，人员编制 4000 人，能搭载舰载机 137 架。

福莱斯特级

中途岛级航空母舰作为美国战后的第一代航空母舰，它并没有适应第二次世界大战后期的一些设计思想，虽然经过了几次大规模的改装，但是到了战后，美国已经开始考虑设计建造一条完全体现战后航空母舰发展理念的全新以及更新的常规动力航空母舰了，这就是美国战后的第二代常规动力航母——福莱斯特级。

福莱斯特级航空母舰先后一共建造了 4 艘：福莱斯特号（图 2.3.5）、萨拉托加号、突

击者号和独立号。福莱斯特级航空母舰面世时是惊闻于天下，因为在此之前的人类海战史上和人类武器装备发展史上，还从来没有过这么大的航空母舰。福莱斯特级航母的标准排水量是 59000 多吨，满载排水量 79000 多吨。福莱斯特号航母在 1955 年 10 月服役，标志着世界上第一艘专门为喷气式飞机建造的航母诞生。虽然 6 万吨

图 2.3.5　美国福莱斯特号航空母舰

的排水量在今天的超级航母面前稍显逊色，但它的斜角甲板和蒸汽弹射器能够弹射起飞 32 架喷气式飞机。它的舰载机的数量也是惊人的，能搭载 90 多架喷气式飞机。折算一下，放在第二次世界大战的时候，它是可以带 200 多架螺旋桨式飞机的，所以它被称为超级航母，是当之无愧的。

小鹰级

福莱斯特级超级航空母舰的下水并没有让美国的航母建造停止，美国海军在 4 艘福莱斯特级航母的服役过程中仍发现了一些不足，于是在 1956 年建造第 5 艘，美国海军对其进行了大幅改进，并连续建造了 4 艘升级后的新型航母，称之为小鹰级。它是美国建造的最后一级常规动力航空母舰，也是世界上最大的一级常规动力航母。小鹰级航空母舰的建造已经跟美国的第一代核动力航空母舰企业号中间发生了交叉。小鹰级航空母舰曾经先后建造了 4 艘：小鹰号、星座号、肯尼迪号和美国号。小鹰级的后两条舰是第一代核动力航空母舰企业号建成之后才建造的，这也是小鹰级的一个特色。小鹰级航空母舰，是作为福莱斯特级航空母舰的升级版或者是放大版来建造，它的排水量跟福莱斯特级航空母舰相比都是略有放大，载机量也跟福莱斯特级航空母舰相差不多，它所体现的主要是对美国海军的战后第二代福莱斯特级航空母舰的设计进行进一步的创新优化。

小鹰号航母（图 2.3.6）在建造过程中优化了整体结构，创新采用了封闭式加强飞行甲板，舰体至飞行甲板形成整体。为提高航空治理能力，对升降机布局进行了调整，各项作业互不干扰，具有极强的发

图 2.3.6　美国小鹰号航空母舰

电能力，发电总量 2 万千瓦，可供整个纽约市的照明。所以小鹰号航空母舰是它的前一级很多经验和教训的总结，是更优化、更升级的一个版本。也正如此，通常人类航空母舰发展史上都把小鹰级航空母舰称为常规动力航空母舰发展的巅峰之作。

2.3.3 第二次世界大战后美国三代核动力航母的发展

企业级

1963 年夏天的一个早晨，大西洋蔚蓝的海面上出现了一支规模庞大的舰队。位于中心的舰船甲板上清晰地写着爱因斯坦的著名质能方程公式，这是由身着白色水兵服的舰员列队排出的。他们脚下那艘军舰是世界上第一艘核动力航空母舰，这支舰队展开了名为"海轨行动"的环球巡航任务，途中无须加油和再补给，历时 64 天，总航程 3 万多海里，这是史无前例的一次环球航行。

核动力航母企业号的建造过程可以说神速。它的开工时间是 1958 年 2 月，1960 年 9 月就下了水，1961 年 11 月服役，前后不过三年多的时间。在航空母舰的建造史上，不要说一条核动力航空母舰，即便是一条常规驱逐舰，3 年的建造周期，只有在战争情况下才会出现。

随着核动力航母企业号的服役，世界海军史进入了一个全新的时代——核动力航母时代。有了这样的武器，在世界上任何一个热点地区都能见到美国军队的身影。1962 年 8 月古巴导弹危机，核动力航空母舰企业号（图 2.3.7）参与了美国海军封锁古巴的行动；1968 年美国海军电子侦察船普韦布洛号被朝鲜海军捕获，当时企业号

图 2.3.7 世界第一艘核动力航空母舰——企业号

受命前去示威；企业号还曾参与越战的空袭行动，并参与了 1975 年的西贡撤退。此后企业号常年在西太平洋与印度洋活动，20 世纪 90 年代被调到大西洋舰队。在两伊战争中企业号上的 A-6E 舰载攻击机还曾与伊朗海军快艇有过较量，1998 年 12 月美英对伊拉克进行的"沙漠之狐"军事打击主要就是靠企业号航母战斗群实施空袭的。2001 年 9 月 11 日美国本土遭到恐怖分子袭击后，企业号参与了日后阿富汗战争的持久自由作战行动，实施了针对塔利班目标的首波打击。这艘颠沛半生的企业号在 2013 年初被第三代核动力航空母舰取代，一共在海上奔驰了 52 年。

尼米兹级

第一条核动力航母企业号在建造完成之后，在包括整个环球航行的过程和几年的实验过程中又不断地出现了一系列的问题，导致当时美国国内军方的决策层对究竟是继续建造核动力航空母舰还是仍然回到常规动力航母，犹豫不决。

几经反复之后，最终美国海军还是确定了要坚定地走核动力之路，这个时候美国海军战后核动力航母的第二代，也可以说是创新的集大成者尼米兹级航空母舰就横空出世了。尼米兹级航空母舰是美国第二代核动力航空母舰，可搭载 70 ~ 100 架舰载飞机，可控制 25 万平方千米的海域和空域，每天可出动 200 架次执行作战任务，装弹量是企业号的 2 ~ 3 倍。

1968—2009 年美国共建造了 10 艘尼米兹级航空母舰。曾经在很长时间内，尼米兹级核动力航空母舰，一直被人们认为是地球上最大、最强、最先进的武器，在海上其他战舰很难与它发生正面较量。1999 年空袭南联盟的科索沃战争中，美国海军先后动用了第六舰队的 35 艘舰艇参战，其中包括 1 艘尼米兹级核动力航空母舰罗斯福号。以美国海军为首的北约海军在海上无所作为，只能以巡航导弹和飞机攻击岸上目标，航母只是更多地作为一种威慑存在。里根号航母是美国打造的第九艘尼米兹级核动力航母（图 2.3.8），航母舰体长度为 334 米，相当于美国帝国大厦的高度，所有舰载设施不仅是当时最先进的技术配备，而且价格不菲，里根号航母的总造价为 45 亿美元。从排水量可以做一个清晰的对比，小鹰级、福莱斯特级常规动力航母是航母的巅峰之作，标准排水量 6 万多吨，满载排水量 8 万吨，这已经到了

图 2.3.8　美国里根号航空母舰

巅峰状态。而尼米兹级核动力航空母舰首舰尼米兹号、二号舰、三号舰，它们的标准排水量就已经是 7 万多吨，满载排水量超过了 9 万吨，从它的四号舰开始，满载排水量就已经开始接近 10 万吨，从它的第五条舰斯坦尼斯号开始，满载排水量就超过了 10 万吨。

福特级

美国海军的尼米兹级核动力航空母舰，已经是这个世界上最大、最强、最先进的核动力航母。但即便是这样，在 2013 年 1 月，美国海军又设计开工建造了自己的第三代核动力航空母舰。正式建造完成以后，它的首舰的名字为 CVN78——福特号（图 2.3.9），也被命名为福特级。

图 2.3.9　美国福特号航空母舰

与现在已经是海上霸主的尼米兹级核动力航空母舰相比，福特级有了更新的发展，它采用了很多尼米兹级核动力航空母舰从来没有采用过的创新技术。首先是隐形技术，10 万吨级的海上巨无霸，如果要让它具有一定的隐形能力，这将是一种多大的技术突破，作战方式也会发生巨大的改变。福特级核动力航空母舰上创新采用电磁弹射器，电磁弹射器跟蒸汽弹射器相比，完全是枪和弹弓的区别。电磁弹射器能更高效率地弹射飞机，既能弹几十吨的大飞机，也可以弹更小吨位的舰载无人机。另外福特级航母舰载机也升级换代，第四代战斗机 F35（图 2.3.10）替代了以前的机型，并创新装备无人作战飞机 X47B（图 2.3.11），这些无人机将实现人类在电影中梦想的战争场面。此外正在研制的下一代核动力航空母舰上装备电磁轨道炮、高能激光、高能射线等新概念武器。而且福特级航母上舰员的个人生活空间也有所增大，每艘航母上的配置人员数量不超过 5000 人，将低于现役尼米兹级航母近 6000 人的配置量。在军舰上减少一个工作岗位，就意味着技术的提升。一次减少 1000 人，可以想象各方面技术进步有多大。

图 2.3.10　美国 F35 战斗机

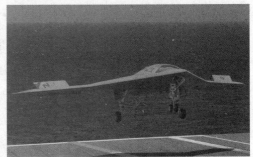

图 2.3.11　美军隐身无人机 X47B

2.4　英国航空母舰的发展

从大约 1692 年到第二次世界大战期间，英国皇家海军是世界上最大、最强海军，并帮助英国成为 18—19 世纪最强盛的军事及经济强国，也是把大英帝国的影响力投射至全世界的重要工具。在百年航母的发展史上，英国不愧是航母技术的创新引领者，航空母舰的很多著名的创新和改进都来自英国。

（1）全通式甲板的创新发明。1918 年 9 月，世界第一艘全通式甲板航母——英国百眼巨人号由客轮改装而成。这是第一艘真正意义上具有航空母舰外形的船舰，但其并非作为航空母舰而设计，只能说具有现代航母的雏形，属于第一代航母——典型的平原型航母。这一时期的航母都是来自改装，大多由商船、货船经过改装实验而来。1918 年，英国将一艘巡洋舰暴怒号改装，以甲板中部的上层建筑为界，前部甲板供飞机起飞，后部减半供飞机降落。"暴怒"号因此成为最早由军舰改装，并最早具备飞机起降功能的航空母舰。

（2）舰岛和封闭式舰艏的创新发明。1922 年日本建造了第一艘按航母设计的"纯血统"航母——凤翔号，也被认为是第一艘现代意义上的航母。不过凤翔号不仅后来拆除了舰岛，更没有采用封闭式舰艏。因此 2 年后服役的英国竞技神号航母，实际上成为第一艘具有现代意义的航母。它开创性地创新采用了封闭式舰艏和岛式建筑，确立了现代航母的雏形，右侧舰岛的设计也成了普遍共识和效仿的对象。

（3）斜角甲板的创新发明。第二次世界大战时期的航母，都拥有全通甲板，但是这个飞行甲板基本相当于一个长方形——前部起飞，后部降落，这样就造成起飞和降落互相影响。早期的螺旋桨飞机降落速度只有 70～80 节[①]，而喷气式飞机降落速度超过了 100 节，且尾流干扰更大，这种影响就越发强烈，因此斜角甲板的创新应运而生。1951 年英国海军提出斜角甲板的创新理念设想，并于 1952 年成功运用在了 2 万吨的竞技神号航母上。不过由于财政等其他因素，美国海军的埃塞克斯级航母——安提坦号，于 1952 年 9 月至1953 年 1 月完成斜角甲板改装和验收实验，成为世界上第一艘装备斜角甲板的航母。

（4）拦阻索的创新发明。1924 年，英国人诺登和巴思成功地创新设计了较为完善的液压式拦阻索。不过，在 1927 年，美国将这一成果引进，并最先安装在列克星敦号航母上进行试验。随后由美国航空局设计并建造了世界第一代真正的液压拦阻索，并成功安装在了突击者号航空母舰上。

（5）弹射器和垂直起降的创新发明。随着喷气式飞机的发展，飞机起飞重量不断增加，

[①]　一节就是每小时一海里，约等于每小时 1.852 千米。

对于起飞方式有了新的要求，1951 年，英国海军司令米切尔率先提出研制蒸汽弹射器的设想，他当年就将其研制成功，并装备在海军莫仙座号航空母舰上。不过后来随着美国对于蒸汽弹射器的垄断，英国逐渐放弃了这种起飞方式。而且英国还创新采用了短距垂直起降方式，并成功研发了"鹞"式垂直起降战斗机。

（6）双舰岛形式的创新发明。除了英国建造的伊丽莎白女王级航空母舰，还没有其他哪个国家发展设计双舰岛概念的航空母舰，就连身为超级大国的美国也没有发展双舰岛这一型号的航空母舰。

2.4.1　英国第一代竞技神号航空母舰

1913 年 5 月英国皇家海军对一条原来标准排水量为 5700 吨的轻巡洋舰——竞技神号首次进行了大规模的改装，拆除了竞技神号舰艏和舰尾的重型火炮。舰艏安装了飞行甲板，作为水上飞机起飞的平台，军舰的后半部作为水上飞机的停机平台。在军舰舰桥上层建筑的后部和主桅杆的下面，用帆布临时搭成了一个活动机库，用于搭载当时英国皇家海军的主力机型——肖特式水上飞机。为了使船舰搭载更多的飞机，肖特式的机翼已经做了折叠。就这样轻巡洋舰竞技神号摇身一变成了世界海军史上的第一艘水上飞机航母。

作为世界第一艘以搭载水上飞机为使命的竞技神号航空母舰，在下水服役不久就赶上了第一次世界大战的爆发。当时，没有任何反潜能力的竞技神号在英吉利海峡遭到了德军 U27 号潜艇的伏击，被德军两枚鱼雷击沉。皇家海军这个时候已经感觉到了水上飞机航母是一个必不可少的舰种，因此马上就改装了另外一艘——皇家方舟号，来顶替了竞技神号。此时，英国皇家海军已经不满足于水上飞机和水上飞机航母了，他们开始考虑要改装，或者是新建真正意义上的航空母舰，即能够搭载并非水上飞机，而是真正意义上的作战飞机的航空母舰。

2.4.2　英国第二代竞技神号航空母舰

皇家海军在第一次世界大战前改建的世界上第一艘水上飞机母舰——竞技神号从一开始就是按照标准的作战舰艇来设计的。在它巨大的全通式飞行甲板上，有一个环绕着烟囱的大型舰岛被配置在舰体的右舷，给舰载机的起降过程造成很多麻烦。如果不采用一个适当的创新办法来解决这个问题，航母在使用过程中就会带来很多不便。第二代竞技神号航母的创新之处可概括如下。

（1）岛式结构。英国皇家海军在建造第二代竞技神号航母时，在原来平原型航母的结构上又加了一个创举——采用了岛式的结构。在军舰的全通式甲板右舷，出现了一个岛式结构的上层建筑。而这个岛式结构的上层建筑，集合了飞行甲板上面的重要的元素，包括舰桥、指挥塔围杆和烟囱。英国在设计建造这条竞技神号的时候，创新巧妙地把它们融合在了一起，形成了一个舰桥、指挥塔、桅杆与烟囱一体化的岛式结构。岛式结构的航空母舰成为现代意义上航空母舰的一个标准样板，后来的所有航母无一例外都采用这种样式。

（2）强大火力。竞技神号首次在航空母舰上配备了前所未有的强大火力。在此之前的水上飞机母舰建造时，考虑的主要作战任务是攻击飞机，很少顾及军舰自身的防御火力问题。竞技神号则是装配了四门 140 毫米火炮，既可用于对海射击，又可用于对空射击。竞技神号是第一艘没有把对舰作为它的主要火力针对目标，而是把对付来自空中的威胁作为它的主要使命的舰，这一创新想法和设计非常前卫。

（3）封闭舰艏和全通甲板。竞技神号在结构上采用了封闭式舰艏和全通式甲板，并将两者完美地结合起来。全通飞行甲板从百眼巨人号就开始了，但是封闭式的舰艏是从竞技神号开始的。此前的很多航空母舰由于是改装的，所以舰艏通常不是封闭的。开放式舰体结构在北大西洋、英吉利海峡这种风高浪大的海区作战，就会带来很大的不便。竞技神号是世界上最早的一条采取封闭式舰艏加全通式飞行甲板的岛式结构的航空母舰，正是考虑到了这种战场环境的需求而建造的。

竞技神号在 1923 年 7 月建成服役之后，经历了第一次世界大战与第二次世界大战之间 20 年的和平年代，就在它宝刀渐老的黄昏时代，第二次世界大战爆发了。在日军攻击之下，它连续被命中，随后沉没在印度洋的波涛之中。

第二代竞技神号航母成为英国皇家海军历史上的第一条真正意义上的新建航母，并且成为此后各航母大国在建造航母过程中仿效的一个现代航母的样板。

2.4.3　英国第三代竞技神号航空母舰

第三代竞技神号航母在刚刚建成服役下水的时候，是按照大型的舰队航母，或者按照当时的划分标准——攻击型航母来建造的，它是有弹射器的，是可以带固定翼的作战战斗机和攻击机的。但是此后随着皇家海军航母和舰载机海军航空兵部队规模不断缩水，在几次改装中，它的用途也不断地发生变化。第三代竞技神号进行过三次大的改装。

（1）1971—1973 年的第一次改装。把原来的攻击型航母改装成了一条以支援两栖作战为主要任务的两栖突击型航母，甚至拆掉了专门供大型固定翼作战飞机起降的弹射器。

（2）1976 年的第二次改装。这一次改装在保持原有的两栖作战能力的情况下，将第三代竞技神号航母改装成为一条以反潜作战为主要使命的反潜航母。

（3）1981—1982 年的第三次改装。第三次进行的大规模改装，主要改装的项目是在舰艇加装了一段 7.5 度的滑跃起飞甲板，这是后来英国 2 万吨轻型航母的一个标准的舰艇。借助这样一个滑跃起飞甲板，海鹞式舰载机就可以在竞技神号上搭载，并且能够轻松地实现起降。也正是这样一个创新的改装，使竞技神号再一次恢复了能够搭载固定翼舰载机的能力，尽管它搭载的不是弹射起飞的常规舰载机，而是滑跃起飞的海鹞式垂直起降飞机（图 2.4.1）。

图 2.4.1　海鹞式垂直起降战斗机

这一创新改造非常重要，因为它直接决定了一年之后，当 1982 年马岛战争突然爆发的时候，竞技神号才有能力搭载着海鹞式飞机与无敌号双剑合璧，前往南大西洋参战。

整个马岛战争期间，竞技神号对于维持英军特混舰队在南大西洋，特别是马岛海域的制空权和制海权这样一个作战需求，作用是绝对无法替代的。它是马岛战争中英军特混舰队的核心。

2.4.4　英国四代皇家方舟号航空母舰

1. 第一代皇家方舟号航空母舰

皇家方舟号初建时是一艘运煤船，排水量为 7450 吨。皇家海军在改装时对其动力部分进行了重新设计，将烟囱和舰桥移向舰艉，从而腾出了一块长约 40 米的空间作为飞行甲板。这艘新型母舰集中了以往所有改装和实验的长处，可搭载 10 架水上飞机，有正规的机库、修理车间和大型吊车。

2. 第二代皇家方舟号航空母舰

第二代皇家方舟号是英国海军在第二次世界大战爆发的前夜兴建的一艘大型的舰队航空母舰，也是英国皇家海军历史上的第二艘全新设计建造的航空母舰。

1922 年 2 月美、英、法、意、日五个海军强国在华盛顿签订了《美英法意日五国关于限制海军军备条约》。1936 年年底条约失效，美日两国便放开了手脚，第二次航母建造浪潮随之而起。这次的主旋律不再是改装，而是新建。英国作为老牌航母大国，自然会重振旗鼓要设计出一艘当时最先进的航空母舰，第二代皇家方舟号航母由此产生。其标准排水量为 22000 吨，最高航速 31.8 节。设计师在不增加排水量的条件下，为给航母提供最大面积的飞行甲板，创新地在舰艏和舰尾都安装了轮廓明显的外伸甲板，使得整个飞行甲板比舰体的水线长出了约 24.4 米。由于军方要求能搭载超过 60 架飞机，设计师只能把原来的机库增加了一层，使舰载机提高到了 70 架以上。

考虑到北大西洋风高浪急，舰艏被设计成封闭式。封闭舰艏、高干舷双层机库、全封闭外伸甲板，再加上液压弹射拦阻索，这一系列的性能特点综合在一起，就是皇家方舟号为什么会被此后许多国家航空母舰都争相仿效的一个现代航母的样板的原因。不过为了追求最大化的载机量，这艘皇家方舟号航母只能以牺牲装甲防护为代价，而这也为它在今后的实战中埋下了隐患。

第二代皇家方舟号航母在交舰服役不到一年之后，第二次世界大战的欧洲战场全面打响，皇家方舟号航母被开往北大西洋执行反潜作战任务。在围歼俾斯麦号的过程，英国 H 舰队中的第二代皇家方舟号航母立下汗马功劳。随后一年之中，它先后参加了多次作战。在 1941 年的 11 月，皇家方舟号航母将 37 架飓风式战斗机从本土运到马尔他岛，返航过程中，意外地遭到德军 U81 潜艇的一次致命的鱼雷攻击，造成大量进水，主机停转，机舱发生大爆炸。皇家方舟号航母沉入了地中海。

3. 第三代皇家方舟号航空母舰

随着第二次世界大战结束后建材技术的发展，为了能搭载最新的战舰，这一代航空母舰在设计建造过程中结构做了很大的创新修改。最终建造完成时，它已经是一艘拥有蒸汽弹射器和斜角飞行甲板的真正意义上的大型船舰。在漫长的冷战岁月里，第三代皇家方舟号航空母舰先后经历了四次大规模的改装。1967—1970 年的第四次改装规模最大，改造后的皇家方舟号满载排水量达到了 53435 吨，全长 257.6 米，飞行甲板宽 50.6 米，吃水 10.9 米，最高航速 31.5 节。载有 12 架战斗机、14 架攻击机、4 架预警机和 6 架直升机。第三代皇家方舟号航空母舰是一艘名副其实的多功能的具有空中预警、对空作战、对海对岸攻击和反潜作战等多种作战能力的大型多用途的航空母舰。它的性能，在当时的世界各国海军中是仅次于美国的。遗憾的是第二次世界大战后英国政府大量裁减国防经费。1978 年第三代皇家方舟号航母被迫退出服役，英国皇家海军的大航母时代就此结束。

4. 第四代皇家方舟号航空母舰

第三代皇家方舟号航母全部退役之后，皇家海军转而发展无敌级轻型航空母舰。无敌级型航空母舰造了三条，首舰是无敌号，二号舰是卓越号，三号舰被重新命名为第四代皇

图 2.4.2　英国第四代皇家方舟号航空母舰

家方舟号，这也是皇家方舟号能够得以四世传家的原因所在。在 1982 年马岛战争之后的几十年中，第四代皇家方舟号航母对于维持英国皇家海军有限的远洋作战能力起到了核心和骨干的作用。它曾经先后参加过多次重大的军事行动，例如 1988 年到 1989 年科索沃的军事行动、1999 年前后的科索沃战争、北约轰炸科索沃的行动、配合美国海军于 2003 年参加对伊拉克的袭击等。通过这些实战，检验了这艘航母的作战能力，同时也再次像马岛战争一样暴露了这种轻型航空母舰作战能力上的极大局限性。

2010 年 11 月，英国女王伊丽莎白二世登上皇家方舟号，向这位战功累累的老兵道别，同时庆祝它服役 25 年。2010 年 12 月 3 日，皇家方舟号完成了它的最后一次巡航任务，2011 年 1 月 22 日皇家方舟号正式退役。

2.4.5　英国无敌级航空母舰

战后的英国再也无力建造像美国那样大气的核动力航母，所以只能折中研发一种类似于巡洋舰的常规动力航母，使用全通甲板来进行舰载机的起降。这款航母主要的作用是用来代替传统的舰队型航空母舰，无敌级轻型航母就此诞生了。英国之所以要研发折中的航母还有一个很重要的原因，就是当年的英国的海鹞式垂直起降飞机已经研发成功，所以其航母上面也能够很好地解决战机的起降问题。

英国的无敌级航空母舰的布局和常规航母是一样的，其上层建筑集中于右舷侧，里面布置有飞行控制室和各种雷达天线。由于当时建造的时候，英国设计团队设计的目标不再是以重量控制为标准，而是改成了以舰体容积为主要的控制因素，所以无敌级航母的设计方法相比于以前改进了很多。机库以下的甲板和机库以上的公共舱室都采用了扩大版的设计，大大提高了海军人员的舒适性标准，并且舰上采用了很多现代化的武器设计理念。舰体的结构重量也减轻了不少，因此才有了后来轻型航母的新概念。无敌级航母率先创新采用直通式飞行甲板和前部上翘的滑跃甲板相组合的设计方法，但由于使用曲面甲板代替了平面甲板，因此这一部分甲板无法停靠飞机，减少了飞机甲板的停机面积。

无敌级航母的设计理念更多的是一种类似于巡洋舰的理念，因此动力上面就使用了特别适用于反潜巡洋舰的新型燃汽轮机作为动力，这也是世界上首次将燃汽轮机作为航母的主机来使用。无敌级航母飞行甲板长度为 168 米，宽 32 米，动力配置能将这款满载排水量 20600 吨的航母推到最高 28 节航速，可以携带的最大载机量为 24 架。

研发出来之后，无敌级航母于 1982 年参加了马岛战争，暴露出了预警能力不足的缺点。后来优化增加预警机之后，作为北约海军力量之一，协助美国海军抵抗苏联的潜艇。作为现代旗舰航母的先驱，无敌级航母率先使用了垂直短距起降飞机，使航母的设计大幅简化，作战灵活，能在局部海上冲突中发挥重要的作用，可以说是开创了航空母舰发展的新方向。

2.4.6　英国伊丽莎白女王级航空母舰

1998 年 12 月，英国国防部决定自行建设航空母舰，这款现代航空母舰就是英国伊丽莎白女王级航空母舰（图 2.4.3）。

伊丽莎白女王级航空母舰 2017 年 12 月 7 日正式服役，全长 280 米，宽 70 米，满载排水量为 6 万吨，是英国海军有史以来吨位最大的航空母舰。在设计方面，延续了一贯的双舰岛的设计。舰上的装甲防护并没有做得很强大，这主要是因为英国

图 2.4.3　英国伊丽莎白女王级航空母舰

的经费问题。英国伊丽莎白女王级航空母舰并没有安装直接用于防御敌方炮弹的装甲，而是创新采用点防卫武器取代。伊丽莎白女王级航空母舰上配有从美国特别购买的密集阵近程防御武器。舰体的重要部分跟美国人一样加装了凯夫拉复合材料，用来抵御一般弹片造成的损伤。因为它的双舰岛的设计，所以可以避免多种电器设备的互相干扰，能大大降低一个舰岛受伤后导致航母完全丧失作战能力的风险。伊丽莎白女王级航空母舰前部的舰岛主要安装有航海导航、远程探测和警戒，远程雷达。后部的舰岛有航空指挥、飞机通信、电子对抗的设备，负责飞行控制和航空管制的任务。伊丽莎白女王级航空母舰有一个夹角为 12 度的滑跃式甲板，用来提供固定翼飞机的起飞。起飞区域长 162 米，宽 18 米，占据甲板一半的空间。

跟尼米兹航空母舰不同的是，它没有配备特别强大的拦阻索系统，这跟它的舰载机的选择有关。伊丽莎白女王级航空母舰最多能容纳 36 ～ 40 架舰载机，舰载机以配备美国的 F35 战斗机为主，并且滑跃式甲板被拆除，换上了弹射器。在动力方面，伊丽莎白女王级航空母舰采用了两台燃汽轮机，提供电力总功率可以达到 108 兆瓦以上。由于其动力输出

略有不足，伊丽莎白女王级航空母舰的最快航速只能达到 27 节。目前伊丽莎白女王号的各种配置和作战实力可以算是出色的航空母舰之一了。

2.5　苏联和俄罗斯航空母舰的兴衰

基辅号、明斯克号、瓦良格号、戈尔什科夫号等大名鼎鼎的航母曾经都是苏联海军引以为豪的骄傲。但是在今天，它们或者已经退役，或者被卖往别国，有的甚至被半道拆毁，"胎死腹中"。如今只剩下库兹涅佐夫号一艘航母在俄罗斯冰冷的海面上孤独地游弋。

2.5.1　苏联海军早期的航母梦

苏联最早发展航母的计划还是比较早的，可以远溯到十月革命之前的沙俄时代，但是当时沙俄国力是不可能完成建造航空母舰的计划的。苏联有两次契机，但是很不幸，这两次机会都被错过了。

（1）错失的第一次机会。第二次世界大战时期苏联的直接对手德国早在 1935 年就开始了航母建造，至 1938 年 12 月 8 日，德国建造的齐柏林号航空母舰下水，随后爆发的战争不但终止了苏联的航母建造计划，也毁灭了德国的航母梦。随着德国败局已定，为了不让齐柏林号航母落入苏军之手，1945 年 4 月 25 日，齐柏林号被德军沉入海底。苏联攻占德国之后，在占领区立即把齐柏林号航空母舰从水里打捞出来。在风高浪大的北海海域拖曳的过程中，这条船中间又沉了一次，最终苏军历尽艰辛才把齐柏林号拖回本国。到了苏联之后，对这条船做了深刻的解剖和分析，才把它彻底地拆解掉。

（2）错失的第二次机会。1953 年，斯大林去世后，苏联的航母建造计划被停止，随后上台的赫鲁晓夫不但对发展建造航母毫无兴趣，还极尽讽刺地将航母称为"海上活靶子"和"活棺材"。在战时长期担任苏联海军总司令的库兹涅佐夫，那时已经被授予苏联海军元帅军衔，在这个问题上，他跟赫鲁晓夫之间发生了巨大的争执和冲突。库兹涅佐夫很强硬，也很执着，他认为要捍卫苏联的海权，要保卫国家的海洋权益，没有航母是不行的，所以始终坚持自己的观点。

1955 年底库兹涅佐夫被赫鲁晓夫解除了苏联海军总司令的职务，一代名将的航母之梦自此完全破灭。而在第二次世界大战中因为建造航母而占尽先机的美国，却不失时机地向苏联展开了"航母无用论"的宣传，而自己却在背后大兴土木，建造航母。赫鲁晓夫正是听信了美国的"航母无用论"，认为航母是"浮动的钢铁棺材"，在未来核战争中中看不中用，所以苏联坚持走上了"导弹制胜论"的道路。

戈尔什科夫的机会

库兹涅佐夫海军总司令被免职之后，继任
上来的也是很有名的苏联海军名将——戈尔什科
夫海军元帅（图 2.5.1），他在冷战时期的绝大部
分时间是担任苏联海军总司令的。在发展航空母
舰的问题上，戈尔什科夫是一个跟库兹涅尔夫
一样的航空母舰的坚决拥护者和支持者。但戈尔
什科夫跟库兹涅佐夫不一样的是，他是一个很有
理智、很有策略的发展航空母舰的苏联海军领导
者。此时，一场前所未有的国际危机却似乎在帮
助戈尔什科夫。

图 2.5.1　苏联海军元帅库兹涅佐夫和戈尔什
科夫

1962 年 10 月，加勒比海地区发生了震惊世界的古巴导弹危机——苏联在古巴部署导
弹，此举立即引起了美国的警觉和恐慌。美国当局立即成立以总统肯尼迪为首的国家安全
执行委员会，并做出对加勒比海实施封锁的决定。1962 年 10 月 24 日，美国集结了第二
次世界大战结束后最庞大的登陆部队，马上进入战备状态。此时，双方都退了一步，但是
苏联做的退步更大，毕竟它没有一支以航空母舰为核心的远洋海军，而战略导弹核潜艇又
派不上用场。最后，在美国以航空母舰编队为核心对古巴建立的强大的海上封锁面前，驶
向古巴海岸的苏联运输远洋船队最终只能把已经运到古巴的所有导弹撤了出来。而且撤的
过程中，在经过美国封锁线的时候，无奈地打开船舱让美军悉数检查，作为两强之一的苏
联无疑蒙受了奇耻大辱。面对这种情况，任何人都不得不承认，没有一支远洋海军，苏联
是不能立足的。

2.5.2　苏联第一代航空母舰——莫斯科级直升机航母

古巴导弹危机最终以苏联做出较大的让步而结束，其结果让首先挑起事端的赫鲁晓夫
又羞又气。戈尔什科夫趁机向赫鲁晓夫传递了拥有航母重要性的信息。不过为了不触怒性
格乖张的赫鲁晓夫，戈尔什科夫还是尽量表现得小心翼翼。他建议发展反潜力量以保护苏
联的战略导弹核潜艇，以这个借口，把赫鲁晓夫给说动了。经过多次反复地做工作，赫鲁
晓夫终于同意开工建造戈尔什科夫所描述的反潜舰船。

1967 年，苏联的第一代航母莫斯科号终于诞生了，此时赫鲁晓夫已经下台。但是戈

尔什科夫并没有喜形于色，而是继续采取了低调迂回的方式。他没有把莫斯科号叫"航空母舰"，而是叫"大型反潜巡洋舰"。

莫斯科级航空母舰，即莫斯科级直升机航母一共建造了两艘：首舰莫斯科号，二号舰列宁格勒号。从外形看，莫斯科级直升机航母实际上是巡洋舰和直升机航母这两种舰型的综合体。它的舰体的前半部是巡洋舰的舰体，因为上面装载有大量的各种型号的导弹，而后半部全是直升机的起降甲板，最多可以携带十几架 KA05 系列的反潜直升机。当然，从它的排水量来看，已经不是一般巡洋舰的吨位了，它的标准排水量是 14600 多吨。舰上搭载有各种型号的反潜直升机将近 20 架，已经具有相当强的反潜作战能力了。

此时美苏两个世界大国的军备竞赛在航母建造计划上得到了最充分的体现。1967 年莫斯科号直升机航母服役，但是早在两年前美国海军的第一艘核动力航母——企业号已于 1965 年 7 月至 10 月进行了中途无补给的环球航行，开通了航母发展的新时代。两强对比，强弱明显。面对巨大的技术差距，不甘落后的苏联海军开始了奋起直追的航母革新之路。拥有了莫斯科级直升机航母的苏联此时也遇到了航母建造技术的"瓶颈"，那就是仍然没有掌握蒸汽弹射技术。没有弹射技术，常规起降作战飞机就无法起飞，这就等于造出了航母也同样没有用。

但就在山穷水尽的时候，一种新型飞机的出现给苏联的航母发展带来了转机，那就是苏联发展的雅克系列的垂直起降作战飞机——雅克 36，后来的雅克 38（图 2.5.2），最后发展到雅克 141。这种雅克系列的垂直起降作战飞机，或者叫短距起降作战飞机，相当于英国的海鹞，既可以垂直起降，也可以滑行一段短距起降。正是这种

图 2.5.2　雅克 38 垂直起降作战飞机

飞机的出现，使得苏联海军，尤其是担任总司令的戈尔什科夫海军元帅看到了可以开工建造第二代常规动力并且可以搭载垂直起降战机航空母舰的空间和余地。他抓住了这个契机，把准备开工的莫斯科级航母的三号舰停止不造，马上立项开工苏联的第二代航空母舰。

2.5.3　苏联第二代航空母舰——基辅级

1975 年 1 月排水量高达 4 万多吨的基辅级航空母舰横空出世。基辅级航空母舰（图 2.5.3）先后一共建造了 4 艘：首舰基辅号，二号舰是明斯克号，三号舰是新罗西斯科号，四号舰为巴库号，后更名为戈尔什科夫号。

基辅级这几架航母的外形，可以用"鸟中蝙蝠"来形容。基辅级垂直起降航母的飞行甲板占了很大面积，而且在左舷有一个斜角飞行甲板。它的前半部仍然装载着传统的巡洋舰才装备的各种型号的反舰导弹、防空导弹和反潜导弹。它所装备的这些导弹的型号与前任莫斯科级相比有了更新的发展，实现了中远程和中近程、高空和中低空的一种防空的组合。另外新航母还装备远程的反舰导弹和反潜火箭，在保

图 2.5.3　苏联基辅级航空母舰

留着巡洋舰这些远程攻击能力的同时，还携带着十几架作战飞机，所以更像一艘航空母舰。

因为基辅级航母是苏联海军历史上建造数量最大的一批航空母舰，4 艘基辅级航母被分别放置于苏联海军的北方舰队和太平洋舰队服役，每个舰队放置 2 艘。4 艘航母总共只用了 17 年时间就全部建成服役，这个建造速度在当时并不低于西方国家航母的建造速度。

2.5.4　苏联第三代航空母舰——库兹涅佐夫级

苏联时代唯一留存的、也是今天俄罗斯唯一的航母——库兹涅佐夫号（图 2.5.4），排水量接近 7 万吨级，已经基本上达到、甚至超过了美国战后发展的常规动力航空母舰中途岛号。此外，它上面搭载的不再是前一代基辅级航母上搭载的雅克系列的垂直起降作战飞机，而是真正意义上的常规起降作战飞机——苏 27 的改进型苏 27K。后来这种型号经过改进之后，就是现在的苏 33 舰载战斗机。

图 2.5.4　苏联库兹涅佐夫号航空母舰

库兹涅佐夫级航空母舰的舰艏不再是水平的，而是一个带有十几度倾斜角的滑跃甲板。这样就可以使飞机获得在水平甲板上所不可能获得的起飞速度。性能强劲的双发战机，再配合着滑跃甲板，库兹涅佐夫级航空母舰实现了世界航空母舰发展史上第一次的创新突破——没有装备弹射器的航空母舰可以起降常规的作战飞机。

库兹涅佐夫号航空母舰详情

苏联的航空母舰可以说是属于混血型的航母，因为它在建造初期就被设计为全方位的、具备单独行动能力的武器。苏联库兹涅佐夫航空母舰建造于20世纪80年代，跟大部分苏联生产的航空母舰一样，其主要实力不仅仅是舰载机本身，它本身也有相当的威力，跟美国的航空母舰相比更加硬汉。

库兹涅佐夫号航空母舰是苏联海军史上第一艘真正意义上的航空母舰，其飞行甲板长306.45米，宽71.95米，整舰满载排水量达到了6万多吨。这样的大型舰体可以实现24架大型俯冲舰载机以及12架苏33战斗机的配备，具备非常强大的领空打击能力。可惜的是没有用上核动力，而是使用了常规动力。

苏联的库兹涅佐夫航母充分具备了现在主要海洋作战装备的反击能力。这款航母的火力已经超越了巡洋舰的配置，它自身的防御火力超过了美国尼米兹级航母，因此它足以有效地抵抗大数量、多频次、多方向的炮火攻击。即使是没有军舰护航的情况下，库兹涅佐夫航空母舰仍具有强大的攻击能力，更适合于中近海的空中火力支援。

库兹涅佐夫级航母与尼米兹级航母之比

苏联海军发展到库兹涅佐夫级，已经到了巅峰状态。但即便是这条排水量达到67500吨级的大型常规起降航空母舰，它的作战能力跟美国海军尼米兹级核动力超级航空母舰相比，差距还是很大的。苏27K飞机的飞行品质、飞行性能是非常好的。在冷战刚刚结束之后，苏27和美国当时的主战飞机F15曾经进行过正面交锋，苏27是完胜的。但是因为库兹涅佐夫级航空母舰的舰艏没有弹射器，只靠十几度的滑跃甲板起飞，极大地限制了舰载作战飞机本身的载油量和载弹量，性能大打折扣。而尼米兹级核动力航空母舰，不仅舰载机的数量是库兹涅佐夫级航母的几倍，更主要的优势是它有两条蒸汽弹射器。所以仅就这两者的作战飞机在实战条件下空中对抗的性能结果来看，库兹涅佐夫级航母所搭载的苏33战斗机和尼米兹级航空母舰所搭载的FA18大黄蜂战斗机两者之间对抗的结果，苏33战斗机是占下风的。

2.5.5　瓦良格号航空母舰的命运和乌里扬诺夫斯克号航空母舰的命运

苏联海军声誉鹊起，并正准备实施更宏伟的巨舰建造计划的时候，命运再次给了苏联航母重重的一击。1991年苏联解体了，这一年库兹涅佐夫号航母刚刚下水。苏联的所有大型水面舰艇的造船工业都集中在乌克兰著名的、位于黑海的尼古拉耶夫造船厂，所有苏联的几大航空母舰都是在这里造出来的，库兹涅佐夫号也不例外。它下水服役之后，乌克兰已经是另外一个国家了。还好，当时俄罗斯军方国防部部长的头脑还是相当清醒的，以他所兼任的独联体国防部长的名义下令：调刚刚下水服役的，甚至是还很不完善的库兹涅佐夫号航空母舰，马上驶离黑海，加入俄罗斯北方舰队的训练，最终使得俄罗斯侥幸拥有了库兹涅佐夫号航空母舰。

但是作为工程已经完成将近 70% 的库兹涅佐夫级二号舰——瓦良格号，命运就没有它的首舰那么幸运了。乌克兰不需要这样一艘船，而俄罗斯又没有能力继续支付这样庞大的建造费用。瓦良格号后来流落到了中国，名为辽宁舰。

受苏联解体影响的远不止瓦良格号，苏联海军的第四代巨型核动力航母——已经完成建造近 30% 的乌里扬诺夫斯克号也被推到了风口浪尖上。当时乌里扬诺夫斯克号虽然尚未建造完工，但是已经进入了船台建造状态，是很有希望建成的。尚未建成的乌里扬诺夫斯克号核动力航空母舰，与美国海军的尼米兹级核动力航空母舰已经很像了，它配备的舰载固定翼预警机是雅克 144。这种舰载固定翼预警机，按照苏联的设计方案，既可以用弹射器弹射，也可以在不满载的情况下用滑跃甲板起飞。由于它出色的空中机动能力，在正常情况下击败 FA18 大黄蜂应该是比较正常的结果。

遗憾的是，由于苏联的突然解体，乌里扬诺夫斯克号的命运变得凶险难测。这个时候，隔岸观火的西方世界终于出手了，一个围绕乌里扬诺夫斯克号的生死、堪称耐人寻味的故事也就此发生了。

就在俄罗斯和乌克兰双方争执不下的时候，西方国家开始出面来打破了这个僵局。首先出面到尼古拉耶夫船厂的是一家挪威的造船公司，他们下订单造 6 条大型商船。商船很大，以至于只能在尼古拉耶夫船厂零号船台建造。另一家美国旧钢铁公司恰好也找上门来，提出要收购废旧钢铁，而且开价每吨 450 美元，这远远高于当时国际废钢铁的收购价格。乌克兰人唯一能做的选择，就是把这条完工 30% 的苏联海军第一代核动力航空母舰彻底解体，当作废钢铁卖掉。

就在解体工作基本完成，但还没有完全完成的时候，两边两家公司都变卦了。最后的结果是：这两个皮包公司在付出了为数几乎可以忽略不计的违约金的情况下，就把苏联海军的一代杰作——已经在船台上开建了 30% 的乌里扬诺夫斯克号给拆掉了。乌里扬诺夫斯克号航母的最终陨落，标志着苏联几十年航母梦的彻底终结。

2.6 独树一帜的法国航母

虽然法国海军在两次世界大战中都没什么作为，但法国海军接触航母和舰载机的时间其实非常早。1920 年法国海军代表团参观了英国新建的百眼巨人号航母之后就决定将第一次世界大战期间开建的诺曼底级战列舰的五号舰——贝亚恩号，改建为法国第一艘航空母舰，以此作为航母和舰载机技术的开发平台。贝亚恩号满载排水量 2.9 万吨，载机 40 架，在当时的海军列强已建成的航母中位居前列。直到贝亚恩号退役，它的舰载机还从来没执行过任何作战任务，但它仍然是当时世界上寿命最长的航母，平安渡过了两次世界大战。

法国海军曾规划在 20 世纪 30 年代后期建造标准排水量 2.5 万吨级的正规舰队航母，但当时法国最大的假想敌德国正受到凡尔赛和约制裁，意大利也没有建航母计划，法国自身财政也困难，又有华盛顿海军条约的限制，所以最终没有付诸实施。直到 1939 年得知德国海军开始建造齐柏林伯爵级航母后，法国海军才决定建造 2 艘霞飞级舰队航母，满载排水量 2 万吨，载机 40 架。因为设计理念的偏差以及航母实际运用经验的不足，霞飞级舰队航母即使建成，也面临配套舰载机尚未投产的尴尬局面。之后，法国航空母舰的发展历史走出了一条完全创新的租借之路，先后从英国和美国租借了 4 艘航母。但法国一向坚持自主国防政策，在获得足够的航母运作经验并且国力得到恢复后，于 1955 年和 1957 年分别开工建造了 2 艘克莱蒙梭级中型航母，它们 6 年后相继服役。

2.6.1 法国航母的创新起步

百眼巨人号开工建造之前，法国人就开始琢磨建造航空母舰了。1914 年，法国人开工建造贝亚恩号，但是由于工程进度太慢了，所以被英国人拔得头筹。贝亚恩号航空母舰是法国的第一艘航母，始建于 1914 年 4 月，最初以诺曼底级战列舰来设计建造。该舰 1923 年年底开始服役，经过三年的改造后成为轻型航母。其排水量为 28400 吨，长 182.6 米，宽 27.1 米，航速 21.5 节，舰员 875 人，机库可搭载 40 架飞机。投入服役后，贝亚恩号航母首先被派遣到地中海轻型舰队，1935 年被派遣到大西洋舰队。由于航速太慢，该航母被降级为训练平台。之后，贝亚恩号航母被送到美国进行现代化改装，并没有参加军事行动。1945—1946 年，在参加了短暂的中印战役之后，它最终被当作服务平台使用，于 1967 年退役并拆除。

从 20 世纪 40 年代中期开始，法国进入租赁航母阶段。先后从英国和美国租借了 4 艘航母：巨人号、贝劳伍德号、兰利号和迪克斯缪德号。

2.6.2　法国航母的独立创新建造——克莱蒙梭级航空母舰

从最初的改建航母，到后来从英国、美国租用航母，法国人积累了两方面的经验，第一是使用航母的经验，第二为它日后自己独立建造航母积累了宝贵的经验。

第二次世界大战后，美国发展的是 8 万至 10 万吨级的大型航母，英国等发展的是 2 万吨左右的轻型航母，只有主张国防独立的法国独树一帜，建的是 4 万吨级左右的中型航母。20 世纪 60 年代法国先后建成了两艘功能设备比较完善的克莱蒙梭级航母，分别是克莱蒙梭号和福煦号。这两艘航母的建成，也成为当时法国海军的旗舰。

克莱蒙梭号

首舰克莱蒙梭号于 1955 年 11 月开工，1961 年 11 月服役。该航母全长 265 米，宽 31.27 米，两台蒸汽轮机功率 92600 千瓦，航速 32 节，标准排水量 27300 吨，满载排水量 32780 吨。编制人数 1821 人，载机 40 余架。克莱蒙梭航母飞行甲板分为两个部分：一部分是舰前部的轴向甲板，长 90 米，设有一部蒸汽弹射器，可供飞机起飞；另一部分是斜角甲板，长 163 米、宽 30 米。甲板斜角设有一部蒸汽弹射器和四根拦阻索，可供飞机起飞和降落。

该舰机先后进行了三次创新改装。1977 年进行第一次改装，主要是对舰上各种设备进行大修，改装了弹药库；1985 年这艘航母进行了第二次改装，加强了弹射器和升降机的性能；此后还对克莱蒙梭号作战系统进行了进一步的现代化改装工作。改装后的克莱蒙梭号航母参加了法国海军几乎所有的军事行动，展示了该舰很强的战斗力。但毕竟它已经超期服役，虽经数次现代化改装，也有力不从心之处。例如，克莱蒙梭号航母没有预警飞机，这在现代化战争中就显得落后了。

克莱蒙梭号已于 1997 年 7 月退役，但它的最终归宿却显得有些难堪。由于船体有大量对人体有害的物质，这艘航母到处寻找可以对它实施拆除的船厂。几经周折直到 2019 年，英格兰东北部的一个基地才最终收留了它，并最终将其拆解。

福煦号

福煦号航母是克莱蒙梭级航空母舰中的第二艘，是以法国历史上著名将领福煦元帅的名字命名的。福煦号航母于 1957 年 2 月建造，1960 年 7 月下水，1963 年 7 月正式服役。采用蒸汽轮机常规动力装置。这艘航母也进行过三次大的创新改装。第一次是在 1964 年和 1967 年，对舰载机进行替换，采用了美国的 F81 战斗机和超级军旗攻击机。第二次是在 1980 年 7 月至 1981 年 8 月，主要对设备，包括飞行甲板、战术指挥系统、飞行通信系统等进行改进。第三次是在 1987 年至 1988 年，主要对武器装备、舰载作战系统进行现代化改装。

经历三次改装之后，福煦号可搭载有 40 架各型飞机，具有了较强的对岸对海攻击能力、较强的制空能力，但它的反潜能力一般。

福煦号航母同样参加了法国海军几乎所有的军事行动。虽然该舰的作战能力远不如美国的超级航母，但它同样具有航母固有的机动灵活性、变换攻击能力、方式和响应快的优点，是法国海军赖以生存的核心，是执行对外政策的有力工具，不仅能制空制海，而且能支援对陆作战。2010 年 11 月，该航母卖给巴西，巴西海军将其改名为圣保罗号继续服役。

中型航母和大型航母比有两个优势：第一，它的舰载机数量少，人员少，建造和维护的费用低；第二，现在海军正在转型，想要大幅提高海军以海制陆的能力，最基本的条件就是在安全的情况下尽量地靠近陆岸。所以中型航母有可能、也有潜力进一步向海岸靠近，能够为舰载机攻击更远距离的内陆目标创造更好的条件。

2.6.3　法国独立建造核动力航母——戴高乐号

作为世界上唯一的不属于美国海军的核动力航母——戴高乐号，它透着法兰西浪漫主义风格，颇有大家风范。该航母长 261.5 米，宽 31.5 米，飞行甲板最宽 64.4 米，吃水 8.5 米，标准排水量 35500 吨，满载排水量 39680 吨，两座核反应堆 8.3 万马力，航速 27 节，加一次燃料可以工作五年以上，全员编制 1700 人。

戴高乐号航母的综合作战能力要比克莱蒙梭级的常规动力航母至少强六倍。综合起来优势主要表现在以下几个方面：

（1）超乎寻常的创新隐身设计。保护自己消灭敌人的机械隐身设计，在建筑设计中显得越来越重要。上层建筑外壁找不到一个垂直平面，都被设计成倾斜十度的封闭结构，并在舰体上涂有吸收作用的油漆涂料，使雷达反射面积比传统航母要减少 60%。

（2）攻击能力提高。戴高乐号上搭载的作战飞机数量达到 40 架，能用于执行空战和对地攻击任务，主要用于如海湾战争这样的中等规模的区域任务以及维和任务。舰载机上有激光制导炸弹，还可以携带远距离弹药和反舰导弹。

（3）空防能力提高。改革了克莱蒙梭号的舰载防空武器，包括创新采用四座垂直发射防空导弹、八门 20 毫米防空机关炮、两座近程防空导弹发射架及雷达干扰机系统等近程防御及电子对抗系统。戴高乐号航母编队中的护航舰艇和航母上的阵风战斗机则负责中远距离的保护，而且它拥有高度协调的指挥自动化能力。戴高乐号航母的作战指挥系统安装在舰桥内的指挥控制中心，该系统的核心部分是信息处理系统，可以保证航母战斗群与法国海军总部以及法国政府之间进行联系。高度自动化使该机舰上的人员编制大为减少，与以往的同类航母相比，舰员减少了 1/3 以上。

戴高乐号航空母舰是一艘隶属于法国海军的核动力航空母舰，是法国海军的旗舰（图 2.6.1）。可以用三个关键词来概括戴高乐号航母的主要创新和性能：核动力心脏、隐身外形、攻防均衡。

图 2.6.1　法国戴高乐号核动力航空母舰

2.6.4　法国核动力航母建造中的购买与移植

戴高乐号航母在使用和建造过程中，有很多问题令人啼笑皆非，例如舰上人员讲法语不讲英语，但是法国必须要买美国制造的发动机，因为自己造不出来。从美国购买的弹射器要 1200 万美元一个，比它在美国报价高很多（美国国内大概 400 万美元一个）。除弹射器之外，现在的 E2C 预警机也是从美国购买的。预警机好似航空母舰的一只眼睛，现在很多中小型航母用的是直升预警机。而直升预警机的速度太慢、距离太近，所以它的预警范围、预警时间、包括雷达同时跟踪目标的数量、发现目标的距离都要大打折扣。但 E2C 固定翼的预警机如果要上戴高乐号，前提还是要从美国购买，因为只有美国有这种 E2C 预警机。当法国人提出要买它的时候，价钱又翻了好几倍——2.5 亿美元一架。

但无论如何，法国人确实还是做到了走出一条属于他们自己的中型航母之路，而且还把中型航母和核动力结合到一块了。

法国人把核动力和中型航空母舰结合到一起的这个创新想法，有运气的成分，也有想象的力量。他们采取的是水下水上结合的方法，把水下潜艇用的核反应堆移植到了戴高乐的大型水面舰艇上。其实一开始法国人是特别想为戴高乐号专门建造一座专门用的反应堆，但是整个工期由于技术太复杂，延期很厉害，再加上 1992 年金融危机，法郎大幅贬值，整个建造计划基本停止了。但是不久好消息来了，1993 年法国的凯旋号战略导弹潜艇下水了，凯旋用的是核反应堆，在它试航过程中，反应堆工作状况非常好，所以造航母的工程师就想到把它的两个核反应堆改装后放到戴高乐上。

1995 年法国人真把 K15 核反应堆做好了，而且满足了戴高乐号上的需要，两座 K15 核反应堆就安装到了戴高乐航母上。其中，法国人实际上采用的是一种移植创新法。现在法国人的雄心壮志依然在延续，除了他们造出了美国之外的第一艘核动力航母之外，下一代的航母他们也提上了议事日程，现在正在做着相关的规划和研究。

法国核动力航母的舰载机

戴高乐级航空母舰服役之后，它上面究竟搭载什么样的舰载机，成为又一个非常吸引人眼球的问题。

法国海军的第一代克莱蒙梭级航空母舰发展的时候，它的舰载攻击机可以国产化了，即超级军旗战斗机，但是舰载战斗机还要从美国进口。但是到了第二代戴高乐级核动力航空母舰建造的时候。法国就下决心要把舰载机主要的作战飞机全部实现国产化，确实它也实现了。

当第二代戴高乐级航空母舰服役的时候，这艘4万吨级的核动力航空母舰上带的主要作战飞机已经全部实现了国产化。它的主要的攻击机的型号是超级军旗战斗攻击机的改进版，而它的战斗机是当今世界上仍处于相当先进地位的阵风 M 型舰载战斗机（图 2.6.2）。阵风 M 型战斗机和超级军旗攻击机两种机型混装，戴高乐航空母舰的舰载机的数量一共可以达 35 架，确实实现了中型核动力航母相当强的作战能力。戴高乐级航空母舰舰载预警机采用

图 2.6.2　法国阵风 M 型舰载战斗机

的是从美国进口的 E2C 鹰眼，共引进了 4 架。引进法国之后，它的型号改为 E2F，也就是专门给法国用的型号。所有这些就配置完备了戴高乐级航空母舰整个的作战体系。有着多架各型舰载战斗机组成的戴高乐级航空母舰的舰载航空兵联队，是法国新一代海军航空兵远洋作战的主力。

2.6.5　法国下一代航母的设计理念

按照法国海军传统，两艘航空母舰编制，可以确保一艘航母维修时，还有一艘可以执行任务。但由于戴高乐号刚建不久，法国政府暂无打算独自再建造一艘同级船舰。法国的航母发展一直遵照务实自主的原则，战后法国在经济情况欠佳的情况下选择了租赁，而非独自开发航母，如今同样因为经济问题暂不考虑建造第二艘航母。

然而法国继续发展航母的规划从来没有停止，由于建造航母花费巨大，法国有意与英国合作建造航母，英国方面对此也有积极响应，支持合作计划。据悉法国有意在建造下一艘航母时回归常规动力，戴高乐号服役以来接连发生各种故障，证明法国核动力航母技术上不如美国成熟稳定，实现海上无故障航行仍有困难。此外戴高乐号虽然采用了核动力，但航速并未提高，27 节的航速不仅低于克莱蒙梭级航母，也低于其舰队中的主要护卫舰。另外核动力航母费用高和辐射剂量超标的问题也无法妥善解决，回归常规动力应当是一个务实的选择。

有关资料显示，法国下一代 PA2 航母上配备的弹射器数量和弹射方式均与戴高乐号基本保持不变，仍仅有两部弹射器和 40 架舰载机配置。满载排水量近 8 万吨，几乎是戴高乐号的两倍，但是造价却控制在与戴高乐号相当的水平。同时 PA2 航母搭载战机的能力也大大提高，它可同时携带 32 架阵风舰载战斗机、3 架预警机和 5 架反潜直升机。此外 PA2 航母也被赋予强大的对地功能，它的两座席尔瓦垂直发射装置可装填 16 枚，射程500 多千米的战略巡航导弹，安装有复杂的综合指导系统，能达到比美国导弹更好的打击效果。美国安全专家曾说 PA2 航母自身攻防能力兼备，没有美国现役航母重防轻攻的弱点。更令人称赞的是现役航母都是采用单舰岛，而 PA2 采用双舰岛设计，即拥有两个指挥台，变成前后两个位于右舷的舰岛。前者主要负责航母本身的航行操控，后者则以舰载机起降控制为主，从而使各自功能更加专业化。

作为军事强国的第二梯队，这种从核动力向常规动力的回归，再一次反映了法国的务实精神。因为法国现在面临着一个很重要的选择——要排名，还是要一个好用、能用的航空母舰。它选择和英国人联合建造下一代航母，这样做可以节省很多设计费、材料费。另外，通过改用常规动力方式，也能在中小强度的冲突中发挥作用。

2.7　日本航空母舰的乔装发展

世界上第一艘真正意义的航空母舰是日本 1922 年 12 月 27 日竣工的凤翔号航空母舰。该舰虽然在开工时间上要晚于英国的竞技神号，但由于日本建设速度较快，赶在竞技神号之前完工了，使得凤翔号成为世界上第一艘真正意义上的航空母舰。

作为第二次世界大战的战败国，日本是不被允许拥有进攻性武器装备的。但随着国际局势的变化以及日本自身雄厚的科技工业实力，使得它在很多进攻性武器发展方面采取"打擦边球""挂羊头卖狗肉"的方式。第二次世界大战后，日本在航空母舰发展上就是典型的案例，他们以发展直升机护卫舰的名义为掩护，实则是在发展航空母舰。

2.7.1　第二次世界大战时期日本航母的显赫地位

日本在经历了第二次世界大战之后，制定的和平宪法要求它是不能拥有军队的，所以日本的防卫力量目前叫作"自卫队"。在世界航空母舰的发展史上，日本曾经有过非常显赫的地位。作为一个资源匮乏的海岛国家，日本完全依靠外国资源来维持本国经济。海上交通舰是维持生存的生命舰，为此日本在发展海上兵力方面不遗余力。

回顾历史可知，1868年明治维新后，日本就拥有了自己真正意义上的海军。1894年在扩张野心的驱使下，日本凭借强大的海军力量，悍然发动甲午战争入侵中国，一跃成为亚洲霸主。此后它越发致力于建立本国海军，1906年下水的萨摩号战列舰是当时排水量最大的战列舰。在舰艇的武装配备上，日本海军率先在金刚号战列舰上创新使用了356毫米的大口径主炮。到了大和号超级战列舰，满载排水量已超过了7万吨，甚至装备了460毫米的主炮，这在世界海军史上可谓空前绝后。日本也尤其重视发展航空母舰。英国是世界上第一个建造航母的国家，但比英国晚开工两年多的日本奋起直追，1922年的凤翔号是世界上第一艘非改装而完全新建的航空母舰。太平洋战争开始时，日本海军已经拥有10艘航空母舰，组成了当时世界上最大、最先进的航母舰队。

第二次世界大战期间日本疯狂地建造了20多艘航母和各种巨型战舰，其军舰总吨位居世界第三。到了战后，昔日日本联合舰队的航空母舰全部葬身在太平洋战争的战火之中，最后残存的几艘在战争结束时也都被解体。

2.7.2　第二次世界大战后日本航母梦的破灭

战后以自卫队名义恢复重新建立起的日本防卫力量，尤其是海上防卫力量，即所谓的"海上自卫队"，在航母的历史上是以一种另类的态度发展的。

1952年的《新日本海军再建案》

1945年第二次世界大战结束，日本在1952年，就重新开始考虑要建造航空母舰。当时在日本战时曾经担任日本海军军令部军务局局长的海军少将山本善雄的主持下，日本制定了一份《新日本海军再建案》。其中赤裸裸地提出要建造四条排水量为8000吨级的航空母舰，这是日本在战后第一次动了造航母的念头。但由于各方面势力的反对，这个提案只能不了了之。

1959 年的《第二次防卫力量整备计划》

随着战后的重建，日本经济实力得到迅速恢复，1959 年利用当时日本制定《第二次防卫力量整备计划》的机会，再次有人提出要建造航空母舰，而且这次的排水量已经提高到了 14000 吨级。当然日本对外解释这不是航空母舰，不是为了要去重新发展一支航空母舰为主的远洋海军，而是为了护航，但它其中的用意所在显而易见。此次计划在各方力量的封杀之下未能成行。

2.7.3 日本海上自卫队的八八舰队

在冷战的后期至冷战结束之后，日本的这只名义上叫作自卫队的海上自卫队，打着各种名目就开始一步一步地走出了自己的另类航母发展之路。

八八舰队的组成及最初使命

日本海上自卫队成立于 1954 年，其主要任务是防护日本领海，兵力约为 44000 人，共有各式舰艇 160 多艘。它的核心是 4 支八八舰队，所谓八八舰队就是由 8 艘主力舰、8 架舰载直升机组成的一支综合海上编队。这样的配置是日本在长期的作战训练中总结出来的。目前日本有 4 支这样的八八舰队，在未来可能会发展成为九九舰队，或者十九舰队，也就是 10 舰 9 机。

尽管第二次世界大战后制定的日本国宪法规定：海上自卫队不能配备战略攻击舰及核潜艇等。但无论是八八舰队或十九舰队，它就像是一支微缩版的美国海军。从对现在日本海上自卫队，即八八舰队的作战能力进行分析可以看出，日本最初构建八八舰队的时候，主要的作战使命是针对苏联巨大的潜艇威胁。到了战时可封锁日本列岛的诸岛链，从而封堵苏联海军的潜艇通过日本列岛进入西太平洋的战略通道。所以日本首要的作战使命就是反潜。8 艘驱逐舰中有 5 艘都是反潜驱逐舰，8 架舰载直升机全部是用于反潜任务的直升机，所以不难看出 8 舰 8 机的八八舰队最初就是因为反潜而生的。

冷战结束前后，日本在水面舰艇的发展上一步一步地继续向大型化、综合化、信息化水平发展。典型标志就是日本通过从美国引进先进的技术，成为世界上几乎是除美国之外第二个拥有宙斯盾导弹驱逐舰的国家。

宙斯盾作战系统

宙斯盾作战系统是美国海军为自己构筑的一道坚固盾牌，它的反应速度非常快，主雷达从搜索方式转为跟踪方式仅需 0.05 秒，能有效对付掠海飞行的超音速反舰导弹。这套系统自 1981 年成功研制后，先后装备了美国 27 艘提康德罗加级巡洋舰。日本海军新一代金刚级驱逐舰上也配置了从美国采购的宙斯盾。宙斯盾作战系统代表了当今世界最先进的技术，每套作战系统的造价高达 2 亿美元。

拥有了这种宙斯盾导弹驱逐舰（图 2.7.1）之后，整个八八舰队，不仅反潜能力得到进一步加强，更主要的是它拥有了相当强的远洋舰队防空能力。以金刚级和两艘爱宕级宙斯盾导弹驱逐舰服役为标志，日本未来的十九舰队不仅拥有相当强的反潜作战能力，而且具有相当强的防空作战能力，甚至具有抗空中炮火打击的能力。这意味着它在反潜作战能力方面和防空作战能力方面，已经完全达到了美军一个航母战斗群中护航舰艇的水平。

图 2.7.1　日本宙斯盾导弹驱逐舰

2.7.4　日本的另类航母乔装起步

长期以来，日本都有一种浓厚的航母情结。早在航空母舰刚刚问世时，日本就萌发了成为航母大国的强烈冲动。

大隅号

第二次世界大战惨败后，日本人的航母梦并未熄灭，尽管战后受到种种制约，但日本军方一直在谋求恢复联合舰队的规划。1996 年 11 月 18 日，日本海军战后最大的坦克登陆舰大隅号下水，1998 年它正式服役。大隅号采用全通甲板、右舷岛式结构，标准排水量达 8900 吨，舰长 178 米，舰宽近 26 米，两台柴油机，最大航速为 22 节。

大隅号的建成创造了战后日本海军舰艇史上的几个创新奇迹：舰体长度第一；作战舰艇中标准排水量第一；在两栖舰船中首次采用隐形设计；前开门可搭载直升机和气垫登陆艇；并装备两座密集阵近防炮。当全世界都惊呼这是航母时，日本人却平静地说他们造的是新型运输舰。从大隅号目前所拥有的主要战术技术性能参数来看，它还有相当强的发展空间。即便大隅号不做更大的改进，例如不加装滑跃起飞甲板，但海鹞式垂直起降飞机也完全可以在大隅号上起降。当然如果对舰艏做适当的改动，完全可以进行滑跃起飞。所以从这个角度看，大隅号完全可以改变为一艘轻型的航空母舰。

日向号

如果航速只有 22 节的大隅号可以定位为两栖攻击舰，那么日本以舰载机驱逐舰名义发展的日向号，就更值得关注了。

2004 年日本海上自卫队开始建造日向级大型直升机驱逐舰，首舰日向号，2007 年 8 月下水，2009 年 3 月服役。伊势号也于 2009 年 8 月下水，2012 年编为日本海上自卫队的作战序列。日向号舰长 197 米，宽 33 米，标准排水量 13500 吨，满载排水量 18000 吨，比小型航母都要大。作为拥有舰队指挥功能的大型战舰，日向号配备了完善的综合指挥系统，可搭载 11 架直升机，不仅可执行反潜、扫雷等任务，还有条件承担对陆攻击和对岸投射任务。

虽然日向号和伊势号的外形酷似航母，但日本海上自卫队官员一直坚称它们不具备搭载战斗机的能力，所以不能称为航母。

2.7.5　日本海上自卫队的 1000 海里护航战略

日本海上自卫队在冷战后期一直秉持的理念和发展方向，就是未来要维护日本 1000 海里的海外战略航线，这也是日本海上自卫队未来作战的范围。回顾历史可以看出日本为什么会提出这样一个口号。日本在第二次世界大战时期被美国潜艇打得损失惨重，美国潜艇有效地封锁了日本的物资补给，日本从海外各个占领区进口的能源原材料，基本上逐渐地陷于枯竭的状态。这直接导致此后日本国内军工生产的大幅下降，使其在太平洋战争中巨大的损失无法得到有效补充，从而间接促成了太平洋战争转折点的尽快到来。正是有了这个惨痛的教训，日本人知道隐蔽在水下的潜艇对一个国家，特别是像日本这种经济"两头在外"，资源贫乏的国家意味着什么。面对这种巨大的威胁，日本战后的海上自卫队才提出要具备护航 1000 海里海外航线的作战使命和作战要求。日本在近海不太需要考虑空中掩护的问题，但要到 1800 千米之外去维护自己的海上战略航线，日本就必须建造军舰。作为未来十九舰队的核心，日向级两条舰已经下水服役，首舰 181 舰是日向号，二号舰 182 是伊势号。

2.7.6　变本加厉造航母

战后重建的日本海上自卫队，急迫要造航母，是和第二次世界大战的惨败有密切关系的。日本海军奇袭珍珠港，取得了辉煌的战绩，然而却疏漏了一个重要的契机，使得本该停泊在这里的三艘美军航母逃过一劫，成为日后美国海军发起反击的重要依靠。作为日海上自卫队前身的日本海军联合舰队，跟美国海军在浩瀚的太平洋上展开了人类海战史以来空前的，到目前为止也是绝后的一幕又一幕，以航空母舰编队为核心的海空大战。

在太平洋战争中，美日双方使用的战术几乎都围绕航母部署展开，所能投入的舰载机数量成了决定胜败的关键因素。埃塞克斯级航空母舰的出现，彻底扭转了整个太平洋地区的形势。埃塞克斯级航空母舰载机规模可以达80多架，大大增加了航空力量。截至战争结束，美国共有15艘埃塞克斯级航空母舰投入使用。具备超强生产能力、能够迅速补给各种船舰的美国，最终打破了日本的海上优势。太平洋战争见证了航空母舰的巨大威力，从此它取代战列舰成为新一代的海洋霸主。

作为失败的一方，现在的日本海上自卫队仍对当年那只拥有几十艘航空母舰的强大的日本海军联合舰队有着始终挥之不去的留恋。

日本海上自卫队发展的日向级16DDH，只是它走向远洋计划的开始，下一代直升机驱逐舰22DDH，则更易看出它的用意之所在。

就在世界各国对日本的所谓直升机驱逐舰日向号和伊势号津津乐道而又表示怀疑之际，日本很快又有了新动作。2010年，也就是平成22年，正式开工建造编号为22DDH的船舰。新的22DDH舰长248米，宽39米，排水量超过24000吨，与第二次世界大战期间的埃塞克斯级航母相比，很难再用驱逐舰来称呼这艘舰艇。日向级的首舰舰艏有一个密集的舰炮，会影响固定翼作战飞机的起降，如果不拿掉，F35B就起降不了。但是到了22DDH，舰艏已经是全空出来的全通甲板。另外还有一点不同，16DDH的两个升降机是分别部署在飞行甲板的前中部和后中部的，而22DDH的这两个升降机已经被挪到了舰体右舷舰岛的后部，把整个甲板的主要部分已经全部让出来了。显然让出甲板不是仅仅为了起降直升机的需求。以前的日本海上自卫队是被除掉了航空母舰和攻击性核潜艇的微缩版的美国海军，现在以22DDH为核心的日本海上自卫队的十九舰队，完全有可能成为2万吨级的、可搭载F35B短距垂直起降固定翼作战飞机的重型载机舰。

2.7.7　日本航母出云号下水

日本第二次世界大战后建造的最大型战舰22DDH驱逐舰，正式命名为出云号。日本建造出云号直升机航母的计划始于2009年，2011年日本政府批准了这个预算，2015年3月此舰服役。这艘所谓的驱逐舰其实是日本海上自卫队拥有的第一艘航空母舰，因为它具有航母的特征：排水量2万多吨，而且设置有通长甲板。重要的是它具有航母最关键特征：以搭载舰载机作为主要的作战武器。所有的这些特征都体现出它不是驱逐舰，而是一艘航母，准确的定义是以直升机为主要作战武器的反潜型的航母。

日本出云号驱逐舰（图 2.7.2）的下水，引起国际社会一片哗然。出云号长达 248 米，满载排水量 2.7 万吨，能搭载 14 架直升机，理论上可配备短距起飞垂直降落战斗机。只需要简单地改装，出云号就具备搭载 F35B 垂直起降作战飞机的能力。尽管出云号驱逐舰并不能与大中型航母相比，但已经是日本海上自卫队作战能力的一大突破，即以此作为契机，进行航母编队指挥系统以及舰载机自动化指挥引导系统的

图 2.7.2　日本出云号直升机驱逐舰

研制，这对于缺少相关经验的日本海上自卫队是非常有意义的。出云号上配备有源相控阵雷达、V-22 鱼鹰运输机。日本还计划把鱼鹰运输机改造成舰载预警机和舰载运输机，以此来完善出云号作为航母的作战和领导能力。

2.8　印度航空母舰的二手之路

1947 年，英属殖民地独立，印巴分治之后分成印度和巴基斯坦两个国家。1957 年印度开始克服重重困难，一艘又一艘，前赴后继地不断购买二手航母，要建立起一支以二手航母为核心的远洋海军。其中的原因离不开印度的决策层（包括军方），对印度本身战略环境的认识和对印度洋的认识。印度整个的国土面积，大概有 2/3 以上都是深入印度洋的。而且它的海岸线非常漫长，以至于只要是来自海上的威胁，对于印度来讲几乎都是防不胜防。所以独立之后的印度，针对自己这种独特的地理环境，急切想要构建一支强大的海军，特别是远洋海军。

印度共和国第一任总理尼赫鲁在 1957 年就授意印度军队从英国购进了维克兰特号航母，因此印度也一跃成为亚洲第一个拥有航母的国家。维克兰特号在第三次印巴战争中扬名世界。之后，尝到胜利滋味的印度海军 1986 年又向英国以 5000 万英镑的价格买下曾经参加过马岛战争的老舰——后改名为维兰特号，至此完成了双航母战斗群的部署。此后，从俄罗斯购买基辅级航母戈尔什科夫号的过程，更是艰难曲折。

50 多年来，有志于发展航母的印度海军，在取得辉煌业绩的同时，也饱尝了寄人篱下、仰人鼻息的滋味。正是这种复杂多变的国际政治环境和极其险恶的国际军火市场，促使印

度下决心建造自己的航母。印度这种发展远洋海军的决心和执拗的理念，是任何一个作为未来海洋大国的国家，都必须认真去思考和借鉴的。

2.8.1　印度航空母舰的发展

位于亚洲南部的印度，是南亚次大陆最大的国家。它向来视印度洋为其内海，因此控制印度洋一直是印度海军的战略目标。为了实现这一目标，印度一直孜孜不倦地走在追求航母的路上。

20世纪50年代起，印度就一直坚持走购买、改造和自主研制航母的发展之路。印度制造大型海上作战平台的水平非常缺乏，长期以来的军购政策也限制了本国造船工业的发展，而一味向外求购，就会丧失创新的空间和机会。历史经验说明，从国外要想真正买到有较强作战能力的航空母舰，是不太可能的。

印度首艘国产航母建造计划起源于1999年，当时印度议会批准了造新航母维克兰特号的计划。虽然号称是国产航母，但这艘航母却真正地实现了国际化生产。该航母由法国设计，动力系统来自美国，火炮系统主要采用意大利的，雷达系统来自德国，而舰载机主要是俄罗斯的米格29战斗机。维克兰特号于2009年2月28日举行了龙骨安装仪式，2011年12月29日，维克兰特号航母从造船厂出厂下水，不过此次下水是为了把船厂让给其他船舶的建造。2022年9月印度政府在科钦为维克兰特号航母举办了服役仪式。

除此之外，2004年，俄罗斯表示可以无偿向印度提供基辅级戈尔什科夫海军上将号航母，但前提是印度方面需要承担航母现代化改装的费用。印度将该航母命名为维克拉玛蒂亚号，改装费用初定为15亿美元，后来一路高升至23.4亿美元，其中包括现代化改装和所搭载的米格29舰载机费用。当时双方表示力争2008年交付，但由于改装工程进展缓慢、事故频频，导致交付日期被一再推迟，直到2012年年初改装才基本结束。

印度现在面临的问题是：从英国进口的竞技神号，即改名后的维拉特号，已经服役了50多年，很难再担任大量的作战任务；而从俄罗斯引进的维克拉玛蒂亚号不断产生新的问题；自己打造的国产航母下水后，还会遇到许多技术"瓶颈"问题。

2.8.2　印度的海洋发展战略——"东进、西出、南下"

从20世纪90年代开始，印度海军就提出了全新的发展思路，概括为"东进、西出、南下"的战略。所谓东进，就是印度海军以孟加拉湾为依托，出马六甲海峡进入南中国海，甚至西印度、西太平洋，把印度海军的实力由印度洋向东伸入太平洋；西出是印度海军的另外一个发展方向，以阿拉伯海为依托，向西经苏伊士运河、红海进入东地中海，甚至穿直布罗陀海峡进入大西洋；作为未来想成为印度洋主宰者的印度，它更主要的一个发展方向，就是全力南下，以印度次大陆作为一个永不沉没的航空母舰，远洋海军以此为依托，全力南进，一直到印度洋的最南端。从这个角度来看，印度海军的发展战略，既可以使其进入太平洋，也可以使其进入大西洋。

2.8.3　印度购买的首艘航母——维克兰特号

第一艘二手航母——维克兰特号

为了凸显印度在亚洲的大国地位，1957 年尼赫鲁授命印度军方从英国购进了本国的第一艘二手航母维克兰特号，它的到来使印度成为亚洲第一个拥有航母的国家。

维克兰特号航母原为英国尊严级的大力神号。标准排水量 16000 吨、满载排水量 19500 吨、最大航速 24.5 节、可搭载海鹞垂直起降飞机和反潜机等各型舰载机 22 架。这条航母引进到印度之后，在漫长的历史阶段长期服役，一直是作为印度海军的主力舰来使用的。

印巴分治方案

作为被英国统治了 190 年的英属殖民地，在英国最后一任驻印度总督蒙巴顿的干预下，英属印度便被分成两部分。这个貌似平和的印巴分治方案，却给印度和巴基斯坦两国人民带来惨重灾祸，包括先后有 50 多万人在宗教仇杀中丧生。印度和巴基斯坦独立建国开始就围绕着领土争端——特别是克什米尔领土的争端，连续打过三次大战。其中在 1947 年和 1965 年，印度和巴基斯坦就因为克什米尔问题爆发了两次战争，双方均没有获得想要达到的军事意图和政治目的。

第三次印巴战争

1957 年后拥有了维克兰特号的印度海军信心大增。1971 年 11 月 21 日印度海军向巴基斯坦发起突然进攻，第三次印巴战争爆发。这一战终于让维克兰特号找到了一个真正扬名世界的机会。第三次印巴战争战火一打响，印度海军以维克兰特号航母为核心，组成特混舰队北上，直接进入孟加拉湾，对巴基斯坦东部的主要海岸港口实施了全面封锁。在这期间，维克兰特号航空母舰 30 多架舰载机先后出动了近 4000 次，对巴基斯坦海军发起攻击，击沉多艘巴基斯坦海军的主要作战舰船。在封锁的整个过程中，还先后击沉、击伤、俘获巴基斯坦用于海上运输的商船 40 余艘。整个作战效果就是完全切断了东巴与西巴本土主力的海上联系。最终导致聚首东巴地区的巴基斯坦守军陷入内无粮草、外无救兵的困境窘境，在印度军队的围攻之下，惨遭失败。战争的最终结果是印度成功实现了肢解巴基斯坦，东巴独立，成为新的孟加拉国。

印度在这次战争中之所以能够达到这样非常有效肢解对方的战略企图，以维克兰特号航空母舰为核心的特混舰队对巴基斯坦东西两部分之间的海上封锁，起到了重要的、不可或缺的作用。

2.8.4 印度购买的第二艘航母——维兰特号

第三次印巴战争结束之后，印度这条二手航母发展之路是决心一定要走下去了。这时，打算在阿拉伯海和孟加拉湾各部署一个航母编队的印度海军又把目光投向了老东家——英国。

鉴于英国两艘航母在马岛战争中的良好表现，战争结束后不久，印度海军就购买了其中没有受到攻击、已经面临退役的老航母竞技神号。这条皇家海军的老舰先在英国船厂进行现代化的改装，适合印度的需求之后，再开回印度。这也充分说明印度国内的军火工业非但不具备建造大型作战舰艇的能力，甚至连改装、维修、保养的能力都不具备。

竞技神号航母被卖到印度之后，改名为维兰特号（图 2.8.1）。维兰特号航母标准排水量为 23900吨、满载排水量可达 28700 吨、最大航速为 28 节，可搭载海鹞垂直起降飞机和海王反潜直升机等各型

图 2.8.1 维兰特号航空母舰

舰载机 20 架。又一条二手航母的加盟，让印度海军终于完成了双航母战斗群的部署。但是这个格局没有能够维持多长时间，岁月无情，曾在第三次印巴战争中立下战功的维克兰特号已经"病入膏肓""老态龙钟"，到了该退役的年龄了。

2.8.5 印度购买的第三艘航母——维克拉玛蒂亚号

维克兰特号退役之后，印度又只剩下孤零零的一条维兰特号航空母舰了。所以印度准备再去购买一条航母，补上自己的缺憾，仍然要保持双航母编队的海军远洋力量格局。

天大的 "馅饼" ——戈尔什科夫号航母

这时从另外一个方向掉下来一个天大的 "馅饼"，砸到了印度头上，这就是俄罗斯的基辅级航母戈尔什科夫号。戈尔什科夫号是基辅级航母的第四艘舰，由于它在排水量、整个舰载电子设备、导弹火力等发面都与前三艘舰有着很大的区别，是该级别航母中设施最先进的一艘。戈尔什科夫号航母的标准排水量为 32000 吨、满载排水量 37100 吨、最大航速 32 节、可搭载雅克 38 垂直起降飞机和反潜直升机等各型舰载机 30 余架。这艘舰在俄罗斯海军服役没有多长时间，就发生了几次重大的事故，包括火灾、爆炸，马上就要成了一条废船，不能再继续服役下去了，俄罗斯海军也没有力量把它再重新修复起来，所以准备出手。

俄罗斯总理普京在访问印度的时候就给印度带来了一个天大的大礼包——把废弃的戈尔什科夫号免费送给印度，并提出愿意有偿帮助印度改装戈尔什科夫号，但另外附加的条件是这艘航母上要搭载俄罗斯生产的米格 29 战斗机。印度综合考虑之下最终接受了，毕竟这个时候从其他的军火市场上没有这么合适的二手航母。更何况戈尔什科夫航母作为基辅级航母的第四艘舰，排水量达近 4 万吨级，基础硬件条件还是很好的，比起此前印度的两条都是 2 万吨级的航母，跨越了一大步。

无偿赠送背后的商业欺诈

没想到从此印度就进入了一个深度套牢的状态，刚开始俄罗斯提出的改装费用为 10 亿美元，这其实已经不算便宜了。但 10 亿美元买一条 4 万吨级的都改装好的航空母舰，而且是采用常规起降滑跃起飞，印度人认为值得。但很快这个价格就增长到了 15 亿美元，其后一路增长，最终的造价已经到了近 25 亿美元。印度购买戈尔什科夫号的事例，一方面展现了国际军火市场的险恶，另一方面也可以看出印度对于航空母舰为核心的远洋海军的执着。

俄罗斯改装工期一再拖延

俄罗斯一次又一次地推迟交货，这恰恰是它的悲哀。自己造出的航空母舰交船的时间和工期一拖再拖，主要原因就是俄罗斯海军早已不是昔日的苏联海军。俄罗斯现在能够建造船的船厂，在苏联时代都是造核潜艇和中型水面舰艇的，所以它没有建造航空母舰的任何技术储备和经验。俄罗斯实际上是在拿着印度的钱，通过给印度改装戈尔什科夫号航空母舰这一过程，再重新学习、积累制造航空母舰方面的经验，重新进行技术储备。

维克拉玛蒂亚号交付使用后，印度海军从 2 万吨级的维克兰特号和维兰特号时代进入

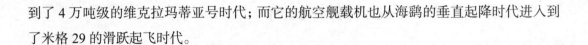

到了 4 万吨级的维克拉玛蒂亚号时代；而它的航空舰载机也从海鹞的垂直起降时代进入到了米格 29 的滑跃起飞时代。

2.8.6 维克拉玛蒂亚号航母入军演

最终在经历了一番波折之后，2013 年维克拉玛蒂亚号航母终于来到了印度。改造后的维克拉玛蒂亚号航母排水量 4.5 万吨、长 283 米、宽 60 米、最高时速为 30 节、可以搭载 30 架飞机，其中包括米格 29K 战斗机等。军方表示该航母将在印度海军服役 30～40 年。

印度洋海面上的首次亮相

2014 年 1 月，维克拉玛蒂亚号航母首次在印度洋海面上亮相，印度也因此实现了自 1992 年之后第一次的双航母编队。印度方面还特别报道了编队建制：其中航母战斗群中除了两艘航母外，还有三艘驱逐舰、五艘护卫舰、三艘巡逻舰、一艘油轮和两艘机动舰。美国人则认为：没有固定翼预警机，维克拉玛蒂亚号航母的能力就远远无法与戴高乐级这样的航母相提并论。此外由于其前身——戈尔什科夫号航母在设计上搭载的是雅克 38 垂直起降飞机，因此进一步降低了该舰甲板的起降效率。而且印度航母编队的防空能力也非常有限，舰载防空导弹最大射程不超过 35 千米。所以印度双航母编队的名头虽然响亮，但是该编队的存在，更多在于它的象征性意义。

阿拉伯海域的联合海上军演

2015 年在阿拉伯海域举行的海上联合演习中，印度现役的两条航母——维兰特号和维克拉马蒂亚号双双上场，这次参演标志着维克拉马蒂亚号航母战斗群已经初步具备了战斗能力。本次演习是在完全数字化的条件下进行的。除航母之外，包括护卫舰、导弹驱逐舰在内的印度多型国产新战舰以及印度空军的战机均参加了本次军演。由于印度有着一定的航母使用经验，因此维克拉玛蒂亚号航母的战斗力形成速度相对较快。在这次演习过程中，维克拉玛蒂亚号航母配备的米格 29K 战斗机、海鹞式舰载机、反潜机和海军陆战队一起进行了协同作战演练。期间，印度国防部长再次强调表示，印度海军必须保持在印度洋地区的优势兵力。

尽管印度军演让人们看到了维克拉玛蒂亚号航母已经投入使用，但由于这艘航母在改造的过程当中经历了太多的问题，有太多的波折，因此至今质疑声不断。对于这艘航母的战斗力，有观点声称：估计维克拉玛蒂亚号能够使用的舰载机种类和数量都非常有限。

2.8.7　印度决心建造国产航母——蓝天卫士号（新维克兰特号）

20 世纪 90 年代，印度就开始酝酿提出要国产建造自己的航空母舰。

先进的隐形舰体技术

在印度的科钦船厂建造的印度第一艘国产的航空母舰——4 万吨级的蓝天卫士号的方案，几乎与戈尔什科夫号如出一辙。但是由于它是全新建造的航空母舰，舰体的结构已经考虑到了 90 年代以后世界隐形舰体技术的发展。整个上层建筑安装了大量的电子战和信息战雷达探测设备。由于整体的外形考虑了隐形的设计，所以与现在的维克拉玛蒂亚号相比，它是更为前卫、更为先进的一艘中型航空母舰。

建造中的各种尴尬问题

不过这条自建航母的道路却丝毫也不让印度省心。首先印度从来没有建造过排水量在 1.8 万吨以上的船只，要直接建造设计排水量为 4 万吨级的航母，其困难可想而知。因此印度曾计划将自建航母的规格缩小到 1 万吨级左右，但遭到军方强烈反对。其次印度自建航母的核心技术装备和载机全部依赖进口，为此印度不得不花费高价分别从以色列、法国购建防空系统；从俄罗斯和英国引进米格 29 和海鹞战机。另外航母一旦建成，就必须跟进配套舰艇，但以印度目前的舰艇配置看，现役驱护舰还不够分配给科尔什科夫号和维兰特号航母编队使用的，如果再加上新成员——蓝天卫士号，就更是捉襟见肘了。最现实的问题是因为解决不了弹射器问题——这艘航母的舰载机依然只能采用滑跃式起飞，这就意味着与目前世界最先进的电磁弹射技术没有可比性，就是与蒸汽弹射器比较也相距甚远。随着一个个难题的接踵而至，蓝天卫士号下水服役的时间也一再拖延。

一再拖延的服役时间

1999 年，印度议会批准了蓝天卫士号航母建造计划，直到 2004 年 11 月，印度政府才拨款 300 亿卢比动工，但是由于各种原因，这艘航母直到 2006 年才开始动工。2013 年 8 月 12 日，印度国产航母蓝天卫士号终于下水，但这次下水并不代表交付和能使用，这艘下水的航母只是个空壳，仅完工 30%。印度政府随后对外宣布：2015 年就让这艘航母服役。2015 年 5 月 25 日，这艘航母在万人期待下再次下水，这是蓝天卫士号航母第三次下水，不过它这次又令众人失望了，刚到水里就发生了故障，亮相草草收场，服役计划再次搁浅。2018 年 7 月 19 日，印度新闻局对外称，有望在 2021 年交付新维克兰特号航母，并宣称这艘航母将在 2021 年年底或 2022 年年初服役。磕磕绊绊，终于在 2022 年 9 月印度政府为这艘航母举办了服役仪式。

2.8.8　印度的核动力航母计划

印度试图在国产航母研制项目框架内，加快已被本国海军命名为维沙尔号的最大航母的设计和建造速度。据悉这艘 6.5 万吨级航母优先考虑核动力装置，并研制装配美国的电磁弹射系统，以提高战役能力。此外为了打造南海海军，印度莫迪政府还批准建造 7 艘隐形护卫舰和 6 艘攻击型核潜艇，预计耗资 160 亿美元。

近年来，印度的双航母战斗群公开亮相——维克拉玛蒂亚号和维兰特号航母"双剑合璧"，格外吸引世界的关注。在演习中两艘航母分别频繁起降包括米格 29K 在内的舰载战机，以检验印度海军航母部队战斗力。更重要的是连续宣布庞大的造舰计划，则说明印度并非只注重航母力量的打造，其他主宰力量也是印度海军的重点。除了正在后续完善中的国产航母维克

图 2.8.2　印度维沙尔号核动力航空母舰

兰特号外，印度还正在设计更为先进的国产航母——核动力航母维沙尔号（图 2.8.2）。

2.9　中国的航母梦

海权是一个沿海国家生存和发展的重要权利，也是一个国家的核心利益之一，只有在海权的安全与发展的前提下，才有国家的安全与发展。然而，当代中国海权还存在严重问题，在海洋领土主权、海洋经济权利、海防力量、海上维权等方面仍存在不同程度的危机。海权危机问题既是历史遗留问题，也是当前我国与周边国家在海上多重矛盾叠加的结果。20 世纪 70 年代以来，随着中国海上实力的快速发展，周边国家也加快向海洋扩张，并将其势力范围深入中国主权海域，从而开启了中国海权危机的时代。

20 世纪初期，当航空母舰刚刚问世的时候，就有一些思想进步的中国人想到了要发展航空母舰。1945 年，第二次世界大战结束的时候，英国人曾经主动表示要赠送给中国

一艘航空母舰，可惜最终航空母舰还是与中国擦肩而过。

虽然中国海军在过去的历史上从来未曾拥有过航空母舰，但中国人对航空母舰却是情有独钟。随着新中国在世界东方的崛起，每个中国人都希望能够重振昔日海上力量的辉煌，走向远洋，走向深蓝。航空母舰也无疑成为一种民族的期盼和复兴的希望。

中国航海技术在古代是先进的，一直到明朝后期才被西方赶超，并且出现海权危机。中华民国建立后中国海权虽然没有得到根本改善，外国军舰仍然游弋中国沿海和内河，但是至少海权没有进一步被削弱，随着民主革命的发展，收回海洋权益，反对帝国主义、殖民主义的思想在兴起，抗战胜利收回了台澎，也确立对南沙的主权。联合政府成立后，在面临海上封锁威胁下，仍废止了很多允许外国军舰在中国沿海和内河自由航行、侵犯中国海权的不平等条约，并且开始建立增强新式海军，保护中国的海权。

如今，中国在全球有公海航行自由是建立在中国现在有了强大海军的基础上，也是中国人民艰苦斗争获得的成果，是中国各民族团结、国内凝聚力强的结果。

一个国家的全球性地位，都是随着这个国家海权的兴衰而变化的。一个国家对海权控制得如何，在一定程度上也就真实体现了这个国家的经济和军事实力。目前我国所面临的国家海洋安全问题主要有：岛屿的主权、海域的划分和海洋权益的维护。

2.9.1　旧中国的航母梦

在 15 世纪以前，中国不仅曾经是一个超级大国，同时更是一个海上强国。当郑和率领庞大的船队七下西洋的时候，欧洲人还从没见过如此巨大的郑和宝船，更不知道罗盘可以在没有任何参照物的茫茫大海之上指引航向。

从 1928 年陈绍宽提出航空母舰的发展规划，到 1945 年英国要赠送航母的设想，再到 1985 年对墨尔本号航母的考察，中国人一直都不缺乏关于航空母舰的梦想！直到俄罗斯的"明斯克号"被拖入深圳、"基辅号"被安置在天津、"瓦良格号"被开进大连港，中国人才第一次实现了登上航母和改造航母的梦想。虽然这些航母尚且只能被称为"四不像"，它们与美国的航空母舰相差甚远，但毕竟中国人已经开始走近航母！

2.9.2　与航母擦肩而过

抗日战争爆发后，日本海军航空母舰舰载机对上海、浙江进行轰炸，为开通进入长江中下游地区的航线，航母舰载机对江阴一线进行大规模轰炸，防守封锁线的国民党海军第一舰队所有舰艇几乎都被炸沉。日本航空母舰在配合陆地战场作战中发挥了重要作用，这让陈绍宽再一次感受到发展航空母舰刻不容缓的使命和责任。

1943年11月，陈绍宽代表海军部再次提出海军建设的规划。1945年8月，他拉上军政部部长陈诚，在上次海军装备发展规划的基础上，结合海军舰艇装备现状，制订了《海军分防计划》。1945年抗日战争胜利后，中国作为战胜国，缴获了日本海军的部分军舰。同时，英国、美国也赠予中国一部分军舰，使国民党政府组建了一支相当强大的海军，其舰船之先进、舰队规模之庞大和战斗力之强都是战前中国海军所无法比拟的。但中国当时没有可以与之相适应的港口、码头和基地，所以这些舰船并不适合中国海军使用。经过权衡，美国政府同英国政府商议，请英国政府在赠送国民党政府一批战舰的同时，向国民党政府赠送一艘护航航母。

陈绍宽认为，中国虽然需要航空母舰，但可以自行研制和建造。如果英国政府希望中国建立一支现代化的海军并愿意予以协助的话，希望英国能赠予中国几艘潜艇，这样更有利于中国海军的建设和需要。蒋介石对陈绍宽易航母为潜艇的决策非常震怒，最终导致了陈绍宽的下台。

陈绍宽被罢免后，陈诚以参谋总长的身份兼任海军总司令，继续与英国人谈判赠送航母的问题。英国方面提出，中国应该准备有相应能力的官兵和相关的物资及海军基地。鉴于当时中国刚从抗战的废墟中走出，陈诚与英方签订了5年的长期协定。协定的内容是：中国在5年的时间内，人员方面，要积极培训准备担任航母人员的军官和军士，并选拔骨干前往英国学习，英方派出顾问进行指导。设备方面，要在旅顺、烟台、宁波、厦门、海南等地建设适合航母使用的基地，并配备足够的物资。中国方面应该在5年时间内训练舰载机飞行员，具体飞机型号在5年后根据情况由中英商议。由中国向英国购买英国提供的航空母舰，是1943年下水的轻型护航航母"半人马座号"（图2.9.1），中国把这艘航母命名为"伏威号"。同时，英国也为中国提供了一批现役舰船担任航空母舰的护航舰艇，其中包括著名的"重庆号""灵甫号"巡洋舰。中国拟定的航母舰长人选是海军上校胡敬端，当时他担任中国海军最先进的"长治号"炮舰的舰长。

图2.9.1　半人马座号航空母舰

但是，整个赠舰计划并没有按照预期进行。1946年6月，蒋介石发动了对解放区的进攻，大规模的内战全面爆发，接收英国航母的准备工作被搁置。1949年，"重庆号""灵甫号"等国民党军舰相继起义投向了人民海军，引起英国的不满。1949 年 12 月，英国照会国民政府，单方面终止了赠给中国航空母舰的整个计划。民国海军就这样与中国的第一艘航空母舰擦身而过。

2.9.3　购买废旧航母

1985 年，广东省中山市拆船公司从澳大利亚购买了一艘 2 万吨级的轻型航空母舰"墨尔本号"。面对一艘破旧不堪的"二战"航母，许多人却曾经赞叹不已，热血沸腾，但却也流露出些许遗憾之情，毫无疑问，大家都在盼望着中国什么时候也该拥有自己的航空母舰。

1995 年，俄罗斯"明斯克号"航母被当作废金属卖给了韩国，1998 年韩国陷入金融危机，"明斯克号"航母被转让。1998 年春，中国一家公司以废旧金属的价格购买了这艘航母。1998 年 10 月 8 日，这艘饱经沧桑的"明斯克号"被拖船拖离韩国丽水港，进入广州文冲造船厂进行改装。"明斯克号"航母在苏联时代，作为苏联太平洋舰队的主力战舰，经常率领编队到我国黄海、东海和南海游弋。

俄罗斯"基辅号"航母，刚刚服役了十几年就于 1994 年退役。退役后不断向世界各国兜售，2000 年 8 月，在美国、印度等 9 个买家中，中国一家拆船公司以 7000 万元人民币竞买成功。2001 年 5 月 21 日，"基辅号"被拖到秦皇岛山海关船厂，经过两年多的维修和改装，于 2003 年 9 月 14 日从山海关船厂 8 号码头起航，由拖船拖至天津国际游乐港，作为中国第二个航母主题公园，对外开放供人参观游览。

而"瓦良格号"航母进入中国的旅程，则更是一波三折，艰难无比。

2.10　辽宁舰的前世今生

说起中国的航母发展史，就不得不提我国的第一艘航母——辽宁舰。正是它为我国的航母事业开了一个好头，让我国的航母事业至少提速了 20 年，辽宁舰航母的诞生，使我国的航母从无到有，具有划时代的意义。

辽宁舰航母原本是苏联航母瓦良格号。瓦良格号是苏联的第三代库兹涅佐夫级航母。1983 年开始动工建造，1988 年 11 月下水。瓦良格号出身高贵，曾经是苏联国防重点工程，国家的宠儿。但是却生不逢时，命运多舛，才完成了 68%，就遇到了苏联解体，瓦良格号航母的所属国乌克兰无力再继续建造，只好把它交给船厂。而船厂为了生计，只好把它出售。

瓦良格号航母出售的消息，引起了我国的注意。以我国现有的造船能力，建造航母技术难度较大。而购买瓦良格号航母不仅可以大大缩短建造周期，而且可以为日后发展具有自主知识产权的国产航母装备打下良好的科研和训练基础。经过多方考察、论证及一系列的资金筹备，2002年3月3日，历尽千辛万苦的瓦良格号航母终于抵达中国辽宁大连港（图2.10.1）。

图 2.10.1 刚到大连港时锈迹斑斑的瓦良格号

2.10.1 中国首艘航母辽宁舰交付海军

2012年9月25日，中国第一艘航空母舰正式由中国船舶重工集团公司大连造船厂交付海军。经中央军委批准，中国第一艘航空母舰命名为"中国人民解放军海军辽宁舰"，舷号为16。

交接入列之后辽宁舰则继续开展相关科研试验和军事训练的工作。从2011年7月中国宣布正在改造旧航母以来，历时一年多，辽宁舰经过多次海试，按照既定计划开展了各项科研试验。辽宁舰使得我们国民的整个海洋意识被唤醒，更重要的意义是：它是摇篮，会诞生中国未来的舰载机的优秀的载体——后续的航母。

航母走出船厂以后，最重要的就是航母的母港建设、航母编队的部署、现有的建设和维修平台情况。航母母港的规模一定要庞大，要能驻扎众多的人员和较多的舰艇。而且港湾的设施、配套的资源设备要足够，例如周边的各种修理工厂与航母的配合很重要。2011年7月27日，中国国防部新闻发言人耿雁生大校首次称：中国首艘航母用于科研试验训练，其定位为训练舰。

航母在工厂经过了工厂试航，确保它的机器和各种子系统的正常运行以后，就可以交付军方服役了。接下来的工作就是部队进行互相之间的熟悉，然后各兵种进行协同训练，把航母从一个工业品变成一个真正的作战平台。

航母交付军队以后，至少还要经过三个阶段：第一阶段是航母舰载机和航母本身的磨合试训的过程，这是一个最起码的阶段；第二阶段是编队的试训，即整个航母编队彼此之间的联系，作战系统，必须要经过这种编队试训；第三阶段难度更大，即航母必须与其他军种资讯连接试训。

如何去适合中国需要，建设中国特色的航母平台，这中间要有一些创新，同时也是一个巨大的挑战。

2.10.2　中国未来航母编队的可能舰艇构成

世界各国航母战斗群的构成是不尽相同的，但都需要多艘舰只，为航母及其空中编队提供支援，这一点始终不变。

052C 型导弹驱逐舰

目前，中国正在服役的 052C 导弹驱逐舰（图 2.10.2）是海军第一艘安装四面有源相控阵雷达和采用防空导弹舰载垂直发射系统的战舰，被誉为"中华神盾"。中国第五艘和第六艘 052C 型中华神盾导弹驱逐舰的关键用途就是保卫航母。中华神盾 052C 型导弹驱逐舰共装载 48 枚防空导弹，并装备了两座四联装反舰巡航导弹，具备区域防空能力。

图 2.10.2　中国 052C 型导弹驱逐舰

052D 型导弹驱逐舰

这种新型战舰是一种 6000 吨级的燃气轮机驱动的隐身战舰，拥有 64 个垂直发射单元。和前辈驱逐舰相比，052D 舰体稍微加长，长 160 米、宽 18 米、排水量超过 6000 吨，装备了有源相控阵雷达和长波雷达。值得注意的是，052D 装备了两套 32 单元的垂直发射系统，能发射防空导弹、反舰导弹和反潜导弹，是中国航母的"守护神"。相对来说，052D 在保护航母的防空任务、本身的作战能力来看，比 052C 更强。052D 武器装备规模比不上美国的伯克级驱逐舰和提康德罗加级巡洋舰，但仍能够在亚洲附近海域地区冲突中发挥致命作用。

中国海军的部署

中国研制的东海巡航导弹，有效射程为 1500 ～ 2500 千米，毁伤能力超过美国的战斧式巡航导弹。据统计，截至 2020 年年中，中国海军已经部署了 20 艘现代化的宙斯盾型驱逐舰，另有 11 艘较旧的非宙斯盾型驱逐舰。这 20 艘现代化的宙斯盾型驱逐舰由 6 艘 052C 型、13 艘 052D 型和 1 艘 055 型组成。中国 052C 型驱逐舰的数量取决于航母战斗群的规模。以美国航母战斗群为例，一个航母舰队至少需要配备 2 艘提康德罗加级巡洋舰、2 ~ 4 艘伯克级驱逐舰。如果少于这一标准，针对的防空体系就有漏洞。

据此推测，中国海军未来将部署 3 ~ 4 艘航母，未来 20 年内有可能建造 12 ~ 16 艘 052 型防空导弹驱逐舰。中国首个航母舰队的构成是这样的：1 ~ 2 艘商级 093 型核动力攻击型潜艇（图 2.10.3）、1 ~ 2 艘现代级导弹驱逐舰；水下方面，汉级核潜艇性能一般，它的噪声较大，不适合水下护航，而作为参考的是新型 093 商级核潜艇和 094 级核潜艇。中国海军 093 型商级攻击核潜艇装备新型鱼雷，最大射程达到 50

图 2.10.3　中国 093 型核动力攻击型潜艇

多千米，攻击精度高，具备立体打击能力。未来，中国航母编队配备的这款 093 攻击核潜艇，一定会在水下发挥非常重要、积极的作用。

2.10.3　航母辽宁舰的核心——舰载机

中国航母辽宁舰台长约 300 米、宽 70 米、标准排水量 5.5 万吨、满载排水量 6.7 万吨，属于典型的中型航母舰载战斗机平台。所能搭载的反潜直升机和预警直升机的总数量在 50 架左右，具备较强的制空和制海作战能力。

中国首艘航母辽宁舰的甲板上已经停放了代号为歼 15 的战机。歼 15 战机外形类似俄罗斯苏 33 战机，有远程攻击能力。

图 2.10.4　中国歼 31 隐身战斗机

未来，歼 31（图 2.10.4）可能与歼 15 竞争航母舰载机。

不管辽宁舰配备是哪一型的舰载机，极其关键的问题是：舰载机的发动机是不是国产的。早期的歼 15 战机使用的是俄罗斯的 AL-31F 发动机，但是最新批次的歼 15 战机已经换装了我国最新研制的 WS-10B 发动机。它的安装使歼 15 战机的动力进一步有了提升。

但是因为我国现役的两艘航母是滑跃起飞，并不是弹射起飞，所以要保证歼 15 战机从滑跃甲板上起飞，它的最大起飞重量就要减小，这在一定程度上限制了歼 15 的战力。不过相信下一艘 003 航母装备了电磁弹射器后，歼 15 的战力还会有很大的提升。

2.10.4　辽宁舰航母首次靠泊青岛航母军港

2013 年 2 月 26 日，辽宁舰离开大连前往青岛军港。自 2012 年 11 月 25 日进行舰载机首次着舰训练归港后，辽宁舰在大连港停泊休整了近 3 个月。完成航母舰载机的起降训练还是比较初级的科目，在此基础上舰载机飞行员还要完成相当多的试验和训练科目。正式进驻海军基地是舰艇服役和形成战斗力之间的重要阶段。而这次正式进驻海军基地，则意味着中国海军完全从造船厂手中接过了这艘航母，这也是辽宁舰正式担负作战序列的标志性的时间节点。此外辽宁舰首次靠泊青岛军港，标志着我国新建成的航母军港已经具备航母靠泊保障能力了。

辽宁舰离开造船厂进入青岛军港靠泊，表明航母在舰体、动力系统、电子设备、舾装等方面，已经达到了要求，不再需要造船厂进行调试。进入青岛军港后，辽宁舰需要一个全面适应的过程。因为航母战斗群编队，绝对是一个海上庞大的立体体系。整个作战体系，不仅是航母本身，还有驱逐舰、核潜艇、综合基建等为它保驾护航，每个舰都靠泊在自己的位置。各方面的指挥官，还要为航母编队做好生活上的保障。另外还要注意装备，包括各种水、电、油、弹药的补充；维修保障设施是否都一应俱全、又相对比较隐秘、还要有一定的防御能力。所以这是一个非常庞大、复杂的立体体系。

2.10.5　青岛航母军港介绍

“突堤”式码头结构

站在高处俯瞰青岛航母码头，仿佛正把辽宁舰如孩子般轻轻地揽在军港。这座码头采用技术含量高、施工难度大的“突堤”式码头结构。这种结构能够有效地利用水域面积，提高码头的舰艇驻泊能力。这座军港可以同时停靠多艘大型的军舰航母，军港防波堤国内最长，能抵御百年一遇的台风。自建成以来，它已经经受了四次强台风的考验。站在防波堤顶端，可看见海浪不断地撞击，但大堤内波澜不兴。其中的主要原因是：防波堤和码头下的沉箱重达 7000 多吨。

混凝土浇筑的创新

在建设中，工程师机智攻关，创新攻克了超大沉箱的预制。为了保证工程质量，航母军港新建了全国最大的砂石土，为使砂石在任何气象条件下温度和湿度均保持稳定，工程师把它置于重混凝土中，经过上千次试验，摸索出大型混凝土浇筑裂缝控制配方，并获得国家发明专利。自开工以来，海军先后组织了近20次工程质量巡检，已竣工项目质量全部优良。

航母军港的特点

航母军港是一座现代化的超大物流中心。军港码头修建了铁轨、大型塔吊、大型万伏高压变电站、能源站、大型储油设施等。通过这些设施，物资能源将源源不断地输送到辽宁舰。航母需要保障的物资种类繁多，例如由于航母上搭载多型战机，使用的航空煤油、机油就多达数十种。普通航母军港要具有三大特点：

（1）规模大。航母军港首先要拥有驻泊多支航母编队的空间，所以航母军港码头大多建成能插入水域深处的"突堤"式码头结构，从而尽可能多地布置各类军用舰。而且航母母港，海域面积要求很大——一般都是几百万平方千米，吃水要求深，所以它绝对和其他的驱逐舰码头不一样。

（2）健全的后勤保障和日常维修能力。航母军港要具备健全的后勤保障体系，能够对各舰种集中行动而带来的庞大数量的舰员提供保障基础。航母每年用三分之一时间维护，因此航母军港必须具备良好的日常维修能力，拥有成套的修理设施，能够完成舰载机以及母舰的维修。

（3）种类多、环节复杂。母港还要具备便捷的生活设施，为航母编队官兵提供所需的生活保障。而且航母的母港和一般的军港有着很大差异的地方在于，在航母的母港周边必须要有数个机场，航母编队靠泊码头之后，航母上的飞机才能分门别类地飞到不同的航空站。

2.10.6　辽宁舰靠泊青岛后训练的内容

舰载机挂弹起飞训练

辽宁舰靠泊青岛军港，为未来全力进行相关武器装备试验及编队联合训练奠定了基础。虽然辽宁舰成功完成了舰载战斗机的试飞，但是航母和舰载机、航母和其他类型的舰艇还需要进行一系列的训练，比如舰载机的挂弹起飞和降落。舰载机挂弹后滑跑的距离和操控的感觉会滞后，飞机的灵敏度也会下降。虽然我国航母舰载机歼 15 在挂弹难度上比一般飞机小得多，但是仍然要经过反复的磨合才能达到实战效果。

美国拥有大批舰载机飞行员，有众多基地可供一艘航母进行起降训练，还有一套海军官兵熟悉的训练模式。从航母建造开始，美海军飞行员就开始跟班作业。但即便如此，美国航母服役后，仍然需要在两三年内才能形成战斗力。

航母各系统及编队的协同训练

现代航母平台是由动力系统、起降和弹射系统、舰载机、舰用火器系统、通信指挥系统、预警平台等一系列系统所组成的一个完整的海上作战平台。作为大型水面舰艇的航母，在科研实验训练中不仅各类装置、电子系统、武器系统等需要调试，内部各个系统之间也需要磨合。而且航空母舰从来都不单独行动，要形成航空母舰战斗群才能行动，所以编队中其他舰艇的协同同样需要训练。通常，舰载机、飞行员、训练舰协同等都需要较长时间才能完成。美国海军新的航母编队训练最快也在半年左右。辽宁舰完成舰载机训练后，重点是进行航空协同编队训练。由于辽宁舰训练缺少可借鉴的经验，需要从头摸索，所以用了两三年的时间才完成舰机和连队的联合训练。

2.10.7　辽宁舰航母编队赴南海训练

赴南海试训的意义

2013 年 11 月 26 日，我国第一艘航空母舰——辽宁舰，从山东青岛军港解缆启航，在海军导弹驱逐舰沈阳舰、石家庄舰和导弹护卫舰烟台舰、潍坊舰的伴随下赴南海，并在南海附近海域开展科研试验和训练。这次组织跨辖区、长时间的训练，是年度科学试验以及训练工作的一个必经阶段，是计划当中的内容。主要有三个方面的意义：

（1）通过长时间、跨辖区的航行，对装备的性能进行连续工作条件下的考验；

（2）对部队的训练水平进行长时间航行条件下的考验和锻炼；

（3）对不同气象水温条件下装备的性能进行进一步试验，这是后续训练任务必须的一个过程。

赴南海试训的原因

辽宁舰交付海军以来，各项试验和训练活动稳步推进，先后完成舰载战斗机阻拦着舰和短距滑跃起飞、复杂气象条件下连续起降、舰载战斗机飞行员和着舰指挥员成功通过航母资格认证等试验训练，取得了一系列成果，为后续试验和训练打下坚实基础。而此次赴南海试验，也是在辽宁舰试验和训练计划之内的。

党的十八大报告中提出要建设一个海洋强国，我国海军必须要从原来的褐色海军走向深蓝色。我国海军现在面临的两个作战区域，一个是东海，一个是南海，所以辽宁舰要从东海跨区域到南海去进行训练，也要适应南海的战场环境。南海的战场环境和东海的战场环境是不一样的，它具有高温、高盐、高湿的特点，在这种情况下，它的训练就会更加复杂一些。另外现在除了在青岛有一个航空母舰的母港，在南海三亚又有了一个航空母舰的母港，航空母舰也要到三亚——它的新母港里去适应。

赴南海试训的航母编队情况

航空母舰编队从执行作战任务的角度来看，首先要具有能够防空、对舰和反潜的基本作战能力。编队会根据执行的任务不同进行搭配，也就是航母作为 1，需要加上 N——N 是根据作战需要和任务来搭配的。这次试训的航母编队是由两艘 051C 型驱逐舰和两艘 054A 型护卫舰进行的混合编队，从青岛港出发，到了南海的三亚军港。作为一个航母编队只有两艘驱逐舰作为它的防空能力，这显然是不够的。在未来的时候，会根据防空的需求，增加驱逐舰的数量。而且作为反潜，两艘 054A 型的护卫舰也是不够的，还要增加巡逻机以及反潜直升机。另外这次航线是沿着我国的海岸线行走的，如果要出远海，一定要有大型的综合补给舰。因为这么多的大型舰艇在一起航行的时候，对后勤保障的要求是很高的。再有就是不但要有护卫舰，还需要核潜艇。因为核潜艇不但具有反潜的能力，还具有对舰攻击的能力。而且两栖作战的时候，应该还有两栖登陆舰或者船坞登陆舰。

2.10.8 舰载机批量生产对中国航母发展的意义

航母要形成战斗力，舰载机是非常关键的作战要素，因为舰载机是航空母舰的主要作战手段之一，是在海洋战场上夺取和保持制空权、制海权的重要力量。

由中航工业沈阳飞机设计研究所设计，中航工业沈飞公司制造的歼 15 舰载战斗机已经开始批量生产，并交付部队使用。与此前的歼 15 不同，批量生产的歼 15 采用标准的海军蔚蓝色涂装，机头及垂直尾翼有正式编号。歼 15 的批量交付，进一步加快了辽宁舰的训练进度，提高了辽宁舰的训练水平。

歼 15 飞机在航空母舰上试飞成功对世界产生重大震撼。因为西方国家，包括美国在内，根本也没有想到中国的航母入列还不到一年，它的舰载机就能够在这艘航母上进行起降、飞行训练。尽管当时飞机的数量还很少，但是已经体现出我国海军训练的速度和质量，这是一件非常了不起的事情。现在，飞机已经批量生产，就意味着这种飞机已经逐渐地开始形成战斗力，一旦需要就可以在辽宁舰上提交。另外开始批量生产歼 15 飞机，还意味着会有新的航空母舰入列和服役，中国航母的建设发展会有巨大的进步。

2.10.9　守护辽宁舰的最后一道防线——1130 近防炮

在现代的海战中，反舰导弹是现代军舰的最大威胁之一。这种反舰导弹出现之后，如何对付它就成了各国广泛探讨研究的课题。

目前各国纷纷着手研究新一代的防空武器，比较主流的是一种小口径的舰炮，发射高速密集的炮弹来拦截反舰导弹。而我国的 1130 近防炮，可以算得上是火力比较凶猛的。

1130 近防炮是我国创新研制的一款 30 毫米口径的加速射炮，是之前 1030 近防炮的改进版。1130 近防炮上的近程防御武器系统配有雷达、红外线追踪系统等。这款近防炮拥有 11 个炮管、2 个弹仓，一次性可锁定 40 多个目标，在最大火力每分钟 1 万发的射速下，几乎可以拦截大部分的目标。我国的这款 1130 近防炮的射程是 3 ~ 5 千米。

1130 近防炮作为我国先进的自动化武器，可以自动向来袭目标射击。不过由于体型、重量的原因，只能搭载在航空母舰上，用来完善防空体系，它是航空母舰的最后一道防线。我国 1130 近防炮首次亮相是在 2011 年，当时中国的辽宁舰航母上至少安装了两部 1130 近防炮。

尽管目前近程反导防御系统越来越偏爱导弹，例如美国就尽量使用海拉姆导弹代替近防炮。但是海拉姆导弹的成本大约是 45 万美元，和近防炮相比，费用是相当昂贵的。因此目前大多数现代航空近防武器采用类似于 1130 近防炮导弹系统，用于构成航母的最后一道防线。

2.11　国产航空母舰的发展

2012 年，我国第一艘航母辽宁舰正式入列，与此同时，另外一艘航母的建造也已经提上了日程。这就是我国第一艘完全自主设计建造的航母——山东舰，也是我国真正意义上的首艘国产航母。山东舰从 2013 年开工建设到 2019 年交付海军，经历了 6 年时间，这是我国国防装备建设的一个重大里程碑。

2017 年 4 月 26 日，备受瞩目的山东舰提前一个月下水，接受大海的洗礼。然而这只是迈出了成功的第一步。接下来建造人员要面临更加严苛的挑战，这就是系泊试验。2018 年 5 月 13 日清晨，巨大的山东舰缓缓驶离码头，踏上了首次海上航行试验的旅程。经过

5天的航行，多项国产化设备得到了进一步测试，达到了预期目的，使这艘国产航母向成为一艘真正意义上的作战舰船又迈出了坚实的一步。

山东舰是举全国之力、聚全国之智的巨大系统工程，参研、参建、参试单位多达532家。创新突破了船体结构、动力核心设备这两项制约我国航母事业发展的重大技术"瓶颈"。山东舰的成功建造彰显了我国的工业实力，承载着国人几十年的梦想终成现实。

2.11.1　中国首艘国产航母与辽宁舰的区别

中国首艘国产航母下水后，一直是大家关注的热点。对于这艘完全由中国自主设计建造的新航母，外界总要把它和中国第一艘航母辽宁舰进行比对，甚至有观点认为，从外观和动力上看，首艘国产航母和辽宁舰没有太大区别，存在一定的相似性。

其实首艘国产航母并非山寨辽宁舰，辽宁舰是在瓦良格号的基础上研制成功的，当时的船体是现成的，是一个空壳子，而国产航母是重新设计的产品。之所以说中国首艘国产航母并非山寨辽宁舰，首先体现在这两艘航母的设计理念有着根本的不同。辽宁舰是我国第一艘可以搭载固定翼飞机的航空母舰，其前身是苏联海军的库兹涅佐夫级航空母舰。不过从俄罗斯方面看，库兹涅佐夫级建造时并非航母，而是巡洋舰，之所以把它称为航母，最重要的原因就是它本身的武器装备达到了一艘大型巡洋舰的水平。库兹涅佐夫级航母不仅在前部飞行甲板的下方安装有12枚花岗岩反舰导弹垂直发射系统，还拥有强大的防空火力，总共备弹192枚，射程15千米。但是在拥有强大火力的同时，库兹涅佐夫级航母却在一定程度上弱化了其作为航空母舰的主要功能——载机。

中国首艘国产航母，是依存航母的理念进行设计和建造的，在设计理念上与巡洋舰航母有着本质的不同。在武器配备上中国首艘国产航母取消了俄式航母上200多枚导弹，以国产近程防空系统替代。同时大量导弹的取消，也为航母增加了更多的内部空间。首艘国产航母在设计时，对机库甲板的总体布局进行了统一规划，并结合实际使用经验，对机库空间进行了创新的优化设计，使得新航母的机库空间比辽宁舰更大，布局也更加合理，可以有效提高机库的运转效率。我国首艘国产航母可以搭载32～36架歼15战机，是辽宁舰的1.5倍。

总体而言，首艘国产航母的综合作战能力比辽宁舰有了大幅提升，其使用方式、作战武器的理念也与辽宁舰有着本质的不同。首艘国产航母在进行建造的时候，去掉了很多反舰导弹等远程打击武器，转而以搭载舰载机为主。建首艘国产航母山东舰的时候，为了体现我们自己的理念——更多地发挥舰载机的作用，它的飞行甲板面积、机库的容积都相应地增加了。舱室的分配更合理了，主要包括舰岛的面积进行了缩小。舰身进行隐身设计，凸显一体化，兼容性也更好。所以山东舰和辽宁舰有很大的不同，它是辽宁舰一个新的升级版。

2.11.2　首艘国产航母的舰岛

现代航母在设计上都会遵循一个统一的模式——把舰桥、烟囱等都集中在飞行甲板的一侧，就好像一个小岛，它就是舰岛。舰岛一般在飞行甲板的右侧，整个舰岛建筑集成了航母的指挥塔、飞行控制室、航海室、雷达和通信天线等。目前采用双舰岛设计的航母并不多，比如英国的伊丽莎白女王号，而大部分航母都只有一个舰岛，这也包括我国首艘国产航母山东舰和中国第一艘航母辽宁舰。

山东舰的舰岛和辽宁舰的舰岛相比，不仅外形有了一定的改变，布局也显得更加简洁合理。与辽宁舰相比，山东舰的舰岛长度有所缩短，高度明显增加，外观更显挺拔。创新采用在整体上纵向拔高、横向缩短的方式，既抬升了相控阵天线的安装位置，又增加了内部空间，也减少了甲板占用面积。特别是山东舰舰岛的位置还往右侧甲板边缘进行了移动，准备区的面积得以进一步拓宽，这一点对于采用滑跃起飞模式的航母而言可谓意义重大。飞行甲板面积的增加，不仅可以提升舰载机的出动效率，还能增大工作区面积，有效调整准备工作的效率和工作人员的安全性。不仅如此，国产航母舰岛的整体布局也简洁了许多，不再像俄式舰艇那样在上层甲板拥挤着各式雷达天线，这充分显示出中国海军在电子设备整合能力上的飞跃。而舰岛上雷达、电子设备布局的调整，有助于提高航母的隐身性能。这种采用隐形化设计、调整电子设备布局、提高空间利用率等的创新实践，都将有助于增强国产航母的实战能力。

总之，山东舰舰岛的显著变化可以总结出四点：

（1）对飞行甲板的占用面积少了；

（2）高度增加以后，雷达探测的距离会更远，能更早发现目标；

（3）指挥舱室发生分离之后可以使航海和航空管制部门不会相互干扰；

（4）隐身性比原来的辽宁舰大大提高。

2.11.3　首艘国产航母起飞甲板的创新设计

在航母技术的发展上，我国遵循小步快跑的战略，而这种战略在山东舰的设计建造上得以充分体现。例如，尽管山东舰在舰载机起飞方式上还是采用和辽宁舰一样的滑跃起飞方式，不过山东舰甲板的上翘角度和辽宁舰相比有所调整，从 14 度创新设计成了 12 度，这是航母舰载机一系列使用经验的总结。

滑跃起飞模式的航母滑跃甲板上翘的角度直接决定了舰载机的助跑距离和挂载能力。在合适范围内尽可能使用角度更大的起飞甲板，可显著缩短舰载机的助跑距离，并可以增大燃油和武器挂载量。不过滑跃角度也并非越大越好，如果甲板上翘角度过大，舰载机就必须要进一步加强机体结构，才能承受起飞的压力，这就会挤占一部分燃油和武器挂载量。所以首艘国产航母的滑跃甲板上翘角度定为 12 度，是根据舰载机上舰之后一系列试飞所获得的数据，这也是辽宁舰高强度训练得出的科研成果。山东舰滑跃甲板上翘的角度从 14 度调整到 12 度，尽管肉眼很难分辨出这样的变化，但角度的改变确实可以对航母的性能带来一定的提升，对于国产航母来说具有非常大的意义，因为它可以增加夜间起飞的安全性。山东舰的两条滑行跑道分别长 105 米和 195 米，舰载机可以腾出更多空间来装载航空燃料、弹药和零备件，因此中国海军根据辽宁舰的实际使用经验微调飞行甲板的上翘角度并不奇怪。

航母的滑跃甲板上翘，实际上要解决航母由于飞行甲板短给飞机起飞带来的困难。上翘角最开始是由英国人发明，他们当时采用上翘角 13 度。结果在飞行甲板距离不变的情况下，可以给飞机增加 20% 的升力。再增加这个角度，就会出现相应的问题：飞机长度可能会受到一定的影响、对飞行员的视觉效果也会产生很大的冲击，所以现在通常是选择在 13 度上下。山东舰从 14 度调到 12 度，可能升力会有所降低，但降得很小，微乎其微。而通常飞行员要把飞机的速度从零提升到每小时 260 千米才能正常地起飞，在这么短的距离内，他会看到这个甲板像一面墙迎过来，感觉会撞上自己。调整降低甲板上翘角之后，会使飞行员的这种感觉有所降低。另外适当降低甲板上翘角，可以增加飞机的长度。因为如果甲板是平的，固定翼的飞机不会发生蹭飞机尾巴的这种现象。所以经过权衡之后，认为降低一点儿角度会有更多的长处和优越性。

2.11.4　国产航母的相控阵雷达

航母上最主要的电子设备莫过于指挥系统、通信系统以及雷达系统，而这当中最引人注目的是大型相控阵雷达。随着中国首艘国产航母的亮相，可以看到它上面安装的四面相控阵雷达的位置有了一定的提高，这对提升雷达的探测距离有很大的帮助。安装在我国首艘国产航母山东舰上的这种雷达可以涵盖 360 度搜索扇区，对空最大的探测距离将不会低于 400 千米，能赋予航母强大的远程对空探测以及多目标监视跟踪的能力。

随着中国首艘国产航母的亮相，航母上的电子设备也引起了人们的关注，尤其是舰岛上硕大的中华神盾有源相控阵雷达的面板十分引人注目。相比于辽宁舰，国产航母舰岛上最明显的标志是它采用了不同的相控阵雷达罩。辽宁舰上雷达的弧形外罩已经被巨型平板天线替代，同时雷达天线正面布局也由正转偏。作为中国第一艘航母，辽宁舰在改造的过程中，电子系统最大的创新变化就是将中华神盾驱逐舰上的有源相控阵雷达移植到了航母上，因此赋予了航母极强的远程目标探测、监视和跟踪能力，使得辽宁舰的远程预警探测能力大大优于其原型瓦良格号。不过首艘国产航母山东舰上安装的则是更加先进的创新改进的有源相控阵雷达，它在各个方面的性能都比辽宁舰上的雷达更为强大。从外形上看安

装在辽宁舰上的雷达圆弧形防护罩在新航母山东舰上变成了平整的平板，雷达天线形状趋近为正方形，取消了原来的弧形外罩，雷达天线总体面积也进一步提升，为整个舰队形成了一个有效的防控障。首艘国产航母山东舰上搭载的这些有源相控阵雷达（图 2.11.1），是目前世界上最尖端的舰载雷达，它无论是在探测距离、火力冲撞、精度还是抗干扰能力方面，都已经远远超过美军现役的宙斯盾雷达，更是领先日本十多年。

图 2.11.1　中国首艘国产航母的相控阵雷达

这种创新改进的升级版有源相控阵雷达，可以检测更远和捕捉更多的目标，为未来的电子对抗战提供更好的反干扰能力。

2.11.5　中国海军水面舰艇发展现状

近些年来中国海军正处于高速发展阶段，各种大型舰艇更是在一段时间内接连下水。作为中国第一艘航空母舰辽宁舰的总设计师，朱英富院士对中国海军舰艇的发展前景形象地描述为实现了"弯道超车"。朱英富表示中国水面舰艇研制水平及能力已经进入世界先进行列，中国的新型舰艇会以创新精神引领，融合军民智慧，抢占舰船装备新技术的制高点，实现"弯道超车"。近年来正如朱英富所说，中国的新型水面舰艇已取得跨越式的提升，在国际上属于先进水平。

其中最为引人关注的当数我国首艘新型万吨级大型驱逐舰下水的消息。2017 年 6 月 28 日上午，海军新型驱逐舰 055 型首舰——南昌舰的下水仪式在上海江南造船集团有限责任公司举行，该型舰是我国完全自主研制的新型万吨级驱逐舰，是海军现实战略转型发展的标志性战舰，该舰下水标志着我国在驱逐舰发展上迈上一个新的台阶。

就在这条消息发布前不到一小时，中船重工也发布了一则好消息，最新一艘052D型导弹驱逐舰已在此前两天，也就是6月26日成功下水，作为中国海军驱逐舰建造数量最多的一次，052D型已成为我海军水面舰艇的核心力量。同样也是在2017年6月，我国最新一艘071型船坞登陆舰已按照计划在上海顺利下水。071型船坞登陆舰是中国海军最新型的大型多功能两栖作战舰艇，目前已有8艘陆续服役，分别是南海舰队5艘、东海舰队3艘。由此可知，通过近年来的超速发展，中国海军已成为世界上发展速度最快、质量提升最明显的海军力量之一。

中国人民解放军海军发展武器装备，有3个比较明显的特点：（1）数量多；（2）吨位在增加；（3）信息化程度在提高。总体来说发展舰艇，是为了形成海军整体的体系对抗能力。为了能够适应未来的战争，同时适应中国海军战略的变化——从近海防御转为远海护卫，肯定要造大吨位的船舰。现代战争是信息化条件战争，我国现在很多老旧的舰艇已不符合信息化条件下战争的需求。而且过去我国海军只注重作战的舰艇，而不太注重辅助的舰艇，如登陆舰、远洋综合补给舰、电子侦察船等，这都是我们要补齐的短板和空白。

2.11.6 首艘国产航母的动力系统测试

下水是航母研制的重要节点之一，完成下水后，首艘国产航母山东舰依然需要在船厂内进行后续的设备安装和测试工作。其中动力系统试验主要是为了测试它在静态的状态下，动力设备运转起来是不是正常。这期间航母不动，外界给它一个动力之后，看看它的工作是否正常。主要检验内容包括：航母的动力系统、机械本身、供电的设施及启动的设施等。这种静态下的测试是属于一种验证的阶段，或者是属于一种检验各种设备的调试阶段。从下水到进行动力系统建造测试，大概用了3个月时间，国产第一艘航母山东舰比辽宁舰要快不少。

2.11.7 中国的大国担当

中国海军军力的增强格外引人关注。作为世界强国，拥有航空母舰是必要的。中国拥有航母，这意味着国家的快速发展。随着经济发展，军事实力也不断提高，中国正在为实现国家发展而努力奋斗。

中国的实力也会给世界带来稳定，中国不侵略其他国家，亚太地区也因此得到和平。中国海军力量的发展，特别是大型水面舰艇的创新建设设计思想与设计理念始终瞄准国际前沿：吨位不断增长，远洋航行环境进一步优化，舰艇的信息感知能力、火力精准度、隐身技术等显著提高。在技术和能力体系上，中国海军已经与世界海军强国站在了同一梯队上。目前，世界上能够独立建造航空母舰的国家屈指可数，中国首艘国产航母山东舰完全是靠我们独立自主、自力更生力量完成的。航母上的舰载机起降设施、雷达、通信设施、无线电设施等技术都很过硬，这说明中国国防工业水平有很大提升。更重要的是首艘国产航母虽然不是世界上最先进的航空母舰，但它符合我国国情的需求。

中国海军于 1949 年 4 月 23 日成立，那个时候海军所有的舰艇的总吨位还不到 5 万吨，数量级很小。而今天我们海军一艘航空母舰的吨位就达到了 5 万吨以上，再加上现代化的程度，这都是海军装备的巨大变化。而海军的发展是和我国的综合国力发展平行的，我国综合国力发展了，我们海军才能相应地得到如此大力的发展。习主席说："享受和平是中国人民的福祉，而保卫和平是中国人民解放军的职责。中国在地区事务、世界事务中要担起大国的责任。"中国海军要保卫国家的安全主权，保卫国家海上的利益。所以，有了航空母舰这样的武器平台，就可以更好地执行这个任务，这既是中国海军的荣誉，也是他们的责任。

中国的担当，就是在地区事务、世界事务中，要担起一个大国的责任，而不能像有些国家那样，体现的只是霸权、是世界警察、只管别人、不管自己。因而，中国有了航空母舰，将可以大大地增加其远海维护能力，这有利于地区的稳定，特别是南海方向的稳定，有利于世界的和平。

2.11.8　国产 002 型、003 型航母

我国建造这艘 6 万吨的 002 型航母——山东舰的进度可以用快来形容，综合能力已经达到世界第二。弹射型的歼 15B 已经交付舰载机部队。002 型虽然是滑跃起飞航母，但考虑与 003 型航母搭配作战的需要，将直接使用弹射器飞行的舰载机。我国第一艘国产航母 002 山东舰已于 2019 年年底在海南三亚军港交付海军。

2022 年 6 月 17 日，中国第三艘航空母舰 003 型国产航母在上海正式下水，经中央军委批准，被命名为中国人民解放军海军福建舰，舷号 18，简称福建舰，这是中国完全自主设计建造的首艘弹射型航空母舰。它有三大创新亮点。

（1）亮点一：平直通长飞行甲板。福建舰采用了平直通长飞行甲板，和美国现役核动力航母设计类似，这也是大型航母的标志性设计，相比山东舰和辽宁舰的滑跃式起飞甲板，平直飞行甲板的优势是全方位的，其技术更为复杂，难度更高。

（2）亮点二：电磁弹射和阻拦装置。这在全世界范围内都属于十分前沿的军事技术，现在只有美国海军的福特号航母采用了该技术。中国海军在短时间内跨过了蒸汽弹射，直

接实现了电磁弹射技术的突破进展。

（3）亮点三：满载排水量 8 万余吨，仅次于美国的福特级和尼米兹级核动力航母，领先于中国海军的山东舰和辽宁舰，以及俄罗斯库兹涅佐夫号、英国伊丽莎白级和法国的戴高乐号核动力航母，是当之无愧的世界头号常规动力航母。

如果说辽宁舰让中国开启了航母之旅，那么首艘国产航母山东舰的设计建造则真正让中国完全掌握了航母的全部秘密。到了 003 型航母福建舰的时候，中国的航母实力已开始与美国并驾齐驱。这是中国海军真正成为全球海军的时候，也是中国开始在世界上发挥领导作用的开端。

课程习题

第 1 课　航空母舰的起源

【创新学习简答题】

1. 创新简介。
2. 航空母舰起源历史中具有代表性的航空母舰的创新之处简介。

【选择题】

1-1 1910 年 11 月 14 日，美国人尤金·伊利驾驶一架柯蒂斯双翼轻型飞机，从轻型巡洋舰 ____ 上成功起飞，这是人类历史上首次飞机从军舰上起飞。

A. 坎帕尼亚号　　　　　　B. 伯明翰号

C. 宾夕法尼亚号

1-2 百年航空母舰的历史起源于 1911 年 1 月 18 日，美国人尤金·伊利成功实现了飞机在重巡洋舰 _____ 上的起飞和降落，标志着航空母舰时代的开始。

A. 坎帕尼亚号　　　　　　B. 伯明翰号

C. 宾夕法尼亚号

1-3 世界上第一艘真正意义的航空母舰，是 1922 年 12 月建成的 _____ 号航空母舰，是世界上第一艘专门设计制造的航空母舰。

A. 美国的兰利号

B. 英国的百眼巨人号

C. 日本的凤翔号

1-4 在航空母舰的发展过程中，尤其在技术还不成熟的情况下，_____ 二字对于一个国家是非常必要的，只有这样，才知道合不合适，才会逐渐获得比较满意的结果。

A. 创新　　　B. 改装　　　C. 实用

1-5 1917 年，英国终于改装出了世界上第一艘具有全通式飞行甲板的航空母舰 _____。

A. 兰利号　　　　　　　　B. 暴怒号

C. 百眼巨人号

1-6 1919 年，美国终于开始了改装航空母舰的工程，改装后的美国海军历史上第一条航空母舰就是 _____，编号为 CV1。

A. 兰利号　　　　　　　　B. 暴怒号

C. 百眼巨人号

1-7 1940 年，英军决定采用航空母舰奇袭意大利塔兰托港，派去执行偷袭任务的航空母舰是 _____。

A. 百眼巨人号　　　　　　B. 暴怒号

C. 卓越号

1-8 英军奇袭意大利塔兰托港，旗开得胜，重创了意大利海军，这一仗的意义在于 _____。

A. 创新是战争中取胜的关键

B. 这是航空母舰第一次参加战争

C. 人们真正意识到了航空母舰的巨大威力

1-9 美国建造的第一级航空母舰是约克城级航母，创新之处主要在于 _____。

A. 全通甲板

B. 全封闭舰艏、机库和升降机

C. 舰岛安置在右舷

1-10 美国建造的第二级航空母舰是埃塞克斯级航母，与第一级约克城级航母相比，创新之处主要在于 _____。

A. 甲板开始用装甲且批量生产

B. 升降机在船舷外侧

C. 安装了雷达

1-11 日本开工建造的第一艘航空母舰是 _____，于 1922 年 12 月 27 日竣工，这也是人类历史上第一艘专门设计制造的航空母舰。

A. 凤翔号　　B. 暴怒号　　C. 卓越号

1-12 日本开工建造的航空母舰凤翔号，在航母的发展史中第一次采用了岛式上层建筑，因此成为 _____ 航空母舰开始的标志。

A. 第一代　　B. 第二代　　C. 第三代

1-13 航空母舰的起源和发展给我们带来的启示：航空母舰的出现 _____。

A. 改变了海上作战的平台

B. 使得远海作战成为现实

C. 改变了海上作战的样式

1-14 如今，世界上最强大的一级航空母舰为 _____ 核动力航空母舰。

A. 尼米兹级　　B. 戴高乐级　　C. 福特级

第2课　第二次世界大战中的航空母舰大海战

【创新学习简答题】

1. 智慧激励创新发明法简介。

2. 以珊瑚海海战和中途岛海战为例来介绍海上作战样式的创新改变。

3. 智慧激励创新发明法的实施原则。

4. 在马里亚纳群岛的大海战中，美国海军的统帅斯普鲁恩斯采取了哪些创新举措击败了日军?

【选择题】

2-1 1942年5月发生在美日之间的珊瑚海大海战，从创新角度讲，是一次 _____。

A. 开创了航空母舰之间火炮对攻的海战

B. 巨舰大炮结合航母舰载飞机对攻的海战

C. 从战列舰之间火炮对攻到航母飞机对攻海战模式的转折点和分水岭

2-2 珊瑚海大海战中，美国海军参战的两艘航空母舰为 _____，日军参战的航空母舰是翔鹤号、瑞鹤号和翔凤号。

A. 萨拉托加号和中途岛号

B. 企业号和大黄蜂号

C. 约克城号和列克星敦号

2-3 1942年5月7日，美军飞机发现了日本航空母舰 _____，并创造了第一次对日军航母发起进攻、第一次击沉日本航母的纪录。

A. 翔鹤号　　B. 瑞鹤号　　C. 翔凤号

2-4 1942年5月8日，是人类战争史上第一次航空母舰之间的对决，在这次海战史上第一次超视距对攻中，日本飞机击沉了美军 _____航空母舰。

A. 萨拉托加号　　　　B. 列克星敦号

C. 约克城号

2-5 珊瑚海大海战中，虽然美国方面在战术上吃了亏，但是由于它 _____，反倒抢了先手，为后来的中途岛海战创造了最佳条件。

A. 强大的飞机制造能力

B. 强大的补给运输能力

C. 强大的造船能力和修理能力

2-6 珊瑚海海战之后，日本海军司令山本五十六坚决要发动向中途岛的进攻战役，目的在于 _____。

A. 完全获得制海权

B. 削弱美国海军的主力

C. 拔掉中途岛这个眼中钉

2-7 1942年4月18日，美军16架B-25轰炸机从 _____号航母起飞，对日本东京进行了轰炸，这也促成了日军中途岛海战计划的通过。

A. 企业号　　B. 大黄蜂号　　C. 约克城号

2-8 美军之所以在中途岛海战的决战时刻，能够集中绝对优势的兵力一举击沉日军四艘大型航空母舰，主要原因在于美军的 _____远胜于日军。

A. 战场侦察能力

B. 舰载机的作战能力

C. 密码的破译能力

2-9 中途岛海战的第一轮交锋实际上是来自 _____的飞机，与来自日军航空母舰的飞机之间的彼此攻击。

A. 中途岛的岸基航空兵

B. 美国3艘航空母舰

C. 中途岛上和美军航母上

2-10 中途岛海战第一轮交锋的结果，从美日海军各自的航空母舰来看 _____。

A. 美军损失1艘航母

B. 日军损失1艘航母

C. 双方航母均无损失

2-11 在太平洋战争初期，美军的F-4F野猫战斗机与日军的零式战斗机相比，无论是速度、 _____、爬升速率以及火力都毫无优势。

A. 机动性　　B. 续航能力　　C. 灵活性

2-12 在中途岛海战中，虽然美军的野猫战斗机与日军的零式战斗机相比毫无优势，但是美军采用创新发明的 _____战术，扭转了战局。

A. 环形编队战术　　　　B. 交互掩护战术

C. 萨琪穿梭战术

2-13 在1942年6月6日的中途岛海战中，一天之内美军的飞机一共击沉了日军 ＿＿＿＿ 艘大型航空母舰，取得了决定性的胜利。

 A. 2   B. 3   C. 4

2-14 美国通过中途岛海战，以劣势兵力彻底击败了日军优势兵力的进攻，重新夺取了太平洋战场的制空权和制海权，从而夺取了 ＿＿＿＿ 。

 A. 主动权   B. 海军的优势

 C. 向日本本土进攻的契机

2-15 中途岛海战中，日军仅击沉了美军一艘航空母舰，为 ＿＿＿＿ 。

 A. 企业号 B. 约克城号 C. 大黄蜂号

2-16 从整个太平洋战争三次大海战的作用看，中途岛海战确实是整个太平洋战争至关重要的 ＿＿＿＿ 。

 A. 决胜点 B. 起始点 C. 转折点

2-17 如果美军攻占了马里亚纳群岛，日本本土就将处在美军飞机的轰炸范围内，1944 年，日本划定半径 2000 千米的区域为 ＿＿＿＿ ，马里亚纳群岛就在其中。

 A. 绝对安全区   B. 誓死保卫圈

 C. 绝对国防圈

2-18 为了保护马里亚纳群岛上的登陆部队，美国海军统帅斯普鲁恩斯创新采用了美军历史上绝无仅有的 ＿＿＿＿ 阵型，只守不攻。

 A. 航母和战列舰主次颠倒

 B. 航母和战列舰交替排列

 C. 航母在战列舰外围排列

2-19 1944 年 6 月 19 日，美军青花鱼号潜艇向日本航空母舰 ＿＿＿＿ 发射了鱼雷，成功将这艘刚刚下水服役一个月的大型装甲航母击沉。

 A. 翔鹤号 B. 瑞鹤号 C. 大凤号

2-20 马里亚纳海空大战中，看着天空中到处摇曳而坠的日本飞机，美军海军少尉托马斯·马歇尔激动地大喊：这多像古代 ＿＿＿＿ 的场面啊！

 A. 射杀飞禽 B. 围杀猎物 C. 猎杀火鸡

2-21 就在小泽治三郎等待捷报传来时，美军潜艇刺鳍号发现了日军航空母舰 ＿＿＿＿ ，并发射了 6 颗鱼雷将其击沉。

 A. 翔鹤号 B. 瑞鹤号 C. 大凤号

2-22 在马里亚纳"猎火鸡大赛"取得了决定性胜利后，美军乘胜追击，又击沉日军航空母舰 ＿＿＿＿ ，并且同时重创日军另外三艘航母。

 A. 飞鹰号 B. 千代田号 C. 隼鹰号

2-23 马里亚纳大海战之后，美军成功切断了日军给马里亚纳群岛上的支援，日军也彻底失去了 ＿＿＿＿ 的制海权和制空权。

 A. 北太平洋 B. 中太平洋 C. 南太平洋

2-24 1944 年 6 月，美军攻下马里亚纳群岛后，向莱特湾迅速推进，一旦攻占莱特岛，就会 ＿＿＿＿ 。

 A. 彻底切断日本在东南亚的资源补给线

 B. 建立一个在东南亚的前进基地

 C. 阻断日本海军向东南亚进军

2-25 日军深知自己面对美军悬殊的实力对比，不能硬碰硬只能智取，决定利用日军最后的 4 艘航空母舰充当 ＿＿＿＿ 。

 A. 诱饵来调离哈尔西指挥的航母舰队

 B. 奇兵来偷袭金凯德指挥的莱特岛登陆部队

 C. 主力来偷袭哈尔西航母舰队

2-26 莱特湾大海战第一天中，哈尔西共动用了 250 余架舰载机，对栗田舰队实施了五次大规模空袭，最后成功击沉了世界上最大的超级战列舰 ＿＿＿＿ 。

 A. 大和号 B. 武藏号 C. 爱宕号

2-27 莱特湾海战中，小泽治三郎航母编队的 75 架舰载机抱着必死的决心向美军航母舰队发动攻击，目的在于 ＿＿＿＿ 。

 A. 吸引美军航母舰队前来攻击

 B. 保护栗田舰队进入莱特湾

 C. 偷袭美军的航母舰队

2-28 在强大的栗田健男战列舰编队的猛攻之下，金凯德不得不无奈地让出了通往莱特岛的航线，此时摆在栗田健男面前的就是 ＿＿＿＿ 。

 A. 哈尔西的航母舰队

 B. 莱特湾内美军最后的驱逐舰队

 C. 莱特湾内脆弱的运输舰、两栖舰艇和沙滩上的万名士兵

2-29 日军栗田健男的战列舰队彻底击败了金凯德的轻型航母护航舰队，就在金凯德等待末日降临之时，日军 _____。

A. 被哈尔西的航母舰队及时赶到击败

B. 被金凯德的烟幕弹欺骗而撤退

C. 被金凯德的电报误导，误判军情而撤退

2-30 美军哈尔西海军中将接到金凯德的求救电文后，大感意外，在与参谋们分析后，决定 _____。

A. 立即返航支援金凯德的护航舰队

B. 加速追击日军航母，毫无回师救援打算

C. 留一半追击日军航母，一半返航

2-31 在马里亚纳群岛最后的海战中，美军一举击沉了日军的最后 4 艘航空母舰，其中包括当初偷袭珍珠港的 6 艘航母中最后的幸存者 _____。

A. 翔鹤号　　　B. 瑞鹤号　　　C. 苍龙号

第 3 课　美国航空母舰的发展

【创新学习简答题】

1. 观察创新发明法。

2. 第二次世界大战之后，美国常规动力航母三代发展的主要创新之处简介。

3. 联想创新发明法简介。

4. 第二次世界大战之后，美国核动力航母三代发展的主要创新之处简介。

【选择题】

3-1 让飞机能够在船舰上起飞，是一个非常大胆的创新设想，最先用来创新尝试让飞机起飞的战舰是 _____。

A. 加利福尼亚号　　　　　　B. 北卡罗来纳号

C. 佐治亚号

3-2 如今，弹射器相当于尼米兹号航空母舰的心脏，推动弹射器把飞机弹射升空是利用 _____。

A. 高压蒸汽　　B. 电磁力　　C. 核动力

3-3 现在的核动力航空母舰上一共设有 ____ 个飞机弹射器，每个弹射器长 91 米。

A. 2　　　　　B. 4　　　　　C. 6

3-4 核动力航空母舰上的蒸汽弹射器如一个火箭弹弓，具有巨大的推力，在短短的两秒内，就能使 F18 战斗机从静止达到时速 _____。

A. 235 千米　　B. 265 千米　　C. 300 千米

3-5 为了让飞机能够在甲板上降落，就需要重新设计船舰的上层建筑，现代航空母舰之母皇家方舟号的创新设计为 _____。

A. 舰岛在左舷，为飞行甲板让出了空间

B. 舰岛在右舷，为飞行甲板让出了空间

C. 舰岛分在两舷，中间为飞行甲板让出了空间

3-6 尼米兹号航空母舰的舰岛安置在右舷，舰岛是 _____，是航空母舰的耳目与大脑。

A. 控制塔　　　　　　　　　B. 雷达气象室

C. 主飞行控制室

3-7 在美国大黄蜂航空母舰上，为了在 45 米距离之内让时速 135 千米降落的重 8000 千克的战斗机停下来，采用的方法是 _____。

A. 勾住连接到甲板下液压撞锤的 12 道拦截索

B. 勾住连接到一组沙包的 12 道拦截索

C. 勾住连接到 5 道戴维斯障碍的 12 道拦截索

3-8 尼米兹号航空母舰把拦截索的刹车力量推至了极限，能够让时速 225 千米、重 25000 千克的 F18 在 _____ 米内停下来。

A. 45　　　　　B. 75　　　　　C. 100

3-9 飞机在航空母舰甲板上进行降落时的重头戏是依靠甲板上的 3 条拦截索实现 _____ 降落，拦截索为直径 5 厘米的复合钢缆。

A. 拖止降落　　B. 捕获降落　　C. 钩止降落

3-10 把航空母舰上的木制甲板换成钢铁甲板，既是创新、也是对船舰设计师的巨大挑战，因为钢铁甲板会 _____。

A. 降低航空母舰的稳定性

B. 降低航空母舰的速度

C. 降低航空母舰的灵活性

3-11 尼米兹号航空母舰的甲板也是钢铁材质的，但并没有覆盖厚厚的装甲板，原因是 _____。

A. 新型材料的钢铁甲板能够抵挡任何轰炸

B. 处在层层高科技的保护罩之下

C. 有远程雷达提早发现入侵者并拦截

3-12 1970 年 1 月，美国中途岛号航空母舰的第二次现代化改造是为了适应 _____ 的需要。

A. 更换钢铁甲板

B. 大幅增加舰载机数量

C. 喷气式飞机上舰

3-13 美国海军五星上将欧内斯特·金关于航母的创新理念是：海军的作用并不仅限于保障海上供应线和攻击海上目标，海军的使命是要攻击那些火力所能及的 _____。

A. 海岸目标　　B. 陆地目标　　C. 空中目标

3-14 为了解决飞机能够在航空母舰上起飞和降落同时进行的问题，老牌的英国皇家海军的重大创新发明是 _____。

A. 把甲板加宽到两条飞机跑道宽

B. 舰岛移到了甲板的右舷

C. 斜角飞行甲板

3-15 第二次世界大战之后，美国航空母舰的创新发展过程可以概括为 _____ 共 6 代航空母舰。

A. 3+3（常规动力 + 核动力）

B. 2+4（常规动力 + 核动力）

C. 4+2（常规动力 + 核动力）

3-16 第二次世界大战之后，美国的第一代常规动力航空母舰为 _____。

A. 中途岛级　　B. 弗莱斯特级　　C. 小鹰级

3-17 美国的福莱斯特号航空母舰在 1955 年 10 月服役，标志着世界上第一艘专门为 _____ 建造的航母诞生了。

A. 喷气式飞机

B. 最多种类的机器和致命武器

C. 蒸汽弹射器

3-18 美国的福莱斯特级航空母舰可以携带喷气式飞机多达 _____ 架，所以被称为"超级航母"是当之无愧的。

A. 60 多　　B. 90 多　　C. 120 多

3-19 美国的第三代常规动力航空母舰，称为 _____，也是世界上最后一级常规动力航母。

A. 星座级　　B. 肯尼迪级　　C. 小鹰级

3-20 小鹰号航空母舰在建造过程中，优化了整体结构，创新采用了 _____ 飞行甲板，也是世界上最后一级常规动力航母。

A. 电磁弹射式　　　　　　B. 滑跃式

C. 封闭式加强

3-21 在过去，为了能够让飞行速度较慢的螺旋桨飞机在航空母舰上成功降落，最先采用的引导方法是 _____。

A. 用灯光引导协助飞机降落

B. 用镜子反射光引导协助飞机降落

C. 用圆板引导协助飞机降落

3-22 为了能够让高速飞行的喷气式飞机在航空母舰上成功降落，英国皇家飞行员尼克·古德哈特创新发明的引导方法是 _____。

A. 用灯光引导协助飞机降落

B. 用镜子反射光引导协助飞机降落

C. 用圆板引导协助飞机降落

3-23 从常规动力航母到核动力航母，是航母动力的巨大创新飞跃，美国第一代核动力航空母舰为 _____。

A. 企业号　　B. 尼米兹号　　C. 福特号

3-24 美国的第一艘核动力航空母舰服役后，就展开了名为 _____ 的环球巡航，历时 64 天，总航程 3 万多海里。

A. 环球行动　　B. 海啸行动　　C. 海轨行动

3-25 尼米兹级航空母舰为美国的 _____，是航空母舰创新发展的集大成者。

A. 第一代核动力航母

B. 第二代核动力航母

C. 第三代核动力航母

3-26 目前，世界上除美国拥有核动力航空母舰外，仅有 _____ 还拥有 1 艘核动力航母。

A. 法国　　　　B. 俄罗斯　　　　C. 英国

3-27 核动力航母上核反应堆会在船身中部产生巨大重量，造成龙骨弯折，采用创新解决方法为 _____。

A. 把核反应堆一分为二

B. 把核反应堆分散成 8 个

C. 用蜂窝状钢材结构加强龙骨

3-28 通过创新改进，超级核动力航空母舰尼米兹号 20 年才需要更换燃料，具有更大的动力，船上的核反应堆变为 _____ 。

A. 2 座　　　B. 4 座　　　C. 8 座

3-29 核动力航空母舰具有更大的机动性和续航力，但在造价上很昂贵，而最致命的问题是 _____ 。

A. 核辐射的防护非常困难

B. 更换核燃料非常麻烦

C. 被击中后会造成核泄漏或核爆炸

3-30 美国第一艘尼米兹级航空母舰的建设历经 7 年的时间，为了更快速地建造航空母舰，美国人采用的创新技术是 _____ 。

A. 分模块制造后再焊接组合

B. 在干船坞内建造

C. 各个工种的工人同时开工

3-31 美国尼米兹航空母舰的最新一艘是 _____ ，造价 60 亿美元，配备了隐形战斗机和球形船身，是美国第二代核动力航母的创新集大成者。

A. 里根号　　　B. 布什号　　　C. 福特号

3-32 作为航空母舰创新的最高成就，美国第三代核动力航空母舰的首舰是 _____ 。

A. 奋进号　　　B. 弗莱斯特号　　　C. 福特号

3-33 美国第三代核动力航空母舰采用了很多第二代航母中从来没有采用过的创新技术，在外观设计上创新采用 _____ 设计。

A. 超流线技术　　　　　B. 隐形技术

C. 超级防护技术

3-34 美国第三代核动力航空母舰，在起飞方式上创新采用了 _____ 设计。

A. 蒸汽弹射起飞　　　　B. 滑跃起飞

C. 电磁弹射起飞

3-35 根据美国的规划和部署，到 2020 年，美国在太平洋游弋的军舰会达到其全部军舰的 _____ 。

A. 50%　　　B. 60%　　　C. 70%

3-36 美国第七舰队是美国最大的海外前进配置武装力量，它具有三大杀手锏： _____ ，乔

治·华盛顿号航母，提康德罗加级导弹巡洋舰。

A. 蓝岭号作战指挥舰　　　B. 企业号航母

C. 宙斯盾系统

3-37 美国尼米兹级核动力航空母舰一共建造了 _____ 艘，分三个批次生产，每一个批次都进行了优化和升级。

A. 10　　　B. 11　　　C. 12

3-38 在尼米兹级核动力航空母舰船体的内部和飞行甲板下方，都是创新采用了 _____ ，以 X 型构造连结，在受到武器命中时，能够吸收冲击能量，降低对舰体内部的破坏。

A. 凯夫拉装甲　　　　　B. 双层舰壳

C. 钢质装甲

3-39 美国第三代核动力航空母舰福特号，凭借一系列技术创新，获得最强航母称号，在舰载机降落的拦阻系统上，创新采用了 _____ 设计。

A. 气流阻碍式拦阻　　　B. 滑轮缓冲式拦阻

C. 电磁式拦阻

3-40 航空母舰福特号排水量达到 11.2 万吨，内置 2 台新型 A1B 压水式核反应堆，发电量为尼米兹级的 _____ 倍。

A. 2　　　B. 3　　　C. 4

第 4 课　英国航空母舰的发展

【创新学习简答题】

1. 兴趣调动创新发明方法简介。

2. 英国对世界航空航母的创新发展有哪些主要的贡献？

【选择题】

4-1 1913 年 5 月，英国皇家海军对一条排水量为 5700 吨的轻巡洋舰 _____ 首次进行了大规模改装，成为世界海军史上第一条水上飞机航母。

A. 竞技神号　　　　　B. 皇家方舟号

C. 百眼巨人号

4-2 英国皇家海军的第一艘竞技神号航空母舰在下水服役不久，就参加了第一次世界大战，最后归宿为 _____ 。

A. 被德军的齐柏林飞艇击沉

B. 被意大利的水上飞机击沉

C. 被德军 U27 号潜艇鱼雷击沉

4-3 英国第二代竞技神号航空母舰之所以成为现代意义上的航空母舰标准模板，主要创新之处在于 _____。

A. 全通式甲板　　　　　B. 舰岛设计

C. 滑跃起飞甲板

4-4 英国第二代竞技神号航空母舰，从 1923 年 7 月下水服役，到 1942 年舰龄将近 20 年，最后的归属是 _____。

A. 被日军飞机击沉

B. 被日军潜艇鱼雷击沉

C. 被德军潜艇鱼雷击沉

4-5 英国第三代竞技神号航母于 1944 年 6 月开工建造，到最后建成服役，历时 _____ 年，并且后期又经历了多次用途上的大规模改装。

A. 3　　　　　B. 8　　　　　C. 12

4-6 从 1981—1982 年，英国第三代竞技神号航母经历了最后一次大规模改装，主要的改装项目是 _____。

A. 两栖攻击航母　　　　　B. 反潜艇功能

C. 滑跃起飞甲板

4-7 1986 年，舰龄已经 30 多年的英国第三代竞技神号航母的最后归宿是 _____。

A. 退役封存　　　　　B. 卖给印度海军

C. 在马岛战争中被击沉

4-8 在第一艘竞技神号航母不幸被德军潜艇击沉后，英国皇家海军又改装了第一代皇家方舟号水上飞机航母，之前是一艘 _____。

A. 客船　　　B. 运煤船　　　C. 军舰

4-9 英国第二代皇家方舟号航母创新设计为封闭舰艏高干舷、双层机库全封闭、外伸甲板、液压弹射拦阻索，获得了 _____ 的称号。

A. 真正的航空母舰　　　　　B. 巅峰航母

C. 现代航母的原型

4-10 1941 年 5 月 24 日，首次出征的德军俾斯麦号战列舰在丹麦海峡与英国皇家海军两艘战列舰相遇并发生炮舰对决，击沉了英军 _____

战列舰。

A. 胡德号　　　　　B. 威尔士亲王号

C. 罗德尼号

4-11 在围击俾斯麦号的过程中，唯一能够拦住俾斯麦号逃向法国海岸的舰队只有 _____ 舰队，统领舰队的萨默维尔海军中将明智地决定采用航母战术展开攻击。

A. 英国本土　　B. 英国 H　　C. 英国先遣

4-12 在英国海军成功猎杀德军被称为“永不沉没”的俾斯麦号战列舰过程中，起到最关键作用的是 _____。

A. 罗德尼号战列舰上的主炮

B. 胡德号战列舰上的巨炮

C. 皇家方舟号航空母舰

4-13 1941 年 11 月 13 日，第二代皇家方舟号航母被 _____，造成大量进水，主机停转，最终沉入了地中海。

A. 德军 U81 潜艇发射的鱼雷击中

B. 德军俾斯麦号战列舰的巨炮击中

C. 被己方谢尔德巡洋舰误击中

4-14 1955 年建成服役的第三代皇家方舟号航母转变了设计思路，建造完成时拥有蒸汽弹射器和斜角飞行甲板，成为真正意义上的 _____，缔造了英国的大航母时代。

A. 两栖登陆型航空母舰

B. 直升机型航空母舰

C. 大型舰队航空母舰

4-15 皇家方舟级第三代大型航母全部退役后，英国转而发展 _____ 轻型航空母舰，并把其三号舰命名为第四代皇家方舟号。

A. 皇家方舟级　　　　　B. 无敌级

C. 伊丽莎白女王级

4-16 无敌级航空母舰作为现代轻型航母的先驱，率先创新使用了 _____ 结构设计，使航母的设计大为简化。

A. 垂直 / 短距起降飞机

B. 直升机型航空母舰

C. 左舷外飘跑道甲板

4-17 无敌级航空母舰在世界上第一次将 _____ 用

作航母的动力装置,具有划时代的意义。

A.电力驱动轮机　　　B.混合动力轮机

C.燃气轮机

4-18 英国伊丽莎白女王级航空母舰是英国有史以来最大的航母,结构设计上,延续了英国航母 _____ 设计。

A.单舰岛　　B.双舰岛　　C.三舰岛

4-19 英国伊丽莎白女王级航空母舰的第二艘是 _____ 航空母舰,暂时以超大型的两栖攻击舰服役。

A.查尔斯王子号　　　B.威尔士亲王号

C.大不列颠号

第5课　苏联和俄罗斯航空母舰的兴衰

【创新学习简答题】

1.如何培养创新兴趣?

2.俄罗斯航母的发展经历了哪些主要阶段?

【选择题】

5-1 如今的俄罗斯,只剩下 _____ 一条航空母舰,在俄罗斯冰冷的海面上孤独地游弋着。

A.明斯克号　　　B.戈尔什科夫号

C.库兹涅佐夫号

5-2 德国于1938年建造下水了航空母舰 _____,但是由于第二次世界大战爆发,于1940年5月终止建造,战后被苏联获得。

A.齐柏林号　　B.基辅号　　C.海狼号

5-3 1967年,在经历了古巴导弹危机之后,苏联的第一代航空母舰 _____ 终于诞生了,却被称为大型反潜巡洋舰。

A.戈尔什科夫号　　　B.莫斯科号

C.赫鲁晓夫号

5-4 在第一代直升机航母之后,苏联发展航空母舰遇到"瓶颈"之际,新型 _____ 战机的出现,为发展第二代航母提供了空间和契机。

A.雅克系列垂直起降战机

B.海鸥系列垂直起降战机

C.AV-8系列垂直起降战机

5-5 苏联第二代航母为 _____,先后建造了4艘,

是苏联海军历史上建造数量最大的一批航空母舰。

A.基辅级　　　　　B.明斯克级

C.新罗西斯克级

5-6 苏联海军研究专家库津在 _____ 一书中感慨写道:海军的命运就这样被这些对海军一知半解、却又自以为是的权势人物任意支配,一误再误。

A.《水面舰艇文集》　　B.《航空母舰文集》

C.《海军文集》

5-7 苏联的第三代航母为 _____,满载排水量67500吨,具有滑跃式甲板,可以起降常规作战飞机,成为航母发展史上的突破。

A.戈尔什科夫级

B.库兹涅佐夫级

C.瓦良格级

5-8 作为苏联唯一留存的航母,俄罗斯库兹涅佐夫号航母搭载的是真正意义上的常规起降作战飞机,目前搭载的是 _____ 舰载战斗机。

A.苏27　　　B.苏27K　　C.苏33

5-9 库兹涅佐夫航空母舰的服役,是世界海军中首次出现了 _____ 这一新颖的航母起降方式,具有里程碑意义。

A.垂直起飞和降落

B.短距起飞和垂直降落

C.滑跃起飞和拦阻降落

5-10 采用滑跃起飞方式、滑越甲板以及甲板的上翘角技术,是 _____ 针对航母的一项非常实用的创新发明。

A.英国　　　B.美国　　　C.日本

5-11 在苏联解体后,库兹涅佐夫级二号舰, _____ 航空母舰方才建造完成70%,由于国家实力的衰败,就再也不可能建造完成了。

A.瓦良格号　　　B.乌里扬诺夫斯克号

C.戈尔什科夫号

5-12 在苏联解体时,苏联海军的第四代巨型核动力航母 _____ 方才建造完成30%,从此,这艘航母的命运也走到了尽头。

A.瓦良格号　　　B.乌里扬诺夫斯克号

C. 戈尔什科夫号

5-13 仅仅建造完成 30% 的苏联海军的第四代核动力航空母舰——乌里扬诺夫斯克号航母的最终命运是 _____。

　　A. 被挪威整体收购

　　B. 被中国收购改建辽宁舰

　　C. 拆解为废钢铁卖给美国

5-14 见证了苏联几代航母下水的尼古拉耶夫船厂老厂长马卡洛夫哀叹说：这不仅是一艘航母的终结，它更是俄罗斯航母时代的终结，是伟大强国 _____ 的终结。

　　A. 实力与地位　　　　　B. 国运与繁荣

　　C. 骄傲与威严

5-15 俄罗斯的库兹涅佐夫号航母充分具备现在主要海洋作战装备的反击能力，其自身的防御火力，超过了美国 _____ 航母，具有强大了抗打击能力。

　　A. 福特级　　　　　　　B. 尼米兹级

　　C. 福莱斯特级

5-16 俄罗斯的库兹涅佐夫号航母采用常规动力，可以使得航行速度达到 _____ 节，只能实现 7100 千米的续航里程，可以满足中近程远海作战。

　　A. 28　　　　　B. 30　　　　　C. 32

第 6 课　独树一帜的法国航母

【创新学习简答题】

1. 移植组合创新发明法简介。

2. 法国航空母舰发展的独树一帜创新之路简介。

【选择题】

6-1 在法国航空母舰的建造历史上，改建的第一艘航母是 _____，始建于 1914 年。

　　A. 巨人号　　　　　　　B. 贝亚恩号

　　C. 克莱蒙梭号

6-2 在法国改建完第一艘航母之后，法国的航空母舰历史走出了一条完全创新的租借之路，先后从英国和美国租借了 _____ 艘航母。

　　A. 2　　　　　B. 4　　　　　C. 5

6-3 20 世纪 50 年代，法国海军独立创新建造的第一级航空母舰是 _____，是能够起飞固定翼飞机的中型航空母舰。

　　A. 霞飞级　　　B. 克莱蒙梭级　　C. 福煦级

6-4 法国独立建造航母走的是一条独树一帜的创新道路，非常有个性地选择了建造 _____，体现了法国在航母建造上务实和独立的精神。

　　A. 小型航母　　B. 中型航母　　C. 大型航母

6-5 法国独立建造的第二艘航空母舰是 _____，于 1963 年 7 月正式服役，具有较强的对岸对海攻击能力，兼有较强的制空能力，但只具备一般的防潜能力。

　　A. 霞飞号　　B. 戴高乐号　　C. 福煦号

6-6 法国独立建造航母创造性地选择了走中型航母的道路，中型航母与大型航母相比较，具有建造维护费用低和 _____ 高的两种优势。

　　A. 以海制陆能力　　　　B. 稳定性

　　C. 降落安全性

6-7 法国的核动力航空母舰戴高乐号在外形上所采用的创新设计是 _____。

　　A. 双岛结构　　　　　　B. 全甲板封闭型

　　C. 隐身外形

6-8 法国核动力航空母舰戴高乐号与美国核动力航空母舰尼米兹号相比较，其主要突出的特点是 _____。

　　A. 攻防均衡　　B. 小而强　　C. 隐身外形

6-9 由于技术水平的限制，法国第一艘核动力航空母舰上配备的弹射器是从美国花高价购买的 _____ 弹射器，价格达到 1200 万美元。

　　A. 滑跃式　　B. 蒸汽　　C. 电磁

6-10 同样由于技术水平的限制，法国第一艘核动力航空母舰上配备的预警机也是从美国花高价购买的 _____ 预警机，价格达到 2.5 亿美元。

　　A. F18 型　　　B. FA18EF 型　　C. E2C 型

6-11 法国核动力航空母舰戴高乐号上的核反应堆，是从 _____ 上的核反应堆创新移植而来。

　　A. 核电站　B. 核动力飞机　C. 战略导弹潜艇

6-12 法国的戴高乐核动力航空母舰上的舰载机中，战斗机是法国完全独立国产的 _____ 舰载战斗机，性能达到了3代半战斗机水平。

A. 超级军旗型　　　　B. 阵风M型

C. E2F鹰眼型

6-13 由于技术水平限制，法国的戴高乐核动力航空母舰上的舰载预警机从美国购买了4架_____预警机，配齐了航空母舰的整个作战体系。

A. 超级军旗型　　　　B. 阵风M型

C. E-2F鹰眼型

6-14 法国在核动力航空母舰戴高乐号之后，下一艘航空母舰的设计理念是_____。

A. 大型核动力航母　　B. 中型核动力航母

C. 常规动力航母

6-15 法国的下一代航空母舰PA2设计前卫务实，采用了_____设计，功能更加专业化，凸显其强海强国的理念。

A. 封闭式单舰岛　　　　B. 双舰岛

C. 三舰岛

第7课　日本航空母舰的乔装发展

【创新学习简答题】

1. 直觉创新发明方法简介。

2. 日本在世界航空母舰发展历史上的创新之处简介？

【选择题】

7-1 亚洲太平洋地区近些年来之所以航空母舰云集，主要是因为_____几个方面交互作用的结果。

A. 大国战略博弈和矛盾聚合

B. 日韩独岛争端、南海争端、日俄北方四岛争端

C. 需求、安全态势以及技术能力

7-2 亚洲太平洋地区目前已成国际社会关注度最高的一个地缘板块，美国高调宣示其_____战略，俄罗斯持续加大亚太战略投入，印度积极"向东"望太平洋，日本_____抬头趋势越发明显。

A. 海上安全稳定，航母称霸

B. 制约亚太发展，海上军事大国

C. 亚太再平衡，军国主义

7-3 2007年8月，日本的一艘排水量18000吨的大型驱逐舰在横滨市下水，这就是日本自第二次世界大战后的第一艘准航母_____。

A. 伊势号　　B. 出云号　　C. 日向号

7-4 日本在世界海军发展史上书写了多个第一，尤其重视航空母舰的发展，太平洋战争开始时，日本海军已经拥有_____艘航母，组成了当时世界上最大最先进的航母舰队。

A. 6　　　　B. 10　　　　C. 20

7-5 第二次世界大战结束后不久，1952年，日本就重新考虑建航母，在山本善雄的主持下，提出了要建造_____艘_____级航空母舰的新日本海军再建案。

A. 4，8000吨　　　　B. 2，14000吨

C. 2，20000吨

7-6 第二次世界大战时日本对美国珍珠港的偷袭成功，彻底改变了各国海军一直奉行了300多年的以_____制胜的近战模式。

A. 飞机大炮　　　　B. 大炮巨舰

C. 潜艇巨舰

7-7 1959年，日本利用_____的机会，再次提出了要建造排水量14000吨级的航空母舰。

A. 战后重建初步完成

B. 经济迅速恢复

C. 制订二次防卫计划

7-8 日本海上自卫队成立于1954年，目前兵力约为44000人，拥有各式舰艇160多艘，其核心是_____。

A. 4支八八舰队　　　　B. 8支八八舰队

C. 4支九九舰队

7-9 未来，日本的八八舰队可能发展成为九九舰队或者十九舰队，十九舰队指的是_____。

A. 19支舰艇　　　　B. 10舰9飞机

C. 10舰9潜艇

7-10 冷战结束后，日本在水面舰艇的发展上向着大型化、综合化、信息化水平发展，其典型代表标志为引进了美国先进的技术，成为世

界上第二个拥有 _____ 的国家。

A. 宙斯盾导弹驱逐舰

B. 宙斯盾反潜驱逐舰

C. 宙斯盾反潜直升机

7-11 1996 年 11 月日本 _____ 坦克登陆舰下水，创下第二次世界大战后日本海军舰艇史上的几个第一，舰长 178 米，最大航速 22 节，首次采用了 _____。

A. 大隅号，隐形设计

B. 出云号，一体设计

C. 伊势号，前开门设计

7-12 最大航速为 22 节的日本大隅号，采用全通甲板，可以搭载直升机和气垫登陆艇，可以定位为 _____。

A. 直升机航母　　　　B. 轻型航母

C. 两栖攻击舰

7-13 日本海上自卫队之所以制定 1000 海里护航战略，主要原因是由于 _____。

A. 保卫领海的需要

B. 海上称霸的需求

C. 对来自潜艇巨大威胁的恐惧

7-14 1943 年，第二次世界大战中美军的潜艇对日军舰船进行了 1000 余次的袭击，击沉了 300 多艘日军舰船，共计 _____ 吨，造成了日本船舶总吨位的锐减，日本海军越来越力不从心。

A. 100 万　　B. 180 万　　C. 240 万

7-15 日本的"日向号"直升机驱逐舰甲板设计了一个具有十几度斜角的滑跃甲板，从而使得 _____ 可以起降，因此"日向号"成为一艘名副其实的短距起降航空母舰。

A. 直升机　　　　　　B. 短距起降飞机

C. 垂直起降飞机

7-16 第二次世界大战后期，_____ 航空母舰的出现，彻底扭转了整个太平洋地区美日海上的形势，美军彻底打破了日本的海上优势，成为新一代的海上霸主。

A. 埃塞克斯级　　　　B. 约克城级

C. 尼米兹级

7-17 日本编号为 22DDH 的直升机驱逐舰的舰长 248 米，排水量超过 _____，庞大的身躯已经可以与第二次世界大战时的埃塞克斯级航母相比。

A.18000 吨　　B. 24000 吨　　C. 40000 吨

7-18 未来以 22DDH 为核心的日本海上自卫队的十九舰队，如果再搭载了 F35B 作战飞机，将会成为傲视整个东亚地区，甚至在全球也是数一数二的最为强大的一支 _____。

A. 海上自卫队　　　　B. 航母编队

C. 常规潜艇作战部队

7-19 在亚洲，日本是航空母舰设计制造水平最高的国家，制造 22DDH 出云号直升机航母仅用了短短的 _____ 时间，造航母实力不容小觑。

A. 2 年　　B. 3 年　　C. 4 年

7-20 F35B 垂直起降战斗机具有较好的 _____ 性能，空战能力强，可以大大提高海自机动编队的对空防御能力和对海对地目标的突击能力。

A. 起降　　B. 攻击　　C. 隐身

7-21 日本计划在出云号上部署 _____ 运输机，并计划将其改造成舰载预警机和舰载运输机，来完善出云号作为航母的作战和领导能力。

A. V-22 鱼鹰　　　　　　B. C-17 空中霸王

C. Me323 巨人

第 8 课　印度航空母舰的二手之路

【创新学习简答题】

1. 运用直觉进行发明创新的三种方法简介。

2. 简述印度航空母舰的发展之路。

【选择题】

8-1 印度向来视印度洋为其内海，因此，印度海军一直以来的战略目标为 _____。

A. 拥有 3 艘航母　　　　B. 控制印度洋

C. 打造亚洲第一航母大国

8-2 印度设计制造的第一艘航母，虽然号称国产航母，但却真正实现了国际化生产，由 _____ 国设计、动力系统来自 _____ 国、火炮系统来自意大利。

A. 德国，法国　　　　B. 法国，美国

C. 俄罗斯，英国

8-3 从 20 世纪 90 年代开始，印度海军就提出了全新的发展思路，概括为 _____。

A. 东进、西出、南下

B. 积极向东发展

C. 打造亚洲第一航母大国

8-4 利用印度洋这个天然的屏障和通道，印度在建国初期便推行了维护大国地位和国家安全的 _____ 政策。

A. 东进、西出、南下　　B. 非暴力非同盟

C. 不结盟

8-5 印度从英国购买的第一艘航母维克兰特号原为英国尊严级航空母舰 _____。

A. 无敌号　　B. 竞技神号　　C. 大力神号

8-6 印度购买的第一艘航母维克兰特号按照其排水量应该被划入 _____ 的行列。

A. 轻型航母　　B. 中型航母　　C. 重型航母

8-7 1971 年，印度利用以"维克兰特"号航空母舰为核心的特混舰队，在 _____ 战争中大获全胜，使得印度海军二手航母之路越来越坚定地走了下去。

A. 第一次印巴战争　　B. 第二次印巴战争

C. 第三次印巴战争

8-8 印度从英国购买的第二艘航母维兰特号原为英国航空母舰 _____。

A. 无敌号　　　　　　B. 竞技神号

C. 贝尔格拉诺号

8-9 印度购买的第二艘航母维兰特号之所以先留在英国的船厂进行现代化改装是因为 _____。

A. 要安装从英国购买的武器装备

B. 印度造船工业不具备建造大型作战舰艇的能力

C. 印度的军工产业不具备改装、维修、保养航母的能力

8-10 第二艘航空母舰的维兰特号的加盟，终于使得印度海军完成了 _____ 的部署。

A. 双航母战斗群

B. "东进、西出、南下"战略

C. 完全控制印度洋

8-11 印度从俄罗斯购买的第三艘航母维克拉玛蒂亚号原为俄罗斯基辅级航空母舰 _____ 号。

A. 乌里扬诺夫斯克　　B. 库兹涅佐夫

C. 戈尔什科夫

8-12 俄罗斯答应把旧航空母舰免费送给印度，前提是要放在俄罗斯有偿改装，附加条件是该航空母舰上要搭载俄罗斯生产的 _____ 常规起降战斗机。

A. 米格 29K　　B. 苏 33　　C. 海鹞式

8-13 俄罗斯最开始提出的改装航空母舰费用为 10 亿美元，后来几经增长加价，最后达到 _____ 美元。

A. 15 亿　　　B. 23.4 亿　　　C. 29 亿

8-14 俄罗斯方面为什么要一次又一次地推迟交货的工期，主要原因是由于 _____。

A. 俄罗斯目前的造船厂没有建造航空母舰的任何技术储备和经验

B. 原材料和施工成本一直涨价导致入不敷出

C. 把印度的改装钱大部分转用到制造核潜艇和其他中型水面舰艇

8-15 一旦维克拉玛蒂亚号航空母舰交付使用，印度海军将从 2 万吨级航母时代进入 _____ 吨级航母时代，同时航空舰载机也将从垂直起降时代进入 _____ 时代。

A. 3 万，蒸汽弹射起飞

B. 4 万，滑跃起飞

C. 5 万，电磁弹射起飞

8-16 印度希望极力发展远洋海军，美国是海洋头号霸主，印度最终之所以未能从美国引进退役航母 8 万吨级的小鹰号，原因可能与美印之间 _____ 的微妙关系所决定。

A. 亚太再平衡所造成

B. 既要拉拢，又互相防范

C. 关于亚太地区利益消长

8-17 印度维克拉玛蒂亚号航母上携带的预警机是 _____ 预警机，因此军事专家表示：印度海军的战力没有真正质变。

A. 美国 E2D　　　　　　B. 直升机

C.英国鹞式

8-18 由于维克拉玛蒂亚号航母是一艘改建航母，所以其甲板上的升降机一次只能运载 _____ 米格 29K，并且机库的尺寸也略有不足。

A. 1 架　　　　B. 2 架　　　　C. 3 架

8-19 印度设计制造的国产航母蓝天卫士号的排水量为 _____ 吨级，甲板设计采用了 _____ 甲板。

A. 3 万，蒸汽弹射起飞

B. 4 万，滑跃起飞

C. 5 万，电磁弹射起飞

8-20 印度国产航母蓝天卫士号的舰岛上层建筑不仅安装了大量的电子战、信息战、雷达探测设备，而且整体外形也考虑到了 _____ 外形设计。

A. 隐形　　　B. 可移动　　　C. 抗打击

8-21 印度国产航母的核心技术、装备和舰载机将全部依靠进口，因此不得不花高价从以色列和法国购进了 _____，从俄罗斯和英国购进了战斗机。

A. 防空系统　　　　　　B. 导弹制导系统

C. 导航系统

8-22 印度加快了自己第二艘国产航母建设规划，计划在第二艘国产航母维沙尔号是使用核动力推进和 _____ 起飞方式。

A. 滑跃　　　B. 蒸汽弹射　　　C. 电磁弹射

第 9 课　中国的航母梦

【创新学习简答题】

1. 意外创新发明方法简介。

2. 中国的航母之梦简介。

【选择题】

9-1 按照国际公约法，中国除了拥有 960 万平方千米的土地面积，还有总计 _____ 多万平方千米的海洋国土。

A. 200　　　　B. 300　　　　C. 400

9-2 中国的海洋国土包括：_____ 海里的海岸线，还有 _____ 多个岛屿。

A. 18000，6000　　　　　　B. 14000，5000

C. 12000，3000

9-3 之所以导致如今激烈的海域争端，是由于中国历史上 _____。

A. 缺乏海洋国土意识

B. 缺乏海洋公约法的保护

C. 对海权及海军力量的忽视

9-4 在中国的周围，有 _____ 个国家拥有航空母舰，有 _____ 个国家拥有准航母。

A. 3，2　　　　B. 2，4　　　　C. 3，3

9-5 第一个提出要在中国制造航空母舰的人是 _____。

A. 李鸿章　　　B. 陈绍宽　　　C. 蒋介石

9-6 20 世纪 50 年代，反复阻止中国收复台湾的是 _____。

A. 苏联波罗的海舰队

B. 日本太平洋舰队

C. 美国海军第七舰队

9-7 历史上最短命的航空母舰是第二次世界大战时排水量最大的日本装甲航母 _____。

A. 瑞鹤号　　　B. 信浓号　　　C. 大和号

9-8 中国的南沙群岛的岛礁中，被越南侵占的有 _____ 个。

A. 15　　　　B. 24　　　　C. 29

9-9 1993 年 7 月，美国军舰和飞机在波斯湾羁绊中国货轮 10 天强令进行化学武器原料检查，制造了令中国感到非常窝囊的 _____ 事件。

A. 波斯湾　　　B. 银河号　　　C. 违禁品

9-10 1994 年 10 月，美国 _____ 航母在中国领海边界，缠住中国海军一艘汉级核攻击潜艇驶入中国领海，又制造了一起挑衅事件。

A. 企业号　　　B. 尼米兹号　　　C. 小鹰号

9-11 2005 年，中国开始对从乌克兰购买的旧航空母舰 _____ 进行改造，将用于科研实验和训练。

A. 基辅号　　　B. 明斯克号　　　C. 瓦良格号

9-12 瓦良格号航母于 1988 年 11 月 25 日下水成功，满载排水量为 _____，舰长 _____，舰宽 70 米，吃水 10 米。

A. 9 万 7 千吨，352 米

B. 5 万 7 千吨，262 米

C. 6 万 7 千吨，302 米

9-13 瓦良格号航空母舰的飞行甲板采用 _____ 甲板，平台最多可以搭载 36 架苏 -33 舰载机，14 架卡 -27PL 反潜直升机，2 架电子战直升机和两架搜救直升机。

A. 滑跃式　　　　　　　B. 电磁弹射式

C. 蒸汽弹射式

9-14 至 1991 年 12 月苏联解体时，瓦良格号航母才完工 _____%，剩下的建造至少需要 ____ 美元。

A. 60，3 亿　　　　　　B. 68，2.5 亿

C. 75，1.8 亿

9-15 1985 年，中国购买的第一艘旧航母为 _____ 航母。

A. 澳大利亚的"墨尔本"号

B. 苏联的"明斯克"号

C. 苏联的"基辅"号

9-16 中国之所以购买瓦良格号旧航母，是因为瓦良格号有着非常优秀的血统，为俄罗斯现役 _____ 航母的基础之上改进制造的。

A. "乌里扬诺夫斯克"号

B. "库兹涅佐夫"号

C. "基辅"号

9-17 航空母舰的发展大多由改装起步的，第二次世界大战时苏联航母的起步，就是参照缴获的德国 _____ 航母的基础之上改进制造的。

A. "V-2"号　　　　　　B. "齐柏林"号

C. "基辅"号

9-18 印度的"维克拉马蒂亚"号航空母舰是由原俄罗斯的 _____ 航母的基础之上改装的，并必须装备俄制舰载机。

A. "戈尔什科夫海军上将"号

B. "乌里扬诺夫斯克"号

C. "库兹涅佐夫"号

9-19 2011 年 8 月 10 日，对于中国这样的海权大国是历史性的一刻，中国的第一艘航母"瓦良格"号（辽宁舰）正式进行 _____，几代

人的航母梦得以实现。

A. 下水实验　　　　　　B. 交接入列

C. 出海航行实验

9-20 有国外媒体称，瓦良格号航母（辽宁舰）将成为世界上 _____ 最强的水面战斗舰艇。

A. 攻击能力　　B. 空中打击　　C. 近防能力

9-21 中国东风 -21D 反舰弹道导弹，被西方媒体称为 _____。

A. 船舰克星　　B. 空中利剑　　C. 航母杀手

9-22 中国东风 -21D 反舰弹道导弹的首度公开亮相时间是 2015 年 9 月 3 日的 _____，为中国独有、全球第一种反舰弹道导弹。

A. 中苏联合军演　　　　B. "胜利日"大阅兵

C. 美菲双航母军演

9-23 美国第三代核动力航空母舰福特号的造价是至今为止最昂贵的，达到了 _____。

A. 80 亿美元　　　　　　B. 120 亿美元

C. 150 亿美元

9-24 中国东风 -21D 中远程反舰弹道导弹的有效射程可以达到 _____，就是为了不让航母在距离海岸线较近的距离活动。

A. 600 千米　　　　　　B. 900 千米

C. 1500 千米

第 10 课　辽宁舰的前世今生

【创新学习简答题】

1. 逆向创新发明法简介。

2. 中国首艘航母辽宁舰简介。

【选择题】

10-1 中国首艘航母辽宁舰于 2012 年 9 月 25 日入列交付海军，命名为"中国人民解放军海军辽宁舰"，舷号为 16，定位为 _____。

A. 近海防卫型舰　　　　B. 攻击作战型舰

C. 科研试验训练舰

10-2 对于航母本身来说，走出船厂以后，最重要的就是航母的 _____，航母编队的部署必须考虑现有的建设和维修平台等情况。

A. 维护　　　　B. 续航能力　　　C. 母港

10-3 航母交付军队后，至少还要经过三个阶段：①舰载机与航母的磨合；②_____；③与其他军种资讯连接试训。

  A. 编队的试训　　　　　B. 战术演练试训

  C. 武器装备试训

10-4 中国江南造船厂制造的 052D 型_____已经下水，是 6000 吨级燃气轮机驱动的隐身战舰，有望成为中国航母的守护神。

  A. 导弹驱逐舰　　　　　B. 护卫舰

  C. 两栖登陆舰

10-5 目前中国正在服役的 052C 导弹驱逐舰是海军第一艘安装四面有源相控阵雷达，以及采用防空导弹舰载垂直发射系统的战舰，被誉为_____。

  A. 宙斯盾　　　　　　　B. 中华神盾

  C. 航母守护神

10-6 中国海军 093 型商级潜艇是属于_____，隐蔽性能强，装备"鱼-6"新型鱼雷，最大射程达到 50 多千米，还装备了潜射反舰导弹，具备立体打击能力。

  A. 核动力巡航潜艇

  B. 常规动力攻击潜艇

  C. 核动力攻击潜艇

10-7 辽宁号航母属于中型航母，能够搭载的舰载战斗机、反潜直升机和预警直升机的总数量在_____架左右，具备较强的制空及制海作战能力。

  A. 20　　　　B. 30　　　　C. 50

10-8 辽宁号航母采用的是滑跃式甲板起飞，在舰载机方面，主要面临的难题是_____。

  A. 舰载战斗机　　　　　B. 反潜直升机

  C. 固定翼预警机

10-9 专家指出，_____，是舰艇服役和形成战斗力之间的重要阶段，这也是辽宁舰正式担任作战训练任务前的一个标志性的时间节点。

  A. 正式交接入列

  B. 正式进驻海军基地

  C. 载机着舰训练

10-10 辽宁舰离开造船厂进入青岛军港靠泊，表面

航母在舰体、动力系统、电子设备、_____等方面，已经达到了要求，不再需要造船厂进行调试。

  A. 舾装　　　　B. 武器装备　　　　C. 舰载机

10-11 青岛航母军港码头，采用技术含量高，施工难度大的_____结构，能够有效利用水域面积，提高码头的舰艇驻泊能力。

  A. 内凹式码头　　　　　B. 顺岸式码头

  C. 突堤式码头

10-12 与普通军港保障相比，航空母舰军港的保障具有规模大、_____、环节复杂三大特点，是一座现代化的超大物流中心。

  A. 种类多　　B. 人员庞大　　C. 保密性强

10-13 美国拥有大批舰载机飞行员，还有一套海军官兵成熟的训练模式，但即使如此，美国航母服役后，仍然需要在_____年内才能形成战斗力。

  A. 1　　　　B. 2~3　　　　C. 3~4

10-14 从经验看，美国海军新的航母编队训练，最快也需要_____时间左右方可。航空母舰要形成航母战斗群才能行动。

  A. 半年　　　　B. 一年　　　　C. 二年

10-15 2013 年 11 月，辽宁舰航母编队首次赴南海训练，编队中包括两艘_____和两艘_____，在南海海域、近海海域开展一系列试验和训练。

  A. 导弹驱逐舰、导弹护卫舰

  B. 导弹驱逐舰、核潜艇

  C. 导弹护卫舰、综合补给舰

10-16 航空母舰编队从执行作战任务的角度来讲，首先要具有能够防空、对舰和_____的基本作战能力。并且编队会根据执行的任务不同进行搭配。

  A. 反潜　　　　B. 预警　　　　C. 攻击

10-17 中国首艘航母辽宁舰上搭载的舰载战斗机是_____，目前已经实现批量生产，标志着我国航母舰载机已经形成了战斗力。

  A. 歼 15　　　B. 歼 18　　　C. 歼 31

10-18 反舰导弹是现代军舰的最大威胁之一，辽

宁舰最后一道防反舰导弹的防线采用的是 _____，是近程防御系统，配备有雷达和红外线追踪系统等。

A. 1130 近防炮

B. FL-3000N 反导弹系统

C. 海拉姆导弹

第 11 课　国产航空母舰的发展

【创新学习简答题】

1. 如何运用逆向创新发明法实现发明创新。

2. 中国国产航空母舰发展简介。

【选择题】

11-1 中国首艘国产航母在舰载机的容量上，与航母辽宁舰相比较，相当于辽宁舰的 _____。

A. 相同大小　　B. 1.5 倍　　C. 2 倍

11-2 2017 年 4 月 26 日，中国首艘国产航母下水，它与航母辽宁舰的最大区别之处在于 _____。

A. 航母的外形不同

B. 舰载机的起飞方式不同

C. 使用方式上的作战武器理念的不同

11-3 首艘国产航母的舰岛和辽宁舰的相比，不仅外形有了一定的改变，布局也显得更加 _____ 和合理，外观更显挺拔。

A. 高大　　B. 简洁　　C. 厚重

11-4 中国首艘国产航母的舰岛变化很大，采用 _____、调整电子设备布局、提高空间利用率等，都将有助于增强国产航母的实战能力。

A. 双舰岛设计　　　　B. 隐形化设计

C. 相控阵雷达

11-5 首艘国产航母的起飞滑跃甲板的上翘角度调整为 _____，是根据舰载机上舰后一系列试飞获得的数据。

A. 8 度　　B. 12 度　　C. 14 度

11-6 带有上仰角的滑跃甲板在上仰角为 13 度的时候，在飞行距离不变的情况下，可以给舰载机增加 _____ 的升力。

A. 10%　　B. 15%　　C. 20%

11-7 安装在我国首艘国产航母上的相控阵雷达可以涵盖 360 度搜索扇区，对空探测距离不低于 _____ 千米，具有强大的远程多目标监视跟踪能力。

A. 300　　B. 400　　C. 500

11-8 首艘国产航母上安装的新型有源相控阵雷达的性能大幅提升，是目前世界上最尖端的相控阵雷达，已经远远超过美军现役的 _____ 雷达，领先日本 10 年以上。

A. 宙斯盾　　B. 阿拉贝尔　　C. 格塞恩

11-9 美国媒体称中国海军排名世界第 _____，军事专家认为中国是当之无愧的。

A. 二　　B. 三　　C. 四

11-10 美国国际海事中心称，中国的军舰数量会于 _____ 年超越美国成为世界第一，中国海军的发展让美国感到压力。

A. 2020　　B. 2023　　C. 2025

11-11 辽宁舰的总设计师朱英富院士把中国海军舰艇的发展前景形象地描述为将实现 _____。中国水面舰艇发展在世界上属于先进水平。

A. 多头并进　　B. 加速发展　　C. 弯道超车

11-12 2017 年，除了首艘国产航母下水，我国还有另外三艘大型舰艇下水，即首艘国产新型万吨级驱逐舰 055、052D 型导弹驱逐舰、_____。

A. 商级核潜艇　　　　B. 071 型船坞登陆舰

C. 井冈山两栖登陆舰

11-13 在美国排出的最新世界海军前五名排行榜中，排在第四位的是 _____。

A. 法国　　B. 英国　　C. 日本

11-14 在美国排出的最新世界海军前五名排行榜中，紧跟第四名排在第五位的是 _____。

A. 法国　　B. 英国　　C. 日本

11-15 首艘国产航母在下水 3 个月后进行了动力系统测试试验，目的主要是测试航母在 _____ 的状态下动力设备运转是否正常。

A. 静态　　B. 直行　　C. 转弯

11-16 习近平主席曾经说过：_____ 是中国人民的

福祉，而 _____ 是中国人民解放军的职责。中国在地区事务、世界事务中要担起大国的责任。

A. 享受和平，保卫和平

B. 和平稳定，捍卫海权

C. 国家强盛，维护领土完整

11-17 国产 002 型航母虽然是滑跃起飞航母，但考虑未来与 003 型航母搭配作战的需要，将直接使用 _____ 型的舰载机。

A. 垂直起降　　B. 滑跃起飞　　C. 弹射起飞

11-18 国产 003 型航母满载排水量为 _____。

A. 7 万吨级　　B. 8 万吨级　　C. 10 万吨级

第 3 章
海上奇观创新启迪篇

在我们人类赖以生存的这个蔚蓝色的地球上，有 2/3 的表面是被大海覆盖，蓝色的海水把地球上五块大陆中的三块完全围绕起来。在这个一望无垠的海洋的世界里，由此及彼的海上交通运输便成了一个国家兴衰的重要标志，同时，也越来越成为一个国家赖以生存的一条大命脉。

探索海洋、开发海洋、利用海洋，已成为当代世界各国快速发展中一个日益显著的大趋势。向大海要田、要地、要能源、要生存空间，已成为时代的呼唤。

蔚蓝色的海洋寄托着人类对理想的憧憬与对和平的渴望。大海是生命的摇篮、风雨的故乡、洲际的通道、资源的宝库，大海也是人类未来生存的重要空间。海洋正在人类的心中快速增值，人们的海洋观念也在不断增强，国家的海权意识在加重，海洋从来没有像现在这样受到全人类的青睐和关注，人类正在满怀信心地步入一个海洋的新时代。

在这一部分中，我们将带领大家一同去欣赏世界上那些矗立在海洋上的创新奇观，通过这神奇的海上奇观之旅，给大家带来创新启迪。

3.1　豪华邮轮

邮轮原为运输货物或运载旅客的交通工具。直至 20 世纪初，一些邮轮开始为旅客提供基本设施（如客房）及餐厅服务。20 世纪中期是航空旅游的兴盛时期，为增加在旅游方面的竞争力，邮轮公司遂兴起邮轮假期的概念，以吸引顾客。

时至今日，豪华邮轮早已被称为"无目的地的目的地""海上流动度假村"，是当今世界旅游休闲产业不可或缺的一部分。截至 2008 年，世界上最大的豪华游轮是当时的"海洋独立"号，它可以承载 4300 位贵宾，游客在船上可以享受五星级的豪华服务。海洋独立号重达 16 万吨，有 18 层楼高，自 2008 年首航以来，成为当时世界上最大的客轮，也是标志着海洋轮机工程发展的巅峰之作。

海洋独立号的诞生，承载着 150 多年来海洋工程领域的创新成果，在邮轮创新发展的历史上，有 5 艘具有里程碑意义的重要邮轮，代表了人类造船技术的 5 次创新大飞跃，每一次的技术创新突破，都给邮轮的发展带来新的升级，技术的革新使得邮轮越造越大，最终铸就了创新的巅峰之作——海洋独立号。

3.1.1　创新飞跃一：建造蒸汽驱动式轮船

自 18 世纪中叶蒸汽机发明后，许多人都试图把蒸汽机作为动力用于船舶的行驶，以代替原始的风帆，并进行了大量的探索。

首先成功发明以蒸汽机为动力的明轮式的船的人是英国人赛明顿，他在 1802 年创新制造出了世界上第一艘蒸汽明轮船"夏洛特·邓达斯"号。它的蒸汽机是瓦特式的，这艘船在苏格兰运河上航行了 31.5 千米。

美国人罗伯特·富尔顿在 1803 年把锅炉、蒸汽机和明轮装到了内河航行的船舶上。在经过多次失败后，他的"克莱门特号"终于取得了成功。这艘船于 1807 年 8 月 17 日在哈德逊河上试航，时速达到了 8 千米。从那以后，富尔顿便以"轮船发明家"闻名于世。

英国终于在 1812 年，接受了蒸汽明轮船。他们也制造了蒸汽明轮船，如"慧星号"轮船，可是此时距第一位英国人发明这种船已经 10 年了。

伊桑巴德·金德姆·布鲁内尔是一名英国工程师、皇家学会会员。在 2002 年英国广播公司举办的"最伟大的 100 名英国人"评选中名列第二，仅次于英国首相温斯顿·丘吉尔。他的创新贡献主要在于主持修建了大西方铁路、系列蒸汽轮船和众多的重要桥梁。他革命性地推动了公共交通、现代工程等领域的发展。

第一艘投入大西洋航线运输并横渡大西洋的四桅蒸汽动力轮船"大西方"号，重 1300 吨，是布鲁内尔的杰作之一，是使用明轮推进和铁甲壳的大型蒸汽船。当时，跨越大西洋的船只只能依靠风力驱动，一趟行程最少要用两个月的时间，而且还受到气候条件很大的制约。因此，布鲁内尔决定建造一艘蒸汽船，使得跨越大西洋的时间更短一些。

大西方号是第一艘在大西洋航线上正常运营的蒸汽机，同时也是第一艘能够携带足够燃料走完全程的蒸汽船。建造完成之后，1838 年 4 月 7 日，大西方号轮船搭载了旅客自英国港口出发，以平均每小时 14.8 千米的速度航行。在经历过各种海上恶劣环境的考验后，成功跨越了大西洋，在 4 月 23 日到达纽约，仅仅用了 15 天的时间。最终结果表明，他设计的蒸汽动力汽船比靠风力航行横渡大西洋的船只节省了一半时间。完成了布鲁内尔依靠单台蒸汽机驱动轮船，将伦敦和美洲联系起来的伟大构想。大西方号轮船在回程时乘载了68名旅客，航程更是缩短为14天，比当时的飞剪型帆船还要快。

3.1.2　创新飞跃二：螺旋桨推进器

由于大西方号的建造和运营成功，以及与其他公司竞争的压力越来越大，大西方铁道公司决定为大西方号建造一艘姐妹舰，而布鲁内尔则建议公司建立一艘更大的船只，并使用铁来作为船壳材料。如此革命性的设计最终被通过了，在1839年7月，新船的第一根龙骨在布里斯托的造船场铺设。

如大西方号一样，这条新船原本计划使用明轮作为推动器。但在1840年5月，一件事情使设计师布鲁内尔改变计划。那时，装备了螺旋桨这一创新推进系统的阿基米德号抵达布里斯托进行示范航行，布鲁内尔马上被螺旋桨的优越性吸引，并立即改变建造计划，为他的新船装备了螺旋桨。同时，这条新船正式被命名为大不列颠号。

凭借强有力的螺旋桨，大不列颠号在1845年8月就横渡了大西洋，并且打破了大西方15天横渡大西洋的记录，只用了14天，整整提前了1天。

3.1.3　创新飞跃三：增加抗颠簸的稳定性

20世纪20年代末，能飞过大西洋的客机还没有开通，那时候，从欧洲到美国，乘船是主要的交通方式。那个时期，是豪华邮轮的黄金年代，为了获得乘客，邮轮之间展开了激烈的竞争。

从1929年开始，意大利的造船设计师开始设计建造当时最大的邮轮，计划载客量为2000人，并且能够提供最佳的海上餐饮服务。考虑到邮轮要穿越波涛汹涌的大西洋航线，为了能够降低大洋的风浪对船身造成的摇晃，使得邮轮更加平稳，造船师在新建造的康迪萨沃号邮轮上创新安装了一个非同寻常的装置——陀螺仪。

船舶在波浪的作用下会发生摇摆，这是不可避免的。为了减摇，历史上工程师们尝试过几十种办法，而利用陀螺仪的减摇器是最早在船舶上应用的减摇装置之一。

最终，意大利造船设计师在康迪萨沃号邮轮上安装了3个大型陀螺仪。在风浪造成船舶发生倾斜时，船上的马达会使陀螺仪发生倾斜，从而使陀螺仪往船身倾斜的反方向作用，因此也就抵消了海浪使船身倾斜的力量，尽量使得船身保持直立平稳的状态。由于有了陀螺仪减摇器的作用，当年的康迪萨沃号被冠以最平稳的邮轮的称号，非常受乘客的欢迎。

3.1.4　创新飞跃四：内部超大空间

20 世纪 30 年代大西洋两岸各国建造大型邮船的热潮爆发之后，法国人在横渡大西洋邮船的建造上也希望争夺更大、更快、更豪华的头衔。1931 年，法国人决定一劳永逸地结束吨位的竞赛——建造一艘 8 万吨级的、豪华程度前所未见的诺曼底号邮

图 3.1.1　诺曼底号邮轮

轮，并把它建造成面向全法国造船业精英的展示品（图 3.1.1）。

诺曼底号，满载 83423 吨，全船空调，有巴黎克里荣饭店聘请的顶级厨师，头等舱的餐厅可以容纳 700 个座位，温水循环室内游泳池，现代化音响设备的歌剧院，大理石墙面教堂，全船的艺术装饰。被誉为"震惊世界的最豪华、最漂亮的邮船""在世界客船史上享有不灭的名望"。建成时是世界最大、最快、最豪华的邮轮。

船内被装上一块块的地毯、镶板和艺术品。许多前所未有的豪华装置都在诺曼底号上首次出现——第一和第二烟囱间的超大空间舞厅、运动场和网球场；第一个大型室内游泳池；第一个邮船上的剧场可以演出电影和轻歌剧；第一个采用柔光照明和室内广播系统；第一个在全体旅客舱室普及冷暖空调。不仅在当时，甚至直到 80 多年后的今天，诺曼底号也被国际客船界评价为历史上最大、最豪华的邮船。

1935 年 5 月 29 日，5 万人在勒哈弗尔码头上，观看诺曼底号首航纽约仪式。诺曼底号处女航当中，在第一天的平均航速达到 29.76 节。根据抵达纽约港后的统计，平均航速达到了 29.98 节。新的横渡大西洋纪录诞生了。在缓缓驶进纽约西 50 街法国邮船码头的时候，升起了一条长 30 英尺的蓝飘带。

3.1.5　创新飞跃五：更高的速度

崭新而豪华的诺曼底号很快就在邮船界赢得了好评，成了新式旅游的典范。

英国的玛丽皇后号希望在大西洋上打败诺曼底号邮轮，他们通过精确设计船身长度来减小水波助力，并加紧施工，于 1935 年 9 月下水，英国人骄傲地宣布：81000 吨的玛丽皇后号，成为世界上最大的邮船（图 3.1.2）。

图 3.1.2　玛丽皇后号邮轮

在诺曼底号邮轮首航后一年，玛丽皇后号于 1936 年首航，虽然它的设计无法超越诺曼底号的奢华程度，但是在 8 月的首航中，玛丽皇后号以 30.14 节的纪录赢得了西行蓝飘带。自此之后，蓝飘带的争夺战就在这两条豪华巨船中展开。西行速度被诺曼底号刷新到 30.58 节，东行速度被刷新到 31.20 节。

1938 年玛丽皇后号又发起了新的冲刺，西行速度被刷新到 30.99 节，东行速度被刷新到 31.69 节。在此后的 10 多年里，玛丽皇后号一直是世界上最快的船。

3.1.6　创新的集大成者：海洋独立号

图 3.1.3　海洋独立号邮轮

海洋独立号邮轮（图 3.1.3）是皇家加勒比国际游轮自由系列中的一艘超级邮轮，它将"大才是最好"的理念发挥到了极致，是布鲁内尔建造的大西方号的 120 倍大。

2006 年，海洋独立号由芬兰阿克尔造船厂开始建造，最终耗费 4 亿英镑巨资历时 2 年得以完成。整个船好似一个坚固的钢盒蜂巢一样。这使得船体结构非常坚固，足以抵挡最强烈的海浪冲击。建成后的海洋独立号重达 16 万吨，比前世界最大邮轮"玛丽女王二世号"还多出 8000 吨。在 3 台强大的螺旋桨推进器的作用下，它的最大航速可达 22 节（约每小时 41 千米）。

2008 年 4 月 25 日，刚刚竣工的海洋独立号邮轮首次抵达英国南安普敦港口，立即引起轰动。4 月 30 日，海洋独立号邮轮正式举行命名仪式，并于 5 月 2 日开始其处女航，该航程由南安普敦至爱尔兰科克港，总共 4 天 4 夜。

海洋独立号外观宏伟，好比海面上的"流动城市"，其船体高达 72 米，共有 18 层甲板，船的宽度与美国白宫相等。海洋独立号的体积约相当于"泰坦尼克号"的 3 倍大，其船体长达 339 米。

海洋独立号邮轮堪称是一艘极尽奢华的海上城市，不但外表壮观，内部设施也非常先进。船上共有 3 个游泳池、多个模拟冲浪池、滑冰场、剧院、赌场、9 洞迷你高尔夫球场。冲浪池中的水泵能够制造出时速 10 英里的海浪漩涡。此外，卡拉 OK 厅、餐厅、酒吧和桑拿房应有尽有。船上的"世外桃源"剧院拥有 1350 个座位。

此外，海洋独立号邮轮上还有 100 多米长的休闲大街、图书馆以及 6 层楼高的购物中心和供儿童玩耍的游乐场所等。

有些进入港口的航道又窄又浅，海洋独立号停靠的难度非常大，如果用传统的螺旋桨来精确地驾驶如此庞大身躯的邮轮进港靠岸是不可能的。造船师创新地将海洋独立号的螺旋桨装在吊舱式电力推进系统上的可转动的底座上，才使得海洋独立号的操控性能大大提高。

海洋独立号在海上航行时，之所以能够平稳航行而克服海浪摇晃的影响，主要归因于安装在船底的减摇鳍。减摇鳍又称防摇鳍，其工作原理和构成类似于鱼的胸部两侧的一对胸鳍。鱼在水中游动时就靠这对胸鳍保持身体平衡。防摇鳍，就是按照鱼胸鳍的原理设计制造的，形状和功能与胸鳍极为相似。

海洋独立号的设计师也希望像当年的诺曼底号邮轮那样，在船上创造出比当时任何邮轮都要大的船内空间——超大的中庭。最后他们设计建造出位于船身中央的宽敞的中庭长有 136 米，有 5 层楼的高度，称为皇家大道。

在海洋独立号的船艏前的水下，安装了球形艏，这使得船身在水中的阻力降低至最小，从而使得航行的速度得到了提升。尽管海洋独立号身躯庞大，但仍能以每小时 22 海里的速度在海上航行。

至 2022 年，世界上最大邮轮的桂冠已经落在了"海洋和悦号"邮轮（图 3.1.4）上，它于 2016 年 4 月在美国的罗德岱堡进行首次航行。邮轮总吨位达 22.7 万吨，长 361米，甲板楼层 16 层，船速 22 节，满客载数 6400 人，船员人数 2100 人。

图 3.1.4　海洋和悦号邮轮

海洋和悦号的诞生会让你惊讶于人类的想象力、创造力永无止境。置身海洋和悦号中，就恍若身处一个梦幻般的海上城市，充满了创新的无限魅力。

3.2　洋山深水港

洋山深水港区位于杭州湾口、长江口外的浙江省嵊泗崎岖列岛，整个港区由大、小洋山等数 10 个岛屿组成，是中国首个在海岛建设的港口。洋山深水港地理位置优越，距国际航线仅有 68 千米，是距离上海最近的深水良港。到 2020 年，洋山港布置集装箱深水泊位达到 50 多个，设计年吞吐能力 1500 万标准箱（TEU）以上；洋山港通过跨海大桥与上海交通运输网络完美连接，能够充分发挥上海港的经济腹地广阔、箱源充足的优势。

3.2.1 洋山深水港的论证

20 世纪末，随着国际经济和贸易迅速发展，国际航运船舶大型化也在飞速发展，5000 标准箱以上、吃水深度为 14 米以上的第五代、第六代集装箱船舶越来越成为航运的主流船型。此时，上海港快速发展的"瓶颈"也日益凸显出来，其中主要存在两方面问题：一、上海港缺乏深水岸线和深水泊位，港区出入口的通航最大水深仅为 10 米左右。即便后来能够达到长江口深水航道三期整治工程目标的 12.5 米水深，仍然难以满足国际航线上大型集装箱船舶的需要。二、上海港的整体吞吐能力不足，上海港原有 16 个集装箱专用泊位，年吞吐能力为 290 万标准箱，能力缺口巨大，码头长期处于超负荷运转状态。为了克服这些不足和缺点，为了能够将上海港打造成"世界强港"，在经过多方论证的基础上，国家决定兴建洋山深水港。

为提高我国航运的国际竞争力，同时也适应我国经济的高速发展和建设，建设 15 米以上水深的航道和泊位，势在必行。洋山深水港是离上海最近的深水良港，距离国际主干航路仅 68 千米，充分具备了建设国际航运中心的便利条件。随着洋山深水港区投入营运，能确保第五代、第六代集装箱船全天候进出。洋山深水港要打造的目标是中国的国际枢纽港，凭借着经济腹地的优势和箱源优势，上海港将一跃成为东北亚轴辐式转运中心和航运交汇式转运中心。

洋山深水港的论证和立项，历经 10 余年，最后在 2002 年 3 月，国家正式批准了洋山深水港区建设的工程可行性报告，并把这项工程列为国家重点工程。16 个字的大通道方案被确定，即封堵岔道、归顺水流、减少淤积、安全靠泊。

3.2.2 洋山深水港选址

众所周知，港址的选择必须考虑到腹地经济、港址的区位优势、水深条件、集疏运条件、配套条件等多项复杂因素。而作为上海国际航运中心深水枢纽港区的选址，水深条件又是港址选择的决定因素，上海港迫切需要解决通海航道的水深不足和港门深水泊位不足（具有 15 米以上水深）的两大问题。

洋山深水港在选址上有 4 大优势：

优势一：在地理上具备建设 15 米水深港区和航道的优越条件，水深平均有 20 米，最深之处有 39 米。洋山海域潮流强劲，造成了泥沙不易落淤，海域海床近百年来基本稳定。

优势二：在表面工程实施以后，对自然条件基本没有影响，也能维持原有水深不变，而且大小洋山岛链形成了天然的屏障，泊稳条件良好。

优势三：在工程技术上经济可行。工程水域地质条件良好，具备建港条件；另外，建设长距离跨海大桥在世界上也是有先例的。

优势四：符合世界港口日益向外海发展的规律。

洋山深水港区的水域由大、小洋山岛屿链围成的 42 平方千米的洋山海域。港区的陆域是由岛屿、滩地和人工填成面积 45 平方千米的人工岛陆域。回顾当时选址和建成后的使用情况来看，洋山深水港具有充沛的箱源腹地、15 米水深的港口和航道、便捷的集疏运系统和国际大都市上海的依托，由此可见，洋山深水港完全具备了国际集装箱枢纽港的四大要素。

3.2.3　洋山深水港的建设工期

洋山深水港区规划总面积超过 25 平方千米，包括东、西、南、北 4 个港区，按一次规划，分期实施的原则，自 2002 年至 2020 年分四期实施，工程总投资超过 700 亿元，其中 2/3 为填海工程投资，装卸集装箱的桥吊机械等投资约 200 多亿元。

2002 年 6 月 26 日，洋山深水港工程正式开工建设。

2004 年 6 月 26 日，洋山深水港区一期陆域工程全部完成。

2005 年 5 月 25 日 32.5 千米的东海大桥实现贯通。

2005 年 12 月 10 日，洋山深水港区一期（图 3.2.1）工程竣工并开港投用。

2006 年 12 月 10 日，洋山深水港区二期工程竣工并开港投用。

图 3.2.1　洋山深水港区一期

2007 年 12 月 10 日，洋山深水港区三期工程第一阶段竣工并开港投用。

2008 年 12 月 10 日，洋山深水港区三期工程第二阶段竣工并开港投用。北港深水区三期工程顺利竣工，这标志着洋山深水港北港区已经全面建成。北港区现已建成 16 个深水集装箱泊位，岸线全长 5.6 千米，年吞吐能力达到 930 万标准箱，吹填砂石 1 亿立方米，总面积达到 8 平方千米。更为壮观的是，在连成一片的 5.6 千米的码头上，整齐地排列着 60 台高达 70 米的集装箱桥吊，这些庞然大物每天可装卸多达 3 万只集装箱。

2017 年 12 月 10 日，洋山深水港四期码头正式开港。

3.2.4　东海大桥

在上海东南距南汇芦潮港约 30 千米的东海海面上，35 个月的时间，凌空飞架起一座跨海大桥——东海大桥（图 3.2.2）。这条连接上海国际航运中心洋山深水港的交通大动脉，全长 32.5 千米。其中跨海部分 25 千米，大桥按双向六车道加紧急停车带的高速公路标准设计，桥宽 31.5 米，设计车速每小时 80 千米。

图 3.2.2　东海大桥

作为上海国际航运中心深水港工程的重要组成部分，东海大桥起始于上海南汇芦潮港，跨越杭州湾北部海域，直达浙江嵊泗县的小洋山岛。

东海大桥是中国桥梁建筑史上第一座真正意义的外海大桥，是国内排名第三以及世界排名第四长的跨海大桥。

以往，中国大桥的寿命都是以 50 年为限，而东海大桥的设计寿命是 100 年！这意味着它创设了中国造桥的新标尺。而在这背后，靠的是科技进步和创新。在东海大桥的建设中，专利申请多达 20 多项。

东海大桥从 2002 年 6 月 26 日开工建设，于 2005 年 5 月 25 日全线贯通。东海大桥创造了许多中国第一和世界之最的奇迹，成为中国桥梁科技飞跃的一座新的里程碑。设计荷载是按集装箱重车密排进行校验，可抗 12 级台风、七级地震。

东海大桥工程是上海国际航运中心洋山深水港区一期工程的重要配套工程，为洋山深水港区集装箱陆路集疏运和供水、供电、通信等需求提供服务。

3.2.5　洋山深水港四期码头

2017 年 12 月 10 日，中建港务建设有限公司主承建的全球规模最大的自动化码头——上海洋山深水港四期码头正式开港投入试生产（图 3.2.3），这标志着中国港口行业的运营模式和技术应用迎来里程碑式的跨越升级与重大变革，为上海港加速跻身世界航运中心前列注入全新动力。

图 3.2.3　全球最大自动化码头上海洋山深水港四期码头开港

该码头采用的是代表着当前国际集装箱码头技术最高水平的全自动化集装箱码头建设方案。洋山港的建成，也标志着中国港口建设由"建"造向"智"造挺进，建造技术处于世界前沿。

洋山深水港是世界上最大的海岛型人工深水港，也是上海国际航运中心建设的战略和枢纽型工程。洋山深水港四期码头自 2014 年开始建设，历时 3 年建成。拥有陆域 223 万平方米、集装箱码头岸线 2350 米，可布置 7 个大型集装箱深水泊位，设计的年通过能力初期为 400 万标准箱，远期为 630 万标准箱。根据规划，洋山深水港四期最终配置 26 台桥吊、120 台轨道吊、130 台自动导引车（AGV）。放眼全球，规模如此之大的自动化码头一次性建成投运，堪称史无前例。

洋山深水港四期码头有几大独到之处：

第一，规模大。在此之前，振华重工先后建设的厦门港、青岛港两大智能化码头，分别只有 1 个和 2 个泊位，相对都比较小。而洋山深水港四期工程，达到了 7 个泊位，而且是一次建成。

第二，洋山深水港四期还在亚洲港口中首次采用我国自主研发的自动导引车自动换电系统，自动化换电站技术也是振华重工国内首创。

第三，洋山深水港四期是国内唯一一个"中国芯"的自动化码头。其码头的操作软件系统主要由振华重工自主研发的设备控制系统和码头方上港集团研发的码头操作系统组成，也是国内唯一一个软件系统纯粹由"中国制造"的自动化码头。

第四，洋山深水港四期码头极大地释放了劳动力。过去，一台桥吊需配几十个工人服务，现在，一个工人就能服务几台桥吊，而且只需在后方的中控室工作。在未来，工人们还有望实现远程操控，无须到码头，人在市区控制室就可以操作设备了。

目前，全球已经建成和正在建设的自动化码头有 40 余座，而汇聚众多先进科技的洋山深水港四期码头，堪称是"集大成之作"。正是因为洋山深水港四期码头，振华自动化码头的制造水平已跃居世界领先地位。

3.2.6　洋山深水港效率创世界之最

2010 年，洋山深水港一、二、三期实际吞吐量达 1010 多万标准箱，超过 930 万标准箱的设计吞吐量，2020 年前 11 个月已达 1850.6 万多标准箱。2017 年年底，全球最大的单体自动化码头洋山深水港四期开港，助力上海港集装箱吞吐量连续 4 年达到 4000 万标准箱，巩固了上海港作为全球最大集装箱港的地位。码头岸线从 1.6 千米到 8 千米，桥吊从 15 台到 88 台，集装箱泊位从 5 个到 23 个，数字的集聚和增长，产生了吞吐量的质变，2020 年洋山港全港吞吐量突破 2000 万标准箱，是开港首年的 6.19 倍，集装箱吞吐量在上海港的占比，从 14.4% 提升到如今的 46.3%，码头种类从单纯的集装箱码头拓展到了包含成品油码头、天然气码头的综合性码头。

在洋山深水港的助推下，上海港集装箱吞吐量从 2010 年起连续领跑全球。

1. 年吞吐量和作业效率均居世界自动化码头首位

过去，108 台轨道吊需要 108 名操作人员现场作业，如今实现了高度自动化，只需 7 名操作人员实施远程监控及特定场景参与操控即可。

由于在全球港口行业首次实现全业务自动化和核心业务智能化，洋山深水港四期打破国外技术垄断并实现反超，年吞吐量和作业效率均居世界自动化码头首位，劳动环境极大改善，码头作业实现零排放。自 2017 年 12 月开港以来，洋山深水港四期的规模不断扩大，产能不断释放，2018 年达到 201 万标准箱，2019 年实现 327 万标准箱，2020 年突破 420 万标准箱。生产效率是传统码头的 213%，屡创世界纪录，昼夜吞吐量达 20823.25 标准箱。

2. 每台集装箱要被精确地吊起，背后颇具技术"含金量"

除了构建自动化码头"大脑"，洋山深水港四期在设备制造和码头设计方面也涌现了很多创新点。

每台集装箱要被精确地吊起，看似简单，实际上颇具技术"含金量"。它不仅需要解决船舶摇晃导致的集装箱对位变化，还需解决气候风向导致的吊具摇晃等难题。技术人员为此创新研发了三维特征人工智能感知、吊具高精度自动扭摆控制等技术，从而实现对集装箱位置的实时感知、对吊具状态的精确控制，提升了约 20% 的码头运营效率。此外，还首创了轨道吊的双箱装卸、多种轨道吊柔性混合布局的自动化操作技术。

3. 到 2022 年，单体码头年吞吐能力提升 50% 以上

与目前世界上最新建设的自动化集装箱码头相比，洋山深水港四期的智能化程度仍具有先进性，这体现了规划设计的前瞻性，以及后续创新的可持续性。

洋山深水港四期的成熟运行是我国港口科技发展新的里程碑，标志着上海国际航运中心参与国际经济合作与竞争形成了新的"硬核"力量。开港以来，洋山深水港四期的生产管控系统运行稳定，未发生因系统原因导致停产的情况。

到 2022 年，该项目完成我国首个拥有完全自主知识产权的超大型自动化集装箱码头智能操作系统的升级研发，推进码头运营效率再次大幅提升，实现整体桥吊平均台时效率提升 10% 以上、单体码头年吞吐能力提升 50% 以上。

随着我国港口建设的不断发展，洋山深水港的建设为我国经济发展做出了卓越的贡献，洋山深水港的建设确立了我国上海在国际上运输领域的中心地位，洋山深水港的建设不仅是一项国家的重点工程项目，最主要的是洋山深水港的建设对国家以及上海的经济建设起到了一定的推动作用，对于国家的发展来说有着重要的意义。

3.3　海上风力发电

风是一种潜力很大的新的能量来源，而且它有着取之不尽、用之不竭的优势。海上风力发电是可再生能源发展的重要领域，已经成为推动风电技术进步和产业升级的重要力量，同时也是促进能源结构调整的重要措施。

根据估算，地球上可用来发电的风力资源约有 100 亿千瓦，几乎是全世界水力发电量的 10 倍。全世界每年燃烧煤所获得的能量，只有风力在一年内所提供能量的三分之一左右。所以，国内外都很重视利用风力来发电。

我国是风力资源极为丰富的国家，绝大多数地区的平均风速都达到每秒 3 米以上，特别是东北、西北、西南高原和沿海岛屿，平均风速则更大，有些地方，一年三分之一以上的时间都是大风天。在这些地区，发展风力发电无疑是很有前途的。

风力发电的原理，就是利用风力来带动风车叶片旋转，再透过增速机将旋转的速度提升，来促使发电机来发电。依据风车技术，大约是每秒 3 米的微风速度（微风的程度），便可以开始发电。风力发电所需要的装置，称作风力发电机组。这种风力发电机组，大体上可由风轮（包括尾舵）、发电机和塔筒三部分组成，简单且高效。

SL5000 系列风力发电机组是中国第一家自主研发、具有完全知识产权、全球技术领先的电网友好型风电机组，采用先进的变桨变速双馈发电技术，单机容量为 5000 千瓦。

SL5000 是风力发电机中的巨无霸。它的机舱上可以起降直升机，叶片直径 128 米，风轮高度超过 40 层楼。在 20 年的设计寿命里，它能够从空气中获取 4 亿千瓦·时的电能，这个数字相当于上海这个超级大都市一天的用电总量！

3.3.1　再生能源与风能

可再生能源包括太阳能、风能、水能、波浪能、潮汐能、地热能等。这些能源在自然界中可以循环再生，是清洁、绿色、低碳的能源。

风力发电是清洁的、无污染的可再生能源，它的优势已被人们所认识。

风力发电于 1890 年起源于丹麦，之后经过了几个重要的发展阶段。进入 21 世纪以来，随着世界环境的不断恶化、环保呼声日益高涨，各国更加注重发展风力发电，在科学技术进步的强有力的推动下，风力发电的发展越来越令人瞩目。

中国在"十五"期间，并网风电也得到了迅速发展。2008 年 8 月，中国风电装机总量已经达到 700 万千瓦，占中国发电总装机容量的 1%，位居世界第五，这也意味着中国已进入可再生能源大国行列。

目前，我国的发电方式主要有火力发电、水力发电、风力发电、核能发电以及太阳能发电。从发电机组装机容量来看，火电与水电占了其中的绝大部分。2010—2017年，我国电力工业发展规模迈上了一个新台阶，电力建设步伐不断加快，能源结构调整取得了新的成就，非化石电源发展明显加快。其中，风电规模也实现了高速增长，装机容量占比由2010年的3.1%提高至2017年的9.2%，跃升为我国第三大电力来源。

3.3.2　海上风力发电

"阿尔法·文图斯"是世界上第一个海上风力发电厂。它离德国陆地约50千米，由12个两种类型的分别为148米和150米高的风力发电机组组成。整个发电厂占地面积约4平方千米，总装机容量60兆瓦，可满足5万户家庭的用电需求。

21世纪初，世界上最大的海上风力发电厂是英国林肯郡的Lynn and Inner Dowsing风电厂。总装机容量为543.6兆瓦，峰值发电量最高达194兆瓦，该工程总耗资将近5亿美元。2012年，英国London Array在泰晤士河河口外修建的装机容量达1000兆瓦的风电厂竣工。

在世界海上风电开始进入大规模开发阶段的背景下，中国海上风电场建设也拉开了序幕。在海上风电方面，中国东部沿海的海上可开发风能资源约达7.5亿千瓦，不仅资源潜力巨大且开发利用市场条件良好，只是由于中国沿海经常受到台风影响，建设条件较国外更为复杂。

2007年年底，上海市东海大桥10万千瓦风电场投资业主的招标评标工作在上海圆满闭幕。2007年11月28日，地处渤海辽东湾的中国首座海上风力发电站正式投入运营，这为今后中国海上风电发展积累了技术和经验，标志着中国风电发展取得新突破。

上海东海风力发电有限公司开发东海大桥100兆瓦海上风电场项目，工程总投资22.5亿元，2010年在上海世博会之前成功并网发电投入使用，建造在上海东海大桥东侧的海上风力发电厂，成为亚洲最大规模的海上风力发电厂，可满足上海20万户居民的生活用电。

3.3.3　海上风力发电机SL5000的创新制造

2010年，中国风电装机容量超越美国，成为当时世界第一风电大国。尽管中国成为世界上最大的风电使用国，但在发电利润最高、效率最高的海上风力发电机领域，中国仍然落后于其他国家，而SL5000风力发电机的出现，完美解决了中国在风力发电领域最后的短板，这得益于这款海上巨无霸高达5兆瓦的功率，原本海风发电性价比不高的缺陷被彻底解决，海风电的价格将大幅下降，而由于SL5000的出世，可能会吸引更多企业投资海风发电，从而使海风发电成为整个风力发电体系中的重要一环。

2010 年夏天，我国的能源工程师开始计划在东海大桥的另外一侧安装目前世界上最大型的海上风力发电机 SL5000。图 3.3.1 为建成后的东海大桥海上风力发电场。

图 3.3.1　东海大桥海上风力发电场

SL 是华锐英文名称 sinovel 的缩写，5000 指的是单机容量为 5000 千瓦，即 5 兆瓦。截至 2014 年，华锐风电累计装机容量约 15729 兆瓦；海上风电装机容量达到 170 兆瓦，占国内市场的 25.84%，排名第一，号称巨无霸的 SL5000，整个机组的核心为叶片、主机箱和塔架。

要制造 SL5000，其中要生产的第一个重要部件就是主机架，SL5000 主机架必须承受目前世界上最长的叶片所产生的巨大扭力，并且主机的重力也都集中在这里，所以主机架必须坚不可摧，焊接的质量必须严格把关。

在主机架的设计制造之后，尺寸前所未有的叶片紧接着需要被设计和制造出来，中国最大的叶片厂接受了这个挑战。对于所有叶片都要满足这两个互相矛盾的基本要求——最大的强度和最轻的重量。SL5000 的叶片是目前世界上投入商业运行的最大最长的叶片（图 3.3.2），它要承受的力量也是前所未有的。制造厂项目主管为了找到这两个矛盾点之间的平衡点，花费了很大的精力。

图 3.3.2　SL5000 巨大的叶片

在材料选择上，科学家经过大量的研发试验，最终确定在环氧树脂中添加编织物所构成的复合材料，即玻璃钢来制造生产，这也是制造叶片的最好材料。风力发电机的叶片外形是不规则的，只有这样才能达到最优良的空气动力性能。但是，不规则的形状和超大的体积这两个因素叠加在一起，使得叶片的制造难度成倍增长。

6 个月后，在计算机的帮助下，叶片样品被生产出来了。中国最大的叶片实验中心对叶片进行了最严格的测试，测试过程中，叶片发生的任何一点细微损伤都会通过应力感应器被计算机记录下来。4 个月又过去了，叶片质量经受住了检测。

第三个要生产的重要部件是巨大的轴承。轴承由于既要受力又要运动，因而成为最容易损坏的部分。SL5000所需要的轴承将挑战轴承制造的最高难度，其中最大的一个轴承有两层楼的高度。到目前为止，全世界只有3家工厂有能力接受这个挑战。位于中国北方的大连市下辖的瓦房店市，这里有一个世界闻名的精密轴承生产基地。

精密轴承对平滑度和均匀度有着非常苛刻的标准，随着尺寸的变大，保证轴承达到精密标准的难度也成倍增加。SL5000所需轴承是有史以来尺寸最大的精密轴承！为了成功地制造它，必须使用目前最先进的加工设备来进行加工。而制造出来的轴承也需要最先进的三维精密检测仪进行精度检测。SL5000使用的主要轴承尺寸超过3米，但是这么大的轴承的加工误差最后竟然没有超过6微米。这的确是一个创新制造的奇迹！

3.3.4　SL5000的运输

2011年7月，海上巨无霸SL5000的设计和制造工作开始将近一年之后，主机架、变速箱、发电机等重要部件都已经装入机舱并完成测试，SL5000的机舱终于完工出厂了。

按照事先的计划安排，装车开出厂房的过程非常顺利。从400多千米外调运过来的平板车功能独特，每一组车轮都可以独立控制。虽然车身超宽超长，转弯却非常灵活，三个小时之后，SL5000到达了码头，在这里等待的货船把它运往最后的安装地点——洋山深水港。

在海上安装风力发电机是一种危险程度极高的工程挑战，在杭州湾的海面上，挑战的难度成倍增加，因为在杭州湾这片区域的流水比较急，要比其他水域的流水急很多。海上作业最大的敌人来自海风、海浪和易变的天气。

为了迎接即将到来的、最后的也是最困难的挑战——海面吊装（图3.3.3），吊装地点的监测工作变得更加频繁。即将在这附近吊装的SL5000，是目前世界上最大型的海上风力发电机，高度超过150米，质量达到400多吨，在安装过程中，如果海浪加上海风的影响，导致这种重量级的物体撞上固定的平台，哪怕是轻微的碰撞，都可能产生无法挽回的后果。安装SL5000将要面对的挑战非比寻常。

图3.3.3　叶片的吊装

2011年9月3日，在洋山岛上，SL5000最重要的安装程序开始了。安装风力发电机最核心的步骤就是把叶轮与机舱安装组接在一起。然而在此之前，需要把机舱按照事先设计好的角度固定到临时塔筒顶端。得益于周密的计划和细致的操作，庞大的机舱准确到达了预定位置。机舱成功安装到位，预示了一个良好的开端，接下来的工作就是开始转移广场上停放的巨大叶轮了。

巨大叶轮的转运过程潜藏着巨大的危险，因为 SL5000 的叶轮不只是质量和体积巨大，更重要的是它造型独特。只能采用两台吊车平抬的方式进行搬运，它的难度在于如何才能让两台吊车达到最完美的平衡。从安装吊具的地方，到叶尖的距离超过 60 米。两台吊车稍微不平衡，叶尖的晃动幅度就会放大几十倍。完成这个工作挑战，需要的是能在悬崖上走钢丝的平衡能力。整个转运过程有惊无险，吊车司机对险情的处理非常及时，最终转运工作圆满完成。

3.3.5　SL5000 的安装

最后，最惊险的安装步骤终于开始了，在悬挂的状态下，物体的水平摆动是最难以控制的，然而，叶轮却绝对不能与机舱发生碰撞，因为碰撞会带来肉眼看不到的损伤。潜伏的损伤会给风力发电机的未来生存带来严重的威胁。众所周知，距离越远的遥控，需要的响应时间就会越长，在控制员发出一个往前移动的命令后，几秒钟之后叶轮才会发生真正的移动。经过一个多小时的精确调控，巨大的叶轮终于与机舱精确对接成功。海上巨无霸 SL5000 第一次呈现在世人的面前。

2011 年 9 月 5 日，海上巨无霸 SL5000 已经在半潜船上固定好，早上九点，半潜船在几艘拖船的帮助下开出港口。在海上航行了 8 个小时之后，SL5000 到达预定位置，与已经在此等待了 9 天的风范号风电安装船会合。

2011 年 9 月 6 日，安装团队将在这一天面对整个工程最惊心动魄的一刻。两年来的努力，是成功还是失败，就看最后这最关键的一步了。与陆地上坚固的基座相比，SL5000 的海上基座更容易因为碰撞而发生位移，而如果基座发生了小位移，到了 150 米高的风机顶端，就会变成巨大的偏差。假如海上平台被 SL5000 意外碰撞而发生位移，整个安装任务将宣告失败！

平台的状态有专门的仪器严密监控，SL5000 是绝对不可以与平台发生撞击的。但问题是，在起伏不定的海面上，载运的船舶每一刻都在运动中，要把 SL5000 轻轻地放上平台，这似乎是一个不可能完成的任务。

上午 10 点，施工人员把吊架撤离，风范号稳稳地的吊起了 SL5000，两个小时之后，SL5000 转移到海面平台的正上方（图 3.3.4）。正如预先所料的那样，即使使用了体型巨大的风范号，SL5000 还是存在幅度很大的摆动。负责安装的部门早就有了预防措施，他们事先设计了可以吸收撞击力的对接装置，当两个部分接触上之后，风机就可以准确滑入预定的位置了。

下午4点，塔筒精确对位，并且对接到位。检测的结果显示，安装过程中平台的位置没有产生任何变化，安装圆满成功。

2011年9月6日的傍晚，海上巨无霸SL5000稳稳地矗立在东海大桥的一旁。他是西太平洋海域上的一座里程碑，标志着人类在风能利用领域的一个崭新突破！

图 3.3.4 风范号把 SL5000 吊装到海上基座上

3.4 破冰船

严寒地区的港口或航道，在冬季会常因水结冰而使航道封闭无法通航，为了使船舶能够出入港口和航行，就必须把冰破碎，开出一定宽度的航道来，这就需要一种专门用来破碎冰层开辟航道的船舶——破冰船。

破冰船是一种用于破碎水面冰层，开辟航道，保障舰船进出冰封港口、锚地，或引导舰船在冰区航行的勤务船。破冰船分为江河、湖泊、港湾或海洋破冰船。

世界上公认最早的破冰船是1872年在汉堡建造的"破冰船1号"。这艘船为促进北欧贸易的发展做出了贡献。不过也有学者认为，1864年，由俄国人改装后的"派洛特"号小轮船才是世界上第一艘破冰船。

3.4.1 船舶破冰的创新发明

1864年的一天，俄国人布里特涅夫的一艘商船载着数十吨货物航行在喀琅施塔得至奥兰宁鲍姆航线上，可船刚航行不久便遭遇了麻烦，极寒天气导致整个航道结冰，而且冰层越来越厚，渐渐地船便无法航行，只能眼睁睁地看着它被冻在那里。布里特涅夫得到消息后心急如焚，如果船只救不出来，他将面临数百万元的损失。

一天，布里特涅夫走在路上，看见一群小孩子正在玩陷阱游戏，他们在地上挖了一个深深的坑做陷阱，然后在陷阱口布设树枝，最后在上面盖上浮土，这样一来，人不注意踩在上面，就会掉进陷阱。孩子们弄了几次，才把这个陷阱弄好，因为刚开始树枝承重力不够，浮土放多了，压塌了。布里特涅夫正在思考破冰办法，看到这个现象后立即来了灵感，想到了一个办法，让船冲上冰面，然后用船的重量压碎冰面，这不就破冰了吗？船舶的重量巨大，利用船本身的自重压碎冰面是完全没有问题的。

布里特涅夫找到了船舶设计所，提出了自己的想法。5 天后，设计图纸便交给了他。布里特涅夫立即投入生产，按照图纸，将船头改造制作成有斜度的形状，使船头不直接碰撞冰块，而像铁铲一样，滑到冰面上去，利用船的重力将冰压碎。

一个月后，布里特涅夫的商船得救了，在破冰船不断破冰打通的航道上慢慢地不断前进，最终驶出了冰冻区。

1871 年，来自德国汉堡的造船工程师卡尔·费迪南德·施泰因豪斯正是参考了布里特涅夫的创新设计，才研制出了世界公认的第一艘破冰船——"破冰船 1 号"，这艘船被用于在冬季的易北河破冰通航。破冰船 1 号的船艏设计制造成勺子状的圆弧形，这样船就能滑上冰层，然后依靠自身的重量压碎坚冰。强劲的引擎使破冰船 1 号能够持续不断进行碎冰，确保汉堡港在冬季也能正常进行航运。破冰船 1 号成为现代破冰船的鼻祖，勺形船艏的设计是一项重大创新突破，一直被沿用至今。

3.4.2　核动力破冰船

破冰船 1 号创新了人们的破冰方式，但是这样的船只能在沿海和河流地区进行作业。要想进入广袤的北极地区，必须要找到近乎无穷的动力来源，以保证船舶的长途航行。苏联的科学家阿纳托利·亚历山德罗夫创新设计将核反应动力装置安装在了破冰船上，核反应产生的持续不断的能源，推动破冰船的叶轮强劲运转，可持续航行 3~4 年不需要加油补给燃料。

列宁号是世界上第一艘核动力水面舰艇（图 3.4.1），开始建造于 1956 年 8 月 24 日。列宁号排水量 1.9 万吨，长度 134 米，宽度 27.6 米，高度 16.1 米，速度达每小时 33 千米。船上备有 1050 个船舱，可载员 243 人。

列宁号主要担负的是在北海航线上的破冰和引导运输船只的任务。在该航线上列宁号共服役达 30 年，在此期间共行驶 654400 海里，其中破冰里程达 560600 海里，共引导过 3741 艘货船的运输。

图 3.4.1　列宁号破冰船

紧随列宁号之后，1975 年以来，俄罗斯又建造 6 艘单船 23500 吨载重的核动力远洋破冰船。体积更大、动力更为强劲的是北极号核动力破冰船，成为世界上第一艘到达北极点的水面舰船。

3.4.3　减小摩擦保护船身

美国破冰油轮曼哈顿号是世界上第一艘走通北冰洋西北航道的商船，在航运史上具有非凡的意义。尽管这次航行并非一次商业航行，而是测试在一个通航季节内往返穿越西北航道的实用性。

曼哈顿号（图 3.4.2）诞生于伯利恒钢铁公司在马萨诸塞州昆西的造船厂。它的卓越性能，使得它具有改造成破冰船的天赋。该船全长 286.5 米，宽 40.2 米，航速 17.75 节，载重 11.5 万吨，满载排水量达 15 万吨。它的动力为蒸汽轮机，43000 轴马力的功率几乎是同时代的那些吨位两倍于它的巨型船舶的 1.5 倍。强大的动力和双轴双舵的结构，使得该船具有良好的操纵性能。

图 3.4.2　曼哈顿号破冰船

为了加快改装为破冰油轮，曼哈顿号被切成 4 段。原来 19.8 米长的船艏被切下，取而代之的是一个新的长 38.1 米的破冰艏。船艏后面的船体前端（包括 1 号油舱）装上了 38 毫米厚的防冰钢甲带，以防船的两侧被大块浮冰撞坏。船的中段（包括舰桥）加装防冰钢甲带。船尾部分加强内部结构，同时还增设了直升机平台、人员居住舱室、实验室和新式电子设备，以满足极地航行、科研需要。最后，各段船体重新合拢到一起，大部分油舱在装载了压舱物后被封闭起来。

改造完成后，曼哈顿号一跃成为有史以来最大的破冰船。全长增加到 306.4 米，宽度增加到 45.1 米，空载排水量增加了 9000 吨，航速略微下降到 17 节，载重下降到 10.6 万吨。

1969 年，曼哈顿号在冰封的海上历尽艰辛成功完成首航，回家的曼哈顿号一身是伤，在船厂修理了几个月才康复。1970 年 4 月 1 日，曼哈顿号再次进行穿越西北航道的实验，当它在厚冰中再次航行时，由于船体和冰层间摩擦过大，曼哈顿号被困于冰层之中。这一事件为后来的破冰船的造船者敲响了警钟。

20 世纪 70 年代，德国工程师想建造一艘大型破冰船，为极地地区的研究基地运送补给。他们必须确保这艘破冰船不会像曼哈顿号那样受制于冰和船之间的摩擦力。他们深知船身将承受巨大的摩擦力，特别是在船艏和船身的连接处，如果被太多的冰卡住，那破冰船就会遭遇麻烦。

冰之所以会滑，是因为冰和它滑过的表面之间会有一层水，但是如果滑过的表面温度非常低的话，水就不容易产生，这样摩擦就会增大。破冰船和冰之间的摩擦力也是如此。如果能够在破冰船和冰之间形成一层空气膜或水膜的话，摩擦力就会大大减小。

德国工程师将这一思路创新运用在了他们新制造的破冰船极星号上。他们通过船体上的孔吸入海水，使水和空气混合，再从船的下方喷出。这种混合物在船体和冰层之间充当润滑剂，以减小摩擦。这样创新设计制造的极星号可以更加轻松地在碎冰中滑行。

极星号是一艘极地考察破冰船（图 3.4.3），总长 118 米，载重 17300 吨，最大速度为每小时 16 海里。船上具有最先进的航海和通信仪器，采用 GPS 导航系统。极星号自 1982 年投入使用以来，到 2004 年已经执行了 41 次南北极科学考察任务。极星号是世界上最先进的极地考察船之一，可以穿越极地海洋，包括浮冰区。极星号上的设备可用于多个学科领域的研究，如生物学、地质学、地球物理学、冰川学、物理学、化学和气象学等。

图 3.4.3   极星号科考破冰船

3.4.4   季莫费伊·古任科号破冰油轮

北极拥有全球未开采石油量的 13%，可开采原油 1000 亿桶，天然气可开采 50 亿立方米，占到全球未开采量的 30%。除油气矿产资源极其丰富外，还有金刚石，还有金银等贵金属，以及铀、钇等核原料。

摩尔曼斯克位于俄罗斯西北部，储量高达 36 万吨的储油平台即坐落于此。这座海上加油站是欧洲油轮的重要集散地，每年有 1200 万吨的原油从这里输送到不同船上，并运送到西欧的各大城市，用于保证城市交通的正常运行。而这个储油平台的油却又是由季莫费伊·古任科号破冰油轮来运输的。

季莫费伊·古任科号是世界上最大破冰油轮之一（图 3.4.4），重逾 9 万吨，是北极地区最大的破冰油轮。在它的甲板下，是 10 个巨大的储油舱，每个储油舱都能容纳 7000 吨石油。在 5 天时间里，季莫费伊·古任科号必须深入北冰洋，长途跋涉 1000 千米，前往目的地瓦兰迪油港，在那里装载从俄罗斯北部油田开采出的原油，再返回贝劳卡门卡将原油卸下，最终将 7 万吨原油运送到欧洲。

图 3.4.4　季莫费伊·古任科号破冰油轮

季莫费伊·古任科号之所以能够在北极冰封的海上畅通无阻，得益于一系列独特的创新设计。

（1）**船艏设计**。穿过 400 千米的坚冰层是季莫费伊·古任科号最棘手的第一项挑战。要让季莫费伊·古任科号在冰层中开凿出一条路，船员们得依赖巧妙的船艏设计。

2005 年研发的破冰船艏，有一个大约 45 度的倾角，前沿就像汤匙般弯曲，后沿如同汤匙柄一般笔直。它的前沿可将冰块推入庞大的船身下，再利用重量压碎冰块，从而使船只可以轻松穿过冰层。普通的油轮船艏设计为球形，以便穿过水面，减少阻力并提高速度，但是球形船艏极易楔入冰层困住船只，所以季莫费伊·古任科号的船艏被设计为汤匙形状，季莫费伊·古任科号的独特船艏设计，来自芬兰的赫尔辛基一家世界上最古老的破冰实验工厂。数月的测试，数百万美元的资金耗费，季莫费伊·古任科号的破冰船头可以在每秒 3 米的速度下凿穿厚达 150 厘米的冰层，使得冰原之旅变得轻松不少。

（2）**吊舱式电力推进器**。强大的洋流与风力将冰层聚拢在一起，在这里冰层碰撞并重叠成一堵厚度超过 3 米的冰脊。破冰完成之后下一个艰巨的挑战就是穿过这些坚固的冰脊。

创新发明于 1990 年的吊舱式电力推进器，也称作方位螺旋桨，每一个都高达 10 米、重达 250 吨，每分钟可达 120 转，是季莫费伊·古任科号对付冰块的撒手锏。它们被安装在船尾，在遇到大型冰脊的时候需要把船倒过来，让船尾在前。而独特的舰桥设计专用于倒船，船员们穿过舰桥来到面向船尾的控制平台，螺旋桨的旋转桨叶锋刃会楔入冰脊来碎冰，并将冰屑卷离船体，防止它们黏在船上。巨大的方位螺旋桨可以让冰脊粉身碎骨，为轮船开出一条大道，让航行变得非常轻松。

（3）**船体的保护**。季莫费伊·古任科号的长度是极星号的两倍，因此所承受的作用力也非同一般。时刻会有汽车大小的冰块撞上破冰邮轮，碎裂在船身之下。这艘船可装载数千万升原油，必须时刻避免船体受损，因此设计师要确保这艘船拥有一定的抗击打能力。

十个储油管中分别装载了 800 万升原油。一旦发生泄漏，后果不堪设想。为了保证货物安全，造船者安装了百余根钢肋来加固船身，对冰块的撞击进行缓冲。

与极星号相同，这艘船也依靠喷水迅速除冰，吊舱式电力推进器运转产生的激流沿着船身翻涌，将碎冰冲走，这样船可以航行数十千米而不被划伤。

吊舱式电力推进器的一大优势在于，船长可以让其转向并让喷水口对准任意方向，他们就像一对强大的高压水炮，将船身周围的大冰块迅速冲走。

（4）冰海导航。要建造北极最大的破冰油轮季莫费伊·古任科号，工程师还需解决一个终极难题——如何让船只找到安全航线、穿越冰层并最终到达目的地。

随着季莫费伊·古任科号的运行，破冰任务越发艰巨。冰的情况时刻都在变化，危险随时可能到来，瞭望员扫视冰层寻找最佳航线，船长根据多年的经验解读冰层的状况。冰有各种类型，有些具有极高的危险性，其中最危险的便是多年积冰。多年积冰特殊的电磁特征会显示在卫星图像上，因此，船员可以绕行。此外，雷达能探测到冰层之间的缝隙，从而找到抵达油港的捷径。

（5）惰性气体发生器。虽然船上的储油舱目前都是空的，但其中依然含有上次运输残留的可燃油气，一个小火星就可能引发一场灾难性的爆炸。

发明于 1967 年的惰性气体发生器，能有效扑灭空油舱中的剧毒油气。两架强力风扇将新鲜空气从船外抽入一个燃烧炉，与里面的燃油混合后被点燃，燃烧可以消耗掉几乎所有的氧气，使气体变得不可燃。接着，喷射机将海水喷入惰性气体中，冲洗掉所有的煤烟和煤灰，然后气泵将气体导入储油舱，这套新颖的空调系统中和了舱中的挥发性油气，降低了爆炸的可能性。

（6）速动阀。2006 年，俄罗斯的工程师建造了储量 1.1 万吨的瓦兰迪油港，他们将它放置在离海岸 22 千米的深海，这里有一段 22 千米长的输油管道。在季莫费伊·古任科号到来之时，瓦兰迪油港被危险的浮冰所包围，在此地停靠将成为一大难题。

发明于 2003 年的速动阀，利用液压技术使船只能够在紧急情况下迅速切断连接。船上的阀门连接到瓦兰迪的输油管，当软管就位时，三只钢爪会将其紧紧固定在位置上。液压油推动活塞将阀门打开让原油流入，如果船需要紧急脱离，释放液压油后强力弹簧会在钢爪脱离前关上阀门，阻止任何原油漏出。

7 万吨原油被顺畅地装载上船，油轮卸下了输油管，季莫费伊·古任科号随后开始了长达 1000 千米的返航之旅。

季莫费伊·古任科号是这片海域的冰上冠军，它将不断续写荣耀，直到更庞大的破冰油轮问世去书写另一段传奇。

3.5　核动力潜艇

世界上第一艘核动力潜艇诞生在美国，命名鹦鹉螺号，1954 年 1 月 24 日首次开始试航（图 3.5.1）。鹦鹉螺号的出现标志着核动力潜艇的诞生。截至 2021 年，世界上公开宣称拥有核动力潜艇的国家共有6个，分别为：美国、俄罗斯、英国、法国、中国、印度。其中美国和俄罗斯拥有核潜艇的数目最多。

战略核潜艇也命名为弹道导弹核潜艇，这是一种以发射弹道导弹为主要作战任务的大型潜艇。有些国家也把装备射程较远、带核弹头的巡航导弹的核潜艇归类为战略核潜艇。弹道导弹核潜艇因其高度的隐身和机动性，成为令人难以捉摸的水下导弹发射场。到2021年，只有美、俄、英、法、中5个国家拥有这种战略导弹核潜艇。

图 3.5.1　鹦鹉螺号下水

美国宾夕法尼亚号是俄亥俄级战略核潜艇，也是美国海军最大的潜艇，它的存在代表着200多年工程创新的结果。潜艇科技的创新发展走过了6个关键阶段，产生了6艘具有创新标志性的潜艇，每艘潜艇都承载着技术上的创新突破，创新让潜艇演变得越来越大，向更大规模迈进。技术上的创新飞跃，让宾夕法尼亚号核潜艇成为美国海军最大的战略核潜艇。

3.5.1　美国海龟号潜艇创新：开创首次水下潜艇作战的先例

回顾一下美国海军潜艇的创新发展历程，就不难了解宾夕法尼亚号成为世界第一杀人机器的原因。这要从1776年，世界上第一艘用于作战潜艇的诞生说起，那时所谓的潜艇只是一个中空的木球，潜入水下时，无法与外界换气，因此空气补给非常有限。

1776年，美国海军发现自己在海上有严重劣势，他们的战舰不敌强大的英国海军战舰。他们创新设计了一个新计划，希望运用巧劲而不是蛮力来战胜英军强大的战舰。这需要一种新型战舰，让人能在水中携带炸药靠近英军战舰。人和炸弹在抵达英军的战舰之前必须在水中隐藏起来，抵达之后需要埋下炸弹并迅速逃离，而这一切都必须在水中进行。美国工程师通过挖空两块橡木，成功造出了这样一艘船。他们从酒桶的启发中得到了创新的灵感，用铁环把这两部分捆在一起，并用柏油密封接口处来防水。操作员下方有个水槽，水槽浸满海水，潜艇就会下沉，操作员因此能够藏身水下，坐在自己的气泡潜艇中。这是全球第一艘作战潜艇，被称作海龟号。夜袭之时，工程师把炸弹连在海龟号潜艇的背后，炸弹被绑在钻头上，然后驾驶员操作钻头来钻进敌舰船身。

然而，未曾预料到的是，当操作员靠近目标时，却发现英军船舰的底部已经外覆铜皮，操作员无论怎样努力也无法让钻头突破，因而炸弹无法附着在船舰上。没人知道操作员在缺少空气的情况下能在水中待多久，最后由于缺氧，被迫放弃行动。后来人们的实验表明，缺氧的脑部会开始发热，人在几分钟内就会失去意识。

3.5.2　汉利号潜艇的创新：金属水平舵控制潜艇

后来，随着潜艇的进步，工程师要创新建造更大的潜艇——13 米长的"汉利号"潜艇，并希望找出操控它的方法。

早期的潜艇工程师为了操控潜艇，在船身里面把金属压舱物锁在轨道上用来加强潜艇的操控性。操作员通过把压舱物前后移动，来改变潜艇的前后角度。但是在实际测试中，操作员如果把压舱物向前移动过度，就会造成潜艇一头往下栽去，无法再把重量拉回来。这个系统显然不够精确，也无法进行竿式鱼雷攻击。

人类在最初建造潜艇的时候，并不知道如何控制它，所以他们从大自然中寻找创新的灵感，水中自由游动的鱼给他们带来了创新的启发。他们模仿鱼的鳍，在潜艇的两侧安装了类似鱼鳍的金属水平舵。美国内战时的南联工程师正是如此创新设计了新的汉利号潜艇。驾驶员可以在舰艇里边利用控制杆来调整水平舵的方位角度。舵向下时水流通过对顶面施加的压力会大于对底面的压力，这样就会让汉利号的艇艏向下，这个创新设计终于能让舰长精确地控制攻击的深度和角度了。他们把这项创新科技用在了对敌人的军舰攻击上，水平舵精确地把汉利号导引到了合适的深度。汉利号成功地把竿式鱼雷插进了敌军的舰身，成为首艘击沉船只的潜艇。汉利号的出现是潜艇创新上的大跃进，因为这是人类第一次能够精确地控制潜艇的航向和深度，进而能够使用水下武器攻击水面舰艇的薄弱之处，将它击沉。

3.5.3　德国 U66 潜艇的创新：电动马达推动鱼雷

水平舵的创新发明成功增强了汉利号的操控性，但潜艇还是需要把弹药插进攻击的目标，这会让潜艇置身险境，这是一个需要改进的方面。一项创新发明让远距离攻击臻于完美，这是通过在第二次世界大战中臭名昭著的"刺客"——德军的 U66 潜艇实现的。

在第二次世界大战期间，德国潜艇希望能够从远方攻击盟军的补给物资船舶，当时已经有符合这个需求的武器，就是自推进鱼雷。这种鱼雷的动力是来自所携带的一桶压缩空气。在发射鱼雷时，活门会开启，空气被打入两个活塞，这股动力带动螺旋桨旋转，让鱼雷在水中推进。但这种鱼雷也有个致命的缺点，以压缩空气来推进，会留下气泡，进而泄露踪迹，这样轻易就会被识破躲避。于是德国海军又创新设计了一种新型鱼雷。这种鱼雷不会因为产生气泡泄露位置，因为它不再靠压缩空气来推进。这种新式鱼雷是通过电动小马达来推动，但是它需要巨大的电池来供电，鱼雷要长达 7 米才能装下整个电池。为了能够搭载 22 枚这种鱼雷，潜艇也要相应造得很巨大才行，结果就造就了 77 米长的 U66 潜艇，这个水下刺客在第二次世界大战期间共击沉了 33 艘船舰。潜艇上设置了巨型鱼雷军火库，这样使得潜艇不用回基地重新装弹，就能连续进行攻击了。

3.5.4 美国鹦鹉螺号潜艇的创新：全球第一艘核动力潜艇

为了能够在海中待得更长久，潜艇需要寻找新的动力来源。

在第二次世界大战期间，德国海军就面临着一个重要的问题——潜艇的加油问题。德军潜艇要千方百计地切断英国从北美开始的船运补给线，这就造成德军潜艇远离家乡和燃料，他们需要找到在海上能够给潜艇加油的方法。于是德国人创新发明出一种用来运送燃料，而不是搭载军用武器的潜艇，他们称之为"乳牛"。为了能够多载油，工程师在标准的德军潜艇上加装了油舱，油舱能够储油多达 400 吨。然而，乳牛也有着致命的缺点，要浮出海面，通过划船牵油管才能进行加油。在这长达 5 小时的加油过程中，两艘潜艇均无法下潜来躲避危险，如果遇上攻击就无处可逃了。英军方面，当然把乳牛视为最重要的攻击目标，如果能把它击沉，就会大大削弱大西洋中其他的德军潜艇的战斗力。直至战争结束前，盟军一共击沉了德军的 10 艘"乳牛"，这是潜艇的惨痛教训。

直到 1945 年原子时代降临的时候，创新方法终于出现了。美国的科学家希望通过驾驭原子分裂所释放出的巨大能量，来驱动新潜艇。创新的方案是在潜艇上安装核反应堆。核反应堆通过分解铀，引发巨大的热能释放。这些热能用于产生蒸汽，蒸汽穿过一系列的涡轮，使涡轮叶片高速旋转，进而驱动螺旋桨的旋转。但是存在的问题是，核反应堆非常庞大，新潜艇要足够大才装得下巨大的核反应堆。美国的工程师迎接了这创新的技术挑战，在 1954 年交出了装载核反应堆的鹦鹉螺号。这是全球第一艘核动力潜艇，它无须再进行加油，仅用 4 千克重的铀燃料，竟然能航行 10 万千米。鹦鹉螺号核动力潜艇带来了无比大的冲击，它能够在全球各地航行，而且能够连续航行很长时间。

3.5.5 美国乔治·华盛顿号潜艇的创新：压缩空气使燃料进行燃烧推进

如果能够从潜艇发射原子弹自然是最好的方法，把导弹放到潜艇上的创新想法顺理成章。潜艇不易被发现，也是进行核子攻击的理想基地。苏联首次进行这种创新实验，他们的导弹由于体型很高，只能塞进指挥塔的后方，在潜艇发射导弹时，需要先浮出水面，然后把导弹吊至甲板之上进行操作。但是，在水面的潜艇很容易被敌军轰炸机进行攻击。

美国想把苏联的创新向前推进一步，他们最终想出一个让潜艇不用先浮出水面就能发射导弹的方法。在这个创新的过程中，美国面对着一个难题——要能从水中发射导弹，过去没人在水里发射过导弹，而火箭发动机需要燃烧空气来工作，所以在水中发电机是无法运作的，于是工程师考虑改用压缩空气。其秘诀在于导弹舱口开启时处于密封状态，避免海水涌进发射筒内。而在发射的那一刻，密封会被炸开，在海水还没有机会涌入前，此时活门开启，把压缩空气打进发射筒底部，强大的气压把导弹推出发射筒。导弹的速度会超过了每小时 80 千米，产生的动能足以切穿近 40 米深的水，当火箭一进入空气后就能点燃。

美国乔治·华盛顿号核潜艇（图 3.5.2）搭载了 16 枚这种新式北极星导弹于 1960 年下水，每枚导弹的威力都比当年投在广岛的原子弹强上 40 倍。

图 3.5.2　乔治·华盛顿号潜艇

3.5.6　宾夕法尼亚号潜艇：创新的集成与突破

创新一：电解海水制造氧气

如果要一次下潜几个月，美国宾夕法尼亚号需要有足够的空气供给才能够做到，因为船员在执行任务期间都要被封在潜艇里。每个船员每天至少需要 12 立方米的空气才够一天的正常使用，如果工作很辛苦，则需要更多空气。就算船舰具有很大的内部空间，宾夕法尼亚号上的船员 7 天之后就会消耗光所有的空气，那他们的空气会从哪里得到补给呢？答案就在他们穿越的海水中。通过给水流通电可以电解生成氢和氧。在宾夕法尼亚号上也是用电解的方法利用海水制造氧气的，但是规模要大很多。氧气制造机每小时制造 4000 升氧气，替换在舰上循环的污浊空气。

创新二：围壳舵控制舰艇

如同汉利号，宾夕法尼亚号也安装有水平舵，称之为围壳舵，他们由舰上最年轻的两名船员负责操作。这个是考验年轻操作员的第一关，由十八九岁的年轻人负责驾驶潜艇。操作员的指令通过电子设备传递到围壳舱，操作员通过调整围壳舵的角度，让潜艇在水中上下移动。宾夕法尼亚号潜艇在舰艉有第二座水平舵，可以通过控制仪表，从船外控制舰艉的水平舵。水平舵在潜艇的最后端，就像飞机的升降舵一样，负责控制潜艇的角度，这非常像在水下开飞机（图 3.5.3）。

图 3.5.3　宾夕法尼亚号潜艇

创新三：高科技自动装置导引鱼雷至目标

宾夕法尼亚号在巡逻过程中，可以进行发射鱼雷的演习。宾夕法尼亚号的 MK48 鱼雷不仅限于直线发射，这些高科技的自动装置能被导引至攻击的目标。一条光纤从鱼雷后端卷出，传送着命令，这能让它遥控鱼雷抵达目标。当鱼雷接近目标时，内置感应器定位锁定目标，然后引爆鱼雷。

创新四：核动力超长续航能力

在美国宾夕法尼亚号防水舱门的后面，就是美军最高机密的潜艇核反应堆。核反应堆产生的能量远远超过驱动鹦鹉螺号的原型。其电力输出能轻松推动 17000 吨的宾夕法尼亚号，以每小时 45 千米的速度在水中潜行，同时给舰上的机器和装备供电。潜艇仅仅用拳头大的铀块当燃料，并不需要去加油。这艘潜艇于 1989 年服役，截至 2021 年年底，30 多年过去了，仍然没有换过铀。船员待在海中的唯一限制就是食物。影响宾夕法尼亚号的续航能力的因素是船员的食物，而不是潜艇的燃料。

创新五：采用小型火箭推送导弹

美国宾夕法尼亚号上共搭载 24 枚三叉戟核弹，时刻准备响应发射指令。发动核弹的攻击命令经过加密，确保指令由总统本人直接发出。这些导弹如此巨大，靠压缩空气是无法在水中穿越的。在发射时，宾夕法尼亚号首先将小型火箭发射进一缸水中，水因过热而瞬间转化为蒸汽，蒸汽柱接着推送导弹，穿越海水而进入空气，光是这个潜艇上的核子弹头的毁灭性，就大过了两次世界大战加起来投过的所有炸弹的威力。

创新六：橡胶减震和独特叶片造型的螺旋桨

为了实现在隐蔽方面的创新突破，工程师不只要让潜艇变大，还要想法子让潜艇销声匿迹。在深海中，光穿透水的距离不过几百米，而声波却以独特的方式，在水中可以传递上千千米远。寻找美国宾夕法尼亚号的人在时刻搜寻着任何会泄露踪迹的声音，宾夕法尼亚号为了实现隐匿，必须要做到无声航行。船员的一个主要任务就是在海中保持不被检测到，所以他们每天的工作内容之一就是保持安静，不让别人知道他们的所在。

宾夕法尼亚号潜艇上的甲板装备、运转机器，就连手机在内都有橡胶减振设计，把震动的噪声减至最小。潜艇上另一个产生噪声的东西就是螺旋桨，这种宽带噪声能在海中传送很远。原来，螺旋桨快速旋转的时候，由于与水的摩擦，会产生一串气泡，气泡破裂会产生许多噪声。这些气泡里头并不是空气而是蒸汽，这些蒸汽是由于海水沸腾产生。众所周知，水的沸点是 100 摄氏度，但在不同的压力下，水的沸点也会跟着发生改变。这就像压力锅内部的压力很大，这时水的沸点就会增高，使烹煮更有效率。同样，在压力减低的情况下水的沸点也会发生改变。当潜艇的螺旋桨高速转动时，叶片上会形成低压区，造成水不用加热就会快速沸腾，因而制造出了蒸汽气泡，这称为气穴。这些气泡的形成与螺旋桨的转速是密切相关的，螺旋桨转得越快越可能产生气穴。

宾夕法尼亚号的螺旋桨设计是个秘密，但螺旋桨要能安静运转，有个基本原则，气穴现象只会在螺旋桨快速旋转的时候产生，因此，只要减慢螺旋桨的转动速度就能减少气穴现象，从而降低噪声。但减慢螺旋桨的转动速度也会降低潜艇的推进动力，宾夕法尼亚号的工程师为了解决这一难题，创新设计出了带有 4 个独特造型的叶片螺旋桨，这种螺旋桨在更低的速度下产生大的推进力，这样几乎就不会有气穴现象，也就不会产生螺旋桨噪声了。

3.6　蛟龙探海

公元前 2000 年，中国的史书上便有关于潜水的记载，但那时还是最原始的潜水方式。在《史记·秦始皇本纪》提到了一项大规模的潜水打捞，另外，在《天工开物》中也有相关的记载。

现代科学意义上的潜水技术应当从 17 世纪末期哈雷发明了世界上第一个潜水钟开始算起。该潜水钟能通过胶皮管子注入空气，在水下停留时间约 90 分钟。后来在 1943 年，两位法国人共同发明了水下呼吸器，也叫"水肺"。

真正的深潜是从深潜器的创新发明开始的。最初的深潜器是一个潜水球，是由一位美国科学家欧第斯·巴顿发明制造的。后来欧第斯·巴顿和自己的导师威廉·皮比于 1930

年 6 月 6 日一起乘坐潜水球，在百慕大海域成功下潜到水下 240 米的深度（图 3.6.1）。他们的第二次下潜，到达了水下 923 米，此事深度轰动了美国。

2019 年 4 月，探险家维克多·维斯科沃驾驶名为"Limiting Factor"的深海潜水器成功下潜到马里亚纳海沟底部，创造了 10928 米的人类深潜全新世界纪录。

图 3.6.1　皮比和巴顿一起乘坐的潜水球

3.6.1　蛟龙探海承载中国深蓝梦想

深海蕴藏着丰富的矿产、油气、生物等资源。根据《联合国海洋法公约》相关规定，这些资源属于全人类共同继承财产，各国不得任意开采。只有向国际海底管理局提出申请并签署勘探合同后，才可以对矿区进行精细勘探。只有圈出最优质的矿区后，才有可能进一步签订开采合同。而能否圈出最优矿区，则取决于对矿区调查的精细程度，而要对矿区进行精细勘探，没有作业型深海潜水器是根本不可能的。

我国海洋科考起步比较晚，底子也较薄，与之相伴的是研发能力也相对落后，深海装备长期依赖进口。从"九五"起，我国开始设立"863 计划"海洋技术领域，开始加快大型海洋装备的研发进程。2012 年，党的十八大报告中首次提出了海洋强国战略，海洋科技创新已经成为支撑国家战略的重要组成部分。深海蕴藏着地球上远未认知和开发的巨大宝藏，但是要得到这些宝藏，就必须在深海进入、深海探测、深海开发等方面掌握相关的关键技术。国土资源部则发布"十三五"规划，明确提出将着力突破深海探测的关键技术，向深海空间拓展。

一系列战略的规划和实施，令重大深海技术装备"国产化"迎来了快速发展的机遇期。近年来，我国在浮力材料、水密接插件、深水电机、机械手、高压海水泵、水下灯和摄像机等海洋装备的国产化技术方面已经走向成熟。

我们要深海进入、深海探测、深海开发，蛟龙号这种载人潜水器就是为第一步进入和第二步探测服务的。如果我们没有蛟龙号这样的装备，那就只能望洋兴叹了。蛟龙号历经十年攻关探寻深海，同时也开启了我国海洋装备"中国造"的序曲。

3.6.2　十年攻关创新实现中国造

20 世纪以来，海洋已经日益成为人类解决资源短缺、拓展生存发展空间的战略必争之地。在蛟龙号问世之前，世界上拥有 6000 米以上深度载人潜水器的国家仅有美国、法国、日本和俄罗斯，深海技术装备的水平无疑成为一个国家科技实力的重要标志之一。

2002 年，科技部正式将 7000 米载人潜水器列为国家"863 计划"重大专项，随后经历了十年的刻苦攻关。作为中国的第一艘深海载人潜水器，蛟龙号的成功创造凝聚了无数科研工作者的心血。面对技术上的空白和资料匮乏，徐芑南院士带领科研团队，突破了 7000 米水下深度耐压安全技术等一个个难关。

1000 米、3000 米、5000 米，直到 7000 米。从 2009 年到 2012 年，蛟龙号的每次下潜，都在越潜越深。

2012 年 6 月 24 日，由中国自行设计、自主集成研制的第一艘深海载人潜水器——蛟龙号（图 3.6.2）在马里亚纳海沟进行下潜作业，第一次突破了 7000 米的水深。2012 年 6 月 27 日，蛟龙号再次刷新"中国深度"——下潜 7062 米，创造了世界同类作业型潜水器的最大下潜深度纪录。

突破水下 7000 米，标志着中国第一艘深海载人潜水器集成技术已经成熟，中国

图 3.6.2　中国蛟龙号载人潜水器

深海潜水器成为海洋科考的前沿和制高点之一。至此，中国"龙"一跃进入世界载人深潜第一梯队，中国从此可在占世界海洋面积 99.8% 的广阔海域进行各种科学考察作业，探寻资源。

蛟龙号 7000 米级海试成功的意义不仅于此，它仅仅是一个开始。正是由于蛟龙号的十年科研攻关，为我国在深海技术装备研发方面提供了坚实的技术储备，随着重大深海技术装备不断涌现和投入使用，它的成果绝不是简单的一个点，而是变成了一条线。

我国已进入总装阶段的 4500 米载人作业潜水器，国产化率已达 92% ~ 95%，充分验证了中国从原材料的制备到加工工艺的创新能力。随着后续的应用发展，必将带动国内深海装备领域的新材料、新装备的创新应用发展。

此外，一个比蛟龙号深潜更为庞大、复杂，意义更为重大的工程——"蛟龙探海"工程正在酝酿之中。这一工程将对"十三五"及未来 15 年我国深海资源勘查、深海环境监测与利用、深海技术装备发展、深海规则制定等进行系统设计、统筹谋划和实施，届时将全面推动我国深海活动从"跟跑"向"领跑"的跨越式发展。

3.6.3 创新技术领先世界

2007年6月13日，蛟龙号载人潜水器顺利完成了大洋第38航次第三航段的最后一潜，这标志着蛟龙号试验性应用航次的全部下潜任务已经圆满完成。试验性应用阶段圆满收官，在调查了深海矿区的同时也开辟了深渊科学研究的新领域。

蛟龙号从诞生到使用，可划分成海上试验、试验性应用和业务化运行3个阶段。2012年结束了海上试验后，蛟龙号开始转入试验性应用阶段。如果说第一阶段是为了检验蛟龙号能否下潜到设计深度、验证其各项技术指标是否达到设计要求，那么，试验性应用阶段主要是为了培养专业化的业务支撑队伍，并建立全国开放共享机制，进而提高它的作业效能，所有这些蛟龙号都交出了满意的答卷。

自2013年试验性应用以来，蛟龙号先后在中国南海、东太平洋海盆区、西太平洋海沟区、西太平洋海山区、西南印度洋脊、西北印度洋脊等七大海区开展了下潜作业，取得了一系列勘探成果。

蛟龙号还助推我国开辟了深渊科学研究的新领域。6500米以下海域叫作深渊，以前没有装备和人员能够抵达这个区域开展相关研究。蛟龙号最深可以载人下潜达到7000米水深，因此，就可以提出深渊课题和先导科研计划。过去，人们一直以为深渊荒芜贫瘠，可是科学家乘坐蛟龙号抵达深渊后发现，即使水下7000米的深度，还活跃着大量生物群落，极大地颠覆了我们原有的对深海的认知。

接下来，蛟龙号即将转入业务化运行阶段。

放在国际舞台上，蛟龙号也毫不逊色，甚至在某些方面遥遥领先。

在世界同类载人潜水器中，蛟龙号能达到7000米下潜深度，其他国家目前还做不到。据了解，俄罗斯的"和平一号""和平二号"潜水器以及法国的"鹦鹉螺"潜水器等，设计深度都为6000米或最大不超过6500米。

蛟龙号的重大突破，对于促进我国海洋科学研究和海洋装备制造业发展，提升我国认识海洋、保护海洋、开发海洋的能力，推动我国从海洋大国向海洋强国迈进，促进人类和平利用海洋，将产生重大而深远的影响。

蛟龙号潜水器长、宽、高分别是8.2米、3.0米与3.4米，重约22吨，它有着红色顶盖、白色舱体、厚厚的外壳、坚固的支架，鱼一样的线条。

多方面的技术突破和创新铸就了我国蛟龙的独特性能。

1. 潜得深——大深度作业

要潜入深海，首先面临的问题就是巨大的海水压力。深度每增加10米，压力就增加一个大气压。蛟龙号要下潜到 7000 米，海水产生的压力为 700 个大气压。也就是说蛟龙需要承受的压力，相当于 14 座埃菲尔铁塔的重量。蛟龙号创建了 7000 米级载人潜水器安全性设计技术体系，在国际上首次成功解决了超高水压下大直径大开口钛合金载人舱和系统设备的安全可靠性挑战，确保具备大深度作业能力。

很多人可能都知道，著名导演卡梅隆曾使用"深海挑战者"号深潜器，下潜深度达10898 米。那么这个纪录和蛟龙号创造的 7062 米深潜纪录有没有可比性呢？专家介绍，"深海挑战者"仅仅是探险型深潜器，仅供一人乘坐，并不具备深海作业能力。而蛟龙号则是作业型深潜器，可搭载 3 人，具备深海科考能力。

2. 定位准——精准悬停作业

蛟龙号拥有高精度定点悬停作业能力。一旦在海底发现目标，蛟龙号不用像大部分国外深潜器那样完全降落至海床上，驾驶员只要行驶到相应位置，与目标保持固定的距离，然后停下，再用机械手进行操作；而且蛟龙号可以稳稳"定住"，避免海底洋流等导致自身摇摆不定和机械手运动而带动潜水器晃动等情况的干扰。

3. 传输稳——高超的水声通信技术

潜水器一般都配备有母船，为潜水器作业提供支持和维护。载人潜水器能否与水面上的母船及时取得联系，关系到潜水器和下潜人员安全，水声通信能力是成功下潜的关键因素，蛟龙号拥有先进的水声通信能力。

蛟龙号研制了国际首例可传输图像、数据、文字和语音等信息的潜水器水声通信系统，在 115 分贝恶劣背景噪声条件下实现了最远 8.6 千米、最大数据率 10 千比特 / 秒的稳定通信，达到国际领先水平。

4. 动力足——耐高水压的电池

自主研发的银锌电池在巨大的海水压力下电量达 110 千瓦·时，在同类电池中能源最强，延长了海底作业时间。为了解决在水下 700 多个大气压下能够不被压垮的问题，工程人员把蛟龙号的电池创新设计成开放式的结构，通过压力的补偿，利用液压油进入到电池壳体的内部实现电池壳内外壁的压力平衡。这完全颠覆了我们对电池的认知。

此外，蛟龙号还配备并搭载了时间序列热液保真取样器、多级原位海水微生物采集系统、多参数测量传感器、岩芯取样器等系列化作业工具，支撑了其对巨型生物、微生物、岩石、水体、沉积物、热液流体等高保真样品的采集，实现了温度、盐度、浊度、溶解氧等参数的原位测量。

2017 年 6 月 23 日，蛟龙号顺利抵达青岛国家深海基地码头。至此，中国大洋第 38 航次圆满完成，标志着蛟龙号五年试验性应用阶段圆满结束，即将步入业务化运行阶段。

从开展海试到试验性应用结束，蛟龙号共成功下潜 158 次（其中，试验性应用阶段 95 次），总计历时 557 天，总航程超过 8.6 万海里，实现 100% 安全下潜，取得了丰硕的深海科考成果。它在多个海域的海山区、冷泉区、热液区、洋中脊探索多个海底"矿区"，取回了大量深海生物样品、富钴结壳样品、多金属结核样品等，对海山、热液、海沟等典型海底地形区域有了初步探查。

2018 年 1 月 8 日，"蛟龙号载人潜水器研发与应用"项目在 2017 年国家科学技术奖励大会上，被授予国家科学技术进步奖一等奖。

从 2019 年开始，蛟龙号进行技术升级，之后同它的新母船一同步入业务化运行，和我国深海其他高新技术装备协同作业，执行 2020 年 6 月至 2021 年 6 月的环球载人深潜科考任务。

3.6.4　蛟龙号的母船——向阳红 09 号

向阳红 09 号船是我国自行设计、自行建造的第一艘 4500 吨级船。1978 年 10 月竣工，是属于向阳红系列海洋考察船。

2006 年，国家海洋局决定将向阳红 09 船增改装为我国大洋科学考察深潜试验母船。2006 年 12 月，向阳红 09 船进中海集团立丰船厂增改装。经过 10 个多月的艰苦奋战，向阳红 09 船完成了全部增改装工程。2007 年 11 月 28 日，经过中海工业增改装的向阳红 09 船成为国内第一艘深潜试验母船（图 3.6.3）。

图 3.6.3　向阳红 09 船与蛟龙号

改装后的向阳红 09 号可进行海洋水文物理、海洋气象等科学调查研究工作。该船为钢质，双层连续甲板，柴油机推进，双桨，双舵，主要从事中远海及大洋的航行任务。

向阳红 09 号海洋综合考察船上设有国内首制的万米测深仪和当时国内最先进和最完备的气象设备、通信设备、导航设备、海洋科学调查设备，可在各海域从事海洋水文、物理、海洋气象、海洋化学、海洋地质、地貌、生物等科学研究工作，为国防建设经济建设提供海洋科学资料。

　　向阳红 09 船给新中国海洋事业留下的航迹，经历了 40 多年的风风雨雨。向阳红 09 船自 20 世纪代至今，正是我国海洋事业发展历程的一个缩影，这个历程中有高潮，也有低谷；有艰辛，有泪水，更有艰辛和汗水铸就的辉煌。

3.7　深水钻井平台

　　浩瀚的海洋蕴藏了全球超过 70% 的油气资源，根据目前的估计，全球深水区潜在石油储量高达 1000 亿桶，大洋深水是世界油气的重要接替区。据测算，世界石油产量中约 30% 来自海洋石油，2010 年，全球深水油气储量可达到 40 亿吨左右，深水油气资源开发正越来越成为世界石油工业的主要增长点和科技创新的前沿。

　　2011 年中国原油对外依存度达到了 56.3%，天然气对外依存度为 21.5%，截至 2021 年，已经分别上升到了 72% 和 46%。随着中国工业化进程的不断推进，可以预计未来油气对外依存度还将进一步提升。中国陆地和海洋浅水区都经历了 40～50 年的勘探，勘探程度较高，发现新的大型油气接替领域无疑是相当困难的。

　　浩瀚南海，孕育着丰富的油气资源。整个南海盆地群石油地质资源量约在 230～300 亿吨，天然气总地质资源量约为 16 万亿立方米，占我国油气总资源量的三分之一。属于世界四大海洋油气聚集中心之一，无疑可以成为中国油气的重要接替领域。但由于自然环境非常恶劣，且 70% 的石油蕴藏在深海区域，开发的技术难度大、成本高以及中国的海洋石油工业起步晚、技术相对落后，严峻的事实是 300 米一直是我国海洋石油开发的极限，南海的深水油气资源一直没有得到有效开发。

图 3.7.1　海洋石油 981 深水石油钻井平台

　　为了进军南海深水，中国海洋石油总公司打造了以"海洋石油 981"为旗舰的 3000 米"深水舰队"，作为中国首次自主设计、创新建造的超大型第六代 3000 米深水半潜式钻井平台，"海洋石油 981"代表了当今世界海洋石油钻井平台技术的最高水平，创造了多项世界第一的纪录（图 3.7.1）。

3.7.1 "海洋石油 981"的创新设计与建造

为加快我国深水油气资源的开发，提高我国深水海洋工程的装备能力，中国海洋石油总公司于 2004 年开始了第六代深水半潜式钻井平台的概念性研究，并于 2006 年 7 月正式成立深水钻井船工程项目组，负责"海洋石油 981"深水半潜式钻井平台的研究。

在研发过程中，为适应南海海域恶劣的环境，并满足平台新的作业功能的要求，"海洋石油 981"的研发团队在基本设计和详细设计阶段结合国家"863"重点项目和国家科技重大专项开展了大量技术创新攻关。通过基础研究和工程实施相结合，研发团队在总体性能、总体布局、主尺度优化、重量控制、结构设计、动力定位及锚泊定位升级、系统集成等很多方面均实现了突破和创新。

在世界范围内，与 981 钻井平台类似的平台大约有 17~18 艘。论综合能力，981 钻井平台可以处于前三。

在大的外表之下，"海洋石油 981"整合了全球一流的设计理念、一流的技术和装备，所以它还有着更令人赞叹的"高精尖"内涵，其中又以五大"世界之最"最为典型。

1. 四立柱踏双船设计

"海洋石油 981"长 114 米、宽 89 米，面积比一个标准足球场还要大。它的高度为 137 米，相当于 45 层楼高。平台自重 30670 吨，承重 12.5 万吨。

从空中俯瞰，"海洋石油 981"半潜于海面，是个长方形平台，4 个立柱下"踩"两个船体，每根立柱平均长宽 10 米，甲板室顶部配备直升机起降平台。平台上满是机械手臂，矗立海面宛如钢铁巨人（图 3.7.2）。

图 3.7.2　四立柱踏双船设计的海洋石油 981

"海洋石油 981"的最大作业水深设计为 3000 米，钻具和钻材的需求显著增加。因此，研发团队将"海洋石油 981"的可变载荷指标确定为 9000 吨，为当时在运营的半潜式钻井平台的甲板可变载荷之最。

2. 首次使用锚泊定位与动力定位组合系统

"海洋石油 981"是一艘漂泊的大船，在海上风浪较大的深水区，怎样保持不动又准确无误地打井呢?

981 首次采用动力定位和锚泊定位的组合定位系统。简单说,就是在 1500 米水深海区,用抛锚方式固定平台;在 3000 米水深海区,抛锚鞭长莫及,就采用动力定位,即在精确计算的基础上,靠 8 个推进器的反作用力抵消风、浪、流等对船体的作用力,达到平衡定位的目的。这样"二位一体"的组合定位,国际上还没有先例。该系统让"海洋石油981"成为惊涛骇浪中的"定海神针",确保平台能够全天候进行作业。

3. 设计能力可抵御两百年一遇的超强台风

在"海洋石油 981"的诸多"世界之最"里,有许多设计都是按南海海况"量身定做"的。比如,在南海百年一遇风浪参数的基础上,首次采用 200 年一遇风浪参数对平台的总强度和稳性进行校核,该环境参数相当于 17 级台风风速,远超国际船级社规范的相关要求,这就确保 981 平台可以在南海恶劣海况条件下高效安全作业。

4. 防喷器可预防类似墨西哥湾重大漏油灾难的发生

"海洋石油 981"还首次采用最先进的本质安全型水下防喷器系统。据介绍,导致墨西哥湾漏油事件发生的一个重要原因是,事故发生时,以往通用的靠液控、电控信号关闭漏油油井的办法全部失效了。有鉴于此,"海洋石油 981"首次采用了"本质安全型"防喷系统,即在电、液信号丢失的情况下,靠水下储能器控制,紧急情况下可自动关闭井口,这就能有效防止类似墨西哥湾事故的发生。

5. 形成深水钻井特色技术

近年来,中海油加大了深水技术的研发。在深水工程、深水钻井和天然气水合物开发等领域,深水实验室承担了 6 项国家重大专项课题,7 项国家 863 课题和 1 项 973 课题。依托这些课题,中海油加大深水油气田开发工程技术研究力度,深水平台技术、深水管道和立管技术等领域的研究都取得了初步突破。中海油研究总院的许亮斌在深水隔水管分析设计关键技术上的突破,成功地掐住了深水钻井开发的咽喉——深水隔水管,形成了深水钻井的特色技术。

3.7.2　6 个世界首次和 10 项国内首次

作为中国首次自主设计、建造的第六代 3000 米深水半潜式钻井平台,"海洋石油981"代表了当今世界海洋石油钻井平台技术的最高水平。它拥有多项世界首创和国内首创、世界领先的自主创新成果,获得几十项专利,完成了在国内从详细设计、建造到模块安装与调试的全过程的整合,这在世界上也只有一两个国家才能做到。这标志着我国成功打破技术垄断，掌握了世界一流海洋工程平台设计的核心技术。"海洋石油 981"的创新主要体现在以下 16 个方面。

"海洋石油 981"的 6 个世界首次创新：

（1）首次创新采用南海 200 年一遇的环境参数作为设计条件，大大提高了平台抵御环境灾害的能力；

（2）首次创新采用 3000 米水深范围 DPS3 动力定位、1500 米水深范围锚泊定位的组合定位系统，这是优化的节能模式；

（3）首次创新突破半潜式平台可变载荷 9000 吨，为世界半潜式平台之最，大大提高了远海作业能力；

（4）首次创新成功研发世界顶级超高强度 R5 级锚链，引领国际规范的制定；

（5）首次创新在船体的关键部位系统地安装了传感器监测系统，为研究半潜式平台的运动性能、关键结构应力分布、锚泊张力范围等建立了系统的海上科研平台，为我国在半潜式平台应用于深海的开发提供了更宝贵和更科学的设计依据；

（6）首次创新采用了最先进的本质安全型水下防喷器系统，在紧急情况下可自动关闭井口，能有效防止类似墨西哥湾事故的发生。

"海洋石油 981"的 10 项国内首次：

（1）国内由中海油首次拥有第六代深水半潜式钻井平台船型基本设计的知识产权，使国内形成了深水半潜式平台自主设计的能力；

（2）国内首次应用 6 套闸板及双面耐压闸板的防喷器（BOP）、防喷器声呐遥控和失效自动关闭控制系统，以及 3000 米水深隔水管及轻型浮力块系统，大大提高了深水水下作业安全性；

（3）国内首次建造了国际一流的深水装备模型试验基地，为在国内进行深水平台自主设计、自主研发提供了试验条件；

（4）国内首次完成世界顶级的深水半潜式钻井平台的建造，使国内海洋工程的建造能力一步跨进世界最先进行列；

（5）国内首次成功研发液压铰链式高压水密门装置并应用在实船上，使国内水密门的结构设计和控制技术处于世界先进水平；

（6）国内首次应用一个半井架、BOP 和采油树存放甲板两侧、隔水立管垂直存放及钻井自动化等先进技术，大大提高了深水钻井效率；

（7）国内首次应用了远海距离数字视频监控应急指挥系统，为应急响应和决策提供了更直观的视觉依据，提高了平台的安全管理水平；

（8）国内首次完成了深水半潜式钻井平台双船级入级检验，并通过该项目使中国船级社完善了深水半潜式平台入级检验技术规范体系；

（9）国内首次建立了全景仿真模拟系统，为今后平台的维护、应急预案制定、人员培训等提供了最好的直观情景与手段；

（10）国内首次建立了一套完整的深水半潜式钻井平台作业管理、安全管理、设备维护体系，为在南海进行高效安全钻井作业提供了保障。

3.7.3　组装与试航

"海洋石油981"的组装可以称得上最精确的"拼积木"，即采用数字化模块化技术进行。

2009年4月20日，在外高桥造船厂一号船坞举行铺底仪式，"海洋石油981"开始吊装组装。对于"海洋石油981"来说，总体建造过程就像拼积木：首先将其分解成为200多个100多吨的分段进行建造；完成后运输至外高桥一号船坞的组装平台，再组合成为几百吨重的总段；最后通过1000吨级的龙门起重机吊装在一起。

这个过程的名称叫作"节拍式总段连续搭载法"，也就是不同部分按照不同的规律进行拼装。浮箱一共吊装了20次，间隔大约10天；浮箱上的立柱吊装12次，间隔20天；到最后甲板作业平台，则是每3天左右吊装一个部件。

从建造工艺上说，最大的挑战是主甲板。

主甲板是一个比标准足球场还大的平台，面临一个严重的问题是：如果在制造时处于完全水平状态，一旦安装到立柱上，中间部分受重力等原因就会下坠，成为一个中间下凹的弧面。最终的解决办法是：先用计算机精确模拟吊装到立柱上后，每增加一个建筑所受的力。根据这些数据，在建造时使甲板有一个上凸的弧面。等吊装完毕之后，叠加上井架、生活楼等大约2000吨的建筑、装备，乃至以后搭载的装备，凸起的部分正好受力压平。建造如此巨大的甲板，是为了满足创纪录的可变载荷——9000吨。

2010年2月26日，"海洋石油981"出坞了（图3.7.3）。

离开船坞是一个极其精细的作业过程：由于体形过于庞大，它与船坞之间的距离，几乎是外高桥一号船坞生产过的产品中最小的距离。在垂直方向上，由于重量过大，它在最高潮位时距船坞底，只有0.7米。

除了以每分钟10米以下的速度小心翼

图 3.7.3　离开船坞的海洋石油 981

翼地移动，在"海洋石油981"出坞时，还要在船坞两岸派专人观察它与船坞壁之间的距离，一旦出现问题就会立刻把隔断物塞进去，防止造成直接摩擦。

2012年9月，"南海深水油气勘探开发关键技术及装备"验收，它的成果集中在深水油气资源勘探、钻井、海洋工程和安全保障三个方面，"海洋石油981"名列首位。

3.7.4　海洋石油982

"海洋石油982"深水半潜式钻井平台是中海油田服务股份有限公司（中海油服）自主投资建造的第一座深水半潜式钻井平台。该平台的建造，使得我国深水钻井高端装备梯队进一步完善，标志着我国深水钻井高端装备规模化、系列作业能力形成。

"海洋石油982"是按照国际最高标准建造，满足国际海洋钻探的最新规范要求。平台配备世界上最先进的深水水下防喷器装置，采用电气和液压复合控制模式，运用电源应急关断时自动激活水下防喷器应急解脱功能的先进技术，使水下井口更加安全可靠；同时，平台配置强大的电站和推进系统，采用最先进的闭环电力系统和DP3动力定位系统，具有超强抗风能力，更加适合在南海等热带台风多发深水海域进行钻探作业。

2017年4月28日，第六代深水半潜式钻井平台"海洋石油982"在大连成功出坞下水（图3.7.4），标志着我国深水钻井高端装备规模化、全系列作业能力形成。

图3.7.4　"海洋石油982"深水半潜式钻井平台

"海洋石油981""海洋石油982"等平台的建成和投入使用，标志着我国具备了在南海及世界大部分深水海域进行油气勘探开发的能力，实现了我国海洋石油工业的历史性跨越。超深水半潜式钻井平台为我国第一个"深水大庆"提供了深水重大装备的支撑和保障，是我国海洋强国之路上的里程碑，有力地宣示了国家主权，维护了国家海洋权益，有着重大的社会效益和经济效益。

3.8　巴拿马运河

巴拿马运河是迄今为止世界上最大的水闸式运河，全长81.3千米，其中河面最宽处为304米，最窄处只有91米。巴拿马运河连接的大西洋和太平洋水位相差是比较大的，运河大部分河段的水面比海面高出26米。为了调整水位差，共建造了6座船闸。从太平洋一侧进口进入运河时，首先通过米拉弗洛雷斯双闸阶，然后经米拉弗洛雷斯湖和佩德罗米格尔单闸阶，最后将船只由海平面提升 26 米，进入加通湖，另一端经过三级加通船闸再将船降低，最终与大西洋海面齐平。

图 3.8.1　巴拿马运河

巴拿马运河是沟通太平洋和大西洋的重要航运要道，被誉为世界七大工程奇迹之一。巴拿马运河位于美洲巴拿马共和国的中部，横穿巴拿马地峡（图 3.8.1）。它无疑是"捷径"一词的最佳诠释者，船只通过巴拿马运河往来太平洋和大西洋间，比绕道南美洲合恩角的航程缩短约 14800 千米；从欧洲至亚洲东部或澳大利亚缩短 3200 千米。

如今，每年有两亿多吨的货物由巴拿马运河通过，每年能够为巴拿马盈利 20 亿美元以上。巴拿马运河是运河工程中的杰作，也是运河工程中重大技术创新突破的集合。纵观世界上每一条具有重要地位的运河，其核心都有一项重大的科技技术的创新飞跃。借助这些技术创新突破，越来越大的船只得以穿行内陆，并在人类历史发展过程中改变了世界的运输方式和人类的交往途径。让我们回溯运河创新发展的历史，揭秘不断提高运河货运能力的工程创新和技术发明，了解巴拿马运河是如何成为登峰造极的创新奇迹。

3.8.1　布里亚尔运河：翻山越岭的创新

17 世纪初，法国刚刚从内战的动荡中恢复过来，人们开始重新追求精致美好的生活。作为法国的经济和文化的中心，巴黎对红酒和其他农产品的需求迅速攀升。但是如果要将商品从农村运送到巴黎，必须要经过崎岖不平的乡村小路，这样的运输不仅速度慢，效率也非常低。在这种需求背景之下，法国国王做出决定，将更多的货物经由塞纳河水运到巴黎。法国国王希望能将鲁瓦河谷的葡萄园和直通首都的塞纳河连通，通过修建一条运河来实现这一便捷的交通水路。这就是后来闻名遐迩的布里亚尔运河。

修建布里亚尔运河的最大问题，在于一座 40 米高的丘陵隔断了运河的航道。这个巨大的障碍物让国王和工程师面临一个艰难的选择。如果航行绕过丘陵就会多增加 200 千米的路程，但如果要让运河穿越丘陵的话就必须开凿丘陵，无疑两种方案的工程量都非常巨大。因此工程师想到的创新解决方法是让运河能够翻越山顶，可是这又面临一个关键的技术问题，如何能让水从低处往高处流呢？

1642 年，法国的布里亚尔运河竣工了，这标志着运河的建造在水道工程建设上取得了创新的突破。这条运河从卢瓦河的布里亚尔到塞纳河的莫雷，长达 56 千米。工程师们为了建造这条运河创新发明了阶梯船闸。

一个阶梯船闸由两个闸门组成，在闸门之间会形成一个具有缓冲作用的蓄水池，能够解决由水位高低不同所形成的落差问题，使得一艘船能够顺利通过船闸向上攀升。阶梯船闸后来为全世界的运河建造所采用，它的创新是运河技术的第一次飞跃。

3.8.2　布里奇沃特运河：跨越河谷的创新

布里奇沃特运河是从沃斯利至利物浦的交通水道。它是 18 世纪工程上的杰作，由卓越的自学成名的机械师和工程师詹姆斯·布林德利主持开凿。

第一条现代运河便是诞生在英国，由煤矿主布里奇沃特投资兴建的布里奇沃特运河。布里奇沃特公爵需要建造一条运河，从他的沃斯利矿区到 16 千米外的曼彻斯特。

这条运河在 1761 年通航，成为从沃斯利煤矿向曼彻斯特供应燃煤的最快捷便利的通道，开通之际，曼彻斯特的燃煤价格便直降 50%！

这条运河随后进一步从两端继续延伸，一端从沃斯利延伸连接利物浦运河，另一端由曼彻斯特延伸至朗科恩，由此打通了曼彻斯特的出海通道。自此，利物浦作为英国的主要港口，随着工业革命的进程急速扩张，最终成为煤矿、盐矿等工业原材料和棉花交易的第一大港。此外，在曼彻斯特和朗科恩之间还开通了客运交通业务。

布里奇沃特运河是英国第一条不沿现有水道而建的运河，并成为后来运河建造的模板。布里奇沃特运河的工程技术独具创新特色，首次采用航运水道桥跨越河谷，而不是用下降再上升的斜面或船闸系列穿过河谷。运河系统本身，也成为英国工业革命的一个成果。

为了防止运河水渗入疏松土壤流失，他们采用河底铺黏土的方式防止水渗漏。布林德利对节水理念的追求，让布里奇沃特运河取得了成功。但是，在随后的 100 多年中，运河下方河流中的运行船只不断变大，当年布林德利建造的石质渡槽已经无法满足现在船只通行的需求。

为了解决这个难题，工程师们的创新做法是：拆除了原来横跨的渡槽，在河的中心建了一座小岛，并在岛上建造了一根铁柱，来支撑跨越河流的新式可旋转渡槽。当有高度超过渡槽的船只通过时，渡槽旋转 90 度角，这样即便是再高的船只也能顺利通过。布里奇沃特运河上的新式可旋转渡槽成为世界上第一个旋转渡槽（图 3.8.2）。

图 3.8.2　布里奇沃特运河上的可旋转渡槽

3.8.3　曼彻斯特运河：挖掘技术的创新

随着国际贸易的发展，货船变得越来越大，运河也需要随之升级。当时，在英国的曼彻斯特，为了修建能够让当时最大的船只通过的运河，曼彻斯特的工程师们必须革新他们的挖掘技术。

曼彻斯特通海运河是当时最大的人工水道，挖掘的工程量十分浩大。由于人工挖掘远远无法满足工期的需求，总工程师爱德华·利德·威廉姆斯决定采用创新的挖掘方式，他购买了全新的挖掘机械来提高挖掘的速度。挖掘机有一条蒸汽动力的挖斗传送带，能够源源不断地将泥土挖出，挖出的泥土会被输送并倾倒在车皮里，经由铁路运走。一台这样的蒸汽巨无霸挖掘机，比 50 个挖掘工的挖土量还要多。在一大批蒸汽挖掘机的帮助下，曼彻斯特通海运河的挖掘工作进展十分顺利。

但是不幸的是，1890 年曼彻斯特由于暴雨导致了一场大洪水，不但冲毁了刚刚挖掘好的河岸，还将数千吨泥土带入了挖掘好的河道。并且将当时投入施工的挖掘机器也毁于一旦。暴雨导致附近的河流决堤，淹没了威廉姆斯的工地，迫使他找到一个能够在水下继续挖掘的方法。后来，他手下的工程师创新地把挖掘机架在了两艘驳船之间，然后用另两艘船固定运送泥土的传送带，终于，利用这一创新发明，挖斗可以从被淹没的运河底部挖泥了，并且通过另一条传送带把挖出来的泥土送至岸边。这样威廉姆斯终于可以按时完工了。

由于曼彻斯特运河的成功开通，使得曼彻斯特这座距离海岸 50 千米的城市，变成了英国繁忙的第三大港口，比当时的对手利物浦更具优势。

3.8.4　巴拿马运河：登峰造极的创新集合

巴拿马运河系统共有 12 个船闸。从太平洋入口处到运河，第一组船闸被称为米拉弗洛雷斯船闸，这是一个两级船闸，能使船只提升或降低 54 英尺。然后我们将看到佩德罗米格尔船闸，这是一个一级船闸，能将船只提升或降低 31 英尺。过了佩德罗米格尔船闸，通过库莱布拉水道就来到了加通湖。最后一道船闸就是加通船闸，它是一个三级船闸，能将船只提升或降低 85 英尺，并通向大西洋（图 3.8.3）。所有三组船闸都是成对的，从而至少在原则上确保船舶能以相反的方向通过。

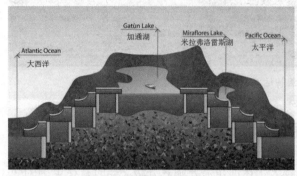

(a) 船闸原理示意图　　　　　　　　　　　(b) 三级船闸

图 3.8.3　巴拿马运河上的船闸

这些船闸的主要目的是保证加通湖的湖水不外流入大西洋或太平洋，这将确保在任何时候都有足够的吃水供船舶通过。

巴拿马运河船闸设置

船闸是基于重力和浮力基本原理工作的。加通湖与太平洋、大西洋之间的高度差将导致水通过涵洞涌入船闸和排空船闸，巨大的阀门控制着水流。整个系统由位于各个船闸上的控制中心管理。当船闸放水时，浮在船闸内的船舶会随着水位的上升而上升，然后进入下一个船闸，以便进一步提升。通过排空船闸的水，同样的技术也被用来降低船舶。

运河的水闸靠加通湖、阿拉胡埃拉湖和米拉弗洛雷斯湖等各湖的重力水流运作，这些湖的湖水是由查格雷斯河及其他几条河流入的。各水闸的长度、宽度和深度均一致。每组水闸都是成对的，船只可以双向同时通过。每一座闸门有两扇，宽 20 米，厚 2 米，固定在铰链上。门的高度为 14 ~ 25 米不等；门扇由安装在闸墙凹处的电动机驱动。门扇的开合则由坐落在成对船闸闸墙上的控制塔操控，闸室的充水和放水也由控制塔操控。闸室长 300 米，宽 33 米，深 12 米。

巴拿马运河的节水技术

巴拿马运河通过修建大坝拦截河流和湖泊来维持通航所需要的水位，其水源主要来自查格雷斯河和加通湖。查格雷斯河上游流域面积约占该运河流域总面积的 1/3，它为运河通航提供了几乎一半的用水量。巴拿马运河还对流域植被生长、物种多样性具有重要作用，同时承担着为当地居民提供日常用水的功能，因此巴拿马政府十分重视运河的水资源管理，已建成的三线船闸采用了多种节水技术，包括双线互灌互泄节水技术、纵向梯级灌泄节水技术、省水池灌泄节水技术等，这些技术均体现出巴拿马运河的节水理念。

3.8.5　巴拿马运河的扩建

随着全球经济的发展，世界贸易活动以及货运量的大幅增加，越来越多的超大型船只投入运营，巴拿马运河已有通航条件已不能适应发展的需要。

为使巴拿马运河顺应时代的发展，巴拿马政府于 2006 年 4 月 24 日正式提出了总投资为 52.5 亿美元的运河扩建计划。巴拿马运河扩建工程分为三个部分：在运河的两端各修建一个三级提升的第三套船闸和配套设施，同时拓宽并挖深加通湖至库莱布拉之间的航道（蛇形航道）。新建船闸闸室长 427 米，宽 55 米，深 18.3 米，可以通行 49 米宽、366 米

长的超巴拿马型船只。通行船只将可装载 12600 个 20 英尺（6.1m×2.44m×2.59m）标准集装箱，达现有船只装载量的 3 倍。

巴拿马运河的扩建工程于 2011 年正式动工。2016 年 6 月 26 日，巴拿马运河拓宽工程举行竣工启用仪式。运河扩建完工后，能通行世界上大部分大型船只，使得跨太平洋、大西洋的水路运输更为方便、成本更低，有重要的国际影响（图 3.8.4）。

图 3.8.4　扩建后的巴拿马运河

3.8.6　巴拿马运河的航行及其挑战

巴拿马运河的航道是双向的，在巴拿马湾这头由一道 5200 米长的防波堤护卫着。在大西洋那头的利蒙湾的运河防波堤，长 3500 米，顶部 4.6 米宽。轮船进入运河行驶，经过三道船闸，被抬升进入一个人工湖——加通湖。

加通湖位于运河中央，是利用入海河水蓄积起来的，湖面高于海平面。轮船从一个方向进入加通湖，再逐级下降至海平面，经过一个 152 米宽的通道口出湖，驶向目标方向。从运河一端行驶到运河另一端的过程中，轮船行驶落差分别为 9.5 米和 16.5 米。在这期间，它上升下降所需要的能量全部来自人工湖的自然势能。所有船闸都是成对建造的，长 305 米、宽 34 米，相向而行的船只可以同时通过船闸。船闸上安装着高 25 米、厚 2.1 米的巨大的空心钢制闸门。机车沿着闸壁缓缓而行，通常由六台机车拖曳着一艘轮船慢慢地通过船闸。湖水的调节则靠若干道水闸门，水闸以电机驱动，每个水闸重 800 吨，但只需要一台 40 马

力（29.4kW）的电动机驱动。整个设计可谓巧夺天工（图 3.8.5）。

图 3.8.5　加通湖与船闸

为防止巴拿马运河发生碰撞和交通阻塞，管理人员运用了一系列高科技，从运河的神经中枢进行管控，这就是海上交通管制中心。技术高超的航管员昼夜工作，以保证来往船只顺利通过巴拿马运河。每艘在巴拿马运河航行的船只，都配有 GPS 信标，因此即使可见度为零，航管员也可以追踪每艘船只的行踪。工作人员必须密切监视运河"瓶颈"处的情况，盖拉德人工渠和船闸就是运河的咽喉要道，工作人员必须始终保证这些地区的安全。如果盖拉德人工渠出现问题，就会导致运河停运的严重情况。

通过运河的每艘船只都有一名或几名领航员领航，他们一直待在船上直到船只离开运河终点。连同等候的时间，船只可能需要花 15~20 小时才能顺利通过运河。船只一旦获准通行时，其从深水到深水的平均通过时间约为 9 小时。盖拉德人工渠在不进行疏浚的时候，一般可双向通行。

为了训练领航员引领最大的船只顺利驶过运河，领航员会先在价值数百万美元的模拟船内进行训练。模拟船会真实模拟出船舶可能经历的各种情况，包括转弯、遇险、事故、失去动力等。领航员会在模拟船内采取相应的应对措施，希望通过模拟训练，可以避免未来在真正的运河上发生类似事故。

课程习题

第 1 课　创新改变世界

【创新学习简答题】

1. 创新简介。

2. 简述如何创新。

【选择题】

1-1 明石海峡大桥坐落在日本神户市与淡路岛之间，是世界上目前最长的 _____。

　　A. 吊桥　　　B. 跨海大桥　　C. 双层桥

1-2 港珠澳大桥把香港、珠海、澳门三座城市连接在一起，是世界上目前最长的 _____。

　　A. 海底隧道桥　　　B. 跨海大桥

　　C. 双层桥

1-3 海洋独立号豪华邮轮有 18 层楼高，重达 16 万吨，2008 年首航时，是世界上 _____ 客轮，标志着 150 多年来海洋工程领域革新的成果。

　　A. 最大的　　　B. 第二大　　C. 第三大

1-4 上海洋山港是世界上最繁忙的码头，每天有接近 _____ 个集装箱在这里流转。

　　A. 3 万 5 千　　　　　　B. 4 万 5 千

　　C. 8 万 5 千

1-5 在海上巨型风力发电机设计使用寿命的 20 年里，它将从空气中获取 _____ 千瓦·时的电能。

　　A. 1 亿　　　B. 2 亿　　　C. 4 亿

1-6 季莫费伊·古任科号破冰油轮造价 1.5 亿美元，是重量超过 _____ 万吨的庞然大物，是公认的重量级冰上冠军。

　　A. 9　　　B. 10　　　C. 12

1-7 美国海军最大的潜艇（俄亥俄级潜艇）是 _____ 核潜艇，可以在 250 米水下无声航行 6 个月。

　　A. 鹦鹉螺号　　　　　B. 乔治华盛顿号

　　C. 宾夕法尼亚号

1-8 蛟龙号是我国第一艘深海载人潜水器，是目前我国下潜最深的作业型载人潜水器。蛟

龙号优势在于 _____。

　　A. 工作范围覆盖全球 99.8% 的海洋区域

　　B. 定点悬停作业

　　C. 可以深海远距离通话

1-9 "海洋石油 981" 是我国乃至世界上最先进的第六代 _____ 平台，是中国海洋石油进军南海的战略利器。

　　A. 离岸式深水钻井平台

　　B. 半潜式深水钻井平台

　　C. 潜水式深水钻井平台

1-10 由于巴拿马运河的修建，来往太平洋和大西洋的航道距离由绕过合恩角航行数千千米，缩短至 _____ 千米，成为 "捷径" 的最佳诠释。

　　A. 60　　　B. 80　　　C. 100

1-11 美国尼米兹号航空母舰是第一艘尼米兹级核动力航空母舰，时速可超过 55 千米，可以航行 _____ 年而无须补充燃料。

　　A. 10　　　B. 15　　　C. 20

第 2 课　吊桥的创新奇迹
——明石海峡大桥

【创新学习简答题】

1. 灵感创新发明法简介。

2. 日本明石海峡大桥的建造集成了哪些历史上的创新成就？

【选择题】

2-1 1779 年，在英国的什罗普郡，为了跨越宽度达 30 米的赛文河，桥梁建造者采用的创新建造方法是 _____。

　　A. 建造石拱桥　　　　　B. 建造铸铁拱桥

　　C. 建造细木工连接法的木拱桥

2-2 日本明石海峡大桥采用栅格状的预铸铁组件建成，采用钢铁建造有一个很大的缺点和弱点，那就是 _____。

　　A. 重量会很大　　　　　B. 会生锈

　　C. 容易发生扭曲震颤

2-3 世界上第一座现代吊桥的杰作是 _____。

　　A. 布鲁克林大桥　　　　B. 梅奈桥

C. 尼加拉瀑布大桥

2-4 在设计建造世界上第一座现代吊桥时，英国最佳土木工程师托马斯·特尔福德的灵感来源是 _____。

A. 绳桥　　　B. 拱桥　　　C. 铁链桥

2-5 在建造尼加拉瀑布大桥时，为了能够承载300吨重的火车通过，采用的创新方法是 _____。

A. 利用新材料制造铁链来承重

B. 利用铁丝构成的缆索来承重

C. 在桥中央建造辅助桥墩来承重

2-6 在建造明石海峡大桥时，为了把组成钢缆的钢丝运送到对岸，日本工程师特地使用了 _____ 来进行输运。

A. 直升机　　　　　　B. 滑轮

C. 电动导引绳

2-7 纽约曼哈顿岛与布鲁克林之间需要建造一座横跨600米宽东河的桥梁，单跨桥梁不可能跨越，设计师想出的创新设计方案是 _____。

A. 水下隧道与吊桥相结合

B. 拱桥与吊桥相结合

C. 在河中建造辅助桥墩

2-8 在建造布鲁克林大桥时，为了能够在水下施工，工程师想出的创新方法是 _____。

A. 利用圆钢筒　　　　　　B. 利用围墙

C. 利用沉箱

2-9 在建造金门大桥时，为了能够建造出更高的桥塔来建成当时世界上最长的吊桥，工程师采用的创新方法是 _____。

A. 厚实坚固的石桥塔

B. 钢铁浇灌铸造桥塔

C. 钢材竖井蜂巢结构桥塔

2-10 明石海峡大桥的300米高的桥塔成为世界之最，每个桥塔都由30段组件架构而成，采用的创新建造方法是 _____。

A. 一次组装成型后再运送到现场

B. 在工厂焊接好组件，然后用螺栓在现场接合

C. 在现场沉箱内逐层焊接组合而成

2-11 1940年，美国华盛顿州新建的一座吊桥，_____ 大桥，由于桥面形状设计不合理，导致风与桥面形成共振，最终导致吊桥被风摧毁。

A. 塔科马大桥　　　　　　B. 华盛顿大桥

C. 弗兰克斯大桥

2-12 1946年，为了使双层的维拉扎诺大桥能够抵抗住强大的大西洋暴风，采用的创新设计是 _____，使这座桥成为当时世界最长最重的吊桥。

A. 将桥面两侧的轮廓设计成流线型

B. 封闭型钢结构箱型保护罩

C. 开放式格状钢结构箱型保护罩

2-13 明石海峡大桥对付地震的第一道防线是桥塔本身，钢材打造的柔韧桥塔在地震时会随地面移动，通过 _____ 来防震。

A. 吸收震动　　　B. 阻尼震动　　　C. 弯曲变形

2-14 明石海峡大桥用来抵抗地震的第二道防护是在每座桥塔的内部安放了20个巨大的摆锤来防震，叫作 _____。

A. 平衡摆　　　B. 阻尼器　　　C. 减震锤

第3课　港珠澳大桥的创新奇迹

【创新学习简答题】

1. 培养与激发灵感的方法和途径。

2. 港珠澳大桥的建造有哪些主要的创新之处？

【选择题】

3-1 港珠澳大桥在世界桥梁长度排名上是 _____。

A. 第一长　　　B. 第二长　　　C. 第三长

3-2 港珠澳大桥在建造中必须面对来自珠江口的泥沙问题，桥墩超过 _____ 的阻水率，泥沙就可能被阻挡沉积，从而阻塞航道。

A. 5%　　　　　B. 10%　　　　　C. 15%

3-3 为了保障伶仃洋航道能够满足30万吨油轮的通行，港珠澳大桥采用的创新设计方案是 _____。

A. 修建桥塔高度达到200米的大桥

B. 修建桥面高度超过80米的高桥

C. 修建海底隧道＋跨海大桥

3-4　为了在松软的海底上修建人工岛，港珠澳大桥的工程人员采用的创新方法是 ＿＿＿＿。

　　A. 将海底淤泥全部移走后建岛

　　B. 将海底淤泥全部固结后建岛

　　C. 圆钢筒围岛

3-5　为了解决阻水率的苛刻要求，港珠澳大桥的工程人员在修建海底隧道采用的创新方法是 ＿＿＿＿。

　　A. 水下盾构技术　　　　B. 沉管隧道技术

　　C. 水下浇铸技术

3-6　为了建造围岛所需直径 22.5 米、高 55 米的超级巨大圆钢筒，工程人员采用的创新方法是 ＿＿＿＿。

　　A. 用新型卷板机制作

　　B. 用新型模具一次铸造完成

　　C. 用内胆定型进行拼接

3-7　为了能够按照工程计划在 1 年半的时间里生产铺设港珠澳大桥的海底隧道沉管，最后由德国专家帮助创新设计的快速拼接方案是 ＿＿＿＿。

　　A. 自动化模板系统

　　B. 钢结构拼装系统

　　C. 自动化倒模灌注

3-8　为了能够安全铺设港珠澳大桥海底隧道重达 76000 吨的巨大的隧道沉管，在大连理工大学进行创新实验的目的是测量 ＿＿＿＿。

　　A. 海浪对大桥的冲击破坏力

　　B. 最恶劣环境下洋流对隧道的影响

　　C. 采用多大的钢缆才能够安全地牵引隧道沉管

3-9　港珠澳大桥的海底隧道是由长 180 米巨大的管节拼接而成，在建造每段管节时采用的创新方法是 ＿＿＿＿。

　　A. 利用模具一次灌注成型

　　B. 建造大型施工平台进行逐层搭建

　　C. 用 8 个小节段拼接而成

3-10　港珠澳大桥的海底隧道 6.7 千米长，是世界上最长的海底沉管隧道，是由 ＿＿＿＿ 个巨大的沉管管节拼接而成。

　　A. 28　　　　　B. 33　　　　　C. 38

3-11　在海洋环境下的工程建设，对于工程质量造成最大、最长期影响的是 ＿＿＿＿ 问题。

　　A. 洋流　　　　B. 泥沙　　　　C. 氯盐

3-12　为了使得港珠澳大桥能够抵挡住地震的威胁，采用的创新减震方法为 ＿＿＿＿

　　A. 高阻尼橡胶减震

　　B. 全钢结构防震

　　C. 分模块拼接减震

3-13　为了使得港珠澳大桥能够抵挡住强风的威胁，大幅降低桥面的振动幅度，需要创新解决的重点问题为 ＿＿＿＿。

　　A. 共振　　　　B. 涡振　　　　C. 扭摆

3-14　为了保证港珠澳大桥跨越的三十多千米的海域中工程船只和其他通航船只的安全通航，工程师与海上交通警察和海事局合作，采用的创新管理方法是 ＿＿＿＿。

　　A. 重新规划航道

　　B. 为工程船只指定航道

　　C. 进行通航管制

3-15　为了把建造港珠澳大桥的巨大的圆钢筒运送到 1800 千米外的伶仃洋，需要创新解决的最大问题是 ＿＿＿＿。

　　A. 4000 吨重的圆钢筒对于运输船来说有些过重

　　B. 圆钢筒的高度过大遮挡在了驾驶室正前方

　　C. 如何把圆钢筒吊运到运输船上安放

3-16　建造港珠澳大桥人工岛的巨大圆钢筒要放置在规定坐标内海床上，所允许的误差只有 ＿＿＿＿。

　　A. 2 厘米　　　　B. 5 厘米　　　　C. 10 厘米

3-17　为了建造港珠澳大桥人工岛时把巨大圆钢筒下放穿透 37 米的海床土层里，所定制的世界最大的、能够吊起 1600 吨重物的超级武器是 ＿＿＿＿。

　　A. 四向震锤　　　　　　B. 六向震锤

　　C. 八向震锤

3-18　在建造港珠澳大桥的工程中，为了确保工程范围内的施工精度，采用的创新方式是利用 ＿＿＿＿ 进行精确定位。

A. GNSS 数据处理中心

B. GPS 数据处理中心

C. GMDSS 数据处理中心

3-19 港珠澳大桥全长约 _____ 千米，为世界上最长的跨海大桥。

A. 48　　　　B. 55　　　　C. 61

3-20 港珠澳大桥为世界首次外海筑岛，利用 _____ 个巨型钢圆筒直接固定到海床上直接插入海底，中间填土建成人工岛。

A. 100　　　　B. 120　　　　C. 180

3-21 港珠澳大桥的设计使用寿命为 _____ 年，能抗 8 级地震，抵御 16 级台风。

A. 90　　　　B. 100　　　　C. 120

第 4 课　豪华邮轮

【创新学习简答题】

1. 移植组合创新发明法简介。

2. 海洋独立号豪华邮轮的建造集成了哪些历史上的创新成就？

【选择题】

4-1 1838 年，为了解决传统横越大西洋的船依靠风力和天气状况的问题，布鲁内尔决定创新建造一艘 _____ 轮船，以便大幅缩短航线时间。

A. 蒸汽驱动　　B. 燃油驱动　　C. 电力驱动

4-2 布鲁内尔建造的大西方号船长 72 米，为了防止船身断裂，他创新地采用 _____ 方法来加固船身。

A. 船身采用铁材料

B. 船身外侧覆盖铁皮

C. 船身的内侧安装格状铁梁

4-3 海洋独立号将"大就是好"的理念发挥到了极限，建造使用的钢铁重达 _____ 吨。

A. 18000　　　B. 26000　　　C. 32000

4-4 为了使海洋独立号的船身更加坚固，设计师将建造的钢材做成了坚固的 _____ 状。

A. 蜂窝　　　B. 盒子　　　C. 格栅

4-5 1839 年，在建造 3300 吨的大不列颠号时，

为了克服大西方号两侧桨轮的缺陷，布鲁内尔采用创新方法是使用 _____ 来推进轮船。

A. 把两侧的桨轮安装到了船尾

B. 把两侧的桨轮安装到了船头

C. 采用螺旋桨来推进

4-6 为了能够精确操控海洋独立号邮轮庞大的船身靠岸离岸，传统螺旋桨无法做到，采用的创新方法是 _____。

A. 船尾螺旋桨安装在可转动底座上

B. 船艏安装 4 个螺旋桨来侧推

C. 利用 A 和 B 相互配合

4-7 1929 年建造的 49000 吨的康迪萨沃号邮轮，为了使得船身在航行时更平稳，意大利造船师使用了非同寻常的创新装置，是 _____。

A. 大型陀螺仪　　　　B. 大型防摇鳍

C. 小型流线型鳍板

4-8 海洋独立号大型邮轮，为了使得船身在航行时更平稳，造船师在船身两侧安装了 _____，来获得更高的稳定性。

A. 大型陀螺仪　　　　B. 大型防摇鳍

C. 小型流线型鳍板

4-9 1931 年，为了打造前所未有的 79000 吨豪华邮轮，法国在建造诺曼底号时，为了打造宽敞的内部空间，采用的创新方法是 _____。

A. 把引擎放在上层甲板来减少烟囱占用的巨大空间

B. 把引擎和烟囱移到了船身的尾部

C. 把锅炉排气管道一分为二，在顶部再汇合

4-10 海洋独立号大型邮轮也希望在船上创造出比任何邮轮都要大的空间，超大的中庭皇家大道，采用的创新做法是 _____。

A. 用坚实的钢板和钢柱使得中央空间成为船身中央的脊梁

B. 把超大的中庭皇家大道设计在了最上层的露天甲板上

C. 把引擎放在上层甲板来减少烟囱占用的巨大空间

4-11 81000 吨英国的玛丽皇后号邮轮为了打败诺曼底号，必须战胜海浪阻力在速度上领先，采用的创新方法是 _____。

A. 采用了新型的柴油机代替蒸汽机

B. 把船身加长、宽度缩小来减小阻力

C. 精确设计船身长度，使得船舶波到达船尾
　与尾波抵消减小阻力

4-12 海洋独立号大型邮轮为了减小水的阻力。提
　　 高航速，采用的创新做法是 _____。

A. 采用了新型的柴油机代替蒸汽机

B. 在船舶前端水面下安装了球形艏

C. 精确设计船身长度，使得船舶波到达船尾
　与尾波抵消减小阻力

4-13 为了在海上风险中保障乘客的安全，在海
　　 洋独立号邮轮上，船长每周都要指挥一次
　　 _____。

A. 消防演习　　B. 疏散演习　　C. 救生演习

4-14 海洋独立号大型邮轮为了在紧急情况下安全
　　 疏散乘客，不发生溺水身亡。配备的救生艇
　　 与过去的不同，采用的创新做法是 _____。

A. 弧形的坚固遮顶可以阻止巨浪向艇内灌水

B. 每艘救生艇可以容纳 150 人

C. 救生艇可以尽快驶离邮轮

第 5 课　洋山深水港

【创新学习简答题】

1. 想象创新发明法简介。
2. 中国洋山深水港的建造有哪些主要的创新点？

【选择题】

5-1 洋山距离上海 30 多千米，水深平均有
　　 _____ 米，最深之处有 _____ 米。

A. 10，19　　B. 20，35　　C. 20，39

5-2 经过评审，关于洋山深水港的 16 个字的大
　　 通道方案被确定，即封堵岔道、归顺水流、
　　 _____、安全靠泊。

A. 铺路架桥　　B. 填海造港　　C. 减少淤积

5-3 洋山深水港要打造的目标是 _____。

A. 中国的国际枢纽港

B. 亚洲的最深海港

C. 亚洲航运中心

5-4 在古德隆·梅尔斯克号超级集装箱货轮停靠

洋山港后，它所搭载的 3000 个货柜，必须
在 _____ 个小时内卸完。

A. 15　　　　B. 20　　　　C. 24

5-5 随着航运业的发展，上海港面临的主要问题
　　 在于 _____。

A. 江面不够宽

B. 泥沙淤积造成水深不足

C. 货运周转慢

5-6 在 21 世纪的今天，世界上 _____ 的集装
　　 箱货柜是由后巴拿马级货轮承运的。

A. 30%　　　B. 40%　　　C. 50%

5-7 洋山港第一期工程于 _____ 年开始破土动工。

A. 2000　　　B. 2002　　　C. 2005

5-8 填海建造洋山港需要的数亿立方米的泥土是
　　 从何而来？_____。

A. 从海底吸取　　　　B. 削平洋山岛获得

C. 从陆地运输而来

5-9 在洋山港建造一期工程中，海龙号疏浚船在
　　 整整一年的时间内，一共移来了 _____ 立方
　　 米的沙土。

A. 13 亿　　　B. 30 亿　　　C. 130 亿

5-10 洋山港的吊车快速高效，每小时能够装卸货
　　 柜 _____ 个。

A. 30　　　　B. 40　　　　C. 50

5-11 每一个货柜应该放在甲板上的特定位置，如
　　 果在装卸中放错了地方，就会 _____。

A. 在下一个港口的装卸中引起混乱

B. 造成海上航行的货轮不稳定

C. 造成港口的信誉下降

5-12 洋山港不仅有力量强大的硬件装备，它还有
　　 一个聪明的头脑来保证货箱的装卸高效而又
　　 准确，这就是由上海港创新开发的先进的
　　 _____。

A. 监视系统　　　　　B. 调运系统

C. 控制系统

5-13 要与其他世界第一流的货柜港口一比高下，
　　 洋山港必须每年装卸 _____ 个货柜以上。

A. 一千万　　B. 两千万　　C. 三千万

5-14 东海大桥的设计是一个巨大的挑战，简单概

括为：够宽、够高、_____。

A. 够长　　　B. 够深　　　C. 够结实

5-15 东海大桥的桥面呈优美的 _____ 形，这样轮船能和强大的洋流形成一个角度，以这种方式通过大桥。

A. S　　　　B. C　　　　C. W

5-16 2020 年全部建成时，洋山港成为世界 _____ 货柜港。

A. 第一大　　B. 第二大　　C. 第三大

5-17 洋山港四期的自动无人驾驶运输车在运行时，是根据 _____ 来感知自己的位置，然后根据实时装载需要和路况，选择最经济的路线。

A. 地下埋藏的磁钉　　　　B. GPS 定位
C. 信号发射杆

5-18 洋山港四期的全自动码头运行控制系统，是由 _____ 设计，效率比国际上另外三个全自动码头的效率高出四分之一。

A. 德国　　　B. 美国　　　C. 中国

第 6 课　海上风力发电

【创新学习简答题】

1. 问题创新发明法简介。

2. 中国的海上发电机 SL5000 的建造有哪些主要的创新之处？

【选择题】

6-1 自 2011 年 8 月开始，在上海杭州湾的海面上，中国最大的海上双臂式起吊船 _____，与中国最大的自行式履带吊车一起，挑战史无前例的海上巨型风机的安装任务。

A. 巨力号　　B. 振华号　　C. 风范号

6-2 2010 年夏天，中国的能源工程师开始计划在东海大桥的西侧，安装目前世界上最大型的海上风力发电机 _____。

A. SL3000　　B. SL5000　　C. SL8000

6-3 SL5000 主机架必须承受世界上最长的叶片的扭力，给焊接质量带来严重威胁，就是 _____，会带来灾难性的后果。

A. 切割过程中对误差的精准控制

B. 焊接过程中温度的控制

C. 焊接点内部残留的气泡

6-4 SL5000 的叶片是目前世界上投入商业运行的最大最长的叶片，为了能够承受前所未有的对力量的苛刻要求，采用的建造材料为 _____。

A. 复合铝材

B. 高纯度的环氧树脂

C. 玻璃钢

6-5 巨大的叶片在被测试的过程中，为了监测所发生的细微变化，采用的是 _____ 把数据传送给计算机监控。

A. 应力感应器　　　　　B. 载荷传感器

C. 振动模拟器

6-6 第一次安装如此巨大的叶片，过去的施工方案可能会有一定危险，经验丰富的安装班长提出了一个 _____ 的方案，成功解决了问题。

A. 创新但不符合规范

B. 传统且符合规范

C. 既创新又符合规范

6-7 轴承因为既要受力，又要运动，而成为最容易损坏的部分，SL5000 所需要的轴承，全世界只有 3 家工厂有能力接受挑战，它的生产商是 _____。

A. 瑞典哥德堡 SKF

B. 德国巴伐利亚 FAG

C. 大连瓦房店轴承集团

6-8 SL5000 使用的主要轴承尺寸超过 3 米，但是这么大的尺寸，加工误差却不能超过 _____。

A. 6 纳米　　B. 6 微米　　C. 6 毫米

6-9 在人类目前开发利用的清洁能源中，_____ 发电，是可知范围内对环境影响最小的一种方式。

A. 水利　　　B. 风力　　　C. 太阳能

6-10 风能永不枯竭，而且蕴含量巨大，但是风能发电却无法作为主要的发电方式，根本的原因是 _____。

A. 风的随意性　　　　　B. 风的地域性

C. 风的周期性

6-11 在风力发电机 SL5000 的安装程序中，最核心的步骤就是 _____。

A. 把机舱按照设计好的角度固定到塔筒顶端

B. 叶轮的吊装

C. 把叶轮与机舱组接在一起

6-12 SL5000 的叶轮，重量体积巨大，造型独特，转移叶轮的过程潜藏了巨大的危险，只能采用 _____ 的方式来移动转移。

A. 两台吊车平抬

B. 在轨道上滑行

C. 车轮可以独立控制的平板车

6-13 吊装安装叶轮要面临的巨大挑战是，在 80 多米的高空，将叶轮上的 _____ 个螺丝，同时插入机舱上预留的螺丝孔中。

A. 100　　　　B. 108　　　　C. 118

6-14 海上巨型风机的安装，最惊险的安装步骤，就是叶轮的悬吊安装，在悬挂的状态下，_____，是最难以控制的。

A. 叶轮的水平摆动

B. 叶轮与主机的摩擦碰动

C. 叶轮行进远程遥控

6-15 即使使用了体型巨大的风范号吊装船，SL5000 与海上平台的对接安装中，还是存在幅度很大的摆动，为了防止撞击平台，创新解决的办法是 _____。

A. 利用可以吸收撞击力的对接装置

B. 利用橡胶垫吸收撞击力

C. 利用阻尼减振装置来吸收撞击力

第 7 课　破冰船

【创新学习简答题】

1. 确定目标创新发明法及其主要特点。

2. 破冰船季莫费伊·古任科号的建造集成了哪些历史上的重大创新成就？

【选择题】

7-1 世界上第一艘破冰船，破冰船 1 号，创新制造使用在 _____ 港。

A. 俄罗斯摩尔曼斯克　　　　B. 德国汉堡

C. 俄罗斯瓦兰杰伊

7-2 1871 年德国工程师施泰因豪斯为了能够利用船只来破冰，把船艏由刀锋般的直线型创新设计为 _____，巧妙地利用船身的重量来破冰。

A. 勺子状的圆弧形

B. 阶梯状的斜坡形

C. 突出状的椭球形

7-3 季莫费伊·古任科号载满油后船艏吃水深度大大增加，这样带来的问题是 _____。

A. 勺形船艏的竖直部分会撞上冰层而无法滑上冰面

B. 冲力太大而使得勺形船艏容易发生扭曲

C. 船舶与冰的碰撞使得载油船的稳性大大降低

7-4 季莫费伊·古任科号船不仅是一艘破冰船，而且还是一艘油轮，其用来破冰的船艏的形状创新设计制造为 _____。

A. 突出状的椭球形

B. 阶梯状的斜坡型

C. 汤匙头连接倾斜直线形

7-5 20 世纪 50 年代，创新设计制造的 16000 吨的列宁号破冰船，采用的动力推进方式是 _____。

A. 汽油动力　　　B. 柴油动力　　　C. 核动力

7-6 列宁号破冰船为了保护推进器的螺旋桨不被翻涌的碎冰块撞毁，创新采用的保护措施是 _____。

A. 安装了两个推进器作为备份

B. 在推进器的两侧安装了防冰围栏

C. 在主推进器两侧分别加装了一个推进器帮助清除主推进器周围的冰块

7-7 季莫费伊·古任科号的柴油动力比列宁号的核动力相见逊，但是它的推进系统却遥遥领先，所采用的独特推进器为 _____。

A. 破冰式电力推进器

B. 旋转式电力推进器

C. 吊舱式电力推进器

7-8 季莫费伊·古任科号如果遇到巨型冰墙，船艏破冰则无法进行，此时采用的应对方式为

A. 改道选择冰墙较薄的航道

B. 船员下船对冰墙进行人工爆破

C. 用船尾和吊舱式推进器配合破冰

7-9 1969 年，顶级破冰商船曼哈顿号被困于冰层之中，原因是 _____。

A. 船体和冰层间摩擦过大

B. 推进器故障无法前进而被冻结

C. 冰墙过厚而无法穿越

7-10 20 世纪 70 年代，德国创新制造的极星号破冰船，为了充分降低船舶和冰块之间的摩擦，采用的创新解决方法为 _____。

A. 在船体表面涂上光滑的油漆

B. 在船体表面用小孔喷气来润滑

C. 混合空气和海水从船体表面用小孔喷出润滑

7-11 季莫费伊·古任科号油轮为了加固船身，提高抗击打能力，造船者安装了 _____，来加固船身缓冲冰块撞击。

A. 钢梁支撑船体

B. 船体两侧的钢带

C. 百余根钢肋

7-12 在紧急事故中，如果险情迫使船员不得不落入冰水，船员必须提前 _____。

A. 穿好救生衣

B. 穿戴好浸水保温服

C. 登上安全救生艇等待救援

7-13 多年积冰非常危险，它的特殊的电磁特征，会显示在 _____ 上，因此季莫费伊·古任科号可以绕行。

A. 声呐仪　　　B. 卫星图像　　　C. 雷达

7-14 季莫费伊·古任科号利用 _____ 来探测冰层之间的缝隙，从而找到抵达油港的捷径。

A. 声呐仪　　　B. 卫星图像　　　C. 雷达

第 8 课　核动力潜艇

【创新学习简答题】

1. 类比推理创新发明法简介。

2. 美国宾夕法尼亚号潜艇的建造集成了哪些历史上的重大创新成就？

【选择题】

8-1 世界上第一艘作战潜艇是美国人创新发明的 _____，它的下潜深度只有 2 米，但却开创了水下潜艇作战的先例。

A. 汉利号　　　B. 海龟号　　　C. 鹦鹉螺号

8-2 世界上第一艘作战潜艇的创新启迪灵感是来自 _____。

A. 鸡蛋　　　B. 青蛙　　　C. 酒桶

8-3 作为世界上最先进的核潜艇之一，美国宾夕法尼亚号潜艇的氧气供给是来自 _____。

A. 电离海水

B. 携带的压缩液氧

C. 化学合成循环使用

8-4 早期，为了加强潜艇的操控性，潜艇工程师把 _____ 锁在潜艇底部的轨道上，通过滑动来改变潜艇的前后角度。

A. 气囊　　　　　　B. 金属水平舵

C. 金属压仓物

8-5 美国潜艇工程师在设计新的汉利号潜艇时，采用了 _____，舰长在潜艇里通过调整其方位来改变潜艇的前后升降角度。

A. 气囊　　　　　　B. 金属水平舵

C. 金属压仓物

8-6 与它的前辈潜艇相似，美国宾夕法尼亚号潜艇上也安装了水平舵，被称为 _____。

A. 围壳舵　　　B. 艉舵　　　C. 操控舵

8-7 早期的自推进式鱼雷的动力是来自 _____，通过推动螺旋桨使得鱼雷在水中推进，其致命缺点是容易被识破发现。

A. 燃油　　　B. 压缩空气　　　C. 电动马达

8-8 德国海军在 U66 潜艇上设计了一种新型鱼雷，通过 _____ 推动螺旋桨使得鱼雷在水中推进，但是鱼雷长达 7 米多。

A. 燃油　　　B. 压缩空气　　　C. 电动马达

8-9 二战期间，德国海军在标准潜艇上加装油槽，能够储油 400 吨，被称为 _____，用来给德军潜艇加油。

A. 乳牛　　　B. 油艇　　　C. 油罐

8-10 世界上第一艘核潜艇是美国的 _____，仅用 4 千克铀燃料就能航行 10 万千米。

A. 鹦鹉螺号　　　　　B. 宾夕法尼亚号

C. 企业号

8-11 世界上最先尝试在潜艇上发射导弹的国家是 _____，发射导弹时，需要潜艇浮出水面，易受到攻击。

A. 美国　　　B. 德国　　　C. 苏联

8-12 世界上最先成功实现在水下发射导弹的国家是 _____，发射导弹时，采用压缩空气使得燃料进行燃烧推进。

A. 美国　　　B. 法国　　　C. 苏联

8-13 为了保持安静，不被敌方监测到，宾夕法尼亚号潜艇上的装备、运转机器等都有 _____ 设计，实现静默运行。

A. 液压减震　　B. 润滑减震　　C. 橡胶减震

8-14 潜艇在航行中噪声的主要来源之一是螺旋桨产生的 _____ 噪声，宾夕法尼亚号潜艇上采用了 4 个具有独特叶片造型的螺旋桨，能够在更低的速度下产生大推进力。

A. 气穴　　　B. 摩擦　　　C. 压力

第 9 课　蛟龙探海

【创新学习简答题】

1. 模拟创新发明法简介。

2. 中国的蛟龙号深潜器有哪些主要的创新之处？

【选择题】

9-1 1930 年 6 月 6 日，美国人威廉·皮比和英国人欧第斯·巴顿进行了人类历史上的第一次海上深潜，使用的设备是 _____。

A. 铜制头盔　　　　　B. 深海探测球

C. 钟形罩

9-2 1930 年 6 月 6 日，在百慕大海域进行了人类历史上的第一次深海探测，深潜的深度达到了 _____。

A. 180 米　　B. 240 米　　C. 280 米

9-3 7000 米深度的下潜实现，中国的深海载人潜水器"蛟龙号"成为世界上下潜最深的 _____。

A. 探测型载人潜水器

B. 测绘型载人潜水器

C. 作业型载人潜水器

9-4 "蛟龙号"深海载人潜水器在下潜过程中的下潜速度为 _____ 左右。

A. 30 米 / 分钟　　　　　B. 40 米 / 分钟

C. 50 米 / 分钟

9-5 2012 年 6 月 27 日，中国的深海载人潜水器"蛟龙号"下潜深度创下了 _____ 的同类作业型潜水器的最大深潜纪录。

A. 7020 米　　B. 7054 米　　C. 7062 米

9-6 在深海中，最致命的威胁是来自深海水底 _____。

A. 强大的腐蚀　　　　　B. 漆黑一片

C. 巨大的压力

9-7 在水下 1000 米以内，通常采用的浮力材料为 _____。

A. 聚氨酯泡沫　　　　　B. 玻璃球珠

C. 木质材料

9-8 中国的深海载人潜水器"蛟龙号"所采用的浮力材料是 _____。

A. 聚氨酯泡沫　　　　　B. 玻璃球珠

C. 木质材料

9-9 中国目前已经成为世界上 _____ 掌握了深潜技术的国家。

A. 第三个　　B. 第四个　　C. 第五个

9-10 在深海载人潜水器关键技术中，难度最大的是要设计出绝对保障人员安全、耐压的 _____。

A. 水下设备　　B. 密封材料　　C. 载人球仓

9-11 当今世界上下潜次数最多的载人潜水器是 _____，进行过近 5000 次下潜。

A. 美国的阿尔文号

B. 法国的鹦鹉螺号

C. 俄罗斯的和平二号

9-12 中国的深海载人潜水器"蛟龙号"的壳体采用的制造材料是 _____。

A. 钛合金　　　B. 锰合金　　　C. 镍合金

9-13 1960年，美国的里雅斯特号深潜器，深潜到达了 _____ 深的太平洋马里亚纳海沟底部。

A. 10916米　　B. 11000米　　C. 11078米

9-14 仿照人的手臂设计，"蛟龙号"的机械臂具有多个关节，采用技术领先的 _____ 设计最大程度地保证了机械臂在水下的灵活性。

A. 主从手式　　B. 开关控制　　C. 遥控式

9-15 "蛟龙号"上安装了七个 _____ ，用来时刻探测周围的情况，帮助潜航员判断海底路况、规避风险。

A. 避碰声呐　　　　B. 避碰传感器

C. 激光探测器

9-16 为了满足测绘等对精度要求较高的任务，提高深潜器的稳定航行及定位能力，科学家对"蛟龙号"进行了一项特别的设计，即具有 _____ 能力。

A. 自动避碰　　　　B. 自动巡航

C. 定速巡航

9-17 如果在高度、深度、朝向上都做出了位置限定，"蛟龙号"就会呈现出一种特定的难度最大的 _____ 姿态。体现了优秀的控制能力，具有国际领先水平。

A. 悬停　　　B. 悬浮　　　C. 自行

9-18 为什么"蛟龙号"上的电池组没有设计安装在钛合金的承压球形仓内原因是 _____ 。

A. 电池组重达1吨

B. 电池组不需要耐压保护

C. 电池本身可以耐高压

9-19 "蛟龙号"上的电池组最后采用了开放式的结构设计，即通过 _____ ，实现了电池壳内外壁的压力平衡。

A. 电池浸水　　B. 气体增压　　C. 压力补偿

第10课　深水钻井平台

【创新学习简答题】

1. 希望点列举创新发明法简介。

2. "海洋石油981"的6个世界首次创新简介。

【选择题】

10-1 在水中靠声音传播信息的设备称为 _____ ，它是维系"蛟龙号"与母船之间的纽带、是潜水器与母船沟通的命脉。

A. 声呐通信系统

B. 声学仿生通信系统

C. 水声通信系统

10-2 在2009年"蛟龙号"的首次海试中，导致"蛟龙号"与母船失去通信联系的原因是 _____ 。

A. 母船的噪声影响　　B. 深水水压太大

C. 通信软件问题

10-3 虽然美法俄日的深潜器的最大工作深度为6500米，但是他们却没有像"蛟龙号"那样配备着精度很高的绘图工具 _____ 。

A. 高速测深侧扫声呐

B. 多波速探深系统

C. 红外地貌成像系统

10-4 在深水中，"蛟龙号"深潜器上的探照灯只能照到30米远的距离，而借助高速测深侧扫声呐技术，"蛟龙号"可以看清 _____ 米左右范围内的海底详实地形地貌。

A. 100　　　B. 200　　　C. 300

10-5 "蛟龙号"深潜器上携带最多的设备应该是 _____ 。

A. 声学设备　　B. 通信设备　　C. 采样设备

10-6 "向阳红09号"的前身是一艘 _____ ，船上设有气象、通信、导航、万米测深仪等设备。

A. 远洋科学考察船　　B. 远洋气象考察船

C. 海洋极地考察船

10-7 载人潜水器要想入海，首先要有一艘功能齐全的母船为它提供 _____ 平台。

A. 运载通信　　B. 补给支持　　C. 布放回收

10-8 作为"蛟龙号"的母船，"向阳红09号"的第一大功能是把深度和海流飘向等 _____ ，以及外部信息和即时信息进行有效综合，这样才能给潜艇提供下潜支撑。

A. 海况信息　　B. 内部信息　　C. 历史信息

10-9 "向阳红09号"要成为真正的母船，最关键的是要在船上安装一套重达60多吨的

_____。

 A. 升降起重设备   B. 布放回收系统

 C. 回声定位系统

10-10 在"蛟龙号"的布放和回收过程中,"蛟龙号" _____ 的阶段是最危险的。

 A. 从水下到出水搜寻

 B. 水面捕捉系缆

 C. 从水面到船上

10-11 为了防止"蛟龙号"在出水回收过程发生崩缆坠落的危险,在布放回收系统中增加了特殊装置 _____ ,避免崩缆坠落。

 A. 让吊缆始终保持绷直状态

 B. 让 A 形架具有缓冲性能

 C. 让"蛟龙号"能够高速升起

10-12 为了防止"蛟龙号"在出水回收过程中剧烈摆动的危险,技术人员采用在收放系统里加了一个 _____ ,从而把摆动控制在一定范围之内。

 A. 阻尼系统 B. 缓冲系统 C. 绷紧系统

10-13 在中国南海 350 万平方千米的海面下,蕴藏着近 300 亿吨的石油,其中的 _____ 蕴藏在深海区域。

 A. 50% B. 60% C. 70%

10-14 从 2005 年开始,中国海洋石油总公司开始酝酿打造属于中国人自己的 _____ 米的海洋石油 981 钻井平台。

 A. 300 B. 2000 C. 3000

10-15 项目设计组根据中国南海的实际情况,经过多种方案的比较后决定"海洋石油 981"采用 _____ 的结构。

 A. 四立柱 B. 八立柱 C. 十六立柱

10-16 为了防止类似墨西哥湾爆炸事故的发生, _____ 系统最为关键。因此,"海洋石油 981"采用了本质安全型的系统。

 A. 水下防喷器   B. 水下隔热

 C. 水下阻燃

10-17 为了打造世界上最先进的 _____ 钻井平台,"海洋石油 981"从设计到建造完工,建设者花费了整整 6 年时间。

 A. 组合式 B. 一体式 C. 半潜式

10-18 目前世界上先进的造船技术是采用 _____ 技术进行,"海洋石油 981"的建造就是如此。

 A. 数字化模块化   B. 标准化一体化

 C. 流程自动化

10-19 按照国际标准,钻井平台建造的误差需要控制在 50 毫米以内,而"海洋石油 981"的建造者通过激光测量来控制形状位置,最后的误差是 _____。

 A. 15 毫米 B. 35 毫米 C. 60 毫米

10-20 2010 年 2 月 26 日是一个令人激动的日子,"海洋石油 981"被从 _____ 中牵引出来,前往 _____ 进行井架安装。

 A. 船坞,码头   B. 码头,舟山群岛

 C. 舟山群岛,南中国海

10-21 2011 年 7 月,试航中的"海洋石油 981"在舟山群岛进行设备调试时,经受住了十二级 _____ 的考验,安然无恙。

 A. "尼伯特"台风   B. "莫兰蒂"台风

 C. "梅花"台风

第 11 课　巴拿马运河

【创新学习简答题】

1. 缺点列举创新发明法简介。

2. 巴拿马运河的建造集成了哪些历史上的重大创新成就?

【选择题】

11-1 由于巴拿马运河的开通,船只仅需 8 小时便可从大西洋抵达太平洋,这比绕行合恩角要快 _____ 倍。

 A. 20 B. 40 C. 80

11-2 17 世纪初,法国为了保障巴黎的葡萄酒供给,决定修建布里亚尔运河,为了能够让运输葡萄酒的船只翻山越岭,采用的创新发明是 _____。

 A. 单门船闸 B. 双门船闸 C. 三门船闸

11-3 巴拿马运河也采用了布里亚尔运河 _____ 的理念,只不过规模更加庞大。

A.垂直船闸　　B.斜坡船闸　　C.梯级船闸

11-4 在扩建的巴拿马运河工程中，新的闸室的规模是原来的两倍，配套的钢制闸门创新设计为 _____。

A.人字门　　　　　　B.实心钢材滑门

C.空心钢材滑门

11-5 英国连接利物浦和曼彻斯特的布里奇沃特运河，为了防止运河水渗入疏松土壤流失，采用的方法为 _____。

A.水泥防水流失　　　　B.沥青防水流失

C.黏土防水流失

11-6 升级后的布里奇沃特运河，为了让高大的船只通过渡槽，并且能够不浪费运河水，采用的创新方法为 _____。

A.升降式渡槽　　　　　B.伸缩式渡槽

C.旋转式渡槽

11-7 巴拿马中部，是起伏的群山和查格雷斯河，找不出平坦的路线供运河穿行，工程师采用的大胆创新的方法为 _____。

A.改道利用查格雷斯河成为运河的一部分

B.架桥修渡槽穿越巴拿马中部

C.阻断查格雷斯河形成湖水成为运河的一部分

11-8 扩建巴拿马运河的水闸，为了能够充分利用加通湖水，采用的节水技术是 _____。

A.梯级型储水槽

B.把加通湖的面积扩大了一倍

C.抽运海水和加通湖水混合的方式

11-9 19世纪晚期，曼彻斯特通海运河是当时最大的人工水道，总工程师威廉姆斯最初采用的创新挖掘方法是 _____。

A.用人工挖掘

B.利用固定在岸边的蒸汽挖掘机

C.利用驳船漂浮的蒸汽挖掘机

11-10 1890年的大洪水，冲毁了曼彻斯特运河的河道工地，威廉姆斯手下的工程师设计出的创新挖掘方法是 _____。

A.用人工乘船挖掘

B.利用固定在岸边的蒸汽挖掘机

C.利用驳船漂浮的蒸汽挖掘机

11-11 巴拿马运河修建之初，在大山中凿出了一条沟渠，即盖拉德人工渠，总共运走了 _____ 多吨的土石。

A.1亿　　　　B.5亿　　　　C.8亿

11-12 如今，在扩建巴拿马运河的工程中，必须将运河凿得更深，他们租用一流的机械来开凿运河下坚硬的岩石，即 _____ 挖泥船达达尼昂号。

A.挖斗式　　B.钻井式　　C.绞吸式

11-13 每艘在巴拿马运河通行的船只，都配有 _____，因此即使可见度为零，航管员也可以追踪每艘船只的行踪。

A.监控摄像仪

B.无线电遥感监控设备

C.GPS信标

11-14 盖拉德人工渠是一处险要地段，为了训练领航员将最大的船只顺利驶过运河，所采用的训练方法是 _____。

A.上船驾驶半年实操训练

B.上船驾驶三个月实操训练

C.在模拟船内进行训练

第12课　航空母舰的创新奇迹-1

【创新学习简答题】

1.观察创新发明法简介。

2.第二次世界大战之后，美国常规动力航母三代发展的主要创新之处简介。

【选择题】

12-1 让飞机能够在船舰上起飞，是一个非常大胆的创新设想，最先用来创新尝试让飞机起飞的战舰是 _____。

A.加利福尼亚号　　　　B.北卡罗来纳号

C.佐治亚号

12-2 如今，弹射器相当于尼米兹号航空母舰的心脏，推动弹射器把飞机弹射升空是利用 _____。

A.高压蒸汽　　B.电磁力　　C.核动力

12-3 现在的核动力航空母舰上一共设有 _____ 个飞机弹射器，每个弹射器长 91 米。

　　A. 2　　　　　B. 4　　　　　C. 6

12-4 核动力航空母舰上的蒸汽弹射器如一个火箭弹弓，具有巨大的推力，在短短的两秒内，就能使 F-18 战斗机从静止达到时速 _____。

　　A. 235 千米　　B. 265 千米　　C. 300 千米

12-5 为了能够让飞机在甲板上降落，就需要重新设计船舰的上层建筑，现代航空母舰之母皇家方舟号的创新设计为 _____。

　　A. 舰岛在左舷，为飞行甲板让出了空间

　　B. 舰岛在右舷，为飞行甲板让出了空间

　　C. 舰岛分在两舷，中间为飞行甲板让出了空间

12-6 尼米兹号航空母舰的舰岛安置在右舷，舰岛是 _____，是航空母舰的耳目与大脑。

　　A. 控制塔　　　　　　B. 雷达气象室

　　C. 主飞行控制室

12-7 在美国大黄蜂号航空母舰上，为了在 45 米距离之内让时速 135 千米降落的重 8000 千克的战斗机停下来，采用的方法是 _____。

　　A. 勾住连接到甲板下液压撞锤的 12 道拦截索

　　B. 勾住连接到一组沙包的 12 道拦截索

　　C. 勾住连接到 5 道戴维斯障碍的 12 道拦截索

12-8 尼米兹号航空母舰把拦截索的刹车力量推至了极限，能够让时速 225 千米、重 25000 千克的 F-18 战斗机在 _____ 米内停下来。

　　A. 45　　　　　B. 75　　　　　C. 100

12-9 飞机在航空母舰甲板上进行降落时的重头戏是依靠甲板上的 3 条拦阻索实现 _____ 降落，拦阻索为直径 5 厘米的复合钢缆。

　　A. 拖止　　　　B. 捕获　　　　C. 钩止

12-10 把航空母舰上的木制甲板换成钢铁甲板，既是创新、也是对船舰设计师的巨大挑战，因为钢铁甲板会 _____。

　　A. 降低航空母舰的稳定性

　　B. 降低航空母舰的速度

　　C. 降低航空母舰的灵活性

12-11 尼米兹号航空母舰的甲板也是钢铁材质的，但并没有覆盖厚厚的装甲板，原因是 _____。

　　A. 新型材料的钢铁甲板能够抵挡任何轰炸

　　B. 处在层层高科技的保护罩之下

　　C. 有远程雷达提早发现入侵者并拦截

12-12 1970 年 1 月，美国中途岛号航空母舰的第二次现代化改造是为了适应 _____ 的需要。

　　A. 更换钢铁甲板

　　B. 大幅增加舰载机数量

　　C. 喷气式飞机上舰

12-13 美国海军五星上将欧内斯特·金关于航母的创新理念是：海军的作用并不仅限于保障海上供应线和攻击海上目标，海军的使命是要攻击那些火力所能及的 _____。

　　A. 海岸目标　　　　　　B. 陆地目标

　　C. 空中目标

12-14 为了解决飞机能够在航空母舰上起飞和降落同时进行的问题，老牌的英国皇家海军的重大创新发明是 _____。

　　A. 把甲板加宽到两条飞机跑道宽

　　B. 舰岛移到了甲板的右舷

　　C. 斜角飞行甲板

12-15 第二次世界大战之后，美国航空母舰的创新发展过程可以概括为 _____ 共 6 代航空母舰。

　　A. 3+3（常规动力 + 核动力）

　　B. 2+4（常规动力 + 核动力）

　　C. 4+2（常规动力 + 核动力）

12-16 第二次世界大战之后，美国的第一代常规动力航空母舰为 _____。

　　A. 中途岛级　　B. 弗莱斯特级　　C. 小鹰级

12-17 美国的福莱斯特号航空母舰在 1955 年 10 月服役，标志着世界上第一艘专门为 _____ 建造的航母诞生了。

　　A. 喷气式飞机

　　B. 最多种类的机器和致命武器

　　C. 蒸汽弹射器

12-18 美国的福莱斯特级航空母舰可以携带喷气式飞机多达 _____，所以被称为"超级航母"是当之无愧的。

A. 60 多架　　B. 90 多架　　C. 120 多架

12-19 美国的第三代常规动力航空母舰，称为
_____，也是世界上最后一级常规动力航母。

A. 星座级　　B. 肯尼迪级　　C. 小鹰级

12-20 小鹰号航空母舰在建造过程中，优化了整体
结构，创新采用了 _____ 飞行甲板，也是
世界上最后一级常规动力航母。

A. 电磁弹射式　　　　　B. 滑跃式

C. 封闭式加强

第 13 课　航空母舰的创新奇迹 –2

【创新学习简答题】

第二次世界大战之后，美国核动力航母三代发展的
主要创新之处简介。

【选择题】

13-1 在过去，为了能够让飞行速度较慢的螺旋桨
飞机在航空母舰上成功降落，最先采用的引
导方法是 _____。

A. 用灯光引导协助飞机降落

B. 用镜子反射光引导协助飞机降落

C. 用圆板引导协助飞机降落

13-2 现在，为了能够让高速飞行的喷气式飞机在
航空母舰上成功降落，英国皇家飞行员尼
克·古德哈特创新发明的引导方法是 _____。

A. 用灯光引导协助飞机降落

B. 用镜子反射光引导协助飞机降落

C. 用圆板引导协助飞机降落

13-3 从常规航母到核动力航母，是航母动力的巨
大创新飞跃，美国的第一代核动力航空母舰
为 _____。

A. 企业号　　B. 尼米兹号　　C. 福特号

13-4 美国的第一艘核动力航空母舰服役后，就展
开了名为 _____ 的环球巡航，历时 64 天，
总航程 30000 多海里。

A. 环球行动　　B. 海啸行动　　C. 海轨行动

13-5 尼米兹级航空母舰为美国的 _____，是航空
母舰创新发展的集大成者。

A. 第一代核动力航母

B. 第二代核动力航母

C. 第三代核动力航母

13-6 截至 2022 年，世界上除了美国拥有核动力
航空母舰外，仅有 _____ 还拥有 1 艘核动力
航母。

A. 法国　　B. 俄罗斯　　C. 英国

13-7 核动力航母上的核反应堆会在船身中部产生
巨大重量，造成龙骨弯折，采用的创新解决
方法为 _____。

A. 把核反应堆一分为二

B. 把核反应堆分散成八个

C. 用蜂窝状钢材结构加强龙骨

13-8 通过创新改进，超级核动力航空母舰尼米兹
号 20 年才需要更换燃料，具有更大的动力，
船上的核反应堆变为 _____。

A. 2 座　　B. 4 座　　C. 8 座

13-9 核动力航空母舰具有更大的机动性和续航
力，但在造价上很昂贵，而最致命的问题是
_____。

A. 核辐射的防护非常困难

B. 更换核燃料非常麻烦

C. 被击中后会造成核泄漏或核爆炸

13-10 美国第一艘尼米兹级航空母舰的建设历经七
年的时间，为了更快速地建造航空母舰，美
国人采用的创新技术是 _____。

A. 分模块制造后再焊接组合

B. 在干船坞内建造

C. 各个工种的工人同时开工

13-11 美国尼米兹级航空母舰的最新最后一艘是
_____，造价 60 亿美元，配备了隐形战斗
机和球形船身，是美国第二代核动力航母的
创新集大成者。

A. 里根号　　B. 布什号　　C. 福特号

13-12 作为航空母舰创新的最高成就，美国第三代
核动力航空母舰的首舰是 _____。

A. 奋进号　　　　　　　B. 弗莱斯特号

C. 福特号

13-13 美国第三代核动力航空母舰采用了很多第二
代航母中从来没有采用过的创新技术，在外

观设计上创新采用 _____ 设计。

A. 超流线技术　　　　　B. 隐形技术

C. 超级防护技术

13-14 美国第三代核动力航空母舰，在起飞方式上创新采用了 _____ 设计。

A. 蒸汽弹射起飞　　　　B. 滑跃起飞

C. 电磁弹射起飞

13-15 根据美国的规划和部署，到 2020 年，美国在太平洋游弋的军舰会达到其全部军舰的 _____。

A. 50%　　　　B. 60%　　　　C. 70%

13-16 美国第七舰队是美国最大的海外前进配置武装力量，它具有三大杀手锏：_____、乔治·华盛顿号航母和提康德罗加级导弹巡洋舰。

A. 蓝岭号作战指挥舰

B. 企业号航母

C. 宙斯盾系统

13-17 中国创新制造的东风 -21D 反舰弹道导弹，被西方媒体称为 _____。

A. 船舰克星　　B. 空中利剑　　C. 航母杀手

13-18 中国东风 -21D 反舰弹道导弹的首度公开亮相时间是 2015 年 9 月 3 日的 _____，为中国独有、全球第一种反舰弹道导弹。

A. 中苏联合军演

B. "胜利日" 大阅兵

C. 美菲双航母军演

13-19 美国第三代核动力航空母舰福特号的造价是至今为止最昂贵的，达到了 _____。

A. 80 亿美元　　　　　　B. 120 亿美元

C. 150 亿美元

13-20 中国东风 -21D 中远程反舰弹道导弹的有效最大射程可以达到 _____ 千米，就是为了不让航母在距离海岸线较近的距离活动。

A. 600　　　　B. 900　　　　C. 1500

第 4 章
航天与飞船创新史话篇

自从发现了地球之外还有更为广阔无边的太空，人类就一直梦想着能够去太空看一看。人们总是好奇，太空到底有什么呢？有浩瀚的星辰，有人眼看不见但是却有着巨大质量的黑洞，应该还有我们无法想象到的地外生物，这些都深深地吸引着人类。于是人类尝试着飞行，渴望有一天能够去探索神秘的太空。

然而，人类希望进入太空的美好梦想，却是在用心险恶的军事竞赛中实现的。

苏美太空争霸

美苏太空争霸、航空航天崛起、人类探索宇宙，都始于近百年前的那场战争——第二次世界大战。

第二次世界大战末期，柏林即将沦陷，如何划分战后势力，也早就在美苏两国之间暗流涌动。得到纳粹德军的尖端武器、抢占他们的科学人才、截取他们的科研成果，是加速成为战后世界霸主的快速捷径。

德军最强大的武器 V2 火箭（图 4.1.1）以及它的设计师冯·布劳恩，成为美苏两国想要获取的目标。V2 火箭是当时世界上最先进、唯一有能力进入太空的人类火箭，是现今所有航空航天器的前身。它的射程可达 200 多千米，是最早投入实战的弹道导弹。它可用高达 5800 千米的时速，将一吨重的弹头投放到敌方阵地。

图 4.1.1　第二次世界大战时期的德国 V2 火箭

美军率先找到了关于设计制造 V2 火箭的资料以及布劳恩和他的团队，并将他们运送至美国。另一边，由苏联科学家谢尔盖·科罗廖夫带队的苏军搜索小队虽然迟了一步，但他们依旧找到了很多残缺的 V2 火箭设计图以及零部件。

第二次世界大战以后，科罗廖夫带领其科研团队开始研制射程可达美国本土的武器。他们在 V2 火箭的基础上做了进一步的改进。很快，苏军的第一代远程弹道导弹研制成功。

就在科罗廖夫大展才华之时，布劳恩和他的团队却在美国度过了长达五年的人生低谷。因为他们是德国人，美国当局并不信任他们，所以布劳恩他们成了美国既不愿意重用，但又不能放弃的备份棋子。

4.1.1　太空竞赛第一回合：苏联拔得头筹

苏联与美国之间的冷战从 1945 年开始一直持续到 1991 年。两大政治体系对立的大国总是试图寻找不冒任何军事交战的风险而置对方于死地的方法，"太空竞赛"便是两个超级大国施展技术、意识形态和政治手腕而无军事冲突风险的战场。

美苏太空竞赛涵盖了从苏联 1957 年成功发射第一颗人造地球卫星（斯普特尼克 1 号，图 4.1.2）到 20 世纪 80 年代末苏联的暴风雪号航天飞机为止的多次较量。而

图 4.1.2　斯普特尼克 1 号

1969 年人类首次登上月球无疑使这一竞赛达到了最高潮。

1944—1945 年，两个国家争夺德国 V2 火箭的技术诀窍和设计火箭的科学家。在美苏太空竞赛初期，双方展开了建设弹道导弹与核弹头武器库的竞赛。从 1953 年到 1954 年，焦点集中在谁将成为第一个造出能打到敌方领土的洲际导弹的国家。这也是研制运载火箭、展示航天地位的至关重要的一步。

1955 年年中，美苏太空竞赛真正展开。1957 年 8 月 21 日，苏联发射了第一颗洲际导弹。10 月 4 日，苏联在拜科努尔发射场用 R7 洲际导弹改装的运载火箭把首颗由两个半球铝壳对接而成的人造卫星——斯普特尼克 1 号送上了太空，标志着人类正式迈入了航天时代。而美国仅在 1958 年 1 月 31 日发射了其第一颗卫星——探险者 1 号。

首次交锋，苏联旗开得胜。

4.1.2　太空竞赛第二回合：苏联保持领先

1958—1967 年，苏联相继发射了第一颗科学卫星——人造地球卫星 3 号、月球 1 号探测器、东方 1 号 ~6 号飞船、上升 2 号飞船以及金星 4 号探测器。1961 年，航天员加加林乘坐东方 1 号飞船成功实现了人类太空首航。1963 年，航天员捷列什科娃乘坐东方 6 号飞船升空，成为首位进入太空的女性。1965 年，航天员列昂诺夫乘坐上升 2 号飞船第一次完成太空行走。

同期，美国只实现了三个主要成就：1961 年 3 月，把一只称为哈姆的猩猩用水星 2 号飞船完成了第 1 次试飞；1962 年 12 月，水手 2 号探测器飞越金星，成为第一个成功飞越另一颗行星的探测器；1964 年 11 月 28 日，历史上第一个登陆火星的探测器——水手 4 号探测器发射，并传回了第一张火星表面的照片。

到 1965 年为止，苏联几近百战百胜，让苏联在太空争霸前期处处压美国一头。

此外，1958—1968 年，美苏在月球探测器的研制与发射中也是竞争激烈。两国一共发射了 60 个环月或登月探测器。而苏联几乎取得了所有主要月球探测器任务的技术突破。

4.1.3　太空竞赛第三回合：美国发力赶上

在两个回合的失败之后，美国终于决定开始启动计划耗资 250 亿美元的土星 / 阿波罗计划项目，在十年之内致力于将人类送上月球，并将其安全送返地球。

在阿波罗计划紧锣密鼓进行的同时，美国与苏联继续在载人飞行方面进行激烈的竞争。他们各自的联盟号和双子星座号飞船计划使两国在对任何探月任务都很关键的交会技术与变轨方面得到了完善。由于 1965 年到 1966 年的双子星座号计划，美国逐渐赶上了苏联，甚至在诸如长期飞行等领域超过了苏联。

而苏联也认识到了阿波罗计划的巨大进展，在科罗廖夫的鼓励下，苏联确立了两个目标：一是在 1967 年到 1968 年间，由科罗廖夫领导研制运载火箭将把一个苏联人送上月球；二是 1967 年第二季度切洛梅负责的载人飞船项目将实施绕月飞行任务。

4.1.4　太空竞赛第四回合：苏联后继乏力

1965 年以后，美苏两个国家在战略上的差异，开始逐渐显露出完全不同的结果。美国集中在土星 / 阿波罗计划上实现两个目标，而苏联则致力于两个计划，将力量与资源分散了。

更加雪上加霜的是，1966 年 1 月 14 日，苏联最伟大的航天事业科学家科罗廖夫辞世，这沉重地打击了苏联的航空航天事业。此后，由瓦·米申接替了科罗廖夫的职位。随着计划的不断进展，一系列的问题随之而来，按时完成载人登月计划变得越来越不现实。至此，苏联的太空计划开始逐渐落后于美国。

4.1.5　太空竞赛第五回合：美国最终胜出

1969 年 7 月 21 日，美国的阿姆斯特朗登上月球，成为世界上第一个在地球外星体上留下脚印的人类成员，美国最终胜出。

而苏联在经历了多次发射失败后，最终宣布无意于载人登月活动，转而进行空间站的探索研究活动。

1975 年 7 月 17 日，阿波罗 18 号与联盟 19 号在太空轨道上对接，美国航天员托·斯塔福德和苏联航天员阿·列昂诺夫在太空中握手，并宣布"空间竞赛已经结束，美国与苏联平局"。其实，两个超级大国之间的太空竞赛并没有完全结束。20 世纪 70 年代初期，两个国家在"礼炮"号和"天空实验室"空间站计划上展开了竞赛，几年后又相继研制了航天飞机。一直到 1991 年苏联解体，空间竞赛的时代才宣告结束，随着全球其他各个航天大国的崛起，人类的航天事业进入了一个新的时代。

4.1.6　人类开展航天活动的意义

成功开展太空活动可以造福人类，不仅是振奋人心的科学成就，更是国民经济、科学技术发展的强大推动力量。

通过航天探索活动，人们发现，太空是一个聚宝盆，具有巨大的经济利益：首先，太空有取之不尽、用之不竭的能源，开发太空能源可以解决人类的能源危机；其次，太空具有丰富的矿产资源；再次，太空是理想的生产基地和科学实验基地：太空具有高真空、高洁净、超低温、强辐射的特点，环境得天独厚；最后，太空具有巨大的军事价值，是战争中的战略制高点。

天空和海洋是 20 世纪的战场，而太空将成为 21 世纪的战场。太空已成为现代化战争的战略制高点，在未来战争中谁夺取了制天权，控制了太空，谁就可以进一步夺取制空权和制海权，并最终赢得战争的胜利。

纵观当今世界，航天军事力量开始形成，太空武器装备正在发展，太空信息战在一定意义、一定程度上逐步变成现实。

在信息化战争中，陆、海、空作战力量遂行的各种作战行动，将越来越依赖于太空信息系统所提供的信息保障。正因为空间力量在争夺信息优势时具有突出作用，使得太空成为未来战争双方争夺的新焦点。

 ## 4.2　现代火箭的发展及其缔造者们

美国的戈达德博士在 1919 年发表的论文中提出了火箭飞行的数学原理，并指出火箭必须具有 7.9 千米每秒以上的速度才能克服地球引力。1926 年 3 月，戈达德成功地研制并发射了世界上第一枚液体推进剂火箭，其飞行速度达到 103 千米每小时，上升高度 12.5 米，飞行距离 56 米。

德国的奥伯特教授在 1923 年出版的书中不仅指出了火箭在太空中工作的基本原理，而且还说明了火箭只要能够产生足够的推力，就可以围绕地球轨道飞行。

1932 年，德国发射 A2 火箭，其飞行高度可达 3 千米。1942 年 10 月，德国发射 V2 火箭（A4 型）成功，其飞行高度达到 85 千米，飞行距离为 190 千米。V2 火箭的成功发射，将航天先驱们的理论变为现实，是现代火箭技术发展史上的重要篇章。

1948 年，苏联自主设计了 P-1 火箭，射程达到 300 千米。1950 年和 1955 年又先后研制成功 P-2 和 P-3 火箭，射程分别达到 500 千米和 1750 千米。1957 年 8 月，苏联成功发射了两级液体洲际导弹 P-7，射程达到 8000 千米。1957 年 10 月 4 日，经过改装的 P-7 导弹成功发射了世界上第一颗人造地球卫星，从而揭开了现代火箭技术崭新的一页。为了满足发射多种航天器的需要，苏联先后成功研制"东方"号、"联盟"号、"宇宙"号、"质子"号和"能源"号等多种型号的运载火箭，可将 100 多吨的有效载荷送入近地轨道。

此外，在布劳恩的帮助下，美国于 1945 年发射了 V2 火箭。1949 年，美国开始研究"红石"弹道导弹。1958 年 1 月 31 日，美国第一颗人造卫星被"丘比特 C"火箭成功送入太空。为了发射多种航天器，美国先后成功研制了"先锋"号、"丘比特"号、"红石"号、"侦察兵"号、"大力神"号和"土星"号等运载火箭。

1960 年 11 月 5 日，我国第一枚近程火箭发射成功。其后，又成功研制了长征（CZ）系列基本型运载火箭和改进型火箭。

1965 年 11 月至 1967 年 2 月，法国的"钻石"号火箭成功将 A-1、D-1 人造卫星送入太空。

1979 年 12 月，欧空局研制的"阿里安 1 号"运载火箭第一次发射成功。

1975 年 9 月，日本首次用 N-1 火箭成功地发射了"菊花"1 号技术试验卫星。1994 年，带有氢氧燃料装置的 N-2 火箭试射成功。

印度自主研制并成功发射的运载火箭系列有 SLV、ASLV、PSLV 和 GSLV。其中同步轨道卫星运载火箭 GSLV 于 2001 年 4 月发射成功。

4.2.1　航天之父——齐奥尔科夫斯基

康斯坦丁·齐奥尔科夫斯基是现代宇宙航行学的奠基人，被称为"航天之父"。

1857 年 9 月 17 日，齐奥尔科夫斯基出生在俄罗斯梁赞省一个美丽的村庄。1883 年，齐奥尔科夫斯基在《自由空间》论文中，创新提出宇宙飞船的运动必须利用喷气推进原理来实现，并绘制了飞船的草图。1893 年，齐奥尔科夫斯基出版了他的第一本科幻小说《在月球上》，书中提出了发射人造卫星的构想和人类登月的设想。

1896 年，齐奥尔科夫斯基开始从理论上研究星际航行的有关问题。他首次推导出了火箭运动的方程式，并计算出火箭克服地球引力进入地球轨道的速度。1903 年，他发表了经典研究论文《利用喷气工具研究宇宙空间》，这是世界上第一部关于喷气运动理论和宇宙航行学理论方面的科学著作。

之后齐奥尔科夫斯基创新性地提出了多级火箭构造的设想，为苏联第一代探空火箭和导弹的研制奠定了理论基础。1932 年，为了表彰他的贡献，苏联政府授予他劳动红旗勋章。月球上有一个以他名字命名的环形山，有一个小行星（第 1590 号）也是以他的名字命名的。

4.2.2　美国火箭之父——戈达德

1926 年 3 月 16 日，世界上第一枚液体燃料火箭成功发射，它的发明者是美国的罗伯特·哈金斯·戈达德。1959 年建立的美国国家航空航天局戈达德太空飞行中心就是以他的名字命名的。月球上的戈达德环形山也以他的名字命名。

从 1909 年开始，戈达德对火箭动力学进行了广泛的理论研究。1911 年，他将固体燃料火箭置于真空玻璃器中进行点火实验，获得成功。

1919 年，戈达德撰写的著作《达到极大高度的方法》，被认为是 20 世纪火箭科学的经典著作之一。文中论述了火箭运动的基本数学原理，并创新提出将火箭发往月球的方案。1926 年，他研制了世界首枚液体火箭，开创了航天技术的新纪元。

4.2.3　欧洲火箭之父——奥伯特

赫尔曼·奥伯特是德国著名的火箭专家，是现代航天学奠基人之一，被誉为欧洲火箭之父，是与齐奥尔科夫斯基和戈达德齐名的航天先驱。

1894 年 6 月 25 日，赫尔曼·奥伯特出生于罗马尼亚。1923 年，他出版了经典理论著作《飞往星际空间的火箭》。在书中，他用数学知识阐明了火箭如何获得脱离地球引力的速度，确立了火箭在宇宙空间推进的基本原理，并对液体燃料火箭、人造地球卫星、宇宙飞船和空间站等进行了研究和探讨。

1941 年，赫尔曼·奥伯特前往佩讷明德研究中心参与 V2 火箭的研制工作，并制定了A-9 和 A-10 多级火箭计划。1943 年，奥伯特开始研究固体推进剂防空火箭，成为研究防空火箭的第一人。

在他的大力倡导下，当时的欧洲特别是德国在现代火箭研究方面走在了世界的前列。奥伯特几乎目睹了 20 世纪人类航天事业发展的全过程，见证了从第一枚火箭升空到载人太空飞行再到人类踏上月球的每一个历史时刻。

4.2.4　现代火箭先驱——科罗廖夫

谢尔盖·帕夫洛维奇·科罗廖夫是苏联航空航天事业的伟大设计师与组织者，是第一枚射程超过 8000 千米的洲际火箭的设计者，是第一颗人造地球卫星的设计者和第一艘载人飞船的总设计师。

1907 年 1 月 12 日，科罗廖夫出生于乌克兰日托米尔。1929 年，科罗廖夫结识了齐奥尔科夫斯基，从此致力于火箭研究。

1933 年 8 月，在他的领导下，苏联成功发射了第一枚液体火箭。1957 年 10 月 4 日，科罗廖夫大胆采用捆绑火箭的方法，将世界上第一颗人造地球卫星送入轨道。此外，科罗廖夫还组织实施了一系列苏联载人航天计划。1961 年 4 月 12 日，"东方 1 号"飞船搭载着航天员尤里·加加林进入太空，开启了载人航天的新纪元。在此后的 3 年时间里，他又领导创造了宇宙飞船轨道会合、女航天员太空飞行、多人飞行和太空行走等多项世界第一。截至 1965 年年底，科罗廖夫已经领导成功发射 9 个月球探测器、4 个金星探测器和 2 个火星探测器。

由于他对世界航天事业的巨大贡献，月球背面最大的环形山就是以科罗廖夫的名字命名的。

4.2.5　V2 火箭设计师——冯·布劳恩

韦纳·马格努斯·马克西米利安·冯·布劳恩是德国著名的火箭专家。他是著名的 V2 火箭的总设计师、20 世纪航天事业的先驱之一。他是美国卫星和探月工程的主要领导者。

1912 年 3 月 23 日，布劳恩出生于德国的东普鲁士维尔西茨的贵族家庭。1934 年布劳恩获得博士学位，博士学位论文论述了液体推进剂火箭发动机理论和实验的各个方面。1936 年开始，布劳恩在佩讷明德领导设计 V2 火箭。1942 年 10 月 3 日，V2 火箭首次发射成功。

第二次世界大战后，布劳恩带领他的研究小组前往美国。1960 年，NASA 启用新的马歇尔空间飞行中心，布劳恩率领他的团队来到这里。1969 年 7 月 16 日，布劳恩领导研发的"土星 5 号"运载火箭将"阿波罗 11 号"飞船和航天员送往月球。此后，"土星 5 号"火箭先后将 6 批航天员送上月球。为了表彰他的贡献，月球上的一座环形山被命名为冯·布劳恩环形山。

4.2.6　第一位太空行走者——列昂诺夫

列昂诺夫·阿列克谢·阿尔希波维奇 1934 年 5 月出生于苏联的克麦罗沃州。1965 年 3 月 18 日，列昂诺夫作为副驾驶和别利亚耶夫共同完成了"上升 2 号"飞船的航天飞行。在飞行过程中，列昂诺夫离开"上升 2 号"飞船进入太空，成为世界上第一个进入太空行走的人。

因成功完成这次太空行走，他被授予苏联英雄称号。1975 年 7 月 15 日到 20 日，列昂诺夫作为船长参加了苏联"联盟 19 号"飞船和美国阿波罗号飞船的联合航天。

为表彰列昂诺夫在开发宇宙空间方面建立的功勋，苏联科学院授予列昂诺夫"齐奥尔科夫斯基"金质奖章 1 枚，国际航空联合会授予他"宇宙"金质奖章 2 枚，并将月球背面一座环形山命名为列昂诺夫环形山。

4.2.7　中国载人航天奠基人——钱学森

钱学森是世界著名科学家，空气动力学家，中国载人航天奠基人，中国科学院及中国工程院院士，中国"两弹一星"功勋奖章获得者。被誉为"中国航天之父""中国导弹之父""中国自动化控制之父"和"火箭之王"，国家杰出贡献科学家。他使中国导弹、原子弹的发射向前推进了至少 20 年，为中国创造了前所未有的战略力量。

1956年，钱学森向中共中央、国务院提交了"建立我国国防航空工业的意见书"。同年，国务院、中央军委根据他的建议，成立了导弹、航空科学研究领导机构——航空工业委员会，并任命他为委员，奉命组建中国第一个火箭导弹研究所——国防部第五研究院，并担任首任院长。

在他的主持下，中国"喷气和火箭技术的建立"规划顺利完成，并参与了近程导弹、中近程导弹和中国第一颗人造地球卫星的研制。

钱学森直接领导了用中近程导弹运载原子弹"两弹结合"试验，参与制定了近程导弹运载原子弹"两弹结合"试验，参与制定了中国第一个星际航空的发展规划，发展建立了工程控制论和系统学等。

1991年，获国务院、中央军委授予的"国家杰出贡献科学家"荣誉称号。1999年，中共中央、国务院、中央军委决定，授予钱学森"两弹一星功勋奖章"。

4.2.8　首位进入太空的人——加加林

尤里·阿列克谢耶维奇·加加林，1934年3月9日出生于苏联斯摩棱斯克州格扎茨克区的克卢希诺镇集体农庄庄员家庭。

1961年4月12日，加加林乘坐"东方一号"飞船从拜科努尔发射场飞向太空，完成了世界上首次载人宇宙飞行，实现了人类进入太空的愿望。

在这次历史性的飞行之后，加加林荣获列宁勋章并被授予"苏联英雄"和"苏联航天员"称号。为纪念加加林首次进入太空的壮举，俄罗斯把每年的4月12日定为宇航节，在这一天举行隆重的纪念活动。

4.2.9　第一个登上月球的航天员——阿姆斯特朗

尼尔·奥尔登·阿姆斯特朗是美国航天员、试飞员、海军飞行员以及大学教授。1969年7月16日，他同奥尔德林和柯林斯（由他担任指令长）乘坐"阿波罗11号"飞船，飞向月球。7月20日，由阿姆斯特朗操纵"鹰"号登月舱在月球表面着陆，他也成为第一个登上月球并在月球上行走的人。当时，他说了一句此后在无数场合常被引用的名言："这是个人迈出的一小步，但却是人类迈出的一大步。"

4.3　中国火箭与导弹的发展

1970 年，我国成功发射了第一颗人造地球卫星，这标志着中国人掌握了独立自主进入空间的能力。经过 50 多年的发展，我国长征系列运载火箭实现了技术跨越式的发展，并推动了我国卫星及其应用以及载人航天技术的发展，有力地支撑了以"载人航天工程""北斗导航"和"月球探测工程"为代表的国家重大工程的成功实施。

4.3.1　中国古代火箭的发展

我国是火箭诞生的故乡，火箭是我国古代的四大发明之一。我国古代《火龙经》中就记载着具有代表性的串联式两级火箭——火龙出水。据史料记载，最早在战争中使用火箭是公元 1232 年的宋金汴京之战。

明代是我国火箭技术飞速发展的时期。明初的"靖难之役"中，燕王朱棣的部队与建文帝的部队交战时，受到了"一窝蜂"火箭的袭击，这是关于我国最早在战争中创新使用"喷气火箭"的记载。

13 世纪中期，中亚、西亚和欧洲的战争将我国的火箭技术传到了欧洲及世界的其他地方。当时德意志的艾伯特斯·麦格诺首次记录了欧洲制造火箭的技术。而直到 1379 年，欧洲人才将火箭作为兵器。

4.3.2　飞天第一人——万户

万户是明朝初期的一个木匠。参军后，他对当时军队里的刀枪车船进行了改进。按照当时的火箭技术，再加上风筝原理的帮助，万户做出了一份很详尽的科学理论计算的报告，他认为他一定能在一个时间段内飞到月亮上去。

一天，万户两手各拿一个大风筝，让仆人把他捆绑在一把座椅上面，在座椅的背后安装了 47 枚当时能买到的最大的火箭。然后，让他的仆人同时点燃 47 枚火箭，试图用火箭向前推进的力量和风筝上升的力量向前飞行。可是，由于火箭发生爆炸，万户献出了生命。万户的尝试虽然失败了，但是，他是世界上第一个想要借助火箭推力发射向太空飞去的英雄，所以他被世界公认是"真正的航天始祖"，为了纪念万户的飞天壮举，以他的名字命名了月球上的一座环形山。

4.3.3　中国制造的第一枚火箭——东风1号

1960年9月10日，我国第一次在自己的国土上，用自己生产的国产燃料，成功地发射了一枚苏制P-2导弹。紧接着，11月5日，我国自行制造的第一枚近程地对地弹道导弹——"东风1号"试射成功（图4.3.1）。它是根据苏联P-2导弹仿制的，还有另外一个鲜为人知的名字——"1059"。

图4.3.1　东风1号

"东风1号"长17.68米，导弹直径1.65米，起飞重量20.4吨，采用了一级液体燃料火箭发动机，最大射程达600千米，可携带1300千克的高爆弹头。虽然该枚导弹没有实战部署过，但是我国通过仿制P-2导弹建立了一套导弹研究体系，培养了一批导弹专家。

4.3.4　东方红一号卫星

"东方红一号"卫星被誉为中国第一星，是东方红人造卫星系列的首颗卫星（图4.3.2）。这颗人造卫星与1964年的第一颗原子弹、1966年的第一颗装载核弹头导弹、1967年的第一颗氢弹并称为"两弹一星"，两弹指核弹和导弹。

1970年4月24日，在甘肃酒泉卫星发射中心，"长征一号"运载火箭点火发射，将"东方红一号"卫星送入太空。继苏联、美国、法国和日本之后，我国成为世界上

图4.3.2　东方红一号卫星

第五个能够独立发射人造地球卫星的国家。由此开创了我国航天史的新纪元。

"东方红一号"卫星外形为近似球体的72面体，直径约1米，质量为173千克，设计寿命为20天。卫星的主要任务是以20.009兆赫的频率向太空播放《东方红》乐曲，同时进行卫星技术试验，探测电离层和大气密度。卫星以银锌蓄电池作为电源，电池寿命为28天。

"东方红一号"卫星完全实现了"上得去、跟得上、看得见、听得到"的既定目标，展示了当时我国的经济、科技、社会和军事能力的发展水平，是国家综合国力的重要标志，

是影响国际关系格局的重要因素，是促进经济和科技进步的重要手段，对于增强民族自豪感和凝聚力具有重要作用。

4.3.5 长征系列火箭

航天技术是国家综合实力的重要组成部分和重要标志之一。进入太空的能力是综合国力和科技实力的重要体现。运载火箭是人类克服地球引力、进入空间的工具，是发展空间技术、确保空间安全的基石，是实现航天器快速部署、重构、扩充和维护的根本保障，是大规模开发和利用空间资源的载体，是国家空间军事力量和军事应用的重要保证。

长征系列运载火箭从 1965 年开始研制。1970 年，"长征一号"运载火箭首次发射成功。目前，长征系列火箭有：长征一号～长征八号和长征十一号 9 个系列。退役、现役和在研型号共有 21 个，具备发射各种轨道空间飞行器的能力。

长征系列运载火箭共经历了五个阶段的发展，研制完成了四代运载火箭。

第一阶段是战略导弹技术起步阶段。此阶段研制的火箭包括长征一号系列火箭和长征二号系列火箭。长征一号系列运载火箭包括"长征一号""长征一号丁"两种型号，主要发射近地轨道的小型有效载荷。长征二号系列运载火箭是目前我国最大的运载火箭系列，其主要任务是发射航天器进入近地轨道和太阳同步轨道。

第二阶段是依据运载火箭技术的自身发展规律所研制的火箭，包括长征三号系列火箭和长征四号系列火箭。长征三号系列运载火箭的主要任务是发射航天器进入高轨道运行，是我国运载火箭发展历史上的一个重要里程碑，它标志着我国的运载火箭技术已经跨入世界先进行列。长征四号系列运载火箭最早可追溯到上海航天局的"风暴一号"火箭，主要承担太阳同步轨道的发射任务。

第三阶段是研制满足商业发射服务需求的火箭。"长征二号"捆绑式运载火箭（简称"长二捆"），是这种火箭的典型代表。"长二捆"火箭为推动我国运载火箭进入国际发射服务市场起到了非常重要的作用。同时，"长二捆"火箭实现了我国运载火箭捆绑技术的突破，为我国后续载人火箭研制奠定了坚实的技术基础。

第四阶段是为载人航天需要而研制的火箭，如"长征二号 F"运载火箭，是在"长二捆"火箭的基础上，按照发射载人飞船的要求研制的运载火箭，主要用于发射神舟飞船到近地轨道。

"长征二号 F"基本型火箭成功发射了"神舟一号"至"神舟七号"飞船，"长征二号 F"改进型运载火箭成功将"神舟八号"至"神舟十二号"飞船以及"天宫一号"和"天宫二号"空间实验室送入预定轨道。

第五阶段是研制适应环境保护和快速反应需要的运载火箭，包括长征五号～长征八号系列以及长征十一号系列等。

长征五号系列运载火箭是我国研制的大型低温液体运载火箭，又被称为"大火箭""冰箭""胖五"。该系列火箭的主要任务是发射大质量载荷、空间站建设和深空探测等。

长征系列运载火箭技术的发展为我国航天技术提供了宽广的平台，有力地推动了我国卫星及其应用以及载人航天技术的发展，保障了载人航天工程、北斗导航和探月工程的成功实施。

4.3.6　通信卫星

通信卫星是世界上应用最早、最广泛的卫星之一，它是无线电通信的中转站，由于其是把地面的各种"信件"收集起来后，再"投递"到另一个地方的用户那里，因此人们形象地把它称为"国际信使"。

由于通信卫星是"站"在距地面 36000 千米的高空，所以它的"投递"覆盖面特别大。一颗运行在地球静止轨道上的通信卫星大约可以覆盖地球表面 40% 的区域。在它所覆盖的区域内，地面、海上、空中的任何通信站之间都可以同时通信。

1958 年 12 月 18 日，美国成功发射了世界上第一颗通信卫星"斯科尔号"。1965 年 4 月 6 日美国成功发射了世界第一颗实用静止轨道通信卫星——"国际通信卫星 1 号"。

苏联的通信卫星命名为"闪电号"。包括闪电 1、2、3 号等。由于苏联国土面积辽阔，所以大部分的"闪电号"卫星都在偏心率很大的一条椭圆轨道上，而不在静止轨道上。

1984 年 4 月 8 日，我国发射了第一颗静止轨道通信卫星——"东方红二号"。目前，我国已经成功发射了 5 颗静止轨道通信卫星。这些卫星在广播、电视信号传输，远程通信等方面发挥关键作用，为我国的国民经济建设做出重要贡献。

4.4　苏美载人航天史

航天技术是在"冷战"背景中起步发展起来的，因此一直存在着激烈的竞争。首先，航天事业是人类科学技术发展水平的象征，能够夺取各种航天上的"第一"有着巨大的政治意义。其次，发射航天器的运载火箭是由导弹武器直接转变而来的，航天技术上的各种"第一"实际上代表着军事力量的水平。最后，各项航天活动取得的成果都有巨大的军事应用潜力。因此，在早期的航天活动中，"冷战"的双方——美国和苏联之间的竞争如火如荼。

4.4.1　苏美载人航天计划

1959 年 6 月，美国陆军弹药导弹司令部向当时的陆军参谋长马克斯维尔·泰勒上将提交了一份可行性报告，其核心内容是在月球上建立军事基地。报告的起草人给这份绝密计划起了一个激动人心的名字"向着新的地平线"。报告中指出建立月球军事基地的重要性和必要性不亚于美国的原子弹研究项目——曼哈顿计划。

苏联的卫星遨游太空后，已经被第一颗卫星煽起情绪的政府领导人，觉得需要再拿点什么东西来增加十月革命节日的欢庆气氛，让全国人民好好地高兴高兴，同时对伟大的祖国产生自豪感。此外，还有一个目的就是在国际上也能打击一下对手美国人的气焰，让世人看看资本主义的没落。这时候，两个国家的领导人都不约而同地盯住了载人航天。

在所有的航天活动中，载人航天是宇宙探索的最终目的，也是最复杂、最困难的探险尝试。但是载人航天和发射卫星却完全是两个不同的事情。人要进入太空，必须要解决三个方面的难题：一是如何克服地球强大引力的束缚，研制出推力足够大、可靠性极端好的运载工具；二是获得空间环境对人体影响的足够信息，了解人体所能承受的极限条件并找到防护措施，如何保证生命的安全，这是载人航天中最关键的环节；三是可靠的救生技术及安全返回技术。载人航天与不载人航天最大的区别就在于救生技术的应用和安全返回的绝对可靠。飞船的安全返回非常不容易，它需要启动反推火箭减速、调姿、进入返回轨道等技术，还要闯过三道"鬼门关"：一是过载关，飞船高速进入稠密大气层时会产生巨大的冲击过载，就像飞机撞山一般；二是火焰关，飞船返回与空气的剧烈摩擦会产生几千摄氏度的高温，没有防护，钢筋铁骨也会化为灰烬；三是落地关，飞船降落尽管有降落伞，但它的降落速度仍达 14 米每秒，不采取措施，就是壮汉也会被摔死。此外，落点的精度也是大问题，如果飞船返回时出现落点偏差，结果营救人员找不到航天员，航天员就有非常大的风险。

4.4.2　苏美载动物航天实验

无数的科幻作品描绘着未来人类定居宇宙的种种美好愿景。然而，这些愿望的实现源于我们充分了解太空残酷环境及其对人类等地球生物的作用和影响，并且采取有效措施，解决人类在太空中生存所面临的各种难题。

在人类迈出重要一步之前，一些小动物就被送入太空，用来替人类感受空间环境并研究它们所受的影响。

果蝇是最早期进入太空的动物。1947 年 2 月 20 日，一只果蝇搭乘美国缴获的德国 V2 火箭登上临界太空、返回并存活下来。1957 年 11 月，一只 3 岁名叫莱伊卡的小流浪狗搭载"斯普特尼克2号"进入了太空。1958年12月12日，美国发射了一颗丘比特洲际弹道导弹，它的头锥舱中乘有一只长尾猴，可是发射以后导弹却不幸溅落在海中丢失。1959年5月28日，两只猴子又在卡纳维拉尔角发射成功的丘比特导弹的头锥舱里飞行后顺利回收。一只猴子在拆除生物电极的手术后死去，另一只存活了下来，被饲养在亚拉巴马空间火箭中心。

此外，美国也尝试着把和人类最相似的猩猩送上外太空做实验。1961年3月，一只名叫哈姆的大猩猩乘坐"水星2号"飞船完成了第1次试飞，整个飞行过程持续了16分钟。科学家的计划是"水星2号"要飞到115英里的高空，尽管它非常成功地飞到了115英里，但是最后却失重坠入了大西洋。所幸搜救队找到了载人飞船，把哈姆救了出来。

1961年11月29日，黑猩猩"恩诺思"被置于飞船上完成了一次重要飞行。在绕地两圈的飞行过程中"恩诺思"能够吃食品，也能够完成几项已经训练好的心理学试验。

在这一系列飞行试验的基础上，航天医学专家基本取得了希望得到的结果，认为太空飞行对人体不会有太大的威胁。于是开始考虑将人送上太空。

4.4.3 加加林成功飞入太空

1958年，航天专家科罗廖夫带领苏联正式开始了载人航天的研究工作。到1959年年初，苏联第一艘载人飞船开始进行具体设计，并取名为"东方号"。

在确认"东方号"飞船能够载人之前，科罗廖夫曾对它做过5次飞行试验。在1960年5月15日到1961年3月25日之间，这五艘不载人飞船都是借用"科拉伯卫星"的名字作轨道飞行的。它们载了狗、假人和各种各样的生物实验仪器。它们当中有四艘带着航天员座椅回收舱，三艘被成功回收。经过了一系列的试验飞行后，东方号飞船做好了载人轨道飞行的最后准备。

1961年4月12日，一枚R-7A运载火箭装载着东方1号，将人类的第一名使者——尤里·加加林送入太空，迈出了人类进入太空的第一步。

继加加林之后，东方号又进行了5次载人轨道飞行，为苏联赢得了太空竞赛中一个又一个第一。就载人航天技术来说，整个东方号计划在医学实验上，特别是人在太空轨道飞行期间的反应和适应性方面，取得了伟大的成果。

1965年3月，苏军中校列昂诺夫成功走出了宇宙飞船，作了人类历史上的第一次太空漫步。美国人怀特3个月后亦步亦趋，也完成了太空行走。1966年，苏联的无人驾驶宇宙飞船登陆月球，这也使得美国在太空竞赛的头十年落了下风。

4.4.4　美国的水星计划

从 1958 年开始，美国先后招募了 7 名航天员，开始实施长达 7 年的水星计划。1961 年 5 月 5 日，水星计划第一次真正意义上的载人飞行开始了，航天员艾伦·谢泼德成为第一位进入太空的美国人。但此次飞行中，飞船并没有完全进入绕地运行轨道，而是像抛物线一样飞入太空，然后又自由落体返回地球。1962 年，美国的约翰·格伦乘坐友谊 3 号飞船，在五小时内绕地球转了三圈。1963 年，在戈尔登库勃完成最后一次飞行之后，水星计划告一段落。"水星计划"总共进行了 20 次无人飞行试验，以及六次载人飞行，将 6 名航天员送入太空。

"水星计划"是美国载人航天三部曲的第一部，在水星计划的末尾，双子星计划与阿波罗计划的顺利开展也是"水星计划"取消发射最后三艘飞船的主要原因。美国在水星计划实施的过程中积累了大量数据，为接下来的登月及后面的全面反超苏联打下了坚实的基础，并在 1981 年率先成功发射出可以循环利用的航天器——航天飞机。

4.4.5　美国的登月计划

把一个人送上月球需要一个较重的运载火箭。早在 1958 年美国陆军弹道导弹局(ABMA)与冯·布劳恩就开始计划制造这样的运载火箭。同时他们也考虑运用大推力（超过 600 吨）发动机和液氢发动机。这些早期的工作在美国日后的成功中起到了决定性的作用。

美国的土星 / 阿波罗项目估计需要花费 250 亿美元（大约是今天的 1200 亿美元），约有近 1000 万人直接或间接参与其中。1961 年，NASA 先后创建了位于新奥尔良州的密西西比测试站（MTF，1988 年改名为斯坦尼中心）和米丘德装配站（MAF），分别用于运载火箭第一、二级的验收试验以及土星 1B 和土星 5 运载火箭第一级的装配。1962 年夏天，NASA 又在德克萨斯州休斯顿建成了载人航天器中心（1973 年改名为约翰逊航天中心），用于设计阿波罗飞船、训练航天员和控制载人飞行。1963 年，位于佛罗里达州卡纳维拉尔角的发射控制中心改名为肯尼迪航天中心，用于运载火箭的最后装配和发射。

1968 年 12 月 24 日，阿波罗 8 号飞船载人绕月成功并顺利返回地球。美国首次赶在苏联前面在探月的里程碑上刻下了自己的名字。1969 年 7 月 20 日，美国人阿姆斯特朗和奥尔德林成功踏上月球表面。与此同时，苏联的月球 15 号探测器在静海几百千米处坠毁。至此，美国终于在登月竞赛中取胜。继阿姆斯特朗首次登月以后，美国后来又成功登月 5 次，共有 12 个美国人在月球上行走过。美国经过 12 年的努力终于追上了苏联，最终夺取了太空竞赛的冠军奖牌。

太空竞赛的空间战最终不是以和平来告终，而是最终处于了休战状态。1975 年 7 月 17 日阿波罗与联盟号在太空轨道上对接，美国航天员托·斯塔福德和苏联航天员阿·列昂诺夫在太空中握手，并宣布"空间竞赛已经结束，美国与苏联是平局"。

1970—1976 年，苏联继续利用在探月竞赛期间积累的知识，不断向月球发射探测器。这些探测器为苏联带回了 330 克月球标本。

两个超级大国之间的太空竞赛活动并没有完全结束。70 年代初期，两个国家在"礼炮"号和"天空实验室"空间站计划上又展开了竞赛，后来几年又相继研制了航天飞机。一直到 1991 年苏联解体，空间竞赛的时代才得以告终；随着全球其他各个航天大国的崛起，人类的航天探索活动进入了一个新的时代。

4.5　人类登月与空间站

从古至今，无数人都把目光投向浩瀚夜空中离我们最近的月球。1609 年，伽利略用自制望远镜观察月球表面，发现月球是一个表面遍布大大小小坑洞的荒凉星球。1628 年，世界上第一个幻想太空遨游的故事《月中人》发表。1783 年，孟格菲兄弟乘坐热气球完成了世界上第一次载人热气球飞行。从那时起，人们就相信，早晚有一天人类可以飞向月球。而对月球探索的真正的奔月行程却是从 20 世纪中旬的美苏太空竞赛开始的。

4.5.1　苏美其他登月活动

1969 年至 1972 年年底，美国先后发射阿波罗 9 号 ~14 号共 6 艘载人登月飞船。除"阿波罗 13 号"因为中途出事故而惊险返回，没有完成登月外，其余 5 次载人登月计划都取得了成功。在整个阿波罗计划中，共有 18 名航天员参加了登月飞行计划，有 12 名航天员登上了月球。特别值得一提的是，1972 年 7 月 20 日，"阿波罗 15 号"飞船登陆月球时，携带了一辆电力驱动的月球车去探索月球。

而此时，苏联的航天计划中已经没有了任何载人登月的计划。只在 1972 年 9 月 12 日，往月球发射了一艘不载人的宇宙飞船。这艘飞船在月球表面安全软着陆后采集了一些土壤和岩石的标本带回了地球。

1972 年 12 月 15 日，"阿波罗 17 号"飞船飞离月球，它是美国整个登月计划的最后一艘飞船，它的成功登陆证明整个阿波罗计划达到技术娴熟的水平，史密斯成为 12 位登上月球的航天员中的最后一位。从此，人类再也没有登上月球，月球又恢复了沉静。

4.5.2　空间站的起步

空间站是苏联人对航天事业的又一项创新贡献。空间站是一种可在近地轨道长时间运行的载人航天器，能够提供地面实验设施所不能提供的低重力的宇宙空间环境，又称为太空站、轨道站、航天站。其可供多名航天员巡访、长期工作和生活。空间站包括单模块空间站和多模块空间站两种类型。航天运载器通过一次发射就可以将单模块空间站送入轨道，而多模块空间站则需要将每个模块分批送入轨道，然后在太空中将各模块组装在一起而形成。空间站具有体积大、结构复杂、运行时间长的特点。但是空间站不具备自行返回地球的能力。

1969 年，"阿波罗 11 号"飞船抢先登陆月球后，苏联在与美国登月的太空竞赛中落败，因此转向了装配载人空间站计划来展示他们的航天实力和开发太空资源。1971 年 4 月 19 日，人类第一个空间站——"礼炮 1 号"被"质子号"运载火箭送入太空。在随后几年时间，苏联又相继发射了 7 座礼炮号空间站。其中的礼炮 1 号 ~5 号属于第一代空间站，礼炮 6 号和 7 号属于第二代空间站。

1973 年 5 月 4 日，在美国的肯尼迪航天中心，阿波罗计划的剩余物资——"土星 5 号"运载火箭搭载"天空实验室"空间站发射升空。

1986 年 2 月 20 日，苏联发射第三代空间站——"和平号"空间站。其在轨服役 15 年，共有 100 多位科学家进入"和平号"空间站进行科学研究，取得了大量空间科研成果。

目前在太空中飞行的国际空间站属于第四代空间站，工程耗资 600 多亿美元，是人类迄今为止规模最大的载人航天工程。它从最初的构想到最后的实施，是当年美苏竞争的产物，也是当前美俄合作的结果，从侧面为这两个从 20 世纪 50 年代就是竞争对手的两个大国之间画上了意味深长的句号。

4.5.3　苏联的空间站

苏联把发展空间站作为一项国策，认为只有空间站才能在轨道上长期停留，保障人们在太空中的长期生活和工作，这样才能充分地开发和利用空间资源。在空间站创新发展的道路上，美国属于跨越式发展，而苏联则采取慎重渐进的方式，最大限度地利用已经具有的成熟技术。

苏联空间站的发展分为三个阶段。第一阶段研制发射了 5 座"礼炮号"试验性空间站。礼炮 1 号 ~5 号空间站一共与飞船对接了 12 次，其中有 4 次失败。在轨运行天数是 1580 天，其中载人飞行时间是 190 天。

第二阶段是研制和发射"礼炮6号"和"礼炮7号"两座实用性空间站。"礼炮6号"于1977年发射，在轨飞行了1764天，期间共有33名航天员进入空间站。"礼炮7号"于1984年发射，3名航天员乘坐联盟T-10号飞船进入"礼炮7号"，工作了237天，进行舱外活动6次。"礼炮7号"在轨飞行3216天，"礼炮号"空间站是苏联历时最长的一项载人航天计划。

第三阶段是在前两个阶段的基础上建造的第三代空间站——"和平号"空间站，于1986年2月20日发射进入轨道。"和平号"空间站是一座模块式结构的永久性空间站，其最初的设计在轨寿命为8年，在轨道上实际工作了15年。

4.5.4　美国的空间站

"天空"实验室空间站是美国第一座环绕地球的试验型空间站，采用"土星5号"运载火箭发射升空。从1973年5月到1974年2月，共接纳3批次9名航天员。航天员们在此共进行了270多项研究实验，拍摄了18万张太阳活动照片和4万多张地面照片，并且进行了长期失重人体生理学试验以及失重下材料加工试验。

"天空"实验室在轨道上共运行了2246天，绕地飞行了3.4981万圈，航程达到14亿多千米。最终于1979年7月11日进入大气层烧毁。

4.5.5　国际空间站

国际空间站是由美国国家航空航天局、俄罗斯联邦航天局、欧洲航天局、日本宇宙航空研究开发机构、加拿大国家航天局和巴西航天局共同推动的国际合作计划，最终由16个国家共同设计和建造，是人类历史上最贵、建造难度最大、参与国家最多、技术水平最高的庞大创新工程。中国曾申请加入该项计划，但遭到美国的强烈反对而作罢。

国际空间站的建造过程大致分为三个阶段。第一阶段（1994—1998年）是准备阶段，期间美国的航天飞机与俄罗斯的和平号空间站进行了9次交会对接，获得了交会对接以及在空间站进行科学实验和对地观测的宝贵经验。第二阶段（1998—2001年）为初期装配阶段。该阶段以建成具有3人居留能力的初期空间站为主要目标。第三阶段（2001—2011年）是最终装配和应用阶段。装配完成后的国际空间站长为110米，宽为88米，有两个足球场大小，总质量达400余吨。国际空间站是历史上规模最大、设施最先进的人造天宫。它可同时容纳6～7名航天员驻留，NASA预计国际空间站的服役寿命将在2031年1月结束。

国际空间站由12个舱段和3个小型研究模块组成。其采用桁架挂舱式设计，即基本结构为桁架，增压舱和各种服务设施挂靠在桁架上。国际空间站可以看作是由两大部分立体交叉组合形成：一部分是空间站的核心部分，其以俄罗斯的多功能舱为基础，由俄罗斯的服务舱、实验舱、生命保障舱、美国的实验舱、日本的实验舱、欧空局的"哥伦布"轨道设施等与对接舱段及节点舱对接形成；另一部分是在桁架的两端安装四对大型太阳能电池帆板，同时桁架上装有加拿大的遥操作机械臂服务系统和空间站舱外设备。

在国际空间站的组装阶段，其主要设施由俄罗斯的"质子号"火箭、欧空局的"阿里安 5 号"火箭和美国的航天飞机负责运送。组装完成后，则由美国的航天飞机、"猎户座号"飞船以及俄罗斯的联盟号飞船、进步号货运飞船负责运输工作。

4.5.6　中国"天宫"空间站

我国自主研制的"天宫"空间站包括"天和"核心舱、"梦天"实验舱、"问天"实验舱、载人飞船和货运飞船五个模块。各飞行器既具备独立飞行能力，又可以与核心舱组合成多种形态的空间组合体，在核心舱统一调度下协同工作。"天和"核心舱是目前我国创新研制的最大航天器，是整个空间站的管理和控制中心。总长度为 16.6 米，直径最大处为 4.2 米，发射质量为 22.5 吨，可同时容纳 3 名航天员在舱内长期驻留，并在舱内外进行空间科学实验和技术试验。

4.5.7　空间站的变轨与调姿

从 1971 年苏联发射"礼炮 1 号"空间站到今天为止，人类一共已经有 11 个空间站，这些空间站虽然各不相同，但是它们的目的都是一样的，就是为了更好地进行太空探索。

载人航天器一般是在地球之上的 350 千米高的轨道运行，由于受到残存大气的影响，其运行轨道不断衰减，每天可能会衰减几米甚至十几米。当航天器的速度低于每秒 7.9 千米时，它就会被地球引力拉回地球，造成不堪设想的后果。那么通过什么方法提高航天器的轨道高度呢？科学家们想出了一种创新办法：在空间站服务舱安装机动变轨发动机，让航天员通过控制机动变轨发动机来提高航天器的轨道高度。

此外，空间站还需要经常调整在轨姿态，以便使太阳能电池阵可以一直面向太阳，为空间站提供所需的一切能源。那么如何才能使太阳能电池板很好地对着太阳光照射过来的方向呢？这就需要太阳能电池板调整姿态。而这个姿态的调整要如何来实现呢？一个创新的解决方法是利用陀螺仪来帮助完成。国际空间站上共安装有 4 个陀螺仪，当调整这些不停旋转的陀螺仪的倾斜角度时，会产生一个力使得空间站发生转动，陀螺仪需要经常微调，以确保航天器的太阳能电池板永远面向太阳。

4.5.8　空间站的对接及组装

第三代空间站以后的空间站都属于组合式空间站，需要航天员在太空中如拼搭积木一样采用交会对接方式组装这个庞大的空中楼阁。交会对接是最复杂、最重要、最危险的一个环节，它使两个航天器在运行轨道上能够对接，并且组成一个组合体联合飞行，航天员可在两个航天器之间来往。

1975年，在苏联的拜科努尔发射场，"联盟19号"载人飞船发射升空。与此同时，在美国的卡纳维拉尔角，"阿波罗18号"载人飞船也被发射飞入太空。在距地面高度为220千米的轨道上，两艘飞船完成了航天史上的首次创新合作——顺利交会对接，苏美双方共同执行了国际太空任务。为了解决两艘飞船内气压完全不同的问题，美国和苏联经过联合研究，从潜水器中获得了创新的灵感，设计了一个减压过渡舱，航天员先在过渡舱里过渡减压，然后再打开连接的舱门，这样就可以解决两舱压力不同的问题了。这种创新的对接机构使得不同国家之间的航天合作变得可能，这才有了之后的国际空间站计划。

1986年2月，苏联开始建造"和平号"空间站。由于建成后该空间站的总重量达130吨左右，因此无法用火箭将其一次送入太空。后来，它被分成六个部分，逐次由火箭送入太空，再由航天员出舱组装完成。那么，怎样保证航天员在恶劣的舱外环境中的工作安全呢？解决这个问题主要有两个过程：第一个是航天员出舱前要进入气闸舱，其主要作用是使航天员适应从1个大气压环境到真空环境。第二个是航天员在出舱时必须穿着舱外航天服。最初，工程师设计了水冷式航天服，航天服内布满管线，并装有冷却液，航天员可以通过调节冷却液来调整温度。后来，工程师又进一步创新探索，发明了自主式航天服，让航天员的生命保障系统以背包形式携带。

为了训练航天员可以出舱组装太空舱，航天员需要在地球上接受约200个小时的水下密集训练。美国约翰逊航天中心内有个水槽，就是为了模拟太空失重环境而建造的，水槽底部是一个空间站的复制品，航天员可以在水底学会如何在船体附近灵活行动。此外，在真正的空间站，航天员需要从航天飞机卸下新舱进行组装。虽然在太空环境中，10吨重的新舱轻若无物，但是航天员移动它，也是一件不容易的事情。加拿大航天局创新发明了一种特制手臂来解决这个问题。这个手臂由7根机械臂组成，被牢牢地固定在空间站舱口，航天员用这只手臂把实验室吊出货舱，手臂弯曲把舱体与连接口对齐，接着航天员用手把实验室推到设计好的位置固定。这只机械臂大大减轻了航天员舱外工作的负担。

4.5.9　空间站的生活

在太空中由于失重，航天员们的生活与地面有着天壤之别。平时很简单的刷牙、洗脸在太空中变得很复杂。

2003 年 10 月 15 日，"神舟 5 号"飞船在飞行了 1 小时 37 分后，杨利伟吃了中国人在太空中的第一餐。在太空中吃东西是非常有讲究的。首先是太空食品不一样，第二是吃的方法不一样。在太空中吃东西一般是闭嘴咀嚼，避免食物残渣飘到周围空间对航天员和舱内仪器造成影响。在载人航天发展的早期，科学家们担心在失重的状态下人吃东西时咀嚼和吞咽困难，所以航天食品都被做成糊状，吃饭就像挤牙膏一样，这种填鸭式的吃法无疑味同嚼蜡。

很多航天员反映太空食品味道不好，吃饭吃不出味道，其原因是在太空中，航天员鼻部充血，使得味觉神经钝化，唾液分泌也发生改变，从而使航天员的味觉失调。此外，人们在地球上受地球引力的影响，血液往下流，心脏必须增加负荷才能保证头部的供血。但是进入太空后，没有了重力的影响，心脏还像在地面上一样工作，这样大量的血液被挤压到头部。因此，在太空照镜子时，航天员们发现自己的容貌会发生改变。

在地球上，我们习惯于天空在上，大地在下的方向定位。可是在太空中生活，在失重的环境中，航天员脚踩不到地，四周都是天，人失去了上下的参照坐标。那么航天员们怎样来确定方向呢？航天员们人为定向，前方是朝着飞船飞行的方向，即面朝前背朝后。此外，在太空生活也有许多不方便的地方，例如，超高的运输成本使得洗澡是一件非常奢侈的事情，所以一般都是采用以擦代洗的方式；洗头发用的洗发水都是脱水的；与地球上的冲水马桶不同，太空中所用的马桶一般为抽气马桶。

4.5.10　太空巴士——航天飞机

航天飞机是美国人的一项创新发明，这种飞机是一种多用途航天器，可以往返于近地轨道和地面间的、可重复使用的运载工具。它兼有运载火箭、卫星式飞船和飞机的技术特点，既能像运载火箭那样垂直起飞，又能像飞机那样在返回大气层后在机场着陆。它的任务是为国际空间站服务。它既是运输工具，还是服务工具，可以发射卫星，可以回收卫星，甚至还可以进行科学实验。航天飞机的创新发明是世界航天史上的重要里程碑，它为人类自由进出太空提供了很好的工具。

目前只有美国和苏联制造过能进入近地轨道的航天飞机，并成功发射和回收。美国是唯一一个成功采用航天飞机载人飞行的国家。航天飞机是如何实现载人返回地球的呢？

257

航天飞机的返回技术需要过五关：调姿关、制动关、防热、如何减速可以安全着陆以及标位系统。返回式航天器返回地面时，如果它的制动角偏差 1 度，那么它的落地点就会偏差 300 千米。

1977 年 1 月 31 日，波音 747 飞机驮着美国第一架航天飞机——"企业号"在 4900 米高空飞行 2 小时。同年 8 月，"企业号"航天飞机首次载人飞行。经过 5 分钟的飞行，自行返回机场。1981 年 4 月 12 日，历史上第一艘航天员驾驶的可重复使用的太空飞船——"哥伦比亚号"航天飞机腾空飞起，将宇航员约翰·杨和罗伯特·克里平送上太空。经过 54 小时，绕地球 36 圈后，"哥伦比亚号"航天飞机安全着陆。

1983 年 6 月，萨莉·莱德登上了"挑战者号"航天飞机，成为美国第一位进入太空的女性。1984 年，在"挑战者号"航天飞机执行任务过程中，凯瑟琳·萨利文成为美国第一位进行太空行走的女性。

在美国的航天飞机问世后不久，苏联开始研制自己的"太空梭"——"暴风雪号"航天飞机。1988 年 11 月 15 日，在苏联的拜科努尔航天中心，"暴风雪号"航天飞机首次发射升空。在绕地球飞行两圈后，"暴风雪号"按照预定计划返回地球，完成了一次无人驾驶的试验飞行。

尽管航天飞机为人类的太空事业发展做出了巨大贡献，但它也给我们带来了惨痛的悲伤回忆。同时，航天飞机的使用并没有达到人们原先预想的目的。高昂的运营成本和过低的安全系数是航天飞机被放弃的主要原因。所以，到 2010 年，由 16 个国家参与建造的国际空间站基本建成时，美国决定放弃航天飞机计划。航天飞机终于在历史上画上了一个句号。

4.6 中国载人航天工程

进入 20 世纪 80 年代，我国的空间技术取得飞速发展。1980 年 5 月 18 日，一枚运载火箭发射升空，并准确击中目标。1981 年，"一弹三星"发射成功。1982 年 10 月 12 日，首次潜艇发射导弹试验获得成功。1984 年 4 月 8 日，第一颗试验通信卫星"东方红二号"被送入地球同步轨道。短短几年，全世界对中国航天事业的惊人发展速度刮目相看。中国航天已从技术试验阶段向应用阶段转变，载人航天的大幕将重新启动。

4.6.1　载人航天工程立项

1986 年 3 月，王淦昌、陈芳允、杨嘉墀和王大珩四位科学家向党中央提交了一份《关于跟踪研究外国战略性高技术发展的建议》，建议国家制定"高新技术发展规划"。8 个月后，经过充分的论证，党中央、国务院批准了《国家高技术研究发展计划纲要》这一具有深远意义的重大计划。后来，这项计划被称作"863 计划"。该计划分为 7 个领域，其中"863-2"即为载人航天领域制定发展蓝图。

1992 年 9 月 21 日，中共中央政治局十三届常委会第 195 次会议讨论同意了中央专委《关于开展我国载人飞船工程研制的请示》，正式批准实施载人航天工程。出于高度保密的需要，工程代号"921"。在"921 工程"正式启动时，中央就提出了"争 8 保 9"的奋斗目标：争取 1998 年力保 1999 年实现载人航天工程的第一次无人试验飞行。王永志被任命为载人航天工程系统的总设计师，戚发轫被任命为载人飞船系统的总设计师。

"921 工程"确定我国载人航天发展分成三步走：第一步，发射载人飞船，建成初步配套的试验性载人飞船工程，开展空间应用实验；第二步，在第一艘载人飞船发射成功的基础上，突破载人飞船和空间飞行器的交会对接技术，并利用载人飞船技术改装、发射一个空间实验室，解决有一定规模的、短期有人照料的空间应用问题；第三步，建造载人空间站，解决有较大规模的、长期有人照料的空间应用问题。

4.6.2　北京航天城

北京航天城位于北京的西北郊，是我国第一个也是世界第三个现代化飞控中心。承担我国载人航天飞行任务的指挥调度、飞行控制、数据处理、信息交换、航天员的选拔、训练任务，航天服、航天仪器研制工作等。航天城内有航天飞行控制中心大厅、航天员体能训练馆等设施。1994 年 10 月 28 日，在北京唐家岭奠基。1996 年 3 月，竣工。

中央批准载人航天工程启动的方案明确指出，北京航天城规划三个中心，并统一建设在一起。其主要有 3 个原因：一是建设工程庞大，涉及人员众多，有利于协调管理、方便技术合作；二是航天器在飞行过程中或者是在发射场的测试过程中，如果出现技术方面问题，可以在北京对整个系统或部分系统进行模拟试验，找出问题的原因；三是避免一些设施重复建设。

在政府的大力支持下，建设者们采用了三边作业的工作方式，即，一边画图搞方案、一边设计图纸、一边安排施工。在我国载人航天工程花费的 180 多亿元中，有 80 亿元资金用于基础设施建设。

4.6.3　载人航天工程八大系统

我国载人航天工程由航天员系统、空间应用系统、载人飞船系统、运载火箭系统、发射场系统、测控通信系统、着陆场系统、空间实验室系统八大系统组成，这些系统相互关联，成为一个整体。

航天员系统的主要任务是选拔、训练航天员，并在训练和载人飞行任务实施过程中，对航天员实施医学监督和医学保障，积累载人航天经验，为后续工程任务进行必要的技术储备等。

空间应用系统的主要任务包括研制应用于空间对地观测和空间科学实验的有效载荷；研制空间光学遥感设备、电子信息遥感设备等；研制关于地球和空间环境监测、空间材料、空间生命、微重力流体物理等空间科学试验装置，以及开展相关应用实验。

运载火箭系统主要负责研制满足载人航天要求的大推力、高可靠性和高安全性的运载火箭。1987年，空间技术研究院的专家们提出创造性的设想：以"长征二号 C"火箭为芯级研究大推力捆绑式火箭，把"长征二号 C"低轨道运载能力从 2.5 吨提高到 9.2 吨。火箭研制成功后，命名为"长征二号 E"。1990年7月16日，"长征二号 E"火箭成功首飞，实现了我国载人火箭技术的重大突破。

"921"载人航天工程要求载人航天运载火箭的可靠性指标是 0.97，航天员安全性指标是 0.997。这个标准之高在我国航天史上是空前的，世界上也只有个别型号的火箭可以达到这么高的标准。

科研人员们刻苦攻关，在"长征二号 E"火箭的基础上，研制高可靠性和高安全性的"长征二号 F"新型火箭。"长征二号 F"由四个液体助推器、芯一级火箭、芯二级火箭、整流罩和逃逸塔组成。是当时我国安全性能最好、起飞质量最大、长度最长的火箭。并且，第一次采用垂直总装、垂直测试和垂直运输的"三垂"测试发射模式。为了符合载人的需要，"长征二号 F"新型火箭创新性地增设了故障检测系统和逃逸救生系统，这两个系统是载人飞船所独有的两项技术。

故障检测系统可以对火箭待发段和上升段出现的故障，进行自行检测、诊断、发出信号。逃逸救生系统的逃逸塔设置在飞船的顶部，从外表看就像是一根避雷针，主要负责低空逃逸。当意外发生时，火箭的低空逃逸、高空逃逸和船箭应急分离 3 种模式，可以保证航天员安全逃生。

1999年11月20日，"长征二号 F"火箭首次发射成功。在这一次飞行中，它将我国第一艘无人试验飞船"神舟一号"成功送入了预定轨道。

载人飞船系统的主要任务是研制神舟系列载人飞船。载人飞船是保障航天员在外层空间生活、工作、执行航天任务以及返回地面的航天器。它既能够进行独立的航天活动，也能够作为地面和空间站之间的"渡船"，还能够与空间站或其他航天器对接后进行联合飞行。在航天工程的八大系统中，关键技术环节最多的系统就是载人飞船系统。

由于载人飞船的建设是从零开始，因此在载人航天工程初期，其他工作都是围绕载人飞船展开的。在我国研制载人飞船时，俄罗斯已经拥有世界上最成熟、最先进的飞船技术，"联盟 TM"飞船就是我们设定的赶超目标。

经过反复的研讨论证，最终我国载人飞船确定了三舱一段方案，即，飞船由推进舱、返回舱、轨道舱和一个附加段组成。

推进舱是飞船在空间运行及返回地面时的动力装置，安装在飞船的最下部。发动机系统是飞船推进系统中最特殊的存在，这主要是因为上天的产品不能试，试过的产品又不能上天，只能一次性地使用。为了提高进度，力争在 1999 年年底发射，推进器的研制采用的应急之策为实验与生产同步进行。

返回舱是航天员在飞船起飞、飞行和返回过程中所乘坐的舱段。它处于飞船的中部，是整个飞船的控制中心。航天器从天外归来重返大气层阶段和着陆阶段是最危险、令人最担心的阶段。特别是飞船的返回过程中，下落得非常快，同时还要连续完成一系列的动作，其中最关键的动作是在预定高度分秒不差地展开巨大的降落伞。为了确保航天员在降落时的安全，科研人员在返回舱上设计安装了两个降落伞。按照正常程序，主降落伞要在距离地面 6 千米的高度打开，一旦此时主伞不能正常工作，返回舱里的静压高度控制器就会自动开启，切换到备份伞系统使其工作。实际使用中，为了让降落伞能够在经历了火热的大气摩擦后能够按时顺利打开，必须要解决抛射伞舱盖的难题。伞舱盖打开之后必须能够被水平抛出，一旦出现翻滚，降落伞的伞绳就会缠绕在一起，从而酿成悲剧。

轨道舱是航天员工作和生活的场所，安装在飞船的上部，内部装有各种实验仪器和设备，可进行对地观测。神舟飞船最大的创新之处就是返回舱返回地面后，轨道舱仍然继续在轨道上运行进行空间探测和实验。同时，它还能够作为未来的目标飞行器为航天器检验交会对接技术。

附加段是为日后与空间站或其他飞船交会对接而设计的。

发射场系统主要负责测试和发射火箭、飞船和应用有效载荷。我国有四大航天发射中心：甘肃酒泉卫星发射中心、四川西昌卫星发射中心、山西太原卫星发射中心和海南文昌卫星发射中心，它们各自担负着不同的任务和使命。

测控通信系统的主要任务是完成飞行试验的地面测量和控制。载人航天测控通信系统包括飞船、火箭和地面三个部分。其中，地面系统包括 3 个任务中心、5 个国内固定测控站、4 个国外测控站、2 个机动测控站、分布于三大洋的 6 艘远望号测量船、1 个对各站（船）

进行资源调度的网管中心、1 个遍布各站点的通信网和时间统一系统。通信网络将它们有机结合、协调工作，一同完成对火箭和飞船的测控通信。

着陆场系统建有主、副着陆场，同时还有上升段陆上、海上应急救生区以及运行段应急着陆区。其主要负责搜救航天员、回收飞船返回舱。经过科学计算，综合多方面因素，最终主着陆场选择在内蒙古乌兰察布盟的四子王旗的阿木古郎草原，副着陆场位于酒泉卫星发射中心附近。

空间实验室系统主要负责设计制造空间实验室，包括具有交会对接功能的 8 吨级目标飞行器，为开展短期有人照料的空间科学实验提供基本平台，同时也为研制空间站积累经验。

时至今日，我国已经成功发射了 13 艘神舟系列载人飞船、2 个天宫空间实验室、3 艘天舟系列货运飞船。随着空间站"天和"核心舱的成功发射，我国的载人航天工程已经成功迈入了第三步。

4.7　神舟飞天

从女娲补天、嫦娥奔月等古代神话，到明朝的万户飞天，中国人的飞天梦想从未停歇。1986 年，中共中央批准"863 计划"，为中国载人航天领域制定了发展蓝图。1992 年载人航天工程——"921 工程"被正式批准实施，确定了载人航天三步走的发展战略，第一步就是 2002 年以前，发射 2 艘无人飞船和 1 艘载人飞船，建成初步配套的试验性载人飞船工程，开展空间应用实验。同时，提出"争 8 保 9"的奋斗目标，即争取 1998 年确保 1999 年发射第一艘无人试验飞船。

4.7.1　神舟一号

"神舟一号"飞船是我国载人航天工程发射的第一艘飞船，也是我国载人航天计划中发射的第一艘无人试验飞船。

飞船包括轨道舱、返回舱和推进舱，总体长度为 8 米，圆柱段的直径为 2.5 米，圆锥段的最大直径可达 2.8 米，重 7755 千克。为了确保返回舱能够顺利地进行陆地软着陆，其配有普通圆伞和着陆缓冲发动机，主伞面积 1200 平方米，着陆速度不超过每秒 3.5 米。

空间技术研究院的专家们提出在"长征二号 C"火箭的芯级周围捆绑 4 个助推器，把"长征二号 C"火箭的低轨道运载能力从 2.5 吨提高到 9.2 吨，该火箭的型号定为"长征二号 E"。

后来，考虑搭载航天员的火箭的安全性和可靠性要求都极高。因此，在"长征二号 E"的基础上增加了故障检测系统和逃逸救生系统。该火箭被命名为"长征二号 F"运载火箭，它是当时我国所有运载火箭中起飞质量最大、长度最长的运载火箭。"长征二号 F"火箭上采用了 55 项创新技术，其重要系统的关键部位首次采用了冗余技术。冗余技术与逃逸救生系统和故障检测系统构成了火箭的双重保险。

为了完成"争 8 保 9"的目标，总指挥和总设计师们在认真研究后，大胆地提出把初样定性船改装为试验飞船发射上天，重点考察飞船的返回技术，并且实现"上得去回得来"。

"神舟一号"飞船的发射选择在甘肃酒泉卫星发射中心新建的发射场，飞船与火箭组合体从组装测试厂房到发射架的过程中采用了世界上最先进的"垂直总装、垂直测试、垂直运输"的三垂直整体转运模式及远距离测试发射控制的先进测发模式，这在我国航天的历史上是一个创新的里程碑。

1999 年 11 月 20 日 6 时 30 分，"长征二号 F"运载火箭搭载着"神舟一号"飞船点火发射。火箭起飞后，第 120 秒启动第一个关键动作——逃逸塔分离，第 137 秒四个助推器分离，第 155 秒一二级火箭分离，第 197 秒整流罩分离，第 452 秒二级火箭关机，第 569 秒二级游机关机，第 572.5 秒船箭分离，最后，飞船准确进入预定轨道。这标志着"神舟一号"飞船的发射取得了成功。

在太空中飞行，飞船的变轨调姿、安全返回等高难度动作，都需要依靠强大的航天测控通信网络来操控完成。为了保证航天测控工程的需要，我国建成了北京、东风和西安 3 个航天指挥控制中心，东风、渭南、青岛、厦门和喀什 5 个国内地面控制站，卡拉奇等国外控制站以及 4 艘"远望号"远洋航天测量船的新一代陆海基载人航天测控网络。在发射过程中，我国创新采用了 S 频段（2000~2300 兆赫兹频段范围内的特高频段）统一测控通信系统。在"神舟一号"飞船飞行时，创新实现了用航天测控通信网 13% 的覆盖率就达到了国外 20% 甚至 30% 的覆盖率的测控要求。

经过 21 小时的太空飞行，"神舟一号"飞船开始向地面返回。在距离地面 10 千米高处主降落伞打开，距离地面约 1.2 米时，四台缓冲发动机点火工作，飞船返回舱安全平稳地降落在预定着陆场——内蒙古四子王旗主着陆场，实际降落点与理论降落点仅相距 12 千米左右，落点精度达到世界先进水平。

"神舟一号"飞船发射任务主要有三点创新之处：

（1）飞船制导控制系统的创新。科研人员成功研制出"神舟一号"载人飞船的制导、导航与控制系统（GNC 系统），实现了"神舟一号"返回舱的精确控制，落点精度为 11.2 千米，比俄罗斯的"联盟 T"飞船 30 千米的落点精度更准确。

（2）远距离测试发射。对飞船和火箭组合体首次采用在技术厂房内进行垂直总装与测试，整体垂直运输到发射场，远距离测试发射控制的新模式。

（3）陆海基航天测控网。"神舟一号"飞船发射过程中，在原有的航天测控网基础上，创建了符合国际标准体制的陆海基航天测控网，并首次投入使用。

"神舟一号"飞船发射任务的圆满成功，标志着中国航天事业迈出了重要的步伐，对突破载人航天技术具有重要意义，是我国航天史上的重要里程碑。自此以后，我国成为继美国和俄罗斯之后世界上第三个拥有载人航天技术的国家。

4.7.2 神舟二号

"神舟二号"飞船是我国载人航天工程发射的第一艘正式用于太空飞行试验的正样无人飞船。

飞船包括轨道舱、返回舱和推进舱。在"神舟一号"飞船的基础上，"神舟二号"飞船扩展了系统结构，提高了技术性能，与载人飞船的技术状态基本相同。此外，"神舟二号"飞船与"神舟一号"飞船最大的区别是可以变轨。"神舟一号"飞船是通过应急返回方式返回地球的。而"神舟二号"飞船则在飞船入轨后第一圈就完成姿态调整、太阳能帆板展开和正常发电的任务。飞船飞行 5 圈后开始改变轨道，从而可以进一步保障航天员的安全。由于载人航天的特殊需要，"神舟二号"飞船的箭载计算机的可靠性指标被确定为 0.9998，为了达到高可靠性的目标，负责"神舟二号"飞船的箭载计算机的科技人员们刻苦攻关，自主创新设计了国际先进的冗余容错技术。

2001 年 1 月 10 日 1 时，"长征二号 F"火箭载着"神舟二号"飞船在酒泉卫星发射中心腾空而起。

"神舟二号"飞船在太空飞行的过程中，重点考核了环境控制和生命保障系统功能。此外，飞船还装载有拟人载荷系统，模拟航天员的呼吸、脉搏、心跳等生理参数，为以后把航天员送入太空做准备。

2001 年 1 月 16 日 18 时 30 分，飞船绕地球 107 圈后，地面人员给飞船输入调姿指令，飞船准备返回地面。19 时 22 分，飞船成功降落在内蒙古中部地区预定着陆点。

"神舟二号"飞船的太空之旅，为我国今后实现空间产品产业化、商品化开辟道路。标志着我国载人航天事业取得了新的进展，向实现载人航天飞行迈出了可喜的一步。

4.7.3　神舟三号

"神舟三号"飞船是我国载人航天工程发射的一艘携带模拟假人试验的正样无人飞船。"神舟三号"飞船包括轨道舱、返回舱和推进舱。返回舱位于飞船的中部，前端有舱门，航天员可由此进出轨道舱。返回舱是航天员的座舱，是飞船唯一可再入大气层返回着陆的舱段，舱内设置了可供三个航天员斜躺的座椅。

"神舟三号"飞船整体是按照载人标准研制的，特别是技术状态要保证与载人飞船相同。因此，其船舱里增加了一套模拟人的设备。此外，飞船舱次采用了我国自行创新研制的推进剂加注废气净化处理系统。

2001 年 10 月 4 日，飞船预计发射前夕，工作人员在连续两天对执行关键指令的某型插座触点测试检查时发现，某一点不通，更换插座后，故障消失，测试正常。尽管插座采取的是"双点双线"的冗余设计，专家们得出结论是不能排除插座的批次性问题，最好的解决办法就是重新生产，全部更换，这意味着"神舟三号"飞船的发射需要推迟 3 个月。3 个月后，重新设计的专用插座生产出来。工作人员加班加点进行插头拆换工作。经过元器件鉴定委员会审查，最终的结果是全部合格。

2002 年 3 月 25 日 22 时 15 分，"神舟三号"飞船在酒泉卫星发射中心升空。22 时 25 分，飞船进入预定轨道。4 月 1 日，在绕地球飞行至第 108 圈时，飞船接到返回指令，由飞行姿态调整为返回姿态，返回舱与轨道舱分离。4 月 1 日 16 时 51 分，飞船的返回舱在内蒙古四子王旗主着陆场着陆。轨道舱则仍然在轨道上运行，向地面传回中国大地的影像图。

"神舟三号"飞船发射的成功标志着我国载人航天工程取得了新的重要进展，为把我国的航天员送上太空打下了坚实的基础。

4.7.4　神舟四号

"神舟四号"飞船是在前面三次飞行任务成功的基础上，进一步完善研制而成的，是历次飞行试验中技术要求最高、难度最大、参加测试系统最全、考核最全面、最接近载人技术状态的一次演练。

航天员、飞船、火箭、发射场、测控通信、着陆场和应急救生等系统均全面参加了这次试验，如果任务成功，则可以进行下一步计划——"载人"。

"神舟四号"飞船发射前，发射场周围连续降下大雪，出现了 30 多年来极为罕见的低温，气温骤降至零下 27 摄氏度。在我国的飞行试验大纲中有这样的规定：当温度低于零下 20 摄氏度时，飞船不能发射。发射中心的气候保障人员经过反复分析，提出准确的气温变化预报，成功预测每一个小时的温度，误差不大于 1 摄氏度。12 月 30 日夜，距离发射时间仅剩 30 分钟时，发射场吹起了东南风，温度急剧回升到零下 18.6 摄氏度，气温条件终于满足了发射的要求。

2002 年 12 月 30 日零时 40 分，"长征二号 F"运载火箭搭载着"神舟四号"飞船点火发射，随后进入预定轨道。"神舟四号"飞船的成功发射，创造了我国航天史上超低温发射的纪录。飞船在太空中飞行 6 天零 18 小时后，于 2003 年 1 月 5 日 19 时 16 分，返回地球，降落在内蒙古中部地区的预定着陆点。

"神舟四号"返回舱返回地球后，轨道舱继续在轨运行，舱内安装多台空间环境监测仪器对飞船运行轨道的空间环境进行探测，为接下来的载人飞船的安全出行绘制了"路况示意图"。中国人的飞天梦想就要实现了。

4.7.5 神舟五号

"神舟五号"飞船是我国载人航天工程发射的第一艘载人航天飞船。与美国、俄罗斯第一次载人飞行相同，"神舟五号"的重点任务是考察航天员在太空环境中的适应性。

选拔和训练航天员是一个国家可以独立自主开展载人航天的重要标志，在过去，只有美国和俄罗斯两国能够独立完成。1995 年 8 月，载人航天指挥部向中央军委提交了一份关于选拔航天员的请示，建议从空军飞行员中选拔航天员。一个月后，中央军委批复了这个方案。

我国借鉴国外选拔航天员的经验，提出了更加苛刻的标准。经过各方面专家的反复研究和挑选，最终录取 12 人为预备航天员，他们是杨利伟、翟志刚、费俊龙、聂海胜、刘伯明、景海鹏、刘旺、张晓光、陈全、潘占春、赵传东和邓清明。此外，在俄罗斯加加林航天员训练中心接受培训的吴杰和李庆龙也加入了预备航天员队伍。

2003 年 10 月 15 日 6 时 15 分，在酒泉卫星发射中心，杨利伟通过飞船的轨道舱到达返回舱，坐在特制的座椅上。9 时整，火箭一级发动机和 4 个助推发动机同时点火，"长征二号 F"火箭载着"神舟五号"腾空而起。

10 月 16 日 4 时，"神舟五号"飞船已经绕地球飞行了 21 小时 23 分。5 时 35 分，指挥中心发送返回指令。6 时 23 分，飞船的返回舱成功着陆在内蒙古的主着陆场。

此次飞行成功标志着我国成为第三个有能力独自将人送上太空的国家，打破了由美国和俄罗斯在载人航天领域的独霸局面，提高了中国的国际地位。"神舟五号"飞船任务的成功实现了中国载人航天工程"三步走"战略的第一步：突破和掌握载人飞船的天地往返技术。接下来，将迎来第二步的目标：突破和掌握太空出舱和空间飞行器交会对接技术，发射空间实验室。

4.7.6　中国飞入太空第一人——杨利伟

杨利伟，1965 年 6 月出生于辽宁省葫芦岛市绥中县，中国共产党党员，中国人民解放军少将军衔，特级航天员。

1987 年毕业于空军第八飞行学院。1996 年，参加航天员初选体检。1998 年 1 月，他和其他 13 名优秀空军飞行员成为第一代航天员。

2003 年 7 月，载人航天工程航天员选评委员会评定其具备独立执行航天飞行的能力，被授予三级航天员资格。

2003 年 10 月 15 日 9 时，杨利伟乘坐"神舟五号"飞船艏次进入太空，成为我国进入太空的第一人，象征着我国太空事业向前迈进了一大步，具有里程碑意义。

2005 年 3 月 16 日，小行星 21064 以杨利伟命名。2014 年 9 月 15 日，太空探索者协会第 27 届年会中，杨利伟被授予列昂诺夫奖。

4.8　神舟六号 ~ 七号

"神舟五号"飞船任务的圆满成功，标志着我国载人航天工程"三步走"战略的第一步已经实现。接下来，我们要迈出第二步。2003 年，总装备部确定了第二步第一阶段的主要任务计划：实施航天员出舱活动，实施航天器交会对接、突破和掌握交会对接技术，开展有效的空间应用，空间科学与技术试验，为后续的载人航天任务的技术发展创造条件。

4.8.1　神舟六号

2004 年 12 月，中央专委批准启动载人航天工程第二步第一阶段任务。作为这一阶段发射的第一艘飞船"神舟六号"的主要任务是突破多人多天太空飞行技术、实现有人参与的空间科学实验以及继续考核和完善工程各系统的功能和性能。

"神舟六号"飞船与"神舟五号"飞船相比，结构没有改变，但是飞船内的技术状态截然不同。科研人员创造性地在地面建起了一个与太空相同的空间环境，并进行多次试验，来验证适度的控制技术与通风换热技术的合理性。此外，他们还扩大了飞船上的冷凝水箱的容积以及增加被动吸湿材料来增强冷凝水收集能力，保证飞船上的设备能够在湿度 90% 的环境下工作。

与"神舟五号"飞船最大的不同是"神舟六号"飞船中的航天员要从返回舱进入到轨

道舱。两个舱段之间有一个圆形的舱门，用来为返回舱提供密闭环境，确保返回舱的舱内压力。轨道舱为圆柱状，总长度为 2.8 米，最大直径 2.25 米，一端与返回舱相通，另一端与空间对接机构连接。轨道舱兼具航天员生活舱和留轨实验舱两种功能，集工作、吃饭、睡觉、盥洗和如厕等诸多功能于一体，其环境舒适，舱内温度一般在 17 至 25 摄氏度。

飞船的逃逸救生塔位于飞船的最前部，由一系列火箭发动机组成。在火箭起飞前的 900 秒到起飞后的 160 秒间，如果发生紧急情况，逃逸救生塔就会接到指令紧急启动，使飞船的返回舱和轨道舱与火箭分离，快速地逃离险地，并利用降落伞安全着陆。

飞船的返回舱为密闭结构，前端有舱门。飞船完成围绕地球的飞行任务后，两名航天员乘坐返回舱返回地面。

2005 年 10 月 12 日 9 时，"长征二号 F"运载火箭托举着"神舟六号"飞船像一条巨龙冲向天空。费俊龙和聂海胜组成的航天员飞行乘组成为我国载人航天历史上第一个航天员飞行乘组。

中央电视台、中央广播电台、中国国际广播电台等对载人飞行的全过程进行了现场直播。由于台湾东森电视台与中央电视台合作报道，使得台湾民众也在第一时间看到了飞船发射和返回的实况。国外评论家认为，一个国家发展载人航天，标志着这个国家已经进入发达国家的行列。

10 月 17 日，在太空遨游了 115 小时 32 分钟后，两名航天员准备返回地面。4 时 19 分，飞船距离地面高度 10 千米左右时，直径 1200 米的巨大降落伞弹出。在距离地面 1 米时，4 台缓冲发动机同时点火，返回舱进一步减速。4 时 33 分，飞船返回舱载着两名航天员安全顺利地在内蒙古的主着陆场着陆。

"神舟六号"飞船在历时 5 天的太空飞行中，制导导航和控制系统控制着飞船的姿态调整、轨道控制以及太阳能帆板的姿态调整。此外，还进行了 30 多次的天地对话，成功地对飞船实施了变轨和轨道维持。

"神舟六号"飞船的飞行任务有六个方面的突破创新之处：

（1）飞船载有两名航天员执行飞行任务，航天员人数的增加给飞行任务的各个环节和各系统带来不同程度的变化；

（2）两名航天员从返回舱进入到轨道舱生活并进行科学实验，真正做到了有人参与空间科学活动；

（3）两名航天员脱下航天服，换上了连体舱内航天服，这样使航天员感觉更加舒适；

（4）生活起居更加舒适；

（5）改进了航天员座椅的着陆缓冲功能；

（6）首次启动位于酒泉附近的副着陆场。

"神舟六号"飞船飞行任务的圆满完成，标志着载人航天工程的第二步已经顺利起步。继"神舟五号"首次载人飞行后，我国的载人航天工程又取得一个具有里程碑意义的重大创新成就。

4.8.2　神舟七号

"神舟七号"飞船是我国"三步走"空间发展战略第二阶段的首次飞行，具有承上启下的作用。"神舟七号"任务中最大的突破创新之处就是我国航天员首次太空出舱，从而突破和掌握出舱活动等相关技术。

当今世界，通常用三大技术衡量一个国家的航天水平是否成熟，突破出舱技术就是其中之一。掌握了出舱技术，就可以为接下来建造空间站、在轨维护航天器、开展外太空试验奠定技术基础。

出舱活动，也叫"太空行走""太空漫步"，是指航天员穿着舱外航天服，携带生命保障系统，离开航天器内部，在太空或星体表面进行工作或活动。人类要想进行出舱活动，就必须突破三项最重要的技术：一是制造舱外航天服；二是有符合要求的气闸舱；三是可完成出舱任务的航天员。

舱外航天服是航天员执行出舱任务时所穿的航天服，是航天员的铠甲。它就像是一个小型太空舱，为航天员提供三个方面的保障：一是辐射、真空、微流尘等环境的防护；二是为航天员提供生命保障，即要保持一个适合人类生存的气体和温度湿度环境；三是保证航天员穿着舱外航天服能开展维修器材等太空作业。因此，研制这样一件系统复杂、高度集成的服装，难度极大。能否研制出舱外航天服，是衡量一个国家航天科技发展水平的标志。

2004 年 9 月，《舱外航天服系统研制总体技术方案》通过评审。方案中明确了自行研制舱外航天服的要点：软硬混合结构；拟人态；2 米左右；四肢可调节；地面穿脱需 2 ~ 3 分钟；太空从开始准备到完全穿好约需 15 分钟；可靠性指标 0.997 等。

航天服上肢部分的设计格外重要。不仅要保证灵活性，还要保证气密性和强度。针对这样的特点，科研人员创新性地利用仿生学原理设计舱外航天服的结构。平时吃的虾，外面包裹硬壳，但是它的随动性比较好，这是因为虾壳的层叠结构给了它很大的灵活性。如果将虾壳的层叠结构移植到航天服上，那么航天员的活动就比较自如。这是整个航天历史上的首创。2008 年 5 月，舱外航天服的名字被确定为"飞天"（图 4.8.1）。

图 4.8.1　"飞天"舱外航天服

　　"神舟七号"飞行任务要突破的第二项重要技术是改造气闸舱。气闸舱也叫气压过渡舱，主要功能是气密舱与外太空之间的过渡，从而使航天员能够完成出舱活动。气闸舱有内闸门和外闸门，内闸门与密封舱相连，外闸门则通向太空。因此，气闸舱舱门的密封性以及开启和关闭尤其重要。

　　"神舟七号"飞行任务要突破的第三项重要技术是航天员的选拔和培训。此次任务中，将有3名航天员飞向太空，并执行出舱任务。最后经过综合考虑，由翟志刚、刘伯明、景海鹏组成"神舟七号"飞行乘组。

　　2008年9月25日21时10分，承载着"神舟七号"飞船和3名航天员的火箭腾空而起，飞向太空。21时19分，飞船顺利进入预定轨道。

　　根据国际上的统计，在进入太空的第二天，航天员可能会因生理功能紊乱而导致体液丢失，心血管功能失调，出现呕吐、头晕等状况，大约有50%的航天员会发生空间运动病。"神舟七号"航天员计划于27日16时30分进行太空行走。为什么选择这个时间呢？主要原因是在这个时间，飞船处在经过非洲和中国之间的阶段，既有足够的光线，又能够避开太阳光的直接照射。

　　出舱前，为了杜绝错误操作发生，飞行乘组采用的方法是两名出舱航天员互相配合执行操作。以1号航天员的操作为主，2号航天员在1号航天员操作的同时宣读《飞行手册》内的相关内容。

　　9月27日16时43分，在刘伯明的协助和配合下，翟志刚顺利出舱。16时48分，翟志刚迈出了中国人在太空的第一步。随后，翟志刚开始执行此次出舱活动的两个任务：取回挂在飞船外舱壁上的实验样品——固体润滑材料，以及沿飞船表面按计划行走。在取回润滑材料后，翟志刚便开始了真正的太空行走，这次舱外行走他总共用了19分35秒。在完成各项任务后，翟志刚以脚部先入仓的方式返回轨道舱，随后关闭了舱门。

　　9月28日17时37分，"神舟七号"飞船返回舱成功着陆在内蒙古四子王旗主着陆场。

　　在"神舟七号"飞船的方案设计和系统研制过程中，对多项关键技术进行了攻关和创新突破：

　　（1）气闸舱与轨道舱一体化设计技术。轨道舱进行了全新的设计，兼作航天员生活舱和出舱活动气闸舱，增加了泄复压控制功能、出舱活动空间支持功能、舱外航天服支持功能、出舱活动无线电通信功能、舱外活动照明和摄像功能、出舱活动准备期间的人工控制和显示功能等。

　　（2）出舱活动飞行程序设计技术。在出舱活动飞行程序设计上，考虑运行轨道、地面测控、能源平衡、姿态控制、空间环境适应性等多种约束条件，通过合理优化配置飞船的资源，设计出具备在轨飞行支持出舱活动的程序平台。

（3）中继卫星数据终端系统设计及在轨试验设计技术。"神舟七号"飞船装载了我国中继卫星系统的首个用户数据终端系统，进行了国内首次天地数据中继系统数据传输试验。

（4）航天产品国产化技术与应用。对部分关键器件、组件采用了国产化产品，对于促进航天科技，带动我国相关科学技术进步，发展自主创新型科技具有重要意义。

（5）载人飞船 3 人飞行能力设计与应用技术。按照 3 名航天员人体代谢指标设计、配置了环境控制设备，提供可容纳 3 名航天员生活和工作空间，设计了 3 名航天员指挥、操作、协同关系程序。

（6）"神舟一号"到"神舟六号"飞船飞行时，地面转播只能看到飞船舱内的情况。而"神舟七号"飞行时，地面人员却能够看到"神舟七号"在轨飞行的姿态，这得益于放飞的一颗伴飞小卫星。其主要作用是对飞船进行近距离观察，以确定其舱外部分工作状态。

"神舟七号"飞行的圆满成功，是我国取得的又一个重大创新成就，标志着我国已成为世界上第三个独立掌握太空出舱技术的国家。为实现我国载人航天工程"三步走"发展战略，建立空间实验室，乃至建造空间站，奠定了坚实的基础。

4.9　神舟八号与天宫一号

2009 年，我国自主研制的目标飞行器亮相在全国人民面前，它就是载人航天工程的第八个系统——空间实验室。为了与"神舟"飞船、"嫦娥"卫星相呼应，这个空间实验室被命名为"天宫一号"。由此，我国载人航天工程"三步走"战略迈进第二步的第二个阶段，即突破载人飞船和空间飞行器的交会对接技术，利用载人飞船技术改装、发射一个空间实验室。

4.9.1　空间交会对接

1993 年，美国、俄罗斯、欧洲航天局、日本、加拿大和巴西 6 个国家和组织联合推出航天合作计划——国际空间站。到了 2000 年，国际空间站已经是拥有 3 个舱段的组合体，成为世界先进航天技术的标志。20 年来，先后有 16 个国家和地区参与到国际空间站的建设中，我国一直非常明确地表达合作意愿，但是由于各种原因，国际空间站中始终没有我国的席位。

2005 年，《国家中长期科学和技术发展规划纲要（2006—2020 年）》将载人空间站和探月工程列为重大科技专项。2007年11月，参加航天技术高峰论坛的与会专家们达成共识：建立自己的空间实验室，乃至有人员可以长期驻留的空间站。经过一年多的反复论证，最终确定了我国空间站发展的战略目标和技术路线。采用循序渐进的方式，首先建造一个小型的空间实验室，再建造较大型的空间站。整个工程分两个阶段实施：先发射空间实验室，再相继将核心舱、实验舱送入太空，组成空间站。

2010年9月25日，中央正式批准实施载人空间站工程。由此，我国载人航天工程进入了一个新阶段。11月15日，载人空间站暨交会对接任务部署动员大会在北京召开。会议明确了交会对接任务的规划和时间节点：2011年，发射"天宫一号"目标飞行器和"神舟八号"飞船，并进行首次无人交会对接试验；2012年和2013年分别发射"神舟九号"和"神舟十号"飞船，与"天宫一号"进行无人和载人交会对接。

空间交会对接，即"轨道交会"和"空间对接"。空间轨道上的两个航天器会合，在结构上连成一个组合体共同运行。掌握空间交会对接技术，可以建造和维护大型空间设施，为长期在轨运行的航天器提供物资补给、人员运输和空间救援。因此，空间交会对接技术是构建并实现空间站的关键技术。它是空间领域中技术复杂、规模庞大、变量参数多的控制技术，也被称为航天安全的鬼门关。美国和俄罗斯两国就曾经在交会对接过程中出现严重事故。我国要想掌握航天器的交会对接技术，需要解决三大难题。第一个难题是航天器相对位置的精确测量。这需要进一步改进现有的测控通信网。第二个难题是飞船与目标飞行器接触前，如何控制它们的横向偏差在几厘米范围内。此外，如何消耗最少的推进剂来完成对接，也是对控制系统的考验。第三个难题就是两个航天器的交会对接。空间交会对接分为手动和自动交会对接两种方式。手动交会对接是比较成熟的方法，指的是航天员在地面测控站的指导下，在轨道上对追踪航天器的姿态和轨道进行观察和判断后，手动操作交会对接。自动交会对接则是不依靠航天员，由船载设备和地面测控站相结合进行交会对接，对接过程中要求全球设站或由中继卫星协助完成。

交会对接的飞船和航天器上需要有对接机构。按照结构和原理的不同，空间对接机构分为"环-锥"式机构、"杆-锥"（也叫"栓-锥"）式机构、"异体同构周边"式机构和"抓手-碰撞锁"式机构。

我国航天器采用"异体同构周边"式对接机构。该对接机构为异体同构，航天器可作主动方，也可作被动方，一旦航天器出现危急情况可实施空间救援。此外，对接机构是周边的，即中央舱口的四周安装着所有定向和动力部件，中央舱口作为往来通道。

在总结美国和俄罗斯两国交会对接的经验后，我国创新性地提出了性价比更高的方案——"1+3"。"1"代表天宫一号，"3"代表神舟八号、神舟九号和神舟十号飞船。具体来说，2011 年发射被动对接目标"天宫一号"，在 2 年的设计寿命时间里，先后发射"神舟八号"~"神舟十号"飞船，与其进行 6 次交会对接，验证交会对接技术。

4.9.2　天宫一号

"天宫一号"是我国载人航天工程发射的第一个目标飞行器，也是第一个空间实验室（图 4.9.1）。总长度为 10.4 米、质量为 8.5 吨，舱体的最大直径可达 3.35 米，设计在轨寿命为 2 年。

"天宫一号"为两舱构型，包括实验舱和资源舱。

其被动对接机构安装在实验舱前端，与飞船交会对接后，"天宫一号"与飞船组

图 4.9.1　天宫一号

成一个组合体，两个航天器之间可形成直径为 0.8 米的转移通道。

"天宫一号"的主要任务是作为被动目标，分别与"神舟八号""神舟九号"以及"神舟十号"交会对接形成组合体，完成空间交会对接飞行试验，为空间站建设积累经验。

"天宫一号"与"神舟八号"飞船交会对接后，分别于 2012 年 6 月 18 日和 6 月 22 日，与"神舟九号"成功进行了两次交会对接；于 2013 年 6 月 13 日和 6 月 25 日与"神舟十号"成功进行了两次交会对接。2016 年 3 月 16 日，"天宫一号"停止数据服务，完成了自己的历史使命。2018 年 4 月 2 日，"天宫一号"进入大气层，坠落在南太平洋中部区域，绝大部分器件在进入大气层的过程中烧毁。

作为我国空间站的起点，"天宫一号"为我国载人航天事业的发展做出了重大贡献，标志着我国迈入载人航天工程第二步的第二阶段。

4.9.3　神舟八号

"神舟八号"飞船是一艘为交会对接任务和载人航天后续任务专门打造的改进型的载人飞船，包括返回舱、推进舱和轨道舱，其由 14 个分系统组成，取消了气闸舱。与"神舟七号"飞船相比，增加了主动式的异体同构周边式对接机构，具有自动和手动交会对接与分离功能。此外，飞船上还安装了一个形体假人，模拟有人情况飞行，飞船上的拟人生理系统将假人的相关数据传输回地面，为后来航天员进入空间实验室提供技术上的保障。

"神舟八号"飞船在两个方面实现了突破创新：一方面是新增加和改进了一些设备，

从而具备了自动和手动交会对接功能。另一方面，在具有 57 天自主飞行能力的前期工作基础上，飞船具备了停靠 180 天的能力。

4.9.4　运载火箭

无论是体积还是重量，"天宫一号"都比神舟飞船大，这就意味着"长征二号 F"火箭已无法满足运力要求。为了研制出可以运送"天宫一号"的运载火箭，火箭系统的总设计师在"长征二号 F"火箭的基础上，进行了 170 多项创新改进，研制出了新的运载火箭——"长征二号 FT1"，其最大推力可以达到 600 吨。从外形上看，为了使火箭在穿越大气层时能够减少空气阻力，"长征二号 FT1"火箭的顶部采用了特殊的流线型设计。在火箭的外壳上，设计了许多镂空的长方形方格，其作用是将发动机燃烧产生的热量排出。因为"天宫一号"不载人，所以，火箭取消了逃逸塔、栅格翼和逃逸发动机。

4.9.5　"神舟八号"飞船与"天宫一号"对接

2011 年 9 月 29 日，"长征二号 FT1"火箭点火升空，搭载着"天宫一号"成功进入预定轨道。10 月 30 日，"天宫一号"变轨，进入高度为 343 千米的交会对接轨道等待"神舟八号"飞船的到来。

11 月 1 日，"长征二号 F"运载火箭飞向太空，将"神舟八号"飞船送入预定轨道。之后的两天时间里，"神舟八号"飞船为了能够赶上"天宫一号"一直围绕地球进行加速变轨飞行。

11 月 3 日凌晨，"神舟八号"飞船进入与"天宫一号"同一轨道面的交会对接轨道。当两个航天器的相对距离约为 52 千米时，地面导引阶段结束，进入自主导引阶段。从此相对距离开始，飞船系统设计了 4 个观察试探的停泊点：5000 米、400 米、140 米和 30 米。在每一个停泊点，"神舟八号"飞船都会进行位置精度控制和交会测量设备状态确认。当"神舟八号"与"天宫一号"的空间距离逐渐接近到 20 千米左右时，启动测量距离装置——激光雷达。当空间距离接近到 200 米左右时，启动测量距离装置——光学成像敏感器。

11 月 3 日 1 时，"神舟八号"飞船的对接机构缓缓推出，以每秒 0.2 米的速度靠近"天宫一号"，捕获、缓冲、拉近、锁紧。1 时 35 分，两个航天器终于形成组合体，自控交会对接成功。此时，交会对接任务只完成一半，两个航天器还需要分离，再交会对接一次，交会对接任务才算成功。而分离成功与否，是航天员能否从空间实验室或空间站撤离的关键。

11 月 14 日，在控制中心的分离指令下，组合体成功分离。随后，控制中心精确控制，"神舟八号"飞船向"天宫一号"缓慢靠拢，经过接触、捕获、缓冲、拉回、锁紧等一系列技术动作，两个航天器又成功地进行了第二次交会对接。

11 月 17 日，"神舟八号"飞船返回舱成功着陆在预定地点。而"天宫一号"则升高到 370 千米的轨道上，在轨自主运行，等待"神舟九号"和"神舟十号"的到来。在"神舟八号"遨游太空的 17 天里，共搭载了 30 多种 17 项生命科学实验项目，其中 10 项为中方实验，6 项为德方实验，1 项为中德合作实验。

"神舟八号"飞船的飞行任务有四个特点：技术要求高、新技术应用多、验证难度大以及组织实施更加复杂。

"神舟八号"飞船的成功发射，并与"天宫一号"的顺利对接，标志着我国已经初步掌握了交会对接技术，成为继俄罗斯、美国之后第三个自主掌握交会对接技术的国家，为后面的空间站建设打下了坚实的基础。

4.10　神舟九号～十号

从"神舟一号"的无人试飞到"神舟七号"的出舱行走，中国人实现了飞天的梦想。随后的"神舟八号"与"天宫一号"的自控交会对接成功，标志着我国已经初步掌握了交会对接技术。但要想完全掌握该技术，还需要成功实现手控交会对接。而这一任务落在了"神舟九号"身上。"神舟九号"通过自控和手控交会对接两种方式将航天员送入"天宫一号"。下一步航天员在"天宫一号"的长期驻留，还需要"神舟十号"来实现。

4.10.1　神舟九号

2012 年 6 月 16 日 18 时，"长征二号 F"火箭搭载着"神舟九号"飞船和 3 名航天员发射升空。此次执行飞行任务的航天员乘组采用新老搭配和男女组合的模式。航天员分别是：景海鹏、刘旺和刘洋。刘洋成为我国第 1 位进入太空的女航天员，同时她也是世界上进入太空的第 57 位女航天员。"神舟九号"飞船最重要的任务就是与"天宫一号"进行手控交会对接，同时航天员进入"天宫一号"。

从飞船的技术状态看，"神舟九号"飞船与"神舟八号"几乎相同，只是为了进一步提高飞船的安全性、可靠性，进行了部分技术状态改变。

6 月 18 日，"神舟九号"飞船以自主导引控制方式向"天宫一号"缓缓靠近。14 时，飞船到达对接前的最后一个停泊点，"天宫一号"正后方 30 米处。在地面控制中心确认后，飞船以每秒 0.2 米的相对速度向"天宫一号"靠拢。14 时 14 分，两个航天器形成组合体，以每秒 7.8 千米的速度围绕地球飞行。

17 时 06 分，航天员景海鹏在航天员刘旺的协助下，打开通向"天宫一号"的舱门，率先进入"天宫一号"的实验舱。随后，刘旺和刘洋也相继进入。3 名航天员在 15 平方米的"天宫一号"内开展一系列的科学实验活动。

6 月 24 日，航天员又进行了手控交会对接的操作。航天员们关闭了"天宫一号"与轨道舱之间的舱门，回到返回舱。11 时 05 分，"天宫一号"与"神舟九号"飞船对接机构成功解锁，两个航天器缓缓分离。飞船到达 100 米停泊点。

接下来，航天员刘旺通过两个手柄控制飞船的姿态和方向与"天宫一号"进行交会对接。仅用时 7 分钟于 12 时 55 分对接成功，偏差为 1.8 厘米，0.8 度。这说明刘旺的手控交会对接的精度高于自控交会对接的精度。

在 13 天任务期中，"神舟九号"飞船与"天宫一号"组合体在一起飞行了 10 天。在此期间，航天员配合专家们进行了 15 项航天医学空间相关实验。

6 月 29 日 10 时，"神舟九号"返回舱在内蒙古的主着陆场成功着陆。而此时的"天宫一号"将再次进入长期运营管理状态，等待下一艘飞船的到来。

相比"神舟八号"，此次"神舟九号"任务有以下十个显著的创新之处：

（1）"神舟九号"乘载三名航天员进行全乘员组飞行，并且首次有女航天员进入太空。

（2）飞船停靠"天宫一号"10 天，验证了组合体最长飞行支持能力。

（3）飞船的发射任务选择在夏季进行。科研人员通过更新改造推进剂的降温系统、制定储存时间和泻出方案，提高了发射场的适应能力，进而获得了夏季发射的宝贵数据。

（4）飞船与"天宫一号"首先采用自控交会对接，再采用手控交会对接，验证了航天员的手动控制交会对接技术。

（5）"神舟九号"与"天宫一号"在全阳照区间进行交会对接。

（6）"神舟九号"首次实现与"天宫一号"空间连通，成为运行在太空中连在一起的两个大房间。

（7）飞船为了实现载人的需要，返回舱配备了乘坐 3 人的座椅，同时飞船舱内取消了与载人无关的设备。

（8）在"神舟九号"研制过程中，为了确保航天员的安全，增加了手控交会对接故障模式与对策、手动控制禁止指令无法正常发出等故障预案等。

（9）飞船对自控交会对接与撤离、人工手动控制交会对接与撤离、返回控制等进行了局部改进和优化，并进行了大量的试验验证。

（10）飞船返回的控制方案中，对打开回收主开关关键指令增加了手动控制指令作为备份，大大提高了返回的可靠性、安全性。

"神舟九号"飞行任务的圆满成功，标志着我国载人航天工程第二步任务取得了重大成果，为今后载人航天的发展、空间站的建设奠定了良好的基础。

4.10.2　中国第一位飞入太空的女航天员——刘洋

"神舟九号"飞行任务之所以引起外界极大关注，其中一个重要原因是航天员刘洋将成为我国第一位飞入太空的女航天员。选拔女航天员进入太空的原因是男女虽然具有许多共性，但也存在很多差异，要想知道人类是否能在太空生存，必须对男性和女性都进行考察。

女航天员的选拔方法和男航天员的选拔类似。女航天员一般是从运输机飞行员中选拔，大多是担任任务专家，主要是操作机械臂、维护一般设备和从事一些常规试验。还可担任载荷专家，从事特殊的科学实验。

"神舟九号"飞船女航天员刘洋，1978 年 10 月出生于河南省林州，是解放军航天员大队特级航天员，曾经担任空军某飞行大队副大队长，安全飞行 1680 小时。2010 年，从 15 名候选人中脱颖而出，成为第二批航天员中仅有的两名女航天员之一。

2012 年 6 月 15 日下午，我国载人航天工程指挥部宣布，男航天员景海鹏、刘旺和女航天员刘洋组成飞行乘组，执行"神舟九号"飞船与"天宫一号"交会对接任务。在航天器执行手控交会对接的时候，刘洋的主要任务是进行监视、支持。除此之外，刘洋在长达 13 天的飞行任务中还承担着科学实验任务。

4.10.3　神舟十号

2013 年 6 月 11 日 17 时，"长征二号 F"火箭点火，乘载着"神舟十号"飞船和 3 名航天员向太空飞去。本次航天员乘组由聂海胜、张晓光和王亚平担任。其中聂海胜担任指令长，张晓光的任务一是担任太空授课的摄像师，二是在航天器进行手控交会对接及飞船撤离等任务时配合指令长聂海胜的工作，王亚平主要负责常规飞行状态的监视、空间实验和设备操控等工作。此外，她还将担任太空授课的教师。

本次飞行任务中，"神舟十号"飞船需要研究航天员的空间环境适应性和空间操作功效，开展空间科学实验和飞行器在轨维修等试验，进一步考核交会对接技术和载人天地往返运输系统的功能和性能，考核载人航天工程各个系统之间执行飞行任务的功能性和各系统之间的协调性以及航天员执行飞行任务的能力。

6 月 13 日 13 时 18 分，"神舟十号"飞船与"天宫一号"对接机构连接在一起，自控交会对接成功。16 时 17 分，航天员乘组相继进入"天宫一号"。

6月20日10时15分，我国首次太空授课正式开始。在大约40分钟的课堂上，王亚平通过5个物理实验，向地面的人们展示了在太空失重环境下的物理现象。

2013年6月26日，"神舟十号"飞船返回舱在内蒙古主着陆场安全着陆，飞行任务取得圆满成功。

此次"神舟十号"飞行任务有四个方面的突破创新：

（1）"神舟十号"进行载人天地往返运输系统的应用性飞行。其为"天宫一号"在轨运营提供人员和物资天地往返运输服务，进一步考核交会对接、载人天地往返运输系统的功能和性能。

（2）首次增加了"神舟十号"对"天宫一号"的绕飞。因为空间站上有多个对接口，飞行器可从多个方向与其交会对接。绕飞的成功对建造空间站的建设非常重要。

（3）首次开展航天员太空授课活动，"天宫一号"作为太空教室，航天员化身太空教师，通过富有趣味的物理实验，给地面的人们做了太空讲座，让人们了解太空，感受太空的奇妙，激发对航天的兴趣。

（4）相比以前的航天器，做工更加精细化。

"神舟十号"飞行任务实现了我国载人航天飞行任务的连战连捷，为载人航天工程第二步第一阶段任务画上了圆满的句号，也为后续载人航天空间站的建设奠定了良好的基础。

4.11 神舟十一号～十三号与中国空间站

从1992年开始实施载人航天工程到现在，中国人的飞天之路已经走过了30年。30年的时间，我国已经成为世界上第三个独立掌握载人航天技术的国家，建立了完整的载人航天体系。从无人飞行到载人飞行，从一人一天到多人多天，从舱内实验到舱外行走，从单船飞行到组合体运行，中国人在不断探索中向着空间站的目标稳步前进。

4.11.1 天宫二号

"天宫二号"是我国第一个真正意义上的空间实验室，是长期在轨自动运行和中期载人的空间飞行器。"天宫二号"包括实验舱和资源舱，其主要任务是开展较大规模的空间科学实验、空间应用试验和航天医学实验，以及验证航天员中期驻留、推进剂补给、在轨维修等空间站建造运营的关键技术。

2016年9月15日22时，"长征二号 FT2"火箭载着"天宫二号"拔地而起飞向太空。

经过数次轨道控制后，进入距地面 393 千米的轨道上，等待"神舟十一号"飞船与之交会对接。

4.11.2　神舟十一号

2016 年 10 月 17 日 7 时 30 分，在酒泉卫星发射中心，"神舟十一号"飞船乘着"长征二号 FY11"火箭飞向太空，开始为期 33 天的太空旅行。航天员乘组景海鹏和陈冬将首次实现在太空的中期驻留。"长征二号 FY11"火箭分为两级，起飞重量约 500 吨，其中 90% 为液体燃料的重量，外部捆绑了四个助推器。火箭起飞约 585 秒后，船箭分离。"神舟十一号"飞船进入预定轨道。

10 月 19 日 1 时，"神舟十一号"飞船经过多次变轨后转入自主控制状态，以自主导引控制方式接近"天宫二号"。在完成一系列对接技术动作后，成功完成自控交会对接形成组合体。随后，航天员们以漂浮姿态陆续进入"天宫二号"。在航天员驻留的 30 天里，地面人员将考核组合体对航天员生活、工作和健康的保障能力，以及航天员执行飞行任务的能力。

11 月 17 日，"神舟十一号"飞船的航天员们要启程回家了。为了使飞船和"天宫二号"分离，需要做以下两个步骤：第一步将飞船和天宫间的对接通道泄压，使对接通道恢复到真空状态，以确保顺利分离。第二步是要唤醒飞船。由于组合体飞行时，"神舟十一号"飞船属于停靠状态，因此飞船上的许多设备都处于休眠和关机状态。在飞船和天宫分离前，飞船上的设备需要被"唤醒"，进入工作状态。12 时 41 分，飞船与"天宫二号"成功分离。当飞船返回舱下降到距离地球 80 千米时，返回舱进入黑障区，返回舱外部的等离子体会屏蔽所有电子信号，返回舱和地面暂时失去联系。11 月 18 日 13 时 59 分，返回舱在内蒙古主着陆场成功着陆，载人飞行任务完成。两名航天员状态良好，抵达北京后，他们将进入医学隔离期。

与"神舟十一号"飞船分离后，"天宫二号"恢复至长期运行轨道，转入独立运行模式，继续开展空间科学实验和应用技术试验，并等待"天舟一号"货运飞船前来对接。

"神舟十一号"飞行任务的成功，标志着我国空间实验室阶段任务取得了具有决定性意义的重要成果，为我国空间站建设运营和航天员长期驻留奠定了坚实的基础。

4.11.3　中国空间站

我国空间站，取名为"天宫"，是我国载人航天工程"三步走"战略的第三步，按照计划于 2022 年前后建成（图 4.11.1）。根据空间站的任务规划，空间站建设包括关键技术

验证、建造和运营三个阶段。空间站由我国
自主建造，产品、部组件、原材料全部国产
化，关键核心部件 100% 自主可控。

空间站设计寿命为 10 年，具备延长寿
命到 15 年的能力。可长期驻留 3 名航天员，
乘组定期轮换。轮换期间，最多可有 6 名
航天员同时在空间站内工作。

空间站以"天和"核心舱、"问天"实
验舱、"梦天"实验舱三舱为基本构型，形

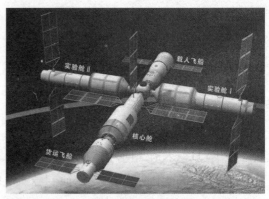

图 4.11.1　中国空间站

成"T"构型组合体，有三个对接口和两个停泊口。对接口可用于神舟系列载人飞船、天
舟系列货运飞船以及其他飞行器访问空间站。停泊口用于两个实验舱与核心舱组装形成空
间站组合体，另外还有一个出舱口供航天员出舱活动。

"天和"核心舱包括节点舱、生活控制舱和资源舱，具备长期自主飞行能力，主要用
于对空间站的控制和管理，为航天员提供居住环境，支持航天员长期驻留和开展航天医学
和空间科学实验。为了让航天员在轨停留更长时间，空间站设计了一套完整的可再生生命
保障系统，这是人类实现中长期载人飞行最核心的关键技术之一。

"问天"和"梦天"实验舱都可以为大规模舱内外空间科学实验和技术试验提供载荷
支持。"问天"实验舱还可以是组合体控制和管理的备份舱段，具有出舱活动能力。"梦天"
实验舱则具有载荷自动进出舱能力。

空间站的每个舱段都将由"长征五号 B"运载火箭在海南文昌航天发射场发射。天舟
系列货运飞船将由"长征七号"运载火箭在文昌航天发射场发射。神舟系列载人飞船将由
"长征二号 F"火箭在酒泉卫星发射中心发射。

2021 年 4 月 29 日，搭载"天和"核心舱的"长征五号 B 遥二"运载火箭发射成功。
5 月 29 日 20 时 55 分，"天舟二号"货运飞船在海南文昌发射场发射成功。空间站"天和"
核心舱迎来第一位"访客"。

空间站建好后，将立即投入正常运营，开展科学研究和太空实验，推动我国空间科学
研究进入世界先进行列。其规模可以满足重大科研项目的需求，扩展能力的设计将使我们
能够根据科学前沿的发展需求，提供更加强大的支持能力。

4.11.4　神舟十二号

"神舟十二号"飞船是空间站关键技术验证阶段的第四次飞行任务，也是空间站阶段

首次载人飞行任务。

"神舟十二号"飞行的主要任务是再生与生命保障验证，以及在轨验证航天员长期驻留、空间物资补给、出舱活动、舱外操作、在轨维修等空间站建造和运营的关键技术；首次检验东风着陆场的航天员搜索救援能力；开展多领域的空间应用及试验；综合评估和考核工程各系统执行空间站任务的功能和性能，进一步考核各系统之间的匹配性和协调性，为后续任务积累经验。

2021 年 6 月 17 日，搭载"神舟十二号"载人飞船的"长征二号 F"火箭点火发射。航天员乘组为聂海胜、刘伯明和汤洪波，指令长是聂海胜。三人采用以老带新的模式，计划在空间站驻留 3 个月。

"神舟十二号"入轨后，仅用时约 6.5 小时就成功对接"天和"核心舱的前向端口，与此前已经对接的"天舟二号"货运飞船一起构成三舱（船）组合体。在交会对接中，由于采用了新芯片、新导航技术和极其精确的北斗卫星导航系统，使得自主交会对接的时间大大缩短。

7 月 4 日 11 时，航天员刘伯明、汤洪波身着我国自主研制的新一代舱外航天服先后从核心舱节点舱成功出舱，舱内的聂海胜配合两名出舱航天员执行舱外任务，这是我国空间站时代的首次航天员出舱。这次出舱活动，天地间大力协同、舱内外密切配合，圆满完成了舱外活动相关设备组装、全景相机抬升等任务，并首次检验了我国新一代舱外航天服的功能性能。

8 月 20 日，三名航天员执行第二次出舱任务。聂海胜、刘伯明出舱作业，汤洪波留在舱内执行指挥与协作任务。

此次，航天员乘组在空间站组合体中工作生活了 90 天，创造了我国航天员单次飞行任务太空驻留时间的新纪录。

9 月 17 日 13 时 30 分，"神舟十二号"返回舱在东风着陆场安全着陆。三名航天员安全顺利出舱。这是神舟飞船首次在东风着陆场着陆。

"神舟十二号"载人飞行任务取得圆满成功。之后，航天员聂海胜、刘伯明、汤洪波乘坐任务飞机平安抵达北京，进入医学隔离期，并进行全面的医学检查和健康评估。

4.11.5　神舟十三号

"神舟十三号"飞船是我国空间站关键技术验证阶段的最后一次飞行任务。按照计划，"神舟十三号"航天员乘组将在轨驻留六个月。与"神舟十二号"飞行任务相比，"神舟十三号"任务主要有六项创新之处：第一，载人飞船将采用自主快速交会对接的方式，首次对空间站径向停靠；第二，我国空间站将实现核心舱、2 艘货运飞船、1 艘载人飞船，共 4 个航天器组合运行；第三，航天员将首次在轨驻留 6 个月，这也是航天员在空间站运营期间的常态化驻留周期；第四，我国女航天员首次进驻空间站，航天员王亚平成为我国首位实施出舱活动的女航天员；第五，在"神舟十二号"任务的基础上，进一步开展更多的空间科学实验和技术试验，产出高水平科学成果；第六，执行任务的飞船和火箭都是在发射场直接由应急待命的备份状态转为发射状态。

2021 年 10 月 16 日 0 时 23 分，在酒泉卫星发射中心，"长征二号 F"运载火箭搭载着"神舟十三号"载人飞船发射升空。航天员乘组为翟志刚、王亚平、叶光富。10 月 16 日 6 时 56 分，"神舟十三号"采用自主快速交会对接模式，成功对接于"天和"核心舱的径向端口。与"天舟二号""天舟三号"货运飞船一起构成四舱（船）组合体。

10 月 17 日 9 时 50 分，"神舟十三号"航天员乘组成功打开货物舱舱门，顺利进入"天舟三号"货运飞船。

在此次飞行任务中，"神舟十三号"航天员乘组分别于 11 月 7 日和 12 月 26 日进行两次出舱活动，圆满完成了出舱活动的所有计划任务。这也是我国航天历史上第一次有女航天员参加出舱活动。此外，航天员们还分别进行了两次太空授课。

2022 年 1 月 8 日，航天员乘组在地面科技人员的密切协同下，采用手控操作方式，圆满完成了"天舟二号"货运飞船与空间站组合体的交会对接试验。

4 月 16 日 9 时 56 分，飞船返回舱在东风着陆场成功着陆，神舟十三号载人飞行任务取得圆满成功。此次飞行任务，航天员乘组在空间站组合体中工作生活了 183 天，创造了我国航天员单次飞行任务太空驻留时间的纪录。

4.11.6 中国首位实施出舱活动的女航天员——王亚平

王亚平，中共党员，1980 年 1 月出生。1997 年 8 月入伍，2000 年 5 月入党。曾担任空军航空兵某师某团副大队长，安全飞行 1567 小时。现在是中国人民解放军航天员大队特级航天员。

2010 年 5 月，王亚平正式成为我国第二批航天员。2013 年 4 月，被选入"天宫一号"与"神舟十号"载人飞行任务航天员乘组。6 月 11 日，王亚平和聂海胜、张晓光乘坐"神舟十号"飞船进入太空执行飞行任务。6 月 20 日上午，王亚平在"天宫一号"内成功进行了我国首次太空授课。

2021 年 10 月 16 日，王亚平与翟志刚、叶光富组成"神舟十三号"航天员乘组，进入空间站执行飞行任务。11 月 7 日 18 时，王亚平身穿新一代"飞天"舱外航天服出舱，成为我国航天史上首位实施出舱活动的女航天员。在两次飞行任务中，王亚平均担任了太空教师开启太空授课。

4.12　中国北斗走向世界

2020 年 6 月 23 日上午，在西昌卫星发射中心，我国第 55 颗北斗导航卫星发射成功。这是北斗三号卫星全球组网的最后一颗卫星，至此，中国人耗时 26 年，投入超过 120 亿美元的独立建造的全球卫星导航系统终于建成。从此，中国拥有了自己的全球导航定位系统，彻底结束了依赖美国全球卫星导航系统（GPS）的历史。继美国和俄罗斯之后，我国成为第三个建成自主卫星导航系统的国家。

4.12.1　北斗与导航

"导航"一词源于航海，在没有参照物的茫茫大海上，人们对导航的需求关乎性命，古代人乘风破浪依靠星空来辨别方向。北斗星是从远古时期开始人们用来辨识方位的依据。司南是我国古代创新发明的、世界上最早的导航装置，彰显了我国古代的科学技术成就。明朝永乐皇帝朱棣，在故宫的构思阶段便将北斗崇拜融入布局，以屋顶上的宝瓶作为装饰，将 7 颗北斗星藏入其中，完美地将神话、科学和艺术融为一体。古代中国人发明的指南针，在 12 世纪末传入欧洲，让导航脱离了季节的限制，无形中推动了大航海时代的到来。明代以前，人们对于地图的认知，只是记忆、想象与文化的结合。明朝科学家徐光启，率先把圆形地球和经纬线的概念引入我国。人们对经纬线认识的不断进步，为导航提供了标准化的基础。

4.12.2　卫星导航时代的开始

1957 年 10 月 4 日，苏联发射了世界上第一颗人造地球卫星——"斯普特尼克一号"。美国人在全程追踪这颗卫星的轨迹时，发现当卫星逐渐靠近地面接收机时，收到的信号频率会逐渐升高，而远离接收机时，频率又会逐渐降低，这一现象就是多普勒效应。

美国科研人员根据多普勒原理发现：如果确定卫星的位置，就能够逆向确定信号接收机所在的位置，这就是后来卫星定位的理论基础。1958 年，美国海军启动导航卫星研究计划——"子午仪"计划，成为人类卫星导航时代的开端。1964 年"子午仪"卫星导航系统投入使用，直到 1996 年，其被全球卫星导航系统（GPS）取代。

1990 年，美国等国家对伊拉克发动了海湾战争。这场战争中美国借助 GPS 的定位、导航能力，精确制导武器以极高的命中率直达目标，从而大大提升了作战效率，并且避免伤及无辜。而中国和世界都从这场战争中认识到了导航卫星的重要性。在此之后的约 20 年时间里，除美国的全球卫星导航系统（GPS）外，俄罗斯的格洛纳斯卫星导航系统（GLONASS）、中国的北斗卫星导航系统（BDS）和欧盟的伽利略卫星导航系统（GALILEO）陆续在地球上空编织了一张巨大的改变世界的导航卫星网。

4.12.3　全球卫星导航系统

全球卫星导航系统（简称 GNSS）属于第 2 代卫星导航系统，包括美国的 GPS、俄罗斯的 GLONASS、中国的北斗和欧盟的 GALILEO 4 个全球系统（图 4.12.1）。其中，BDS 和 GPS 已经服务于全球。除上述 4 个全球系统外，还包括区域系统和增强系统。区域系统有日本的 QZSS 和印度的 IRNSS，增强系统有美国的 WASS、日本的 MSAS、欧盟的 EGNOS 等。

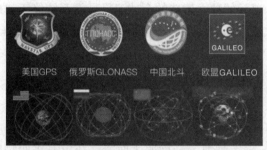

图 4.12.1　全球卫星导航四大系统

20 世纪 70 年代，美国开始研制 GPS。从 1978 年发射第 1 颗 GPS 卫星开始，到 1994 年完成 21 颗工作卫星以及 3 颗备用卫星的星座配置，整个 GPS 系统耗时 20 年，耗资 200 亿美元。1995 年 4 月，美国国防部正式宣布 GPS 已经具备完全的工作能力。GPS 是具有海、陆、空全方位实时三维导航与定位功能的新一代卫星导航与定位系统。该系统是在子午仪卫星导航系统的基础上发展起来的，采纳了子午仪系统的成功经验，24 颗卫星均匀分布在近圆形轨道面上（每个轨道面上有 4 颗卫星），轨道倾角为 55°。卫星的分布使得在全球任何地方、任何时间都可以观测到 4 颗以上的卫星。

俄罗斯的 GLONASS 是苏联从 1982 年开始建造的，与美国 GPS 类似的全球卫星定位系统。1982 年 10 月，苏联成功发射第 1 颗 GLONASS 卫星。到 1996 年 1 月，24 颗卫星全球组网，宣布进入完全工作状态。苏联解体后，GLONASS 步入艰难的维持阶段。2001 年 8 月，俄罗斯政府通过了 GLONASS 恢复和现代化的计划。2001 年 12 月，第 1 颗现代化卫星 GLONASS-M 发射成功。直到 2012 年，该系统回归到完全服务状态。GLONASS 星座由 21 颗工作星和 3 颗备份星组成，24 颗星均匀地分布在 3 个近圆形的轨道平面上。

欧盟的 GALILEO 系统是世界上第一个基于民用的全球卫星导航定位系统，是欧盟为了打破美国的 GPS 在卫星导航定位这一领域的垄断而开发的。该系统由 27 颗工作星和 3

颗备份星组成。卫星位于 3 个倾角为 56° 的轨道平面内。每个轨道上除了有 9 颗工作卫星外还有一颗备用卫星，备用卫星停留在高于正常轨道 300 千米的轨道上，能使任何人在任何时间、任何地点准确定位，误差不超过 3 米。GALILEO 系统可以发送实时的高精度定位信息，这是现有的卫星导航系统所不具备的。

4.12.4　北斗卫星导航系统的建设

我国早在"东方红一号"卫星发射成功的 6 个月后，就完成了第一份关于研制导航卫星的论证报告，代号"灯塔"计划。但是，后来由于技术、资金等原因计划被中止。

1983 年，中国科学院陈芳允院士依靠我国刚刚掌握的地球同步轨道卫星技术，提出了一种打破传统的、创新性的科学构想——"双星定位"，即，利用卫星无线电测量业务方式来确定用户的位置。1989 年 9 月 25 日，陈芳允及其研究小组利用通信卫星进行的"双星定位"演示验证试验成功，实现了地面目标利用 2 颗卫星快速定位、通信、授时的一体化服务，证明了该技术的正确性和可行性，为我国第一代北斗卫星导航系统——"北斗一号"的启动和实施奠定了基础。

1994 年 2 月，一份名为《关于印发双星导航定位系统工程立项报告的通知》标志着我国第一代卫星导航系统——"北斗一号"正式立项。65 岁的中国科学家孙家栋被任命为双星导航定位系统的总设计师。

卫星上天的前提是要首先拥有合法的频率轨位。国际电信联盟（简称 ITU）分配给卫星导航系统的频率资源是有限的，这是世界上想要发展卫星导航系统的国家必争的宝贵资源。要想取得合法的轨位，需要先向 ITU 申报，并与相关的系统进行协调。由于起步较早的缘故，美国与俄罗斯已占用了 80% 的黄金导航频段，因此我国只能退而求其次——申请次优频率。

2000 年 6 月，ITU 从航空导航频段中释放出最后一小段频率供世界各国平等申请。根据"先用先得"和"逾期作废"的频率资源规则，申请的频率资源启用时限只有 7 年时间。换句话说，我国必须在 2007 年 4 月 17 日之前成功发射导航卫星，并且成功播发信号，才有资格申请这段频率。

2007 年 4 月 14 日，首颗"北斗二号"卫星发射升空。根据 ITU 规则，只有收到卫星的传输信号才视为有效，方能获得频率使用权。为了保住频率，卫星必须在 88 小时内传回信号。4 月 17 日晚 8 时，"北斗二号"首颗卫星终于传回了第一组清晰的信号。此时，距离 ITU 规定的频率启用截止时限只剩不到 4 个小时。北斗终于在最后一刻，成功挤进了全球卫星导航系统的俱乐部！

从 2017 年 11 月开始，我国以平均每月发射一颗星的速度创造了世界导航卫星组网发射的新纪录。以 100% 的成功率发射了 30 颗"北斗三号"组网星和 2 颗"北斗二号"备份星。今天的北斗卫星导航系统全部配备国产高精度星载原子钟。同时，核心器件百分百自主可控。

4.12.5　北斗卫星系统发展三步走

当初，美国和俄罗斯都选择"一步到位"的方式来建造全球卫星导航系统。但是，这种方式并不适合北斗系统的建设。我们必须寻找适合国情的发展卫星导航系统的道路。经过不断探索，逐步形成了"三步走"的发展战略。

第一步，建设"北斗一号"系统。2000 年，2 颗地球静止轨道卫星发射成功，系统建成并投入使用。2003 年，第 3 颗地球静止轨道卫星发射，系统性能得到进一步增强。"北斗一号"系统建成后，可以初步满足我国及周边区域的定位、导航和授时的需求。它采用了有源定位体制，设计双向短报文通信服务功能，这个通信与导航一体化的设计是北斗系统的创新之处。2013 年，"北斗一号"系统完成任务后退役。

第二步，建设"北斗二号"系统。"北斗二号"创新性地构建了中高轨混合星座架构。截至 2012 年年底，包含 14 颗卫星（5 颗地球静止轨道卫星、5 颗倾斜地球同步轨道卫星和 4 颗中圆地球轨道卫星）的发射组网完成。在兼容"北斗一号"系统技术体制的基础上，"北斗二号"系统增加了无源定位体制。"北斗二号"系统建成后，不仅服务于本国，还为亚太地区的用户提供定位、测速、授时和短报文通信服务。

第三步，建设"北斗三号"系统，架设星间链路（即卫星与卫星之间的连接对话），实现全球组网。2009 年，"北斗三号"系统建设启动。2020 年，包括 30 颗卫星（3 颗地球静止轨道卫星、3 颗倾斜地球同步轨道卫星和 24 颗中圆地球轨道卫星）的发射组网建设完成。从而，"北斗三号"系统全面建成。"北斗三号"系统继承了"北斗一号"的有源定位和"北斗二号"的无源定位两种技术体制，通过星间链路解决了全球组网需要全球布站的问题。

目前，北斗卫星导航系统以"北斗三号"系统为主向全球提供服务。到 2035 年，以北斗系统为核心，建设完善更加泛载、更加融合、更加智能的国家综合定位导航授时体系。

4.12.6　北斗与应用

北斗卫星导航系统是我国为全球用户提供全天候全天时高精度定位导航和授时服务的重要的时空基础设施。北斗系统分别由在轨运行的 30 颗"北斗三号"卫星，15 颗"北斗二号"卫星，以及多颗试验卫星和备份星共同组成。如果用户同时连接 4 颗不同位置的卫星，便可计算出其精确的位置。在世界任何地方、任何时间，我们的头顶至少有 8 颗以上的北斗卫星在运行。每颗北斗卫星都装载着高精度原子钟。通过原子跃迁计时，代表着目前人类对精准时间计算的极致（图 4.12.2）。

图 4.12.2 北斗卫星导航系统

如今，我们使用北斗导航卫星的场景几乎无处不在。在交通运输方面，北斗系统广泛应用于重点运输过程监控、公路基础设施安全监控、港口高精度实时定位调度监控等领域。京张高铁是我国第一条智能化高铁，以北斗授时为基准，列车自带的北斗多合一天线对列车的时间、位置等信息，进行实时监控。2020 年 1 月 17 日，天津港 25 台无人驾驶的电动集装箱卡车，实现了全球首次整船作业。由于使用了北斗系统，它们的导航定位精度能够达到 3 厘米以内。

在水文监测方面，北斗可以对多山地域的水文测报信息进行实时传输，从而提高了预报灾情的准确性，为制定防洪抗旱方案提供强有力的支持。

在气象测报方面，一系列气象测报型北斗终端设备已经研制出来，从而可以形成系统应用的解决方案。使得国内高空气象探空系统的观测精度、自动化水平和应急观测能力得以提高。

在救灾减灾方面，基于北斗系统的导航、定位、短报文通信功能，可以提供实时救灾指挥调度、应急通信、灾情信息快速上报与共享等服务。显著提高了灾害应急救援的快速反应能力和决策能力。2020 年年初，新冠肺炎疫情暴发。在危难时刻，北斗系统火线驰援武汉市火神山和雷神山医院建设。利用北斗的高精度技术，大部分测量工作一次性完成，为医院建设节约了大量时间。确保了抗击疫情主阵地建设的快速完成，为抗击疫情贡献了北斗的智慧与力量。

4.12.7 中国北斗走向世界

2020 年 6 月，联合国外空司专门发来视频，祝贺北斗系统完成全球组网部署，肯定了北斗系统对推动全球经济社会发展，和平利用外太空、参与联合国空间活动等方面做出的巨大贡献。在联合国全球卫星导航系统国际委员会（ICG——International Committee on Global Navigation Satellite Systems）的标识图案中，有 4 颗飞翔着的导航卫星，其中一颗便是中国的北斗。在过去的十年中，北斗系统已经陆续与美国、俄罗斯、欧洲的卫星导航系统实现了兼容与互相操作。到了 2020 年，在"一带一路"沿线国家和地区，已经有超过 1 亿用户正在使用北斗提供的服务，北斗的相关产品也已经出口到 120 余个国家和地区。

4.13   飞向月球

明月几时有？把酒问青天。不知天上宫阙，今夕是何年？

千百年来，"嫦娥奔月"的美丽传说代代相传，古代神话故事和文学作品中，人们无数次地赞美月亮并憧憬月亮上的神仙生活，可是那一直是一个遥不可及的梦想。

如今，中国人的千古梦想和现实的距离越来越近了。2007年10月24日18时05分，我国首颗月球探测卫星"嫦娥一号"的成功发射，迈出了深空探测的第一步。紧接着，"嫦娥二号"、"嫦娥三号"、"玉兔"月球车、"嫦娥四号"陆续升空，直到"嫦娥五号"携月壤返回，中国人已经一步步地将"上九天揽月"的神话变为现实！

4.13.1   中国嫦娥九天揽月

1991年，我国航天专家们提出了开展月球探测工程。1998年，国防科工委组织相关部门对月球探测的科学目标进行了规划和论证。2002年开始，国防科工委组织科学家和工程师研究探月工程技术方案。

2007年10月24日，我国第一个月球探测器"嫦娥一号"奔月而去。11月5日，它开始围绕月球飞行，不断地测距拍照，向地球上的人们发回月球上的风景，由此人们绘制出了人类历史上第一张完整的高精度月球表面影像图和月壤主要元素分布图。2009年3月1日，"嫦娥一号"燃料即将耗尽，为了给后面的"嫦娥三号"积累软着陆经验，"嫦娥一号"减速，改变轨道，展开双臂向月面奔去。16时13分，"嫦娥一号"在月面预定点硬着陆。

2010年10月1日，探月的第二位"仙女"——"嫦娥二号"探测器发射升空。此次"嫦娥二号"的首要任务是为接下来奔月的"嫦娥三号"的计划着陆点附近进行"地毯式"高清拍摄，为我国航天器首次月面软着陆奠定坚实基础。"嫦娥二号"的创新之处在于"一探三"，即用一颗备份星探测月球、日地（太阳 - 地球）拉格朗日2点和小行星"图塔蒂斯"（又名"战神"）。2012年12月13日，"嫦娥二号"追赶上小行星"图塔蒂斯"，拍摄了历史上第一批"战神"的照片。而此时，"嫦娥二号"已经在距离地球700万千米远的太空深处。至此，它圆满完成了自己的使命，成为围绕太阳飞行的"人造小行星"。

2013年12月14日，"嫦娥三号"探测器在月面成功实现了软着陆。着陆区域被命名为"广寒宫"。"嫦娥三号"的最大创新点，就是它携带了"玉兔号"月球车。在软着陆后，"嫦娥三号"携带的"玉兔"月球车缓缓踏上月面，开始了它的月面旅行。2016年7月31日，经过两年半的超期工作后，"玉兔"陷入永久的沉寂。

2018 年 12 月 8 日凌晨，"嫦娥四号"探测器成功发射，于 2019 年 1 月 3 日在月球背面成功着陆。"嫦娥四号"携带的"玉兔二号"月球车在月球背面雕刻出人类的第一行印迹。在中继星"鹊桥"的帮助下，"嫦娥四号"与地球可以进行月地通话。"嫦娥四号"测量着月面的温度，绘制出了有史以来第一份完整的月球全天温度曲线图，同时，它还对月面进行了首次低频射电天文观测。

4.13.2　中国探月工程五大系统

我国的探月工程由月球探测卫星系统、运载火箭系统、发射场系统、测控系统和地面应用系统五大系统组成。

月球探测卫星系统是由中国空间技术研究院研制的探月卫星组成，以"嫦娥"命名。主要任务是调查月球表面形态和地质构造，调查月球表面的物质成分和可利用资源，探测地球等离子体层以及月基光学天文观测等。

运载火箭系统由中国运载火箭技术研究院研制，主要任务是将卫星送入预定轨道。

发射场系统主要负责组织和指挥火箭的组装、测试、加注以及发射，并且还负责提供卫星组装、测试和发射保障，以及火箭发射后的跟踪、测量和控制。

测控系统主要负责火箭及卫星的轨道测量、图像及遥测监视、遥控操作、数据注入和飞行控制等。

地面应用系统由中国科学院国家天文台研制和建设，包括数据接收、运行管理、数据预处理、数据管理、科学应用五个分系统。

4.13.3　嫦娥一号

2007 年 10 月 24 日，"长征三号甲"运载火箭搭载着我国首颗月球探测器"嫦娥一号"在西昌卫星发射中心发射升空。此次"嫦娥一号"的主要任务为：绘制三维全月球地图、探测月球物质成分、测量月壤厚度和评估氦 -3 资源量、探测地月空间环境。

"嫦娥一号"发射后，经过 8 天时间相继完成了调相轨道段飞行、地月转移轨道段飞行和环月轨道段飞行。到达月球附近时，"嫦娥一号"的速度达到普通喷气式客机的 10 倍。如果这时不及时刹车减速，就不会进入环月轨道而与月球擦肩而过；但是如果刹车过猛，它将会撞向月球。那么"嫦娥一号"到底应该从哪里开始制动调整姿态呢？中国探月工程首任首席科学家欧阳自远院士综合了美国和俄罗斯探测月球失败的数据，终于发现存在一个很重要的位置——捕获点，在这一点上制动调姿，就可以使"嫦娥一号"进入月球引力场。经过 8 次的变轨后，"嫦娥一号"转为对月定向姿态。在绕月飞行的同时，"嫦娥一号"

一边拍下月球的影像，一边采用激光测距仪不断地测量月面的高程数据。

2008 年 11 月 12 日，我国第一幅全月球影像图发布，这也是人类历史上第一幅包含月球南北极的、完整的、高精度的月球表面影像图，分辨率达到 120 米。这是当时世界上分辨率最高的全月图，它为全人类进一步探测月球提供了可靠的依据。此外，"嫦娥一号"携带的用于观测月球的其他仪器也测量了月壤的特性，分析月球上各种元素的含量和分布，配合全月图，绘制了月球主要元素分布图。

2009 年 3 月 1 日，科技人员通过精准控制使得"嫦娥一号"准确地降落在月球东经52.36°、南纬 1.50° 的预定撞击点。"嫦娥一号"的"受控撞月"宣布我国探月一期工程完美收官。

"嫦娥一号"卫星首次绕月探测的圆满成功，成为继人造卫星、载人航天之后，我国航天史上的第三个里程碑。它创新突破和掌握了一大批具有自主知识产权的核心技术和关键技术，使中国成为世界上少数几个具有深空探测能力的国家，取得了中国航天史和航天器的多个"第一"：第一颗绕月探测卫星研制并发射成功；第一次实现了绕月飞行和科学探测；第一次形成了深空探测任务的总体设计思路和研制流程。这些"第一次"充分体现出我国综合国力的显著增强，以及自主创新能力和科技水平的不断提高。

4.13.4　嫦娥二号

"嫦娥二号"是"嫦娥一号"的备份星，是我国探月工程二期的技术先导星。

2010 年 10 月 1 日，在西昌卫星发射中心，"长征三号丙"运载火箭搭载着"嫦娥二号"卫星发射升空。"嫦娥二号"的设计寿命为半年。

此次，"嫦娥二号"的月球旅行有以下几个创新之处：第一，运载火箭将"嫦娥二号"送入远地点高度约 38 万千米的直接奔月轨道。第二，"嫦娥二号"搭载的"长征三号丙"运载火箭的巨大推力，使得它像标枪，沿着奔月时间短的高速路直奔月球。这样不仅为"嫦娥二号"节省了大量燃料，也大大缩短了"嫦娥二号"的奔月时间。"嫦娥二号"抵达月球只花费了 5 天时间。第三，"嫦娥二号"的绕月轨道在月面上方 100 千米处。第四，"嫦娥二号"上所搭载的新研制的立体相机，将对月拍摄图像的分辨率从"嫦娥一号"的 120米提高到 7 米。

经过两次近月制动，2010 年 10 月 26 日，"嫦娥二号"成功实现变轨下降，从100 千米 ×100 千米的运行轨道变为 100 千米 ×15 千米的虹湾成像运行轨道。它将自己的眼睛聚焦在月球的虹湾雨海区域，对科研人员选定的"嫦娥三号"的落月点区域进行高清晰度拍摄，分辨率达到 1.3 米。

2011 年 4 月 1 日，"嫦娥二号"半年设计寿命期满后，将开始探测日地拉格朗日 2 点和小行星"图塔蒂斯"。8 月 25 日，"嫦娥二号"创世界纪录般从月球轨道出发，进入日地拉格朗日 2 点的环绕轨道，使我国成为第三个造访拉格朗日 2 点的国家。经过 195 天的飞行和 5 次中途轨道修正后，"嫦娥二号"飞到距地球 700 万千米处的小行星轨道准备与其相遇并为其拍照。"嫦娥二号"与小行星擦肩而过之后的 55 秒时间内，其携带的相机连续拍照，成功获取了 11 张光学影像，这是人类有史以来第一次可能也是最后一次拍摄到这颗小行星的图像，它使我国成为世界上第 4 个探测小行星的国家，开创了我国航天史上一次发射开展多目标多任务探测的先河。

"嫦娥二号"任务的圆满成功，标志着我国在深空探测领域突破并掌握了一大批新的具有自主知识产权的核心技术和关键技术，为后续实施探月工程二期的"落"和"回"以及下一步开展火星等深空探测奠定了坚实的技术基础，使我国从航天大国迈向航天强国的进程又跨出了重要的一步。

4.13.5　嫦娥三号

"嫦娥三号"是我国探月工程二期发射的月球探测器，由着陆器和巡视器（"玉兔号"月球车）组成。其主要任务是突破月球软着陆、月面巡视勘察、月面生存、深空测控通信与遥操作、运载火箭直接进入地月转移轨道等关键技术，实现我国首次对地外天体的直接探测。

2013 年 12 月 2 日，"嫦娥三号"由"长征三号乙"运载火箭从西昌卫星发射中心发射，同时它还搭载了我国第一艘月球车——"玉兔号"。

12 月 10 日，"嫦娥三号"进入月球背面区域，开始实施变轨控制。12 月 14 日，"嫦娥三号"降落程序启动。当下降到距离月球表面 100 米的地方时，它像直升机一样悬停在空中，自主控制移动来选择最适宜的降落点。如果探测器判断该块区域不适合着陆，它会打开水平机动推力器，一边下降，一边自主平移，寻找更好的着陆点，这是世界上第一次创新使用该项技术。21 点 11 分，在月球的引力作用下，"嫦娥三号"以自由落体运动的方式软着陆在月球雨海的西北部，首次实现了我国对地球以外天体的软着陆。随后，"嫦娥三号"释放"玉兔号"月球车。在与"嫦娥三号"着陆器互相拍照后，"玉兔号"月球车踏上巡月之旅，开展月表形貌和地质构造、月面物质成分和可利用资源、地球等离子体层等科学探测。

"嫦娥三号"任务的圆满完成使我国取得了跨越式的进步，直接获得了丰富的月球数据，经受住了着陆、移动和长月夜生存三大挑战，是我国航天领域技术最复杂、实施难度最大的空间活动之一，我国也成为世界上掌握落月探测技术的第三个国家。

4.13.6 "玉兔号"月球车

观天、看地、巡月是科研人员为"嫦娥三号"设定的三项任务。其中观天的任务由月基天文望远镜完成。科研人员利用月基天文望远镜对月球北极上方区域的天体进行了一次科学考察。由于月球表面没有大气层，因此月基天文望远镜可以观测到紫外波段的一些信息，这是人类历史上的第一次紫外波段的巡天。

等离子体层是保护地球的一道天然屏障，它可以阻挡太阳风暴形成的巨大脉冲，所以观测等离子体层的变化就可以监测太阳风暴，为保障地面通信以及地面与航天器之间的通信安全提供依据。而只有跳出地球之外，才能看到等离子体层的变化，38万千米外的月球上是一个非常好的观测点，而这个观测设备就是"嫦娥三号"着陆器顶端的极紫外相机。

"嫦娥三号"包括着陆器和"玉兔号"月球车两个部分。"玉兔号"月球车学名为月面巡视探测器（图4.13.1），是一种能够在月球表面行驶并完成月球探测、考察、收集和分析样品等复杂任务的专用车辆。"玉兔号"月球车是我国第一个在外星球巡视勘探的机器人。

图4.13.1 "玉兔号"月球车

2016年7月31日晚，"玉兔号"月球车停止工作。至此，"玉兔号"已经进行了两年多的超长服役。作为我国在月球上留下的第一个足迹，它具有深远的意义。

4.13.7 嫦娥四号

由于月球的自转周期与它围绕地球运行的公转周期相同，并且只有一面朝向地球，因此在地球上看不到月球的背面，所以着陆在月球背面的探测器无法直接与地面进行无线电通信，这就需要在月球背面和地球之间构建一座通信的桥梁。卫星"鹊桥"是我国创新发射的世界首颗地月中继通信卫星（图4.13.2），它扮演着"地月通信接线员"和"飞船导航员"的重要角色，为"嫦娥四号"的顺利登陆保驾护航。"鹊桥"在地月拉格朗日-2点的轨道上运行，可以同时看到地球和月球，并且可以以较少的燃料消耗来保持长期的太空驻留，从而提供"嫦娥四号"着陆器与地面站之间的通信链路，并且传输测控通信信号和科学数据。

"嫦娥四号"是人类第一个着陆月球背面的探测器，是由着陆器和巡视器组成。"嫦娥四号"有三大科学任务：开展月球背面低频射电天文观测与研究；开展月球背面巡视区形貌、矿物成分和月表浅层结构的探测与研究；试验性地探测研究月球背面中子辐射剂量、中性原子等月球环境。

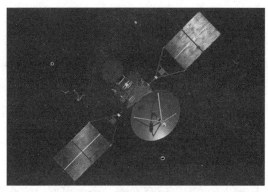

图 4.13.2　世界第一颗地月中继卫星——"鹊桥"

2018 年 5 月 21 日，在西昌卫星发射中心，"鹊桥"中继星由"长征四号丙"运载火箭发射升空。6 月 14 日，"鹊桥号"成功实施轨道捕获控制，进入距月球约 6.5 万千米的地月拉格朗日 -2 点轨道，成为世界首颗在地月拉格朗日 -2 点轨道上运行的卫星。

12 月 8 日，在西昌卫星发射中心，"长征三号乙"改二型火箭搭载着"嫦娥四号"着陆器和"玉兔二号"月球车组合体发射升空 。

2019 年 1 月 3 日，"嫦娥四号"探测器在距离月面 15 千米的轨道上，自北向南朝着月球南极的艾特肯盆地飞去。与"嫦娥三号"相比，"嫦娥四号"的着陆区地形更加复杂。在飞到艾特肯盆地之前，它要飞过平均高度为 4000 米的高原地区，然后迅速降落在深度为负 6000 米左右的冯·卡门坑中。在短短十几分钟时间内，"嫦娥四号"需要经历 20 千米的落差，并把速度从每秒 1.7 千米降到 0。

随着发动机点火，"嫦娥四号"开始减速制动。当飞行到冯·卡门坑上方时，"嫦娥四号"的水平速度已经基本为零，几乎在垂直方向上降落。此时，它所携带的降落相机拍摄到了人类历史上第一张月球背面特写影像。在悬停 30 秒钟后，"嫦娥四号"从距离月面 100 米处开始下降，在降落的最后阶段，它开启自主避障功能，向西南方向移动了 8 米左右。2019 年 1 月 3 日 10 点 25 分，"嫦娥四号"在月球背面软着陆成功，随后"玉兔二号"离开探测器，踏上月面，开始对月球表面进行巡视探测。"玉兔二号"行驶在月球背面，印上了人类在月球背面的第一行印迹。"嫦娥四号"的落月点的附近区域被命名为"天河基地"，冯·卡门坑的中央峰命名为"泰山"。

2019 年 1 月 11 日，"嫦娥四号"与"玉兔二号"相继进入休眠状态。3 月 30 日，"嫦娥四号"被唤醒，中继星建立正常返向链路，平台工作正常。6 月 9 日，"嫦娥四号"设置月夜模式，进入第 6 个月夜休眠期。

2022 年 7 月 5 日和 7 月 6 日，"嫦娥四号"和"玉兔二号"月球车分别完成休眠设置，进入第 44 个月夜休眠。

此次"嫦娥四号"的探月之旅主要有两个创新之处：

（1）在此之前，人类还没有获得过一张完整的月球全天温度曲线图。"嫦娥四号"具有释放巡视器的转移机构，并在转移机构的根部配有测量低温的热敏电阻。当"玉兔二号"离开"嫦娥四号"后，转移机构将与月壤充分接触，来测量月壤温度。此外，"嫦娥四号"的足垫上也增加了测温的装置，这样其数据中心就会实时记录月壤温度，再将温度定期发给"鹊桥"，进而发回地面。

（2）研究天体的重要手段是射电观测，即接收遥远天体发来的信号。由于在地面 60 千米以上的大气层存在着一个电离层，它会阻挡低频电磁波，使得电波的某些频段在地球上无法接收到。此外，地球轨道上的人造卫星产生的低频电磁噪声，也会影响地球接收电磁波，而月球背面可以屏蔽来自地球上的电磁辐射的干扰，因此是射电观测遥远天体电磁波的理想地点。"嫦娥四号"携带新研制的低频射电频谱仪，可进行低频射电天文观测。通过接收到的宇宙射电电波，我们可以研究宇宙的演化历史，去验证有没有宇宙的黎明。为我们今后探索宇宙起源与演化打下基础。

"鹊桥"的成功搭建使"嫦娥奔月""鹊桥相会"的千古传说变为现实。"嫦娥四号"任务的圆满成功，揭开了古老月背的神秘面纱，开启了人类探索宇宙奥秘的新篇章。

4.13.8　嫦娥五号

"嫦娥五号"是我国首个实施无人月面取样返回的月球探测器，是我国"探月工程"规划的"绕、落、回"中的第三步，为探月工程的收官之作。与前几次探月任务相比，"嫦娥五号"有三个创新目标：突破采样返回相关的新的一些关键技术、实现地外天体的自动采样返回和进一步完善探月工程体系，为载人登月和深空探测奠定一定的人才、技术和物质基础。其中最重要的目标就是"采样返回"。

2020 年 11 月 24 日，"长征五号"遥五运载火箭搭载着"嫦娥五号"探测器成功发射升空并将其送入预定轨道。经过两次轨道修正后，"嫦娥五号"进入环月轨道飞行。12 月 1 日，"嫦娥五号"在月球正面西经 51.8 度、北纬 43.1 度的吕姆克山脉以北地区成功着陆，并向地面传输着陆影像图。

12 月 2 日，"嫦娥五号"顺利完成月球表面自动采样工作，并按预定形式将样品封装保存在上升器携带的贮存装置中。12 月 3 日，"嫦娥五号"着陆器把携带样品的上升器送入到预定环月轨道。这是我国首次实现地外天体起飞。

12 月 17 日，"嫦娥五号"返回器携带月球样品在内蒙古四子王旗预定区域安全着陆。"嫦娥五号"任务是中国探月工程的第六次任务，也是中国航天任务中最复杂、难度最大的任务之一。它的系统设计面临五大创新和挑战：

（1）分离面多。相较于神舟飞船和"嫦娥三号"均只有两个分离面，"嫦娥五号"有5个分离面，分别是轨道器和着陆器组合体、着陆器和上升器组合体、轨道器和返回器组合体、轨道器和支撑舱及轨道器与对接支架，这些分离面要求必须一次性成功。

（2）模式复杂。探测器需要经历多个飞行阶段，同时还需要完成月面采样、月面起飞上升、月球轨道交会对接和样品转移、地球大气高速再入返回着陆等关键环节。其中，上升器与轨道器需要在距离地球38万千米的月球轨道上完成交会对接，这一过程无法借助于卫星导航的帮助，只能依靠探测器自身来实现。

（3）细节严酷。为获取月壤样品，"嫦娥五号"无人采样器通过采样钻头深入月球内部和采样机械臂月球表面采样两种方法开展工作。再把样品转移到上升器，由上升器与轨道器进行对接，最终把样品转移到返回器，整个环节必须分毫不差。

（4）温度控制。月球的表面温度在白天大约达到180摄氏度，夜间温度大约是零下150摄氏度，昼夜温差大约是330摄氏度。此外上升器发动机点火瞬间达到上千摄氏度，如何避免烧毁上升器和着陆器，对研制团队提出了巨大的创新挑战。

（5）瘦身压力。运载火箭的运载能力对"嫦娥五号"探测器的重量有严格的约束。

此次"嫦娥五号"的任务实现了我国开展航天活动以来的四个"第一次"：第一次对月球表面自动采样；第一次从月面起飞；第一次在38万千米外的月球轨道上进行无人交会对接；第一次带着月壤以接近第二宇宙速度返回地球。

4.13.9　探测月球的意义

发射人造地球卫星、载人航天和深空探测是人类航天活动的三大领域。重返月球，开发月球资源，建立月球基地已成为世界航天活动的必然趋势和竞争热点。开展月球探测工作是我国迈出深空探测的第一步，是我国深空探测的零的突破。月球已是未来航天大国争夺战略资源的焦点。月球拥有各种人类可开发和可利用的独特资源，月球上特有的矿产和能源能对地球资源进行补充，将对人类社会的可持续发展产生深远影响。

课程习题

第 1 课 苏美太空争霸

【创新学习简答题】

1. 创新简介。

2. 人类开展航天活动的目的和意义简介。

【选择题】

1-1 把生物送入太空，是一个巨大的创新，1946年，人类送入太空的第一个生物是 _____。

    A. 一只果蝇　　B. 一只狗　　C. 一只猴子

1-2 世界上第一颗人造地球卫星是 _____。

    A. 美国的 "V-2 号"

    B. 苏联的 "拜科努尔 1 号"

    C. 苏联的 "斯普特尼克 1 号"

1-3 世界上第一个把人造地球卫星送入太空的人是 _____。

    A. 冯·布劳恩　　B. 科罗廖夫　　C. 赫鲁晓夫

1-4 世界上第一个飞入太空的航天员是 _____。

    A. 美国的尼尔·阿姆斯特朗

    B. 苏联的尤里·加加林

    C. 美国的尤金·奥尔德林

1-5 世界上第一个太空行走的人是 _____。

    A. 美国的格林

    B. 苏联的列昂诺夫

    C. 美国的麦克尔·克里斯

1-6 世界上第一个登上月球的航天员是 _____。

    A. 美国的尼尔·阿姆斯特朗

    B. 苏联的尤里·加加林

    C. 美国的尤金·奥尔德林

1-7 1975 年，苏联和美国首次在太空对接的两艘宇宙飞船是 _____。

    A. 联盟 16 号与阿波罗 13 号

    B. 联盟 16 号与阿波罗 16 号

    C. 联盟 19 号与阿波罗 18 号

1-8 1983 年 3 月，美国总统里根提出了 "星球大战" 计划，其核心内容是 _____。

    A. 攻击敌方的外太空洲际导弹和航天器，防止对美国及其盟国发动核打击

    B. 加强与苏联进行全面的太空合作，从而最大幅度减少战争风险

    C. 与苏联进行在空间站方面的合作，进而终止两国之间的冷战

1-9 世界上第一个创造了在空间站单次连续飞行 438 天纪录的航天员是 _____。

    A. 苏联的列昂诺夫

    B. 苏联的波利亚科夫

    C. 美国的尤金·奥尔德林

1-10 1986 年 2 月，苏联创新发射的 "和平号" 空间站被誉为 "人造天宫"，它是属于 _____。

    A. 第二代空间站

    B. 第三代空间站

    C. 第四代空间站

1-11 1960 年代，美苏太空争霸的目的主要集中在 _____。

    A. 科技领先的荣誉

    B. 巨大的经济利益

    C. 巨大的军事价值

1-12 1960 年 8 月，标志着太空军事化开始的世界上第一颗军事成像卫星是 _____。

    A. 苏联的宇宙 185 卫星

    B. 美国的阿波罗 16 号

    C. 美国的发现者 13 号

1-13 从目前空间技术的发展来看，未来军事斗争的制高点将是 _____。

    A. 太空信息战　　　　　　B. 太空核打击

    C. 太空防御战

1-14 标志者人类历史上第一次 "天战" ——太空战的战争是 _____。

    A. 海湾战争　　　　　　　B. 科索沃战争

    C. 阿富汗战争

1-15 在伊拉克战争中，美军从发现目标到决策实施打击的过程仅需要 _____。

    A. 101 分钟　　B. 19 分钟　　C. 12 分钟

1-16 目前，美军 90% 以上的侦察情报、军事通信、导航定位、气象信息都是来自 _____。

    A. 通信卫星

    B. 太空信息系统

C. 天网系统

第 2 课　现代火箭的发展及其缔造者们

【创新学习简答题】

1. 灵感创新发明法简介。

2. 现代火箭的提出与早期创新发展简介。

【选择题】

2-1 中国的史书中，没有对勇敢的飞天英雄万户的正式记载，主要原因是由于 _____。

A. 他的实验太过于超前

B. 他是一个丢面子的失败者

C. 他的个人英雄主义

2-2 为纪念航天先驱万户，国际天文学联合会 _____。

A. 认为他是利用火箭飞天的第一人

B. 认为他是利用固体燃料火箭试图载人进入太空的幻想者

C. 把月球背面的一座环形山命名为万户山

2-3 在齐奥尔科夫斯基所著的第一本科幻小说中，他提出了发射人造卫星的设想和人类登上月球的远景，书名为 _____。

A.《在月球上》

B.《地球和天空的幻想》

C.《从地球到月球》

2-4 齐奥尔科夫斯基在他的著作《把不能变成可能》，首次提出了 _____。

A. 宇宙飞船　　　　　B. 宇航枪

C. 多级火箭

2-5 1932 年，苏联政府授予齐奥尔科夫斯基 _____。

A. 政府特殊养老金

B. 劳动红旗勋章

C. 以他的名字命名月球背面一座环形山

2-6 虽然齐奥尔科夫斯基并没有制作出他所构思的火箭，但是却被全世界公认为 _____。

A. 航天之父

B. 现代火箭之父

C. 月球航行之父

2-7 当戈达德提出登月火箭和人类登上月球的理论观点公布于众时，他获得了公众的 _____。

A. 高度评价　B. 大力支持　C. 诧异嘲笑

2-8 戈达德研制的火箭目标是用于外太空飞行，使用的燃料是 _____。

A. 固体燃料　B. 液体燃料　C. 气体燃料

2-9 现代火箭的真正起步是在哪个国家？_____。

A. 俄国　　　B. 美国　　　C. 德国

2-10 奥伯特在他的著作《通向空间之路》中提出了 _____。

A. 火箭可以在真空中飞行

B. 火箭可以使用液体燃料

C. 火箭可以自动导航

2-11 由于对火箭研究的贡献，奥伯特获得了 _____ 称号。

A. 欧洲火箭之父

B. 现代火箭鼻祖

C. 现代火箭的开创者

2-12 1930 年，在奥伯特离开后，布劳恩等三人在柏林郊区的废弃军火库挂牌成立了 _____。

A. 柏林火箭飞行场

B. 德国火箭研究协会

C. 佩讷明德发射场

2-13 在多恩贝格尔的支持下，布劳恩的研究小组在德国北部沿海成立了火箭研究实验中心，被称为 _____。

A. 柏林火箭飞行场

B. 德国火箭研究协会

C. 佩讷明德发射场

2-14 1942 年 10 月 3 日，世界上第一枚弹道式单极液体现代火箭在德国发射成功，命名为 _____。

A. 胜利　　　B. V2　　　C. 复仇

2-15 德国在第二次世界大战即将战败时，布劳恩和手下的工程师携带大量设备资料和 100 枚导弹投诚 _____。

A. 美国　　　B. 苏联　　　C. 英国

2-16 现代火箭之所以最终未能够在火箭的故乡诞生，主要原因在于 _____。

A. 对军事火箭重视不足　　B. 闭关锁国

C. 不重视科学技术

2-17 现代运载火箭技术的诞生和发展都是从 _____ 技术借鉴和发展起来的。

A. 飞机技术　　B. 导弹技术　　C. 导航技术

2-18 1950 年代，有一个公认的基本思想：哪个国家第一个成功建立永久性宇宙空间站，它迟早就能 _____。

A. 成为世界上科技最发达的国家

B. 成为世界上航天领域的领导者

C. 控制整个地球

2-19 1957 年 6 月，在国际地球物理年，苏联成功发射了重 80 吨，射程达 8000 千米的世界第一枚 _____。

A. 运载火箭　　B. 洲际导弹　　C. 人造卫星

2-20 1933 年 8 月，苏联组建了世界上第一个国家级的火箭技术研究机构，年仅 26 岁的科罗廖夫任副所长，这个研究机构是 _____。

A. 国家喷气推进研究所

B. 国家火箭技术研究所

C. 国家宇航技术研究所

2-21 世界上第一颗人造地球卫星成功发射的时间是 _____。

A. 1957 年 10 月 4 日

B. 1958 年 2 月 1 日

C. 1958 年 10 月 1 日

2-22 世界上第一颗人造地球卫星在太空中正常工作的时间仅为 _____。

A. 30 天　　B. 3 个月　　C. 10 个月

2-23 1958 年 2 月 1 日，美国发射了世界上第二颗人造地球卫星，命名为 _____。

A. 探险者 1 号　　　　　　B. 丘比特 A

C. 丘比特 C

第 3 课　中国火箭与导弹的发展

【创新学习简答题】

1. 灵感创新发明法简介。

2. 中国的导弹与火箭的早期创新发展简介。

【选择题】

3-1 真正利用反作用力的火箭最早诞生在中国的哪个朝代？ _____。

A. 唐代　　　B. 宋代　　　C. 明代

3-2 据史料记载，最早在战争中使用火箭是出现在公元 1232 年的 _____。

A. 宋金汴京之战

B. 宋辽幽州之战

C. 宋辽汴梁之战

3-3 中国古代《火龙经》中记载的具有代表性的串连式两级火箭是 _____。

A. 神火飞鸦　B. 火龙出水　C. 一窝蜂

3-4 新中国成立的第一个统一领导中国航空和火箭事业的组织机构为 _____。

A. 航空工业委员会

B. 国防部第五研究院

C. 中国航空航天部

3-5 新中国成立的第一个火箭和导弹研究院为 _____。

A. 航空工业委员会

B. 国防部第五研究院

C. 中国航空航天部

3-6 第一位受命组建新中国火箭和导弹研究院的负责人为 _____。

A. 周恩来　　B. 钱学森　　C. 聂荣臻

3-7 1956 年 10 月 15 日，中国与苏联签署著名的"双十协定"是一项 _____。

A. 航空发展协定

B. 火箭发展协定

C. 新技术协定

3-8 1957 年 12 月，在 102 名苏联专家抵达中国的同时，苏联也还给中国的一份厚礼是 _____。

A. P-1 近程地地导弹

B. 火箭技术人员

C. 火箭技术资料和图纸

3-9 为了保密，新中国仿制苏联 P-1 导弹计划使用的代号是 _____。

A. 1959　　　B. 1059　　　C. 鹰

3-10 虽然苏联只是提供了几个旧型号的导弹相关资料供中国仿制，但确实帮助当时的中国在短时间内 _____。
A. 仿制出来了中国的第一颗导弹
B. 生产出来了中国的第一颗运载火箭
C. 组织起一个生产导弹的协作网

3-11 1955 年，钱学森在东北考察时，向陈赓大将表明：中国可以搞导弹。当时表达这些话的地点是 _____。
A. 哈尔滨军事工程学院
B. 哈尔滨工业大学
C. 哈尔滨国防工程大学

3-12 1957 年 12 月 30 日，以盖杜柯夫少将为组长的第一批十七名苏联专家来华，他们的主要任务是 _____。
A. 协助我国制造首枚导弹
B. 协助我国勘选导弹试验靶场场址
C. 对我国的导弹研制人员进行培养

3-13 由于得天独厚的地理和气候条件，中央批准我国第一个导弹综合试验靶场场址最终确定在 _____。
A. 四川西昌西北大凉山腹地封家湾一带
B. 银川以西靠近黄河一带
C. 内蒙古额济纳旗青山头一带

3-14 苏联专家预计 15 年建成靶场的工程量，十万建设大军在戈壁滩艰苦鏖战，最后靶场建设完成只用了 _____。
A. 五年零四个月
B. 三年零四个月
C. 两年零四个月

3-15 1960 年 6 月，东风基地接到任务，准备发射一发苏制 P2 地地导弹，以检验试验发射设施，熟悉地地导弹的性能，这项任务的代号是 _____。
A. 101 任务　　B. 1059 任务　　C. P2 任务

3-16 1960 年，在苏联专家全部撤走后，东风导弹基地遭受极为严重的损失，当时国家的决定用陈毅元帅的话说就是 _____。
A. 离开了苏联导弹照样要上天

B. 再穷也要有根打狗棒
C. 把裤子当了也要把原子弹搞上去

3-17 1960 年 9 月 10 日，在苏联专家撤走的 17 天后，中国第一次利用国产燃料成功发射了一枚 _____。
A. 国产地 - 地 P-1 导弹
B. 苏制地 - 地 P-2 导弹
C. 东风 1 号导弹

3-18 1960 年 11 月 5 日，中国成功发射国产仿制的第一枚地对地导弹被命名为 _____。
A. P-1 导弹　　　　　B. P-2 导弹
C. 东风 1 号导弹

3-19 当年的东风导弹综合实验基地，在改革开放以后，对外统称 _____。
A. 中国航空航天发射中心
B. 中国西昌卫星发射中心
C. 中国酒泉卫星发射中心

3-20 东方红一号卫星的重量是 _____ 千克。
A. 8.2　　　B. 83.6　　　C. 173

3-21 在研制东方红一号卫星初期，中央确定我国第一颗人造地球卫星的起点一定要高，要比苏美的第一颗卫星更先进，总要求概括为十二个字 _____。
A. 超苏美、更先进、体更大、量更重
B. 高标准、严要求、更细致、更高远
C. 上得去、跟得上、看得见、听得到

3-22 把东方红一号卫星成功发射进入太空的运载火箭是 _____。
A. 东风四号火箭
B. 长征一号火箭
C. 长征二号火箭

3-23 东方红一号卫星上播放的音乐是 _____。
A.《东方红》乐音
B.《国歌》乐音
C.《红旗颂》乐音

3-24 中国成功发射第一颗人造地球卫星的日期是 _____。
A. 1970 年 1 月 30 日
B. 1970 年 4 月 24 日

C. 1971 年 3 月 3 日

3-25 东方红一号卫星在太空中清晰可见，看上去大而明亮，实际上我们观察到的是 _____。

A. 三级火箭的观测裙

B. 卫星的太阳能帆板

C. 卫星表面的金属面

3-26 中国是世界上第 _____ 个发射人造地球卫星的国家。

A. 三　　　　B. 四　　　　C. 五

3-27 长征二号火箭是 _____。

A. 大型固体燃料运载火箭

B. 大型液体燃料运载火箭

C. 大型探空火箭

3-28 1975 年 11 月 26 日，长征二号载着卫星成功发射，3 天后，返回舱成功返回，中国成为世界上第 _____ 个掌握卫星返回技术和航天遥感技术的国家。

A. 三　　　　B. 四　　　　C. 五

第 4 课　苏美载人航天史

【创新学习简答题】

1. 移植组合创新发明法简介。

2. 苏美太空争霸的主要创新之处简介。

【选择题】

4-1 1959 年 6 月，美国陆军弹药导弹司令部向陆军参谋长提交了一份在月球上建立军事基地的可行性报告，名称为 _____。

A. 向着新的地平线

B. 向着新的星球

C. 向着新的世界

4-2 在人类所有的航天活动中，宇宙探索的最终目的、也是最令人激动的航天活动是 _____。

A. 空间探索　　B. 载人航天　　C. 星际航行

4-3 载人航天必须要解决两个方面的问题，以下哪个问题不包括在内？_____。

A. 如何克服地球引力的束缚

B. 如何保证生命的安全

C. 返回地面时如何顺利通过大气层的黑障期

4-4 苏联在把人送入太空之前，进行了多次动物航天实验，使用的动物是 _____。

A. 鸭子　　　B. 猴子　　　C. 狗

4-5 为了在美国之前抢先把人送入太空，苏联的科罗廖夫采用了冒险的非常规方法，即 _____。

A. 取消发射模拟假人的实验

B. 把航天员的训练时间大大缩短

C. 飞船的设计与制造工作同步进行

4-6 最终，苏联率先把人送入太空并成功返回，领先美国 _____。

A. 10 个月　　B. 15 个月　　C. 18 个月

4-7 在加加林第一次驾驶飞机飞入蓝天时，他的感觉是 _____。

A. 自己就是为飞行而生的

B. 自己就是飞行在梦中

C. 是人飞入太空的时候了

4-8 苏联的航天员的选拔从 3461 名 35 岁以下的战斗机飞行员中，最后选拔了 _____ 人送入苏联星城航天员培训中心训练。

A. 6　　　　B. 20　　　　C. 27

4-9 在苏联首批预备送入太空的航天员的排序中，加加林被排在 _____。

A. 第一名　　B. 第二名　　C. 第三名

4-10 成功将航天员加加林送入太空的火箭是 _____。

A. 联盟号运载火箭

B. 质子号运载火箭

C. 东方号运载火箭

4-11 世界上第一艘载人宇宙飞船是 _____。

A. 联盟号宇宙飞船

B. 东方红号宇宙飞船

C. 东方号宇宙飞船

4-12 人类的首位航天员加加林成功飞入太空的日期是 _____。

A. 1961 年 4 月 11 日

B. 1961 年 4 月 12 日

C. 1961 年 4 月 13 日

4-13 为了保证绝对安全，科罗廖夫计划航天加加林在太空中飞行的时间是 _____。

A. 绕地 1 圈　B. 绕地 2 圈　C. 绕地 3 圈

4-14 科罗廖夫非常清楚：在航天员加加林进入太空中飞行的整个过程中，最危险的阶段是 _____。

A. 发射阶段　　　B. 绕地飞行阶段

C. 返回阶段

4-15 加加林乘坐的飞船在返回大气层时，出现的故障为 _____。

A. 制动火箭的推力失效

B. 座舱与仪器舱不能及时分离

C. 高温造成无法监控

4-16 为了纪念人类首次载人航天的划时代的成就，从 1961 年以后，每年的 4 月 12 日被命名为 _____。

A. 载人航天国际纪念日

B. 航空航天国际纪念日

C. 宇宙哥伦布国际纪念日

4-17 在苏联的加加林成功飞入太空四周之后，美国也开始了载人航天计划的实施，被命名为 _____。

A. 水星计划　　　　　B. 土星计划

C. 金星计划

4-18 乘坐"水星"号飞船的 _____，成为第一个完成太空轨道飞行的美国人。

A. 艾伦·谢泼德

B. 佛杰·格里索姆

C. 约翰·格伦

4-19 美国登月计划的名称是 _____。

A. 土星 5 号载人登月计划

B. 阿波罗载人登月计划

C. 太阳神载人登月计划

4-20 美国的载人登月计划需要花费 _____ 美元。

A. 25 亿　　　B. 250 亿　　C. 2500 亿

4-21 美国登月计划的领衔负责人是 _____。

A. 冯·布劳恩　　　　　B. 肯尼迪

C. 尼尔·阿姆斯特朗

4-22 1966 年 2 月 3 日，苏联首次成功软着陆月球的探测器是 _____。

A. 月球 9 号探测器

B. 月球 10 号探测器

C. 探测者 1 号探测器

4-23 1966 年 6 月 1 日，美国首次成功软着陆月球的探测器是 _____。

A. 月球轨道环行器

B. 月球 1 号探测器

C. 探测者 1 号探测器

4-24 美国计划用来登月飞行的火箭是 _____。

A. 土星 5 号运载火箭

B. N-1 运载火箭

C. 红石号运载火箭

4-25 苏联计划用来登月飞行的火箭是 _____。

A. 土星 5 号运载火箭

B. N-1 运载火箭

C. 东方号运载火箭

4-26 1969 年，美国首次用来飞往月球的载人飞船是 _____。

A. 阿波罗 11 号飞船

B. 阿波罗 12 号飞船

C. 阿波罗 13 号飞船

4-27 美国首次用来降落到月球的登月舱是 _____。

A. 阿波罗登月舱

B. 鹰号登月舱

C. 东方号登月舱

4-28 美国首次登月时，登月舱落在月球上的位置是 _____。

A. 1201 地区　B. 万户海　　C. 静海

4-29 美国首次成功登上月球的时间是 _____。

A. 1969 年 7 月 15 日

B. 1969 年 7 月 20 日

C. 1969 年 7 月 24 日

4-30 美国首次成功登上月球的两位宇航员在月面停留的时间是 _____。

A. 1.5 小时　　B. 2.5 小时　　C. 4 小时

第 5 课　人类登月与空间站

【创新学习简答题】

1. 想象创新发明法简介。

2. 空间站的起步与创新发展简介。

【选择题】

5-1 在整个阿波罗计划中，总共有 ＿＿＿ 航天员登上了月球。

　　A. 12 名　　　B. 18 名　　　C. 21 名

5-2 1972 年 7 月 20 日，阿波罗 15 号飞船登月时，航天员首次 ＿＿＿。

　　A. 采集到了矿石标本

　　B. 在月球上停留了最长时间

　　C. 使用月球车

5-3 1972 年 9 月 12 日，在阿波罗 15 号飞船离开月球的 50 多天之后，苏联 ＿＿＿。

　　A. 发射不载人宇宙飞船成功软着陆月球

　　B. 发射载人宇宙飞船成功着陆月球

　　C. 发射宇宙飞船成功在月球遥控移动了几个月

5-4 在登月的竞赛中失利之后，苏联的工程师开始把精力集中到 ＿＿＿。

　　A. 研制航天飞机

　　B. 装配载人空间站

　　C. 发射不载人探月宇宙飞船

5-5 目前，在太空中飞行的国际空间站是属于 ＿＿＿。

　　A. 第二代空间站

　　B. 第三代空间站

　　C. 第四代空间站

5-6 1981 年 4 月 12 日，世界上第一艘由航天员驾驶的可重复使用的太空飞船是 ＿＿＿。

　　A. 奋进号航天飞机

　　B. 挑战者号航天飞机

　　C. 哥伦比亚号航天飞机

5-7 1983 年 6 月，乘坐挑战者号航天飞机进入太空的美国首位女航天员是 ＿＿＿。

　　A. 萨莉·莱德

　　B. 凯瑟琳·萨利文

　　C. 卡里斯塔·麦克奥利菲

5-8 世界上第一个空间站是 ＿＿＿。

　　A. 苏联的"和平号"

　　B. 苏联的"礼炮一号"

　　C. 11 个国家的"国际空间站"

5-9 由于残存大气的影响，空间站的高度会缓慢降低，礼炮一号为了维持提高轨道高度所采用的方法是 ＿＿＿。

　　A. 火箭推动

　　B. 陀螺仪的转动

　　C. 机动变轨发动机

5-10 为了使太阳能电池阵保持面向太阳，空间站会经常调整姿态，所采用的方法是 ＿＿＿。

　　A. 火箭推动

　　B. 陀螺仪的转动

　　C. 机动变轨发动机

5-11 苏联和美国为了解决联盟 19 号飞船和阿波罗 18 号飞船在交汇对接时的气压问题，采用的方案是 ＿＿＿。

　　A. 直接对接平衡气压

　　B. 减压过渡仓

　　C. 分别加压和减压

5-12 苏联的和平号空间站由于重量过大，无法一次将其送入太空，因此把它分成了 ＿＿＿ 部分分别送入太空。

　　A. 3　　　　　B. 6　　　　　C. 9

5-13 为了调节和保持舱外航天服的内部温度，工程人员所采用的方法是 ＿＿＿。

　　A. 自主式航天服

　　B. 气闸式航天服

　　C. 水冷式航天服

5-14 为了训练空间站上的航天员出舱组装太空舱，在地面上采用的训练方法是 ＿＿＿。

　　A. 在地面上水中训练

　　B. 用飞机制造的失重中训练

　　C. 在空间站内部模拟演练

5-15 在空间站上，新太空舱的装卸采用 ＿＿＿。

　　A. 巨型机械臂

　　B. 航天员扳手

C. 航天飞机推动

5-16 目前，国际空间站在总质量达到了 _____。

A. 200 吨　　B. 400 吨　　C. 800 吨

5-17 在太空中吃东西时，与在地面吃东西的方法有很大不同，为了安全 _____。

A. 只能吃糊状或流质食品

B. 喝水时要用吸管

C. 咀嚼时要闭住嘴

5-18 在载人航天发展的早期，科学家担心在失重的状态下人吃东西时咀嚼和吞咽困难，所以航天食品都被做成 _____。

A. 糊状食品　　　　　　　B. 流质食品

C. 小块润滑食品

5-19 很多航天员反映太空食品味道不好，吃饭吃不出味道，原因在于 _____。

A. 太空食品的保质期太长

B. 太空环境引起航天员味觉失调

C. 飞船中的电加热器破坏了食物的味道

5-20 在太空中，太空环境对航天员的身体影响很大，航天员的容貌也会发生改变，原因在于 _____。

A. 心脏活动增加负荷造成血压升高

B. 失重造成大量血液被挤压到了头部

C. 太空中的低气压导致身体和头部涨大

5-21 在太空中生活，方向定位的方法一般为 _____。

A. 上下左右　　B. 东西南北　　C. 前后左右

5-22 在太空中生活，高昂的运输成本让洗澡变得很奢侈，洗澡的方式一般为 _____。

A. 蒸气浴　　　　　　　　B. 以擦代洗

C. 用特制的浴液洗

5-23 在太空中生活，太空厕所中的马桶一般为 _____。

A. 航天员个人专用马桶

B. 太空抽水马桶

C. 太空抽气马桶

5-24 不管无人航天器和载人航天器，如果要成功返回地面，在技术上都要过 _____。

A. 三道关　　B. 五道关　　C. 七道关

5-25 返回式卫星在太空中开始返回地面时，它返回时的制动角如果偏差 1°，那么就会造成落地点偏差 _____。

A. 3 千米　　　　B. 30 千米　　　　C. 300 千米

第 6 课　中国载人航天工程

【创新学习简答题】

1. 问题创新发明法简介。

2. 中国载人航天工程简介。

【选择题】

6-1 1992 年，中国载人航天工程正式立项，命名为 _____。

A. 天地往返运输工程

B. 921 工程

C. 中国载人航天工程

6-2 中国载人飞船系统的总设计师为 _____。

A. 朱光亚　　B. 戚发轫　　C. 王永志

6-3 中国载人航天工程系统的总设计师为 _____。

A. 朱光亚　　B. 戚发轫　　C. 王永志

6-4 中国第一座空间技术研制实验中心的建设位置是 _____。

A. 酒泉卫星发射中心

B. 西昌卫星发射中心

C. 北京北面的唐家岭

6-5 工程立项时，航天人承诺的争 8 保 9 的目标是 _____。

A. 争取 1998 年力保 1999 年实现载人航天工程的第一次无人实验飞行

B. 争取 1998 年力保 1999 年实现载人航天工程的第一次假人模拟实验飞行

C. 争取 1998 年力保 1999 年实现载人航天工程的第一次有人实验飞行

6-6 为了争取时间，空间技术研制实验中心的建设者采用了三边作业的工作方式，即 _____。

A. 一边建设发射场、一边建设实验中心、一边建造火箭飞船

B. 一边训练航天员、一边研制逃逸系统、一边建造火箭飞船

C. 一边画图搞方案、一边设计图纸、一边安排施工

6-7 北京航天城一共有 _____ 构成。

A. 3 部分　　　B. 4 部分　　　C. 5 部分

6-8 北京航天城的几大部分（中心），之所以统一建设在一起，主要因为 _____。

A. 节省资金、利于工程作业、减少在北京的占地面积

B. 借鉴国际上的建设模式、便于后期统一测试、利于发射过程中的监控管理

C. 利于协调管理、便于技术合作、统一建设避免重复

6-9 在中国载人航天工程所花费的 180 多亿元中，有 _____ 资金是用于基础建设上。

A. 50 亿元　　　B. 80 亿元　　　C. 100 亿元

6-10 长征二号 E 型火箭，实现了中国载人火箭技术的重大突破，成功解决了 _____ 问题。

A. 捆绑技术　　　　　　B. 助推技术

C. 大推力技术

6-11 在长征二号 E 型火箭基础上，研制的长征二号 F 型新型火箭的主要特点是 _____。

A. 高可靠性、高安全性

B. 更大推力、更易控制

C. 更大推力、更高安全性

6-12 921 载人航天工程中，长征二号 F 载人航天运载火箭的可靠性指标要求是 _____。

A. 0.92　　　B. 0.97　　　C. 0.997

6-13 为了载人的需要，长征二号 F 新型火箭比长征二号 E 型火箭多出的两个系统为 _____。

A. 助推系统、自动控制系统

B. 安全系统、生命保障系统

C. 故障检测系统、逃逸系统

6-14 在航天工程的整个八大系统当中，飞船系统是 _____。

A. 关键技术环节最多的一个系统

B. 最重要的一个系统

C. 最后收尾的一个系统

6-15 载人航天工程在开始的初样阶段，之所以说载人飞船系统是处于"最短线"的位置，主

要是因为 _____。

A. 飞船与航天员的距离最近，因此对航天员的影响最大

B. 它的完成距离飞船的发射时间最近，因此余留的检验时间最短

C. 它的起步是从零开始，其他工作要围绕着载人飞船展开

6-16 俄罗斯的飞船技术是世界上公认最成熟最先进的，中国载人飞船开始研制时，中国的科研人员的赶超目标是 _____。

A. 东方号飞船　　　　　　B. 上升号飞船

C. 联盟 TM 飞船

6-17 中国载人飞船采用的方案是 _____。

A. 三舱一段方案

B. 两舱一段方案

C. 三舱对接组合方案

6-18 返回舱返回地面后，轨道舱可以留在空中继续运行进行空间探测和实验，同时还可以作为日后发展空间飞行器交汇对接技术的 _____。

A. 过渡舱　　　　　　B. 目标飞行器

C. 连接组件

6-19 为了保证争 8 保 9 的目标，对于火箭系统和载人飞船系统，压力更大时间更紧的是 _____。

A. 火箭系统

B. 载人飞船系统

C. 两者差不多

6-20 为了保证争 8 保 9 的目标，总指挥和总设计师们在认真研究后，大胆提出 _____。

A. 把初样定性船改装为试验飞船发射上天

B. 利用 1999 年长征 2F 火箭首次飞行实验的机会，发射第一艘试验飞船

C. 抢先提前把北京飞行控制中心建设好

6-21 在飞船的推进系统中，发动机系统非常特殊，表现为 _____。

A. 上天的产品不能试，试过的产品不能上天

B. 没有安装发动机系统的飞船就等于一个摆设一样

C. 实验与生产同步进行是非常危险并忌讳的

6-22 为了加快进度，力争在 1999 年年底发射，推进器的研制采用的应急之策为 _____。

A. 昼夜两班接续进行

B. 实验的次数减少一半

C. 实验与生产同步进行

6-23 神舟飞船的返回过程中，飞速下落的飞船要连续完成一系列的动作，其中最关键的动作是 _____。

A. 以准确的角度和姿态通过黑障期

B. 在预定高度分秒不差地展开降落伞

C. 在落地前瞬间反推发动机准时点火

6-24 为了保证航天员的降落安全，在神舟飞船的返回舱设计上，安装有 _____。

A. 两个降落伞　　　　B. 三个降落伞

C. 四个降落伞

6-25 在返回降落伞的使用中，为了让降落伞能够在经历了火热的大气摩擦后顺利打开，最先要解决的问题是 _____。

A. 抛射伞舱盖的难题

B. 主伞如何打开的难题

C. 万一主伞无法打开的问题

6-26 在发生意外时，长征二号 F 火箭有 _____ 种模式，保证航天员能够安全逃生。

A. 2　　　　B. 3　　　　C. 5

6-27 在火箭发射的过程中，如果发生危险，保护航天员瞬间逃离飞船的设备称为 _____。

A. 整流罩　　B. 救护火箭　　C. 逃逸塔

6-28 在发生意外时，逃逸塔主要负责 _____。

A. 低空逃逸　　　　B. 高空逃逸

C. 船箭应急分离

第 7 课　神舟飞天

【创新学习简答题】

1. 确定目标创新发明法及其主要特点。

2. 神舟一号～五号飞船的主要创新之处。

【选择题】

7-1 神舟一号飞船与火箭组合体从组装测试厂房

到发射架的转运方式为 _____。

A. 水平整体转运模式

B. 履带车整体转运

C. 垂直整体转运模式

7-2 神舟一号起飞后的飞行过程中，火箭在飞行 120 秒时启动的第一个关键动作是 _____。

A. 逃逸塔分离　　　　B. 助推器分离

C. 整流罩分离

7-3 神舟一号起飞后，标志着发射取得成功的关键动作是 _____。

A. 船箭分离

B. 飞船准确进入预定轨道

C. 整流罩分离

7-4 神舟一号飞船在太空中要保证完成变轨调姿等一系列高难动作，并且要安全返回，这必须紧紧依靠 _____。

A. 精确的飞船的助推系统

B. 地面监控站和海上测量船

C. 强大的航天测控通信网

7-5 用于测控神舟一号飞船的"远望号"远洋测量船一共有 _____。

A. 3 艘　　　　B. 4 艘　　　　C. 6 艘

7-6 神舟一号飞船在太空中飞行时，我国航天测控通信网的覆盖率为 _____。

A. 30%　　　　B. 22%　　　　C. 13%

7-7 我国载人航天测控通信网的通信所使用的 S 频段是指 _____。

A. 1800～2000 兆赫兹频段范围内的特高频段

B. 2000～2300 兆赫兹频段范围内的特高频段

C. 2200～2500 兆赫兹频段范围内的特高频段

7-8 我国载人航天测控通信网对飞船的轨道、姿态、工作状态参数、航天员生理参数进行测量和控制，并与航天员进行双向话音通信和电视图像传输，所使用的是 _____。

A. S 频段统一测控通信系统

B. S 频段综合传输处理系统

C. S 频段高精度测量通信系统

7-9 神舟一号飞船在太空中的运行时间为 _____。

A. 15 小时　　B. 19 小时　　C. 21 小时

7-10 神舟一号飞船的着陆场为 _____。

A. 内蒙古四子王旗主着陆场

B. 酒泉发射中心副着陆场

C. 西昌发射中心副着陆场

7-11 2000 年 1 月 10 日发射的神舟二号飞船为 _____。

A. 一艘初样实验飞船

B. 我国第一艘正式用于太空飞行试验的无人飞船

C. 我国第一艘携带假人试验的无人飞船

7-12 由于载人航天的特殊需要，神舟二号飞船的箭载计算机的可靠性指标为 _____。

A. 0.98　　　B. 0.998　　　C. 0.9998

7-13 为了达到高可靠性的目标，神舟二号的箭载计算机科技人员刻苦公关，自主设计了国际先进的 _____。

A. 故障自检测技术

B. 冗余容错技术

C. 备份计算机候补技术

7-14 导致神舟三号飞船终止任务，取消发射，火箭运回北京的原因为 _____。

A. 组装平台滑落撞伤飞船整流罩

B. 一种连接导线的导通问题有重大隐患

C. 一种插座的批次性问题

7-15 2002 年 3 月发射的神舟三号飞船为 _____。

A. 我国第一艘载动物进行太空飞行试验的无人飞船

B. 我国第一艘携带生命保障系统进行太空飞行试验的无人飞船

C. 我国第一艘携带模拟假人试验的无人飞船

7-16 我国的飞行试验大纲规定，当温度低于 _____ 时飞船不能发射。

A. 零下 10 摄氏度

B. 零下 15 摄氏度

C. 零下 20 摄氏度

7-17 为了保证神舟四号飞船的成功发射，发射中心的气候保障人员做到了 _____。

A. 成功预报每一个小时的温度，误差不超过 1 摄氏度

B. 成功预报每一个小时的温度，误差不超过 2 摄氏度

C. 成功预报每两个小时的温度，误差不超过 2 摄氏度

7-18 2002 年 12 月 30 日，成功发射的神舟四号飞船创造了 _____。

A. 夜间发射的纪录

B. 超低温发射的纪录

C. 冬天发射的纪录

7-19 神舟五号飞船的发射日期为 _____。

A. 2003 年 10 月 10 日

B. 2003 年 10 月 15 日

C. 2003 年 10 月 30 日

7-20 神舟五号飞船的发射场地是 _____。

A. 西昌卫星发射中心

B. 北京航天指挥控制中心

C. 酒泉卫星发射中心

7-21 神舟五号飞船在太空的飞行时间为 _____。

A. 15 小时 8 圈

B. 19 小时 12 圈

C. 21 小时 14 圈

第 8 课　神舟六号~七号

【创新学习简答题】

1. 类比推理创新发明法简介。

2. 神舟六号~七号飞船的主要创新之处。

【选择题】

8-1 在神舟六号飞船的飞行中，台湾同胞能够在第一时间目睹了神舟六号的发射和返回实况，这是由于台湾 _____ 电视台与中央电视台的合作。

A. 国际　　　B. 凤凰　　　C. 东森

8-2 对于神舟六号飞船成功发射，美国的评论家认为，一个国家发展载人航天，标志着这个国家 _____。

A. 已经成为世界上的科技强国

B. 已经成为世界上第三个航天大国

C. 已经进入发达国家的行列

8-3　神舟六号飞船由几个舱段构成？_____。

A. 2 个　　　　B. 3 个　　　　C. 4 个

8-4　在神舟六号飞船的飞行过程中，控制着飞船的姿态调整、轨道控制以及太阳能帆板的姿态调整的系统被称为飞船的大脑，这个系统是 _____。

A. 制导导航和控制系统

B. 飞行控制系统

C. 遥测遥控系统

8-5　科研人员研制了一套中国独有的救生控制技术，能够控制飞船的落点范围稳定在 _____。

A. 10 千米左右　　　　B. 20 千米左右

C. 30 千米左右

8-6　在神舟飞船返回舱的表面，采用的抵制上千度高温的防热方式是 _____。

A. 大面积涂抹防热材料

B. 涂上一种特制的防热粒子

C. 安装一层阻燃阻热防护层

8-7　神舟六号飞船的设计者，为了保证飞船的安全回归着陆，除了对飞船的返回路线和方式进行精心设计外，还在返回系统中大量的采用了 _____。

A. 冗余设计

B. 备份降落伞设计

C. 缓冲设计

8-8　在神舟六号飞船返回舱返回的过程中，1200 平方米的巨大降落伞弹出时的距地高度是 _____。

A. 5 千米左右　　　　B. 10 千米左右

C. 20 千米左右

8-9　在神舟六号飞船返回舱距离地面 1 米时，会采用 _____ 方式给返回舱进一步减速。

A. 副降落伞弹出　　　　B. 缓冲器弹出

C. 4 台缓冲发动机同时点火

8-10　与神舟五号和神舟六号相比，神舟七号任务中最大创新之处在于 _____。

A. 多人多天　　　　B. 航天员出舱

C. 交汇对接

8-11　在神舟七号飞行任务中，担负出舱任务的航

天员是 _____。

A. 翟志刚　　　　B. 景海鹏　　　　C. 刘伯明

8-12　当今世界，通常用三大技术衡量一个国家的航天水平是否成熟，神舟七号实现了 _____ 技术的突破。

A. 天地往返运输系统　　　　B. 出舱技术

C. 交汇对接技术

8-13　以下哪一项不是神舟七号航天员肩负的太空任务？_____。

A. 出舱行走，检验航天员身上的飞天服在外层空间的适应情况

B. 把固定在飞船外部的一个实验样品取进舱内带回地面

C. 交汇对接，检验各舱之间的组合状态

8-14　神舟七号航天员出舱前的准备具体操作有上千项之多，为了杜绝错误操作发生，神舟七号采用的方法是 _____。

A. 两名出舱航天员互相配合执行操作

B. 三名出舱航天员互相配合执行操作

C. 地面监控与出舱航天员互相配合执行操作

8-15　神舟七号航天员在出舱前准备过程中，以 1 号航天员操作为主，2 号航天员的任务是在 1 号航天员进行操作的同时 _____。

A. 监督 1 号航天员的操作

B. 进行出舱数据的检查和记录

C. 宣读《飞行手册》

8-16　根据国际上的统计，在航天员进入太空的第二天，有 50% 的航天员会 _____。

A. 发生空间运动病

B. 发生失去方向感的症状

C. 发生血液向脑部涌的现象

8-17　在神舟七号航天期间，我国派出的远洋航天测量船的数量是 _____。

A. 4 艘　　　　B. 5 艘　　　　C. 6 艘

8-18　神舟七号之所以选择飞船在经过非洲和我国之间的阶段出舱，是为了 _____。

A. 既有足够的光线，又能够避开太阳光的直接照射

B. 在太阳光的照射下，便于摄像观察

C. 便于地面监控站进行追踪

8-19 神舟七号航天员出舱是为了取回舱外的实验样品，这种实验样品是 _____。

A. 一种太阳能电池板

B. 一种润滑材料

C. 一种防热材料

8-20 在神舟七号之前，地面转播只能看到太空舱内的情况，在神舟七号飞行期间，却能够看到神七飞船在轨飞行的姿态，这得益于 _____。

A. 神七舱外安装的摄像头

B. 遥测 CCD 系统的应用

C. 放飞了一颗伴飞小卫星

第 9 课　神舟八号与天宫一号

【创新学习简答题】

1. 模拟创新发明法简介。

2. 神舟八号飞船的主要创新之处。

【选择题】

9-1 天宫一号空间实验室共有两个舱，分别为 _____。

A. 实验舱和推进舱

B. 实验舱和轨道舱

C. 实验舱和资源舱

9-2 天宫一号空间实验室的设计寿命为多长时间？ _____。

A. 2 年　　　　B. 3 年　　　　C. 5 年

9-3 建设并实现空间站的关键技术是 _____。

A. 空间实验室技术

B. 交会对接技术

C. 航天员出舱技术

9-4 空间交会对接的方法一共有几种？ _____。

A. 2 种　　　　B. 3 种　　　　C. 4 种

9-5 托举天宫一号空间实验室升空的运载火箭为 _____。

A. 长征二号 FT1　　　　B. 长征二号 FL1

C. 长征二号 FM1

9-6 托举天宫一号升空的长征二号 FT1 运载火箭

的推力可以达到 _____。

A. 490 吨　　　B. 550 吨　　　C. 600 吨

9-7 在托举天宫一号升空的长征二号 F 运载火箭的外壳上，设计了很多镂空的长方形方格，他们的作用是 _____。

A. 供地面实时监测数据

B. 排放发动机燃烧产生的热量

C. 放气活门

9-8 在神舟八号邀游太空 17 天中，与天宫一号空间实验室成功进行了 _____ 次交会对接操作。

A. 2　　　　B. 3　　　　C. 4

9-9 在神舟八号邀游太空 17 天中，共搭载了多少项生命科学实验项目？ _____。

A. 8 项　　　　B. 17 项　　　　C. 33 项

9-10 在神舟八号邀游太空 17 天中，进行了空间科学实验项目涉及 33 种样品，是与哪个国家进行合作的？ _____。

A. 中国与美国　　　　　　B. 中国与法国

C. 中国与德国

9-11 神舟八号飞船与以往发射的神舟飞船相比，最有特色的主要创新之处在于 _____。

A. 可以批量生产短时间高密度发射

B. 增加了交会对接测量设备

C. 可以开展空间生命科学实验

9-12 神舟八号飞船在飞行任务中，所载航天员的数目为 _____。

A. 不载人　　　B. 2 人　　　　C. 3 人

9-13 中国载人航天工程的发射实验任务，被形象称为 "1+3"，其中的 "1" 是指天宫一号，"3" 是指 _____。

A. 神舟八号的推进舱、轨道舱、返回舱

B. 神舟八号、神舟九号、神舟十号

C. 交会对接、分离、再交会对接

9-14 空间交会对接技术是航天领域技术复杂、规模庞大、变量参数多的控制技术，也被称为 _____。

A. 航天安全的鬼门关

B. 空间实验室的入门关

C. 空间站的始发站

9-15 在神舟八号与天宫一号的空间交会对接中，天宫一号是 _____。

A. 主动对接部分　　　　B. 被动目标

C. 追踪飞行器

9-16 神舟八号飞船与天宫一号之间的对接机构所采用的是 _____。

A. 杆 - 锥式对接机构

B. 异体同构周边式对接机构

C. 抓手 - 碰撞锁式对接机构

9-17 在神舟八号与天宫一号的空间交会对接过程可以分为两个阶段，第一阶段是地面导引阶段，第二阶段是 _____。

A. 飞船导引阶段

B. 空间导引阶段

C. 自主导引阶段

9-18 在神舟八号进入空间轨道后，为了追赶上天宫一号目标飞行器所采用的方法是 _____。

A. 变轨加速

B. 发动机直接加速

C. 电磁引力靠近

9-19 当神舟八号与天宫一号接近到 20 千米左右的空间距离时，所启动的测量距离的装置是 _____。

A. 红外测距器　　　　B. 激光雷达

C. 光学成像敏感器

9-20 当神舟八号与天宫一号接近到 200 米左右的空间距离时，所启动的测量距离的装置是 _____。

A. 红外测距器　　　　B. 激光雷达

C. 光学成像敏感器

9-21 为了消耗掉神舟八号与天宫一号在空间交会对接过程中产生的巨大撞击力（能量），所采用的方法是 _____。

A. 分散　　　B. 转移　　　C. 缓冲

9-22 神舟八号与天宫一号的空间交会对接过程可以分为四个步骤：捕获、缓冲、拉回和 _____。

A. 锁紧　　　B. 通电　　　C. 通气通液体

9-23 神舟八号最主要的任务为 _____。

A. 与天宫一号自控交会对接，航天员进入天宫一号

B. 与天宫一号手控交会对接，航天员进入天宫一号

C. 与天宫一号手控交会对接，航天员不进入天宫一号

9-24 人工手控交会对接与自控交会对接相比较，会 _____。

A. 提高成功率　　　　B. 降低成功率

C. 提高稳定性

9-25 为了提高交会对接的灵活性、可靠性和成功率，在航天器的交会对接技术方面，未来的发展趋势为 _____。

A. 越来越趋向使用自控交会对接

B. 越来越趋向使用手控交会对接

C. 人工控制与自动控制相结合

第 10 课　神舟九号～十号

【创新学习简答题】

1. 希望点列举创新发明法简介。

2. 神舟九号～十号飞船的主要创新之处。

【选择题】

10-1 在神舟九号的 13 天任务期中，神舟九号与天宫一号要组合在一起飞行 _____。

A. 8 天　　　B. 10 天　　　C. 12 天

10-2 神舟九号的航天员用餐的地点在 _____。

A. 天宫一号

B. 神舟九号的轨道舱

C. 神舟九号的返回舱

10-3 由于神舟九号的航天员在太空中停留的时间比较长，为防止航天员肌肉萎缩，天宫一号首次携带了 _____。

A. 太空锻炼器材　　　　B. 下体负压筒

C. 预防肌肉萎缩的药物

10-4 神舟九号与天宫一号要进行自控交会对接之前，在最后一个停泊点停泊时，彼此相距 _____。

A. 30 米　　　B. 140 米　　　C. 400 米

10-5 神舟九号与天宫一号在交会对接之后，第一个进入天宫一号的航天员是 _____。

A. 刘洋　　　B. 刘旺　　　C. 景海鹏

10-6 航天员在天宫一号内生活和工作期间，天宫一号内的环境条件非常舒适良好，温度为 _____ 摄氏度，湿度为 _____。

A. 21～22，35%　　　B. 22～23，40%

C. 23～24，45%

10-7 航天员在天宫一号内要承担 _____ 项航天医学空间相关实验任务。

A. 5　　　B. 10　　　C. 15

10-8 为了保障航天员在天宫一号内更好的工作和生活状态，三名航天员执行天地同步作息制度：每天工作 _____ 小时，睡眠 _____ 小时，生活照料 _____ 小时，个人休闲等约 _____ 小时。

A. 8，8，6，2　　　B. 8，8，5，3

C. 8，7，6，3

10-9 神舟九号进行了自动交会引导和手动对接的操作实验，在神舟九号与天宫一号相距 _____ 时进行自动到手动的转换。

A. 400 米　　　B. 100 米　　　C. 30 米

10-10 一般说来，在交汇对接的过程中，两个飞行器之间的相对速度为 _____ 米/秒左右，横向错位不能超过 _____ 米。

A. 0.5，0.30　　　B. 0.3，0.25

C. 0.2，0.18

10-11 空间交汇对接过程中，硬件上的两大法宝是 _____。

A. 测量设备，对接机构

B. 操控设备，对接机构

C. 推进设备，对接机构

10-12 在空间交汇对接过程中，最怕出现的情况是 _____。

A. 偏离　　　B. 追尾　　　C. 未能锁住

10-13 关于交会对接，下面哪个说法不正确？ _____。

A. 俄罗斯一直采用自动交会对接，并没有使用手动对接

B. 美国从一开始就采用的手动交会对接方式

C. 中国的手动交会对接成为自动交会对接失败后的保险

10-14 关于航天员手控交会对接，虽然可以提高成功率，但也有一些明显的弱势，下面哪个说法不正确？ _____。

A. 航天员要经过严格的训练

B. 航天员容易受到疾病和身体精神状态波动的影响

C. 航天员的操作有一定的不确定性

10-15 中国第一位进入太空的女航天员刘洋，是世界上第 _____ 位进入太空的女航天员。

A. 57　　　B. 60　　　C. 62

10-16 与男航天员相比，女航天员要进入太空，需要 _____。

A. 她们的选拔标准比男航天员更高

B. 她们的培训标准比男航天员更严格

C. 她们有更大的勇气、胆魄和毅力

10-17 根据女航天员的身体条件，进入太空执行任务的女航天员，一般都是作为 _____。

A. 飞行专家和载荷专家

B. 飞行专家和任务专家

C. 任务专家和载荷专家

10-18 神舟十号任务之一：发射神舟十号飞船，为天宫一号目标飞行器在轨运营提供人员和物资天地往返运输服务，进一步考核交会对接技术和 _____ 的功能性能。

A. 空间应用系统

B. 载人天地往返运输系统

C. 测控通信系统

10-19 神舟十号任务之二：进一步考核组合体对航天员生活、工作和健康的保障能力，以及航天员 _____ 的能力。

A. 执行飞行任务

B. 执行手动交汇对接

C. 适应天宫一号的工作和生活

10-20 神舟十号任务之三：进行航天员的空间环境适应性和空间操作功效研究，开展空间科学实验和航天器在轨维修等试验，首次开展我国航天员 _____ 活动。

A. 太空医学实验　　　　B. 太空锻炼

C. 太空授课

10-21 神舟十号任务之四：进一步考核工程各系统执行飞行任务的功能性能和 _____。

A. 系统间协调性

B. 与航天员的融洽程度

C. 执行的准确度

10-22 神舟十号四大突破之一：航天器 _____。

A. 设计更加人性化

B. 操作更加自动化

C. 做工更加精细化

10-23 神舟十号四大突破之二：神舟飞船 _____。

A. 进入批量生产阶段

B. 进入应用性飞行阶段

C. 进入多人长时间在轨运行阶段

10-24 神舟十号四大突破之三：首次实现太空授课，这是人类航天史上的第 _____ 次太空授课。

A. 一　　　B. 二　　　C. 三

10-25 神舟十号四大突破之四：首次成功实现了 _____。

A. 手控和自动结合交会天宫

B. 绕飞交会天宫

C. 三个航天员均进行手控交会天宫

10-26 在神舟十号飞船的飞行中，再次飞上太空的聂海胜的军衔为 _____。

A. 少校　　　B. 大校　　　C. 少将

10-27 在神舟十号飞船的太空课堂中，担任摄像师的航天员为 _____。

A. 聂海胜　　B. 张晓光　　C. 王亚平

10-28 在神舟十号飞船的太空课堂中，担任主讲教师的航天员为 _____。

A. 聂海胜　　B. 张晓光　　C. 王亚平

第 11 课　神舟十一号～十三号与中国空间站

【创新学习简答题】

1. 缺点列举创新发明法简介。

2. 神舟十一号～十三号飞船的主要创新之处。

【选择题】

11-1 神舟十一号飞行乘组由航天员景海鹏和陈冬组成，他们进行为期 _____ 天的太空旅行，首次实现在太空的中期驻留。

A. 30　　　B. 33　　　C. 41

11-2 神舟十一号飞船与天宫二号对接形成组合体，进行航天员 _____，考核组合体对航天员生活、工作和健康的保障能力，以及航天员执行飞行任务的能力。

A. 中期驻留

B. 空间科学实验

C. 交会对接训练

11-3 长征二号 F 火箭分为 _____ 级，外部捆绑 _____ 个助推器，起飞重量约 500 吨，其中 90% 为液体燃料的重量。

A. 两，四　　　　　　B. 三，四

C. 两，六

11-4 在神舟飞船的发射过程中，火箭的飞行时间大约是 _____ 秒，在船箭分离后，就把神舟十一号飞船成功送入轨道。

A. 120　　B. 210　　C. 585

11-5 航天员景海鹏和陈冬在地面科技人员的协调支持下，将在天宫二号实验舱内进行为期 _____ 天的太空生活。

A. 25　　　B. 30　　　C. 33

11-6 在地面科技人员的精确控制下，神舟十一号飞船经过多次变轨，以 _____ 控制方式，向天宫二号逐步靠近，最终成功交汇对接。

A. 手动导引　　B. 组合导引　　C. 自主导引

11-7 遨游在太空的天宫二号长度大约 10 米，主要分成两部分舱段，即 _____。

A. 太空舱和生活舱

B. 生活舱和实验舱

C. 资源舱和实验舱

11-8 天宫二号作为我国第一个真正意义上的 _____，担负着四十多项空间科学实验和科学应用实验。

A. 太空舱　　　B. 空间实验室

C. 空间站

11-9 在返回地面之前，首先要让飞船和天宫二号分开，这包括两个步骤：第一是要让飞船和天宫间的对接通道泄压；第二是要 _____。

A. 相距 120 米　　　　　B. 唤醒飞船

C. 调整好姿态

11-10 当返回舱下降到距离地球 80 千米时，返回舱将会出现 _____，返回舱外部的等离子体会屏蔽所有电子信号，返回舱和地面会暂时失去联系。

A. 表面起火现象

B. 等离子态现象

C. 黑障现象

11-11 神舟十一号返回舱平安着陆，两名航天员状态良好，平安抵达北京后，他们将进入 _____。

A. 评估修养期　　　　　B. 医学隔离期

C. 重力适应期

11-12 神舟十一号的成功标志着我国空间实验室阶段任务取得了具有决定性意义的重要成果，为我国 _____ 建造运营和航天员长期驻留奠定了坚实的基础。

A. 太空实验室　　　　　B. 太空家园

C. 空间站

11-13 中国空间站命名为天宫，主体由几个部分对接组装而成，其中的 _____ 用于空间站的统一管理和控制，以及航天员的生活，有三个对接口和两个停泊口。

A. 天和舱　　　B. 问天舱　　　C. 梦天舱

11-14 根据中国空间站任务规划，空间站工程包括三个阶段，即：_____ 阶段、建造阶段、运营阶段。

A. 地面支持系统

B. 天地往返系统

C. 关键技术验证

11-15 2021 年 4 月 29 日，执行我国空间站"天和"核心舱任务的 _____ 运载火箭，在中国 _____ 航天发射场发射成功。

A. 长征二号 F 遥十，酒泉

B. 长征二号 B 遥五，西昌

C. 长征五号 B 遥二，文昌

11-16 中国空间站将以天和核心舱、_____ 实验舱、_____ 实验舱三舱为基本构型，形成"T"构型组合体，具备 15 年设计寿命。

A. 飞天，天宫

B. 问天，梦天

C. 操作，科研

11-17 2021 年 6 月 17 日，神舟十二号载人飞船的发射，这是我国载人航天工程立项实施以来的第 19 次飞行任务，也是空间站阶段的 _____ 载人飞行任务。

A. 第一次　　　B. 第二次　　　C. 第三次

11-18 神舟十二号载人飞船入轨后，将与"天和"核心舱对接，航天员将进驻核心舱，完成为期 _____ 在轨驻留，验证航天员长期在轨驻留、再生生保等一系列关键技术。

A. 两个月　　　B. 三个月　　　C. 六个月

11-19 航天员从神舟十二号载人飞船进入空间站的"天和"核心舱之后，第一件需要做的事情主要是 _____。

A. 对睡眠区进行整理

B. 把货运飞船中的物品运到核心舱

C. 电解制氧的挡位的设置

11-20 神舟十二号在发射后 6.5 小时便实现与空间站的交会对接，是因为使用了新的芯片和新的导航技术，精确无比的 _____ 导航，大大缩短了自主交会对接时间。

A. 激光控制

B. 地面控制

C. 北斗

11-21 2021 年 7 月 4 日，神舟十二号乘组的两名航天员顺利完成出舱任务，这是自神舟七号以来，中国航天员 _____ 实施出舱活动。

A. 第二次　　　B. 第三次　　　C. 第四次

11-22 航天员刘伯明、汤洪波的出舱活动，圆满完成了舱外活动全部既定任务，首次检验了我国新一代 _____ 的功能性能，首次检验了航天员与机械臂协同工作的能力。

A. 舱外生命保障系统

B. 舱外航天服

C. 出舱过渡舱

11-23 在空间站内，航天员日常所需的水和氧气，需要 _____ 系统来提供，这个系统是人类实现中、长期载人飞行最核心的关键技术之一。

A. 生命维持系统

B. 再生生保系统

C. 非再生生保系统

11-24 除正餐之外，航天员在空间站中也可以吃到新鲜的蔬菜和水果，这些是由 _____ 货运飞船提前运送到空间站中的食品冷藏箱中保存的。

A. 神舟十一号　　　　　B. 天舟二号

C. 天宫二号

第 12 课　中国北斗走向世界

【创新学习简答题】

1. 中国北斗卫星导航系统已经取得哪些创新应用?

【选择题】

12-1 明代永乐皇帝朱棣，在故宫的构思阶段便将 _____ 融入布局，以屋顶上的宝瓶装饰，将 7 颗北斗星辰藏入其中。神华、科学、艺术融为一体。

A. 北斗崇拜　　B. 九天宫殿　　C. 宇宙星辰

12-2 中国发明的 _____，在 12 世纪末传入欧洲，让导航脱离了季节的限制，无形中推动了大航海时代的到来。

A. 利用北斗导航法　　　　B. 经纬线

C. 指南针

12-3 中国明代的科学家 _____，最早把圆形地球和经纬线的概念引入中国。

A. 徐光启　　B. 郭守敬　　C. 万户

12-4 美国科研人员根据多普勒原理发现：如果确定卫星的位置，就能够反向确定信号接收机所在的位置。这成为后来 _____ 的理论基础。

A. 卫星通信　　B. 卫星定位　　C. 卫星导航

12-5 就在苏联发射了第一颗人造地球卫星之后的第二年，美国海军立刻启动了名为 "_____"

的导航卫星研究，成为人类卫星导航时代的开端。

A. 子午仪计划　　　　　B. 多普勒计划

C. 卫星制导计划

12-6 面对资金和卫星导航技术都远不及苏美的现实，中国科学家陈芳允凭借中国刚刚掌握的地球同步轨道卫星技术，提出了一个创造性打破传统的科学设想，即 _____，最终获得成功。

A. 单星定位　　B. 双星定位　　C. 三星定位

12-7 2020 年 6 月 23 日，第 55 颗北斗导航卫星发射成功，这是北斗三号卫星全球组网的最后一次发射。中国人用了 _____ 年的时间，独立建造出了一个全球卫星导航系统。

A. 26　　　　B. 32　　　　C. 37

12-8 1994 年 2 月，一份名为《关于印发双星导航定位系统工程立项报告的通知》，标志着 "_____" 正式上马。

A. 双星导航定位系统

B. 卫星导航工程

C. 北斗一号

12-9 1994 年，已经 65 岁的中国科学家 _____ 被任命为双星导航定位系统工程的总设计师。

A. 钱学森　　B. 孙家栋　　C. 戚发轫

12-10 北斗一号系统初步满足了中国及周边区域的定位、导航、授时的需求。巧妙设计了 _____ 功能，通信与导航一体化的设计是北斗的独创。

A. 卫星转发器　　　　　B. 有源定位

C. 双向短报文通信功能

12-11 北斗二号系统从有源定位到无源定位，区域导航，服务亚太。创新构建了 _____，到 2012 年完成了 14 颗卫星的发射组网，最终获得成功。

A. 星间链路

B. 中高轨混合星座架构

C. 三星立体定位

12-12 北斗三号系统继承了有源定位和无源定位两种技术体制，通过 _____（即卫星与卫星之间的连接对话），解决了全球组网需要全球布站的问题。

A. 星间链路　　　　　B. 全球短报文

C. 定位导航授时

12-13 美国与俄罗斯由于起步较早，已经占用了_____ 黄金导航频段，给中国留下的发展空间所剩无几。

A. 90%　　　B. 80%　　　C. 70%

12-14 北斗二号在发射后传回第一组清晰的信号时，距离国际电联规定的频率启用最后时限，已经不到 _____ 时间，中国北斗在大门即将彻底关闭的最后一刹那，挤进了全球卫星导航系统的俱乐部。

A. 4 小时　　B. 24 小时　　C. 144 小时

12-15 如今，我们使用北斗导航卫星的场景几乎无处不在，北斗系统分别由 _____ 颗北斗三号卫星，_____ 颗北斗二号卫星，以及许多颗试验卫星和备份星共同在轨组成。

A. 30，15　　B. 30，14　　C. 35，15

12-16 卫星能够实现定位的基本原理，是基于_____ 的计算，当用户同时连接 4 颗不同位置的卫星便可计算出精确的位置所在。

A. 时间　　　B. 距离　　　C. 角度

12-17 此时此刻，在世界如何地方、任何时间，我们的头顶上都至少有 _____ 颗以上的北斗卫星在运行着。

A. 4　　　　B. 8　　　　C. 12

12-18 2020 年 1 月 17 日，天津港 25 台无人驾驶的电动集装箱卡车实现了全球首次整船作业，由于应用了北斗系统，他们的导航定位精度能够达到 _____ 厘米以内。

A. 3　　　　B. 5　　　　C. 8

12-19 每颗中国北斗卫星都装载了高精度原子钟，通过 _____ 计时。代表着目前人类对精准时间计算的极致。

A. 原子振荡　　B. 原子激发　　C. 原子跃迁

12-20 京张高铁是中国第一条智能高铁，以北斗授时为基准，列车自带的 _____，将列车的时间、位置等信息，进行实时监控。

A. 北斗多合一天线

B. 高精度控时装置

C. 自动化程序同步器

12-21 在联合国全球卫星导航系统国际委员会的标识图案中，有 _____ 颗飞翔着的导航卫星，其中一颗便是中国的北斗。

A. 3　　　　B. 4　　　　C. 5

12-22 在过去的十年中，北斗系统已经陆续与美国、俄罗斯、欧洲的卫星导航系统实现了_____。

A. 相互共享　　　　　B. 全球化服务

C. 兼容与互操作

12-23 至 2020 年，在"一带一路"沿线国家和地区，已经有超过 _____ 用户正在使用北斗服务，北斗相关产品已经出口 120 余个国家和地区。

A. 1 亿　　　B. 2 亿　　　C. 3 亿

第 13 课　飞向月球

【创新学习简答题】

1. 中国探月工程取得了哪些创新成就？

【选择题】

13-1 依靠嫦娥一号月球探测器，我们绘制出了人类历史上第一张完整的高精度 _____。

A. 月海地貌分布图

B. 月球表面红外线辐射图

C. 月球表面影像图

13-2 嫦娥二号月球探测器的最大特点是一探三，在完成全部使命后，它的最终归宿是 _____。

A. 下落撞击月球表面

B. 软着陆月球表面

C. 成为绕着太阳运行的人造小行星

13-3 嫦娥三号月球探测器实现了在月球表面的软着陆，落月区域被命名为 _____，成功释放了"玉兔"号月球车。

A. 月宫　　　B. 广寒宫　　　C. 天河基地

13-4 嫦娥四号月球探测器成功实现在月球背面的软着陆，它携带的月球车"_____"刻下了人类在月球背面的第一行印记。

　　A. 玉兔一号　　B. 玉兔二号　　C. 玉兔三号

13-5 在嫦娥一号高速飞向月球的过程中，有一个非常关键的位置点，称为 _____，如果减速制动失败，就无法完成绕月飞行。

　　A. 近月点　　　B. 落夕点　　　C. 捕获点

13-6 2008 年 11 月 12 日，嫦娥一号拍摄发布的全月球影像图，分辨率达到了 _____，是当时世界上公布的分辨率最高的全月图。

　　A. 15 米　　　B. 120 米　　　C. 300 米

13-7 嫦娥二号对未来嫦娥三号的落月点区域进行了高清晰度的拍摄，分辨率可以达到 _____。

　　A. 1.3 米　　　B. 7 米　　　C. 15 米

13-8 嫦娥二号的最后一项任务是完成对 _____ 图塔蒂斯（战神）的探测，在太空中擦肩而过的 55 秒内，成功拍下了 11 张光学影像。

　　A. 流星　　　B. 彗星　　　C. 小行星

13-9 嫦娥三号在向月球下落到距离月球表面 _____ 的时候，会像直升机一样悬停在空中，自主控制移动选择最适宜的降落点。

　　A. 50 米　　　B. 100 米　　　C. 120 米

13-10 2013 年 12 月 14 日，嫦娥三号展开太阳能帆板，随后，月球车成功与着陆器分离。玉兔号月球车学名叫作 _____。

　　A. 月面巡视探测器

　　B. 月球巡航探索车

　　C. 月表科考车

13-11 科学家给嫦娥三号设定的科学任务是：_____、看地、巡月。

　　A. 落月　　　B. 测温　　　C. 观天

13-12 只有跳出地球之外，才能看到地球周围等离子体层的变化，月球上无疑是一个绝佳的观测点，观测设备就是嫦娥三号携带的 _____。

　　A. 月基光学天文望远镜

　　B. 极紫外相机

　　C. 月兔探月车

13-13 "鹊桥"是世界首颗 _____，它扮演的是"地月通信接线员"和"飞船导航员"的重要角

色，为嫦娥四号的顺利登陆保驾护航。

　　A. 月球轨道环绕卫星

　　B. 位于地月中间的卫星

　　C. 地月中继通信卫星

13-14 茫茫宇宙浩瀚无限，"鹊桥"的搭建位置具体在哪里？ _____。

　　A. 地月系统拉格朗日 -1 点

　　B. 地月系统拉格朗日 -2 点

　　C. 地月系统拉格朗日 -3 点

13-15 嫦娥四号比嫦娥三号的着陆区域地形更加复杂，位于月球南极艾特肯盆地中深度达 6000 米深的 _____ 之中。

　　A. 冯·卡门坑　　B. 第谷坑　　C. 河谷坑

13-16 嫦娥四号着陆后，科学家开始了为落月点附近区域月面标志命名的工作，落月点被命名为 _____。

　　A. 泰山基地　　B. 织女基地　　C. 天河基地

13-17 到目前为止，人类还没有获得过一张完整的 _____。在月球南纬 45° 附近，嫦娥四号开始给月球测量"中国温度"。

　　A. 月球全天温度曲线图

　　B. 南极艾特肯盆地温度曲线图

　　C. 冯·卡门坑温度曲线图

13-18 月球背面可以屏蔽来自地球上的电磁辐射的干扰，是射电观测遥远天体电磁波的理想地点，嫦娥四号携带用来展开低频射电天文观测的仪器是 _____。

　　A. 低频射电巡视器

　　B. 低频射电转移器

　　C. 低频射电频谱仪

13-19 2020 年 11 月 24 日，_____ 搭载嫦娥五号探测器点火升空，整个飞行过程堪称完美，实现了准时发射、精确入轨的目标。

　　A. 长征二号 F 火箭

　　B. 长征五号遥五火箭

　　C. 长征十一号运载火箭

13-20 2020 年 12 月 17 日 1 时 59 分，嫦娥五号 _____ 携带月球样品安全着陆，嫦娥五号探月任务取得圆满成功。

　　A. 轨返组合体　　B. 返回器　　C. 月球轨道

第5章
创新无限篇

所谓创新，就是指人们在日常生活中利用新的知识、开发新的技术来制造新的产品，通过改进新的工艺并将其向社会推广，最终达到改善人民的生活、提高社会财富的目的。

 ## 5.1　创新点亮世界

创新不仅推动了人类社会的不断发展，也促进了社会的进步。可以说，没有创新就没有今天的整个世界，创新像一束光，点亮了人类文明，也照亮了整个世界。

5.1.1　创新的多维度思考

创新可以从多个维度进行思考。从经济学的角度来讲，奥地利的著名经济学家约瑟夫·熊彼特在约100多年前，第一次系统地专注于研究创新对有关经济发展所产生的效果，并从经济学的角度提出了创新的概念。熊彼特对创新的独特看法可以说影响了当时的整个经济学界。从此之后，创新与经济以及社会的发展建立了重要联系。熊彼特研究发现，创新才是经济增长的原始动力，这从根本上揭示了创新对经济发展的重要作用。

创新从哲学的角度来讲，可以理解为是关于人的创造性的一种实践性行为。这种行为的主要目的在于不断增加利益的总量，为了达到这个目的就需要不断地对事物以及发现进行一系列的利用和再创造，尤其是针对物质世界中存在的矛盾的利用和再创造的行为。人类就是通过不断地对物质世界进行利用和开展再创造的行为，制造了一系列新的矛盾关系，从而形成了一系列新的物质存在形态，也就形成了所谓的创新。

创新从认识的角度来讲，可以理解为对世界进行更有深度、更有广度的观察以及思考。创新从实践的角度来讲，可以理解为将新的这种认识作为日常的习惯，并将这种习惯运用到具体的实践活动中。创新从辩证法的角度来讲，可以理解为包含肯定以及否定这样的两个方面，因此某种程度上来讲创新就是一种质疑，追求创新的脚步是永不停息的，这种永无止境的方式也正是创新所特有的。

5.1.2　创新指数

创新指数是衡量创新的一种科学化的手段，一般是用来表征创新方面具有成效的上市公司整体走势的可交易指数，能够全面反映具有自主创新的企业在资本市场上的整体表现。

2006 年，中国的国家创新指数诞生，这也代表着中国第一次开始使用这种科学化的手段来把握全球的创新脉搏，也是中国为建设创新型国家和实施自主创新战略的有效举措。中国的创新指标体系总体上可以分成三个层次。第一层次，主要是反映我国创新在总体上的发展状况，可以通过计算创新方面的总指数来实现；第二层次，主要是反映中国在创新的环境、投入、产出以及成效等几个方面的实际发展情况，可以通过计算创新的分领域涉及的指数来实现；第三层次，主要是能够反映构成创新能力各方面所具备的具体发展状况。通过上述三个方面所选取的和创新相关的多个评价指标来实现。

2007 年，全球创新指数诞生，它是由世界知识产权组织联合康奈尔大学和欧洲工商管理学院一起共同创立的年度排名，用来衡量全球一百二十多个经济体在创新能力方面的表现。全球创新指数是一个科学化的详细量化工具，通过使用该指数全球的决策者能够更好地理解采用何种方法有效激励创新，以此来促进经济发展和人类进步。全球创新指数中包括了知识产权申请率等八十项指标，通过这些指标对经济体进行量化评价，获得排名。因此，该创新指数在一定程度上能够反映以知识为基础的全球经济背景下，创新驱动引起的经济发展和社会增长之间的联系。

5.1.3　美国的创新

美国是一个重视创新的国家，政府长期支持技术创新，投入了大量的研究经费来支持企业单位、研究机构等开展基础研究工作。

自 20 世纪 80 年代起，美国国会就废除了一系列妨碍创新的法律，同时通过了一系列能够促进创新的法律法规，使美国的创新保护法律体系日臻完备。1980 年，美国颁布了有关保护创新的法律《技术创新法》，该法律旨在建立公共与私营部门之间的各种合作伙伴关系，用以提升美国企业在全球经济发展中的社会竞争力。1986 年，美国又出台了有关保护创新的法律《技术转让法》，该法律鼓励联邦实验室与工业界之间建立联盟，目的是促进彼此之间的技术转移，从而政府各机构与企业、大学和一些非营利机构之间共同开展合作研究开发。1988 年，美国又颁布了《综合贸易和竞争力法》，该法律将隶属于美国商务部的国家标准局正式更名为国家标准与技术研究院，该研究院主管联邦实验室技术转让联盟，从而扩大了其在技术转让工作中发挥的作用。

美国不仅在立法方面保护创新，在政策方面也相应出台了一系列的鼓励政策。这些政策包括税收优惠、政府采购等多个方面。此外，美国政府还通过关注高科技产业和发展遇到"瓶颈"的领域，进行有效的支持和投入，在一定程度上也促进了创新的发展。

5.1.4 日本的创新

日本在亚洲一直被认为是科技方面创新实力最强劲的国家。作为第一个完成现代化的亚洲国家，日本已经成功进入世界强国之林。然而，日本的经济创新是渐进式的，所走的创新道路也是一条跟随、不断学习和改进的渐进式创新之路。日本之所以能够在科技上保持长期动力，主要有两个方面的原因，一方面是因为日本政府坚持科技立国的政策，另一方面是由于日本企业对创新的长期重视和投入。

以第二次世界大战后的这段时间为例，日本政府通过集中内部力量，利用二次创新和专利围堵的方式应对当时的国际经济环境，并在国际竞争中站稳了脚跟。这里面提到的二次创新，指的是在对一门技术在完全掌握和消化吸收的基础上，再对其进行创造性的发展，从而实现了二次创新。日本可以说是一个非常善于从小处着手开展学习和创新的国家，这为该国通过二次创新实现技术反超提供了有利条件。日本的专利围堵战略本身就是一个创新，实施思路是首先在立法中通过缩窄对专利的保护范围以降低专利申请的准入门槛。这就使得大量原本创新性不那么强的非常小的改进和创新能够成功升级成为专利，从而使日本企业迅速掌握了大量的专利。虽然这些看似可能没有多少意义的专利所具备的创新性很小，但由于数量巨大，且发挥了强大的激励作用，最终从量变到质变，将原本属于外国的突破性核心专利不断围堵，从而实现了自己的专利优势。

日本企业对创新的重视已经成为一个长期的思想观念。几乎所有日本的大中型企业都具备完整的创新体制和自身的研究机构，同时国内也存在大量的专门从事新技术研发的企业，这为日本整个国家的创新提供了坚实的基础。

5.1.5 瑞典的创新

瑞典位于北欧，是一个人口不多的国家。尽管气候寒冷，没有物质资源的先天优势，却有着"创新之国"的美誉。按照人口比例计算,瑞典是世界上拥有跨国公司最多的国家。创新已经成为这个国家的血液,印刻在整个国家发展的基因中。世界上的首个摄氏温度计、首款可大量生产的拉链、首台头部伽马手术刀、首例植入式人工心脏起搏器、影响国际汽车生产标准的三点式安全带,这些风靡世界的创新设计和发明都来自瑞典这一个国家。从生活需求出发,坚持以人为本,崇尚绿色环保,善于将抽象的概念运用并渗透到生活的方方面面是瑞典提供的产品和服务在创新方面的鲜明特色。在全球最有创新力国家排行榜中,瑞典长期位居前列,其创新能力可以与美国、日本等国家相媲美。

对创新的持续投入和对教育的长期重视是瑞典创新的主要原因。据报道,每年瑞典投入的研发费用大约占整个国家 GDP 的 3%,这一比例稳居世界前列。教育方面,瑞典的基础义务教育赋予学生自信和勇气。在社会层面,瑞典民众被鼓励通过追求新知识,积极参与到发明创造中,从而提高自身实现技术创想的能力。正是这种根植于内心的对技术和发明的热爱,使"工程文化"在瑞典的民众中形成了一种风气,这样的风气又反过来影响了国家的创新。以相同的人口比例计算,瑞典是全世界专利及专利申请数目较多的国家之一。

对于高等教育,瑞典把作为人才的培养机构的大学作为推行国家创新政策的中坚力量,大学也因此承担了重要的科技创新任务。瑞典对大学的支持广泛而深入,不仅知名大学能够得到国家的经费资助,一些地方性的小规模的大学也拥有政府投入的固定科研经费,这为瑞典的大学在技术创新和研究水平的提升提供了保障。此外,瑞典还特别注重校企合作以及研发的商业化,这样的做法也是欧洲创新战略的主要经验。

5.1.6　以色列的创新

以色列于 1948 年建国,其国土面积的大小不及两个北京,人口不足千万,并且三分之二的国土是沙漠,年降水量仅有一毫米,还是中东地区唯一不产油的国家。自然环境的恶劣,使以色列随时要应对危机,正如马克·吐温所描述的那样,这里"荒凉、贫瘠和没有希望"。或许正是因为对漂泊、迁徙、饥饿和苦难的记忆,犹太民族很早就确立了自己的生存法则:资源、土地以及一切有形的东西都会消失,一个人最重要的财富是自己的头脑,是知识、是创造。在世界人口中,犹太人口的比例不足 3‰,却诞生了全世界 22% 的诺贝尔奖获得者,拥有 76 个纳斯达克上市公司,其数量超过了整个欧洲。此外,每年创立 500 多家风险投资公司,拥有 6000 多家高科技企业,创业存活率达到 60%,创新的密度超过美国,是人均拥有的初创企业数量最多的国家!

犹太民族作为全世界最重视教育的民族之一,他们认为教育是国家的根本,教育是国家的未来。据统计 47% 的以色列人受过高等教育,这一比率位居世界第二位,以色列政府在教育上的经费投入仅次于国防！

以色列不仅重视教育，更关心知识的实际应用，这为创新在大学中找到了生生不息的土壤。以色列的大学在商业界表现得十分活跃，几乎每一所以色列的高校和研究所都有自己的科技成果转化机构和技术代理公司，对实验室研发出的科学技术成果、专利等进行转化和出售，或进行商业化的运作，促使将研究成果能够转化为应用技术。以色列 80% 以上可发表的研究项目，以及几乎所有的基础研究项目和培训，都是在高校中进行的，许多著名的发明创造也都来自高校。以色列有七所全球知名的大学，其中最具影响力的要数希伯来大学，有关希伯来大学的情况在后面的章节中我们会详细介绍。

5.1.7　中国的创新

今天的中国，面向世界科技前沿、面向经济主战场、面向国家重大需求、面向人民生命健康，创新是中华民族发展的不竭动力。随着国家的经济发展和不断进步，中国在创新的大路上奋力奔跑，并逐渐成为一些领域的"领跑者"。比如：特高压、高铁、核电已经成为中国装备制造业的三张名片，所取得的创新成就举世瞩目。

特高压就是指八百千伏及以上的直流电和一千千伏及以上的交流电。特高压技术能够有效降低输电过程中的电力损耗，从而节约输电成本，满足经济的要求。2014 年，中国建成了世界第一套特高压标准体系，制定了世界性的行业标准。

高铁，是高速铁路的简称，是指设计标准等级高、可供列车安全高速行驶的铁路系统。中国国家铁路局将中国高铁定义为设计开行时速 250 千米以上（含预留）、初期运营时速 200 千米以上的客运专线铁路（图 5.1.1）。中国是世界上第一个也是迄今为止唯一一个展示出以高铁替代传统铁路趋势的国家，且替代的规模和速度是空前和无法比拟的。2004 年中国的中长期铁路网规划开始实施，高速铁路对促进经济社会发展、保障和改善民生、支撑国家重大战略实施、增强我国综合实力和国际影响力等方面发挥了重要作用，受到社会的广泛关注和普遍赞誉。在中国，每年有近十亿人乘高铁出行，高铁的运营里程超过 1.9 万千米，高速列车保有量超过 1500 列，运行速度可以达到每小时 350 千米，三项指标都是世界第一。

2020 年，"华龙一号"全球首堆——中核集团福建福清核电 5 号机组投入商业运行，标志着我国在三代核电技术领域跻身世界前列。中国成为继美国、法国、俄罗斯等国之后真正掌握自主三代核电技术的国家。作为中国高端制造业走向世界的国家名片，"华龙一号"是当前核电市场上接受度最高的三代核电机型之一（图 5.1.2）。其首堆所有核心设备均已实现国产，所有设备国产化率达 88%，完全具备批量化建设能力。

图 5.1.1　中国高铁

图 5.1.2　中国"华龙一号"核反应堆

5.2　创新的保护——专利

创新促进了人类文明的进步，在社会发展中也发挥了重要作用。可是如果好的想法可以被随意复制，又会有多少创新能够得以存留而造福人类呢？既要让人们愿意和全社会分享自己的创新成果，又要对创新给予肯定和保护，于是便有了专利权。用法律的手段，肯定人脑创新的价值，保护人类最主要的财富源泉，为创新者提供着激励，这就是专利权。专利权的诞生使创新有了被保护的依据，专利也成为创新重要的一部分。

5.2.1　专利制度的诞生

专利制度诞生之前，人类已经有上千年的发明史。近现代专利制度诞生于英国。1623年，英国颁布了《垄断法》，被视为世界第一部现代专利法。此后，其他国家纷纷效仿，相继建立了自己的专利制度。

美国于 1790 年，法国于 1791 年分别颁布了本国的第一部专利法。随后，荷兰、奥地利、法国等国也建立了自己的专利制度。各国的专利制度在制定和实施的过程中，经过不断地修订和完善，专利法也从最初的经营特许权逐渐转变成保护发明人的利益、促进科技发展的法律制度。

5.2.2　专利及其性质

专利是受法律规范保护的发明创造，它是指一项发明创造向国家审批机关提出专利申请，经依法审查合格后向专利申请人授予的在规定的时间内对该项发明创造享有的专有权。

专利权的性质主要体现在排他性、地域性、时间性和公开性。

排他性，也称独占性或专有性。专利权人对其拥有的专利权享有独占或排他的权利，未经其许可或者出现法律规定的特殊情况，任何人不得使用，否则即构成侵权。这是专利权（知识产权）最重要的法律特点之一。地域性，指任何一项专利权，只有依一定地域内的法律才得以产生并在该地域内受到法律保护。这也是区别于有形财产的另一个重要法律特征。根据该特征，依一国法律取得的专利权只在该国领域内受到法律保护，而在其他国家则不受该国家的法律保护，除非两国之间有双边的专利（知识产权）保护协定，或共同参加了有关保护专利（知识产权）的国际公约。时间性和公开性，指法律对专利权所有人的保护不是无期限的，而是有限制的，超过这一时间限制则不再予以保护，专利权随即被公开，成为人类共同财富，任何人都可以加以利用。

我国专利法将专利分为三种，即发明专利、实用新型专利和外观设计专利。中国的发明专利权期限为二十年，实用新型专利权和外观设计专利权期限为十年，均自专利的申请日起计算。

5.2.3 美国的专利体系

美国是世界上较早建立专利制度的国家之一，美国专利法的立法依据是 1763 年的美国宪法。当时宪法的制定者意识到了技术对一个国家发展的重要性，通过确保作者和发明人对其著作和发现在有限时间内拥有独占权以促进科学和实用技艺的进步，美国也成为专利制度第一次被写入宪法的国家。第一位拥有专利的美国的总统亚伯拉罕·林肯曾经说过："专利制度是给天才之火添加利益之油"，很大程度上说明了专利对新技术的研究热情所起到的关键作用。

1790 年，美国国会通过了首部专利法，其名称为《促进实用技艺进步法案》。托马斯·杰弗逊起草了 1793 年专利法案，用专利注册制度代替了专利审查制度，取消了专利委员会，专利权的授予不再进行新颖性和实用性的审查，只要符合形式要件就被允许。专利申请的注册制度一直沿用了 43 年，直到 1836 年修订法案要求递交说明书，并规定专利授权前必须审查新颖性，此条款提供了现行专利申请中权利要求说明专利的保护范围。1952 年对专利法的修改奠定了美国现代专利法的基本构架，在成文法中第一次规定了授予发明专利权的要求不仅仅是新颖性和实用性，还包括非显而易见性。

美国的专利体系虽然比较完善，但在发展过程中也曾经遭遇怀疑和攻击。在 20 世纪 30 年代，由于出现了经济危机，人们开始认为专利体系维护了垄断，于是怀疑论甚嚣尘上。20 世纪 70 年代，经济的再次下滑致使反对专利的舆论再次抬头。早在 1890 年美国就颁布了世界上第一部反垄断法即谢尔曼法案。在近 20 年内，专利的发展处于比较平稳的阶段，但是作为保障市场经济秩序的手段之一，专利在人们心中的天平还会随着经济的波动而发生一定程度的变化。

5.2.4 美国的 337 调查及调查范围

美国国际贸易委员会依据 1930 年关税法第 337 节的规定，可以对进口贸易中的不公平行为发起调查并采取制裁措施。因此，此类调查一般称为"337 调查"。负责进行 337 调查的美国国际贸易委员会是美国国内一个独立的准司法联邦机构，337 调查的对象为进口产品侵犯美国知识产权的行为以及进口贸易中的其他不公平竞争，历时一般在 12~18 个月。

根据美国法律规定，"337 条款"调查的是一般不正当贸易和有关知识产权的不正当贸易。一般不正当贸易的法律构成要件有两个方面，一方面为美国存在相关产业，或该产业正在建立中。另一方面是损害达到了一定程度，即损害或实质损害美国的相关产业，或阻止美国相关产业的建立或压制、操纵美国的商业和贸易。知识产权方面的不正当贸易的法律构成要件也包括两个方面，一方面为进口产品侵犯了美国的专利权、著作权、商标权等专有权，另一方面为美国存在相关产业或相关产业正在筹建中。

亚洲国家一直是美国 337 调查的主要对象，以专利为由开展的调查逐渐成为 337 调查的主要诉由。以 2006 年为例，美国对我国企业发起的有关知识产权的 337 调查数量达到了 13 起，占美国全球总调查量的近 40%，而 2010 年，美国启动的 56 起 337 调查中，单独以专利侵权为由启动调查的占比为 98.2%。

5.2.5 拜杜法案

《拜杜法案》是美国历史上与专利权下放有关的一项重要法案。该法案由 Birch Bayh 和 Robert Dole 两位参议员提出，并于 1980 年 12 月 12 日正式由国会通过，旨在通过赋予大学和非营利研究机构对于联邦政府资助的发明创造享有专利申请权和专利权，以鼓励大学开展学术研究并积极对专利技术进行转化。《拜杜法案》实现了产学合作，将专利权授权下放给了科研机构，由此实现了加快技术创新成果向产业转化的目的，致使美国在全球竞争中能够持续维持其技术优势，让美国的经济在 10 年之内重塑了世界科技的领导地位。

《拜杜法案》曾被英国《经济学家》杂志评价为美国过去 50 年内最具激励性的立法，其开创了美国技术和风险基金产业进行合作的新局面。该法案是美国制造经济转向知识经济的标志，在过去的 30 年里，美国的大学借助于该法案在科学研究领域取得了重大成就，美国大学的专利申请和授予的数量也有了十分显著的增长。但不可避免的，该法案也将大学进一步推向了商业化，如何消除大学学术呈现的专利异化态势也成为美国社会各界所关注的焦点。

5.2.6　中国专利制度的建立

中国历史上第一部专利法规名称为《振兴工艺给奖章程》，是戊戌变法时期由光绪皇帝颁布实施的。太平天国时期，将专利制度带入我国的是洪仁玕，他在太平天国的执政纲领《资政新篇》中提出要建立现代的专利制度，并在我国首次提出了专利的概念："首创至巧者，赏以自专其利，限满准他人仿做。"但颁布不久却由于太平天国的失败而烟消云散。

中国真正意义的专利法案的实施已经到了 20 世纪 80 年代，此时没有专利制度的国家寥寥无几。1984 年，第六届全国人大常委会第四次会议通过了《中华人民共和国专利法》，1985 年 4 月 1 日，我国专利法开始实施。中国专利法保护发明、实用新型、外观设计三种创新成果，将发明、实用新型、外观设计的保护规定在一部法律中，都称为专利，是我国专利法立法体制特色之一。

在专利法制定以后，分别在 1992 年、2000 年和 2008 年经历了三次修改。1992 年的修改是为了更好地履行我国政府在中美两国达成的知识产权谅解备忘录中的承诺，2000 年的修改是为了顺应当时加入世界贸易组织的需要，2008 年的修订主要是我国自身发展的需要，修订的专利法在促进我国自主创新、建设创新型国家等方面发挥了重要作用。

5.3　知识产权——国际竞争的制高点

时下的科技战争，真正的博弈并非是表面上纷繁复杂的竞争和合作，而是在背后的技术较量，更直接的表现就是专利大战。显然，科技战争的主要武器是专利，专利已经成为国际竞争的制高点。

5.3.1　专利的社会价值

专利具有很高的社会价值。一方面，由于专利保护了创新，创新在改变人们生活方式的同时，也推动了社会的发展和进步。因此从宏观上讲，专利制度在推动社会进步方面的价值不容低估。另一方面，创新归根到底是人的行为，专利激发了人们不断创新的热情，促使创新者利用自身的智力和能力开展创新活动，因此，专利促进了人对自身价值的认识。人类作为社会创新的主体参与了社会财富的创造，通过获得新的产品、新的技术等方式，改进了人们的生活品质，提升了工作效率，从而加速了人类社会文明的进程。

专利制度的社会价值还体现在防止反复研发，保护社会的人力、物力和财力上。某种程度上，专利在增加社会财富、避免浪费方面也为社会的发展做出了贡献。

5.3.2　专利的商业价值

专利的商业价值来源于专利的性质，只有更好地理解好专利的性质才能更好地掌握好专利并为己所用。

首先，专利的重要属性是具有排他性。也就是说在专利保护期内，发明创造人在商业上对专利技术享有的商业特权利益受法律保护。在此期间，凡是使用该专利的买受人都要对该专利支付相应的费用。举例来讲，早些年，中国出口一台 DVD 机器，如果售价为 32 美元，要缴纳的专利费大约占售价的 56%。柯达公司破产后，其 1100 多项数字影像专利最终以 5.25 亿美元转让成交。这些都是专利的商业价值最直接的体现。

其次，专利具有时间性和公开性。简单来讲，就是当专利权受法律保护的期限已满，专利权即告终止，民众即可根据专利说明书所公开披露的内容，自由运用其专利技术。专利的这一特性，一方面可以为社会源源不断地提供创新源泉，增加人类的共同财富；另一方面又可以在此基础上，开发出更多的专利产品，从而创造更多的商业和社会价值。举例来讲，一些原本专利价值很高的药品，一旦专利到期，公开后市场上就会涌现出一大批企业生产同类产品，使产品价格得以降低，让广大人民群众获益。同时，一些厂家在这些专利的基础上进行进一步的探索，可能开发出新的其他产品，申请到新的专利，从而为企业创造更多的商业价值。在智能手机领域，得益于美国高通公开的专利以及技术授权的商业模式，成就了华为、小米、OPPO 和 vivo 等国内一众智能手机企业的迅速崛起。在此基础上，随着产品性能越来越优越，华为等企业也成长为全球专利技术首屈一指的企业，这些专利反过来又为企业带来了丰厚的利润，也为国内的智能手机行业开辟出了一片崭新的天地。

5.3.3　国内专利的申请流程

专利权的获得，要由专利申请人向国家专利机关提出申请，经批准后授权并颁发证书。有关申请人提供给专利代理人的技术资料也被称为技术交底书，技术交底书是反映发明或实用新型专利的技术内容的书面材料，该技术资料是代理人撰写申请文件的依据，技术交底书的提供，一般适用于发明专利或实用新型专利的申请。外观设计专利的申请，一般不需要提供技术交底书。

专利申请流程首先是提出申请。申请需要提交的文件包括请求书、说明书、权利要求书、说明书附图等。请求书包括专利的名称、发明人或设计人及申请人的姓名和地址等。说明书包括专利的名称、所属技术领域、背景技术、发明内容、附图说明和具体实施方式。权利要求书要说明发明的技术特征，清楚、简要地表述请求保护的内容。说明书附图是指发明专利常有附图，附图不能使用彩色，不需要工程图，一般要示意图，如果仅用文字就足以清楚、完整地描述技术方案的，可以没有附图。申请提交后进入受理和初审阶段。专利申请审查主要有两个方面，一个是专利的新颖性，另一个是专利的创造性。和实用新型专利和外观设计专利的申请审批流程相比，发明专利在初审后还需要公布、实质审查请求和实质审查这三个流程，最后进入授权阶段。

5.3.4　国内专利侵权的诉讼流程

对于享有专利权的有效专利，一切侵权诉讼展开的前提是诉讼权利人能够证明自己对专利的权利。目前专利诉讼里面比较突出的三个问题是周期长、赔偿低、举证难，国家正在逐步予以解决。专利侵权的诉讼流程可以简单概括为如下四个步骤：

第一是要确定专利权的权利范围。第二是确定涉案技术是否属于保护方案之内。第三是确定被告的行为是否侵害专利权。如果构成专利侵权，其前提是必须要有侵权行为。因此，证明侵权者确实存在侵犯专利权的行为的证据在处理侵权过程中是至关重要的。这些证据主要包括侵权物品的实物、销售发票、相关的照片、购销合同以及产品目录等。第四是考虑原告所主张的民事责任是否符合法律规定。通过侵权者的侵权产品的销售量、产品成本、价格和利润等为依据主张民事赔偿等。

5.3.5　中国知识产权保护立法

中国对知识产权的保护立法经历了一个不断发展的过程。从 20 世纪 80 年代开始，主要是针对专利、商标和著作权的保护立法。1983 年开始实施《商标法》。1985 年，中国加入巴黎公约并开始实施《专利法》。1989 年，中国加入商标国际注册的马德里体系，并于 1991 年开始实施《著作权法》。1992 年，中国加入保护文学艺术品的伯尔尼公约，1994 年中国加入专利合作条约。1997 年开始实施《中国植物新品种保护条例》，2002 年中国开始实施《计算机软件保护条例》。

《中华人民共和国民法通则》中规定了专利权、商标权、著作权、发现权、发明权和其他科技成果权共六种知识产权类型，并规定了知识产权的民法保护制度。《中华人民共和国刑法》中，也在第七节以八条的篇幅，确定了知识产权犯罪的有关内容，从而确定了中国知识产权的刑法保护制度。这些都为知识产权的保护提供了法律依据。

5.4　WIPO 与 PCT

世界知识产权组织（World Intellectual Property Organization, 简称 WIPO），1974 年成立，总部设在日内瓦，管理着工业产权领域国际合作的三大体系，分别为专利合作条约（Patent Cooperation Treaty，简称 PCT）、商标国际注册马德里体系（简称马德里体系）和工业品外观设计国际注册海牙体系（简称海牙体系）。世界知识产权组织是联合国的一个专门机构，在全球范围内日复一日地帮助创造者和创新者改变着世界。

各国政府通过 WIPO 一起讨论并制定知识产权法律，以使他们适应全球数字社会不断变化的需求。WIPO 的目标是让知识产权对每一个人都有用，它运营着国际申请体系使发明品牌和外观设计的跨境保护和推广更为容易。从独立发明人和小企业到世界上最大的公司，只需通过 WIPO 的 PCT、马德里或海牙体系提交一份申请，即可在全世界多个国家申请保护，既省时又省钱。

在过去的 50 年里，WIPO 处理了 450 多万件国际专利、商标和外观设计申请，涉及从机械工具、药品到太阳能面板等多个领域。出现知识产权纠纷时，WIPO 提供仲裁与调解，代替成本高昂的法院诉讼。WIPO 给人们提供有效利用知识产权的工具，帮助发展中国家的人民靠自身的才智和创造进行谋生，这意味着拥有了更多的工作机会。创新需要信息，WIPO 提供免费的知识产权信息，包括超过 5500 万份专利文献和超过 2500 万条商标和外观设计记录。WIPO 每年还培训上万人，让他们了解如何获取、学习并使用这些无价的信息。自建立以来，全球知识产权制度由 WIPO 管理，帮助营造了一个让创新和创造能够蓬勃发展的环境，这意味着有更多智慧去创造新的技术，用以解决更多的世界难题。

专利合作条约是申请人就一项发明创造在缔约国获得专利保护时，按照规定的程序向某一缔约国的专利主管部门提出的专利申请。1883 年，巴黎公约的产生为专利提供了向国外申请的途径。专利合作条约是巴黎公约下的一个专门性条约，由世界知识产权组织进行管理，目前有 178 个成员国均为巴黎公约成员国。按照 PCT 的规定，申请人只要提交一份 PCT 国际申请，即可同时在专利合作条约所有成员国中要求对其发明创造进行保护，这样就实现了一国申请、多国有效的目的。

通过 PCT 简化了多国申请的复杂程序，达到了避免重复、降低成本、提高效率的目的。由于专利具有地域性，一个国家或地区所授予的专利权仅在该国或地区的范围内有效，对其他国家和地区不发生法律效力。PCT 提供了多国申请的途径，申请不仅经济有效，更有益于用户和专利局。在绝大多数国家的专利局，由于人力资源有限，随着专利申请数量的增加，专利局的工作量也随之增加，甚至出现难以应对的情况。PCT 体系的出现，承担了大量的国际申请的工作量，是对现有的人力资源的最大节省。根据 PCT 体系，国际申请在到达国家专利局时，已经经过了形式审查和国际检索，国际阶段的统一程序，使国家阶段的处理程序得到了简化。

2019 年，我国通过 PCT 申请的国际专利达到 5.899 万件，世界排名第一位，终结了美国 40 多年的统治地位，成为我国 PCT 申请历史上的一个重要节点。此后的两年，中国保持了这种优势。按照目前的发展势头，中国的 PCT 国际专利申请量有望在今后的发展中持续保持世界领先的地位。

5.4.1 国际专利 PCT 的申请程序

PCT 申请的审批程序主要分为国际阶段和国家阶段。经过国际阶段进入国家阶段的时间为自申请日起的三十个月内，具体的申请程序如下：

第一、提交申请，即申请人以一种语言，向一个国家或地区的专利局或者 WIPO 提交一份满足 PCT 形式要求的国际申请，并缴纳一定的专利申请费用。

第二、国际检索，即由"国际检索单位"（ISA）检索可影响发明专利性的已公布专利和技术文献（"现有技术"），并对发明的可专利性提出书面意见。

第三、国际公布，即国际申请中的内容将自最早申请日起十八个月届满之后尽早公之于众。此后可以根据实际情况选择可选程序，即进行补充国际检索和国际初步审查。

最后进入国家阶段。需要注意的是 PCT 进入国家阶段的程序不是自动发生的，必须由申请人来启动。申请人必须在自优先权日三十个月（在某些国家可能是二十个月）内办理进入指定国（或选定国）国家阶段的手续，缴纳国家费用，递交翻译成该国语言的国际申请的译文。有些国家的国家法律规定进入国家阶段的期限晚于三十个月（或二十个月）。进入国家阶段的期限是必须遵守的，即使国际初步审查报告尚未得到。

5.4.2　视听表演北京条约

视听表演北京条约（图 5.4.1）是世界
知识产权组织管理的一项国际版权条约，
旨在保护表演者对其录制或未录制的表演
所享有的精神权利和经济权利。2012 年 6
月 26 日，正式缔结。并于 2020 年 4 月 28
日起正式生效。

图 5.4.1　试听表演北京条约

该条约是关于表演者权利保护的国际
条约，该条约赋予了电影、视频和电视节目在内的视听表演作品的表演者，依法对其在表
演作品时的形象、动作、声音等一系列表演活动享有许可或禁止他人使用的权利，是惠及
全球表演者的新起点，将进一步完善国际知识产权体系，推动包括视听表演在内的版权产
业的高质量发展。

北京条约的缔结和生效，将全面提升国际社会对表演者权利保护的水平，从而充分保
障视听表演者的权利，进一步激发其创造热情，促进文化多样性发展。北京条约是新中国
成立以来第一个在我国缔结、以我国城市命名的国际知识产权条约，也是在中国诞生的第
一个国际知识产权条约。新条约将有利于完善中国的著作权法律制度、提高中国表演者的
权利保护水平，将大大提升中国版权事业的国际地位和北京在国际社会的知名度。北京条
约将与新加坡条约、马德里体系、伯尔尼公约等知识产权体系齐名。

5.5　PCT 企业的崛起与荣耀

企业的创新能力决定了企业能否在市场中持续获得竞争优势。现在，高技术企业发展
要想立足全球，参与国际竞争，是否拥有一定数量的国际专利至关重要。知识产权已经成
为企业拓展海外市场的重要支撑，起到了谋篇布局的作用，也是企业在海外生存的必然选
择，其在企业中发挥的作用可以概括为如下几个主要方面。

首先，能够防止企业的专利技术和出口产品在别国的侵权问题。由于专利保护具有地
域性，专利技术要想在他国得到保护，必须在相应国家提出国际专利申请并获得授权。另
外，如果企业产品有出口，将可能面临侵犯他国专利权的风险，因此，为了避免发生侵权，
可以在出口之前在相应国家提出国际专利申请。

其次，能够提升企业的品牌形象，增强企业在国际市场上的竞争力。由于国际竞争日益激烈，这促使企业不得不加快专利海外布局的步伐以应对竞争。当今国际市场竞争更多地体现在新技术、新工艺、新材料的竞争上，这些都对专利有着强烈的依赖，只有不断增加自身的国际专利申请量，才有可能取得市场竞争的主动权，为企业未来发展提供保障。

为了给国际专利申请人减轻负担，国家知识产权局出台系列措施，特别是在企业遭遇海外专利权纠纷时，通过地方的知识产权维权援助中心给予法律援助等。这些措施的实施，正在改变着企业在国际专利申请方面的短板。近年来，我国企业已经在运用知识产权进行国际市场博弈和竞争方面取得了明显的进步。

5.5.1 华为的荣耀之路

据世界知识产权组织发布的 2021 年全球 PCT 专利报告显示，中国的华为技术有限公司以 6952 件专利申请量，已经连续五年荣获全球企业国际专利申请量的第一名，可谓独领风骚。应该说，华为在国际专利申请方面能够取得这样的成绩实属不易，这和企业长期重视知识产权，坚持投入大量的研发经费分不开。

1987 年，创始人任正非在深圳的一间民房里创立了华为技术有限公司，当时的注册资金只有 2.4 万元。如今，华为已经成长成为全球范围内包括信息和通信技术等领域技术领先的国际化企业。华为公司的业务主要有三大板块，分别是运营商业务、消费者业务和企业业务。

1991 年，华为成立了专门负责设计专用集成电路的 ASIC 设计中心，两年后，该中心成功研发了华为第一块数字 ASIC。随着十万、百万和千万门级的 ASIC 陆续被推出，该中心也逐渐发展壮大。2004 年，该中心有了一个新名字——海思半导体有限公司。随着不断的创新发展，海思的芯片已经被广泛应用于包括手机、交换机等多个领域。在安防监控领域，海思芯片的全球市场份额曾达到九成之多，拥有很强的竞争力。2013 年年底，华为第一款 SOC 芯片麒麟 910 问世，但遗憾的是该芯片败在了兼容性上。之后经过数次的技术更新迭代，海思后期推出的麒麟芯片性能和兼容性都有很大提升。2017 年 1 月，麒麟 960 被 Android Authority 评选为"2016 年度最佳安卓手机处理器"。

华为的成长始终都离不开创新，持续不断的创新和对技术的极致追求成就了华为。在合适的时机做出正确的选择，面对纷繁复杂的国际市场敢于迎难而上，坚持做好自己更是华为成长中的一贯选择。

5.5.2　化茧成蝶的 OPPO

据世界知识产权组织发布的 2021 年全球 PCT 专利报告显示，OPPO 广东移动通信有限公司以 2208 件的专利申请量，位列全球企业排名第 6，这也是 OPPO 自 2019 年开始超越京东方连续 3 年排名中国企业 PCT 国际专利申请量第 2 名。另外，据国家知识产权局数据，2017 年和 2018 年连续两年，在主营业务为智能终端研发和销售的国内企业中 OPPO 蝉联发明专利授权第一。OPPO 的发展让人感到惊艳，企业对创新的追求也成就了自身的化茧成蝶。

早在 2012 年，OPPO 手机就以强大的拍照功能和高颜值而吸引了众多女性用户的追捧。其中，Find 系列中的 Find5，是国内首个搭载 1080P 分辨率显示屏的手机，当时荣获了被誉为 "设计界奥斯卡" 的 IF 设计大奖，该款手机也制造了 300 万台的销量神话。OPPO 精准的市场判断以及对创新的追求与投入是关键。

2019 年，夏普在德国慕尼黑起诉 OPPO，OPPO 几经权衡，认为不能一味妥协任人宰割，也不能鱼死网破，最好的方式是边打边谈。事实证明，OPPO 的策略是非常正确的。OPPO 首先申请深圳市中级人民法院签发了禁诉令，然而仅仅在禁诉令发出的 7 小时后，慕尼黑第一法院便签发了 "反禁诉令"，责令 OPPO 公司申请撤回深圳中院的禁诉令。但深圳市中级人民法院并没有通过保全裁定，而是发起了世界上的第一起 "反反禁诉令"。同时，在日本东京和中国台湾地区，OPPO 也向夏普发起反诉。2020 年年底，深圳市中级人民法院针对 OPPO 诉夏普案做出管辖异议裁定，确认了中国法院对标准必要专利全球的许可费率具有管辖权。这是国内法院首次以成文裁定的形式，确认中国法院对于标准必要专利全球许可费率的管辖权。在此前的跨国专利博弈中，制定国际标准的主动权一向是被发达国家所把持。直到近两年，中国知识产权界才演化出一个新的话题：全球许可费率。如今，中国开始主动对海外法院的长臂管辖做出反制。在双方一年零九个月的专利纠纷期间，OPPO 一共无效掉了数十件夏普涉诉专利和中国同族专利。同时 OPPO 发现夏普在日本销售的手机用到了 OPPO 的快充技术，因此又反诉反击攻下了夏普最重要的两座城池，日本市场和中国台湾市场。由此可见，在专利诉讼的博弈中，和平终究是靠打出来的。

5.5.3　中国液晶之王——京东方

京东方科技集团股份有限公司（BOE）是著名的液晶显示屏生产企业，主要致力于液晶显示领域，在智能手机屏、平板电脑屏的市场占有率长期处于全球领先的地位。2017 年，京东方宣布了一个重磅消息，即第六代柔性显示屏实现了量产。这是作为中国首家也是全球第二家实现柔性屏量产的公司，打破了韩国液晶企业巨头三星在柔性屏领域的市场垄断。

京东方的前身是北京电子管厂。1993年，时任董事长兼总裁的王东升，通过数字改革与合资，带领企业于1997年6月10日在深圳B股成功上市。2001年，北京电子管厂改名为京东方科技集团，并决定进军液晶产业。事实上，当时很多人建议进军高回报的房地产，但被王东升拒绝了。王东升认为，国家需要有人来搞工业，特别是高科技产业对于国家的未来发展十分重要，如果原本搞工业的人都不再专注工业，中国的未来发展将遇到困境。正是这份坚持，让京东方在2001年遇到了一个绝好的机会。当时，由于金融危机韩国现代集团准备出售一条液晶生产线，知道消息后，京东方迅速做出反应。2003年1月，京东方以3.8亿韩元的价格进行了收购，并在北京开建新的液晶生产线。就这样，京东方通过跨国收购和不断创新的方式进入了液晶产业。

时至今日，京东方在液晶生产线上累计投资已经超过3000多亿元人民币，其产品在全球液晶显示屏领域占据领先地位。2020年，京东方获评"新财富最佳上市公司"。这个经历过生死存亡的企业，以它顽强的工业精神爆发出了令人震惊的创造力，以破釜沉舟的变革精神，成长为我国高科技领先企业，成为中国的骄傲。

5.5.4 被美国扼住咽喉的中兴

中兴通讯股份有限公司，成立于1985年。在香港和深圳两地上市，曾经是全球顶级的通信设备公司，PCT国际专利申请数量曾连续九年进入全球前五，是名副其实的创新型企业。然而，由于美国发起的贸易战，给这个高科技巨头带来了巨大的灾难。

中兴通讯的创始人侯为贵，1985年加入中兴半导体公司。通过分析当时市场形势，以自主研发的方式进入了电信设备行业，并把企业十分之一的收入用于研发资金。1990年，中兴自主研发了首台数据数字用户交换机投入市场，使企业收入快速增加。1997年，中兴通讯股份有限公司成立并于深交所A股成功上市。2004年中兴赴港交所上市，用十年的时间迎来了企业的兴盛。而在接下来的十年，中兴重点用来开拓国际市场。2005年中兴进入欧洲市场，获评《商业周刊》"全球IT百强企业称号"。次年，进入北美主流运营商市场。2007年后，中兴通讯的国际营收额占公司总收入的六成，CDMA出货量连续两年排名全球首位，成为2007年发展最快的GSM设备供应商，跻身全球四大设备供应商行列，成为具有竞争力的全球化电信企业。

从20世纪80年代，到1993年的企业改制，中兴保持着与时俱进。然而中美之间的贸易战，中兴这样的通信大公司却被紧紧地扼住了咽喉，最后不得不接受高层重组和承担巨额罚款的结果。面临这样的困境，任何企业都不得不负重前行。然而即使在这样不利的情况下，2021 年，中兴依然以 1530 件的 PCT 国际专利申请量排名京东方之后，成为中国国际专利申请量排名第五的企业。技术封锁确实会给企业造成巨大的困境，但也是一个巨大的市场机会。如果能够抓住这样的机会，扎扎实实做好企业的创新，也许封锁反而会成为中国自主研发加速的催化剂。落后就要挨打，高新技术企业要想屹立不倒，只有自主创新这一条路可以选择。

5.5.5　腾讯的崛起之路

腾讯于 1998 年由马化腾等在深圳成立，现在腾讯已经成长为中国最大的互联网综合服务商之一，拥有国内最多的使用用户。为了打造更好的产品，腾讯十分注重用户体验，并通过加入诸多的人性化设计来优化软件。比如 QQ 在刚开始设计的版本很小，这样更有利于用户下载使用，并将好友资料存放在服务器上，使用户不必在同一台电脑登录都能找到好友，这些都是它的独到之处。正是在细微之处下狠功，QQ 成为网上通信的首选软件。

2003 年腾讯推出会员，开始发展互联网的增值服务并获得了成功。后来的 QQ 秀成为腾讯赚钱最多的增值服务业务之一。2004 年，看到游戏市场的巨大潜力，腾讯推出了 QQ 休闲游戏。当时最火的斗地主用了不到两年的时间，就超过了当时棋牌市场的老大联赢。随后，腾讯转战网游市场。2008 年左右，腾讯相继代理了格斗网游 DNF 和竞技网游 CF，并投资研发了一款 MOBA 类游戏《英雄联盟》，这三款游戏奠定了腾讯在网游市场上不可撼动的霸主地位。《英雄联盟》也成为国内迄今为止最火的游戏之一。2010 年腾讯打败了盛大，登顶网游市场第一的宝座。2011 年，腾讯推出了微信。一年时间内，微信更新了 11 个版本，推出了语音对讲等创新功能，获得了大众的认可和喜爱。腾讯注重用户体验的理念再次发挥作用，现在微信已经成为移动互联网的第一入口。腾讯还凭借自己的现金流和用户资源，扩大投资的规模和范围，成为一个优秀的投资者。2021 年，腾讯响应国家反垄断和共同富裕的政策，先后各投入 500 亿元人民币用于可持续社会价值创新战略和共同富裕专项计划。在自己发展壮大之后，担负起更多的社会责任，同时也带动更多的人实现富裕的目标。腾讯入选"2021 年中国民营企业 500 强"榜单。

5.5.6　无人机领跑者——大疆创新

大疆创新科技有限公司，成立于 2006 年，创始人汪滔。作为一个年轻的企业，凭借着技术创新，大疆成长为当今无人机市场的领跑者，成为全球增长速度最快的科技公司。已经成为消费级无人机市场上毫无争议的领军者。

2006 年 11 月，还在香港科技大学读研的汪滔和他的两位同学创办了大疆创新科技有限公司。2008年，直升机飞行控制系统 XP3.1 研制成功，它是大疆的首款成熟产品。后来，在市场调研时汪滔了解到，很多无人机爱好者愿意将飞行控制系统搭载到多旋翼的飞行器上，然而市场上可选择的飞行器严重缺乏，这让汪滔看到了机遇。他开始将多旋翼和飞控系统按照用户喜爱的方式进行打包再出售，这一思路转变一下子打开了市场局面，让小众的飞行器市场开始活跃起来，大疆飞行器吸引了更多的使用者，在得到市场认可的同时也收获了极高的评价。

2012年，大疆又推出了第一款微型一体机即第一代大疆精灵。在该产品中，大疆独立研发了它的飞行控制系统、自旋翼机体和遥控装备。更值得一提的是，它支持悬挂微型相机从而能够实现航拍功能。2014年，第二代大疆精灵问世。通过配备高性能相机，与第一代相比，除了可以拍摄高清照片外，还能实现录影并实时回传。大疆精灵二被美国的《时代周刊》评选为2014年十大创新科技产品之一。

今天，大疆的无人机产品已经被大规模应用在农业生产、灾区救援、影视制作、大型比赛现场、三维地图制作等多个领域。大疆的一体化云台相机更为专业航拍做出了巨大贡献。2017年8月，大疆凭借在美剧中的出色航拍表现，获得了美国电视界的最高奖项艾美奖。

5.6　创新的基石——科学精神与知识力量

创新离不开人类的理性探索，更离不开科学的方法和传承，科学精神与知识的力量是创新的基石。本节将从人类的理性探索出发，讲述科学发展中做出了突出贡献的学者以及和他们有关的具有重大意义的创新。

5.6.1　DNA 的发现

1953年，卡文迪许实验室的詹姆斯·沃森和弗朗斯西·克里克（图 5.6.1）发现了 DNA 的双螺旋结构，揭开了生命的奥秘。英国的《自然》杂志于1953年4月25日，刊登了美国的沃森和英国的克里克在英国剑桥大学合作的研究成果：DNA 双螺旋结构的分子模型，这一成果后来被誉为20世纪以来生物学方面最伟大的发现，标志着分子生物学

图 5.6.1　沃森和克里克

的诞生。DNA 双螺旋结构被发现后，人们立即以遗传学为中心开展了大量研究工作。在分子生物学方面，首先是围绕着四种碱基如何排列、组合、进行编码才能表达出 20 种氨基酸为中心开展的实验研究。1967 年，遗传密码全部被破解，从而在 DNA 分子水平上重新定义了基因。十年后，克里克和沃森被授予诺贝尔生理学或医学奖，对基因的破译、重组、编辑，预示着人类将深入生命机体内部，一个崭新的未知世界从此展现在人类面前。DNA 的整个发现过程中，彰显了科学的力量。科学的进步改变了整个世界，也从实质上改变了人类的生活方式。正是因为有了科学，人类才能不断激发创新的潜能，科学成为创新的基石，对待科学的态度，决定着人类的创新之路能走多远。

5.6.2　人类的理性探索

自从人类来到这个世界，就开始对神奇的自然现象提出诸多疑问，然而单凭经验和猜测，人类对自然现象的解释都非常肤浅，最终大都归结为是超自然的力量，直到古老的希腊开启了人类理性的探索，揭开了人类科学探索的新篇章。

希波克拉底对疾病做出理性的解释，彻底将医学和巫术区分开来，奠定了现代医学的基础。欧几里德写下的著作《几何原本》成为西方文明的数学基础，阿基米德发现了杠杆原理和浮力，为机械学和应用科学打下基础，托勒密结合 400 年来的天文观测数据，创立了地心说，统治欧洲天文学界 1400 多年。

15 世纪末，尼古拉·哥白尼（图 5.6.2）来到意大利的博洛尼亚大学学习天文学。1497 年的一天，哥白尼观测到月亮遮掩金牛座，这使他意识到在那片区域里存在着看不到的半个月球，而这一现象与托勒密在地心说中关于月亮的描述是不符合的。24 岁的哥白尼第一次开始怀疑托勒密理论的权威性。此后，在经过长达 30 年的细心观测和校准后，哥白尼写下了《天体运行论》一书，在书中他提出地球并不是宇宙的中心，太阳才是浩瀚宇宙的中心，地球和其他行星都围绕太阳转动。这一理论直接对地心说发起挑战。但在那个时代，缺乏对创新的包容性，创新甚至需要付出生命的代价。为了躲避教会的审查，直到哥白尼弥留之际，1543 年《天体运行论》才得以出版。

图 5.6.2　尼古拉·哥白尼

5.6.3 伽利略

图 5.6.3 伽利略

科学的探索不会因为暂时的压制而停止，在哥白尼之后，一位伟大的科学家伽利略接过了挑战地心说的接力棒。伽利略（图 5.6.3）亲手研制了世界上第一架天文望远镜。这个新的研究仪器可以将物体放大 1000 倍，通过它，人们可以清楚地看见月亮上的山脉，其他行星的卫星以及太阳的黑子，牢不可破的地心说越来越岌岌可危。1623 年，伽利略发表了《试金者》一书。伽利略认为，科学自古以来就是建立在实验的基础之上的，除了理性，更需要实验的严谨求证，这一点很重要。伽利略被称为近现代科学之父。

当日心说逐步代替地心说，一个广阔无垠的宇宙展现在人类面前，科学又到达了一个新的高度，人类对科学的态度也越发重视，谁掌握了科学，谁就拥有了话语权。

5.6.4 牛顿

图 5.6.4 艾萨克·牛顿

艾萨克·牛顿（图 5.6.4），1642 年在英国出生，一生中对科学做出了诸多重要贡献。他发现了万有引力，贡献了三大运动定律，创立了微积分，牛顿的出现成为人类科学史上的重要分水岭。

1665 年，鼠疫流行的十八个月是人类的一场灾难，但在科学史上却书写下了重要的一页。牛顿对科学最杰出的贡献，如微积分、光学理论、万有引力定律都是在这段时间里孕育出来的。1672 年，30 岁的牛顿被接纳为英国皇家学会会员，并发表了他关于光和颜色的理论论文，该论文的发表引发了一场关于光是波还是微粒的争论。

从 1685 年到 1686 年人类科学史上又经过了一个不平凡的十八个月，在这段时间里，牛顿完成了科学史上最伟大的《自然哲学的数学原理》一书。该书以严密的数学论证方式阐述了万有引力定律，并运用该定律解释了行星运行的规律，标志着经典力学的确立。

5.6.5 知识就是力量

工业革命前夕，工厂主理查德·阿克莱特发明了水利纺织机，而这项创新发明除了带来了技术的改进，更是给生产模式带来了颠覆与创新。18 世纪末，阿克莱特建立了纺织厂，这是世界上所有现代工厂的雏形。从那以后，现代工厂逐渐取代了传统作坊，并拥有了生产流程、工序、规章制度等规范。现代工厂逐渐把科学管理引入生产，通过技术创新占领市场，越来越多的人参与到生产和发明当中，提升了生产效率和管理水平，同时也吸引了大量的投资和就业，也让英国成为当时全球最强大的国家。

1851 年，首届世界博览会在伦敦的水晶宫召开，这次创新成果的较量也是一次国家间实力的比拼。创新重新定义了国家实力，国与国之间开始以这种文明的方式展开竞争。英国哲学家弗朗西斯·培根（图 5.6.5）曾掷地有声地提出："知识就是力量。"在科学诞生之前，权力、武力这些才能被称为力量。然而，在今天，知识成为每一个人的力量，也是全人类的力量。科学的诞生如同揭开一道成长的封印，让人类在短短三四百年间获得了数千年来都无法比拟的成就，求知与求真的愿望激发了各个时代的人们不惜代价地寻求答案，科学的成果愈加璀璨。

图 5.6.5　弗朗西斯·培根

5.6.6　林奈

卡尔·冯·林奈（图 5.6.6），乌普萨拉大学理论医药学教授。1707 年出生于瑞典，是瑞典动物学家、植物学家、冒险家、生物学家。创立了植物、昆虫、动物、矿物、鱼类等各种生物的分类法，建立了双名命名法，沿用至今。25 岁那年林奈进行了一次野外探险，他被生命的多姿多彩打动，立志创建一套实用而简单的方法能够辨识那些如潮水涌来的新发现，给地球上所有的动植物分类命名。面对丰富庞杂的大自然，林奈孤身而战，把数以万种的动植物归入到一套以界、门、纲、目、属、种分类的体系中。

图 5.6.6　卡尔·冯·林奈

在日复一日的研究中他让 7300 种植物、4235 种动物拥有了属于自己的名字。如此浩大的工程全部由林奈一人完成，这样的研究工作持续到他生命中的最后一刻。林奈被誉为现代生物分类学的奠基人。林奈用科学的方法让大自然从混沌变得清晰，从不可知变得有秩序。正是因为有了科学的分类法，此后植物解剖学、生理学、胚胎学等相关研究才得以发展。

5.6.7　莱特兄弟

1896 年的一天，著名的德国滑翔机之父奥托·李林塔尔在试飞时不幸遇难，而这一事件却无意中点燃了莱特兄弟征服天空的热情。兄弟二人将自行车店后院改造成了实验室，用自行车零件和木头搭建着飞机的模型。19 世纪末，空气动力学的出现为飞机的创新制造提供了理论基础。同一时期，德国发明家设计出了用于汽车的汽油发动机，解决了最基础的动力问题。这两个看似独立发展的事物，它们的融合让飞机制造在理论上成为可能。

通过观察小鸟，发现机翼的扭转和弯曲可以保持飞机的稳定性，这一发现也是使莱特兄弟超前于其他早期试验者的创新突破点。上千次的试验不断修正前人的数据，科学的工具、科学的方法为莱特兄弟灌注了超越前人的勇气和热忱。1903 年 12 月 17 日，莱特兄弟的飞行者 1 号成功试飞，尽管飞行距离只有不到 37 米，但这一步无疑把人类带到一个新的自由高度，并且开启了人类的飞行历史。1909 年 6 月，莱特兄弟环绕美国自由女神像举行了盛大的飞行表演。人类长久的想象终于成为真切的现实。

航空航天产业以及所有以科学知识为前提的创新，需要的时间最长、跨度也最大，从科学到技术到产品到大众接受需要相当长的周期。法拉第 1831 年左右提出的电磁感应定律预言了电学上的发电原理，但直到 1866 年，德国西门子才应用此定律创新发明出第一台自励式直流发电机，历经 35 年；1938 年，信息论的奠基人香农发表了经典论文首次引用二进制，而直到半个世纪后的 1981 年世界上第一台个人计算机出现，人类才真正意义上实现了计算机的产业化；1969 年美国国防部资助建立阿帕网，到 1990 年万维网的发明者蒂姆·伯纳斯·李创新设计了世界上第一个网页服务器，人类用了 21 年迎来了互联网时代；1956 年，人类正式开始研究人工智能，直到 1987 年，神经网络才作为一门新学科诞生，到 2016 年 3 月 15 日，谷歌 AlphaGo 战胜韩国围棋棋手李世石，历经了整整 60 年时间，人工智能第一次变得触手可及。

5.6.8　谢赫特曼

达尼埃尔·谢赫特曼，1941 年出生于以色列的特拉维夫，理论物理学家，现为以色列工学院工程材料系教授。20 世纪 80 年代初发现了具有准晶体结构的合金，在晶体学研究领域和相关学术界引起了很大震动。准晶体的相关研究成果已被应用到材料学、生物学等多个领域。2011 年因此获得了诺贝尔化学奖。

1982 年 4 月 8 日，位于美国华盛顿的一家研究所里达尼埃尔·谢赫特曼正在从事研究工作。这一天在进行电子通过铝合金衍射实验时，他观察到了一种反常的现象，作为材料学专家，谢赫特曼意识到自己有可能发现了一种全新的材料。从那天起，他增加了实验次数，在记了整整一本实验数据之后，确信那是一种从未被发现的材料——准晶体。几年后，法国和日本的科学家分别制造出了准晶体。2011 年 10 月 5 日，一个意外的消息从瑞典传到谢赫特曼的办公室，他被告知获得了 2011 年诺贝尔化学奖。这一年谢赫特曼 70 岁，在科学的道路上，他为自己的发现坚守了 30 年。

创新是人类天生被赋予的能力，但是，颠覆性的创新往往来源于某些生命个体的智慧，而非趋同的集体选择。在历史上，大规模的集体思维取得创新进展的情况并不多见，这就意味着做出那些别人不曾想到的选择需要足够的勇气和魄力。创新者不受种族、地域、年龄的局限，横跨各个领域。从科技创新到商业模式创新，鼓励冒险、宽容失败，已经成为创新、创业市场中最响亮的口号。

5.6.9　诺贝尔及诺贝尔奖

阿尔弗雷德·贝恩哈德·诺贝尔（Alfred Bernhard Nobel），瑞典化学家、工程师、发明家、军工装备制造商和炸药的发明者，1833 年 10 月 21 日出生于瑞典的斯德哥尔摩，1896 年 12 月 10 日逝世。

诺贝尔的父亲伊曼纽尔·诺贝尔是位发明家，他发明了家用取暖的锅炉系统，设计了一种制造木轮的机器，设计制造了大锻锤，改造了设备。1853 年，俄国沙皇尼古拉一世为了表彰伊曼纽尔·诺贝尔的功绩，破例授予他勋章。诺贝尔的母亲罗琳娜·安德丽塔·阿尔塞尔有着坚强的意志和吃苦耐劳的性格，父母对小诺贝尔的一生产生了巨大的影响。

诺贝尔对文学有着长期的爱好，在青年时代曾用英文写过一些诗。诺贝尔也喜欢与文学密切相关的哲学，对于当时著名的欧美哲学家，他比较喜欢英国哲学家赫伯特·斯宾塞的实证主义哲学。诺贝尔不仅在炸药方面做出了贡献，而且在电化学、光学、生物学、生理学和文学等方面也有一定的建树。诺贝尔的一生中，仅在英国申请的发明专利就有 355 项之多。除了炸药，诺贝尔对于使用硝化甘油的导火线、无声枪炮、金属的硬化处理、焊接、熔接，以及子弹的安定、使用瓦斯的海底装备及其安全性、救助海难所用的火箭等，都获得了理论与实际的成就。他在人造橡胶、人造皮革及以硝化纤维素为基础制造真漆或染料、人造宝石等方面的实验研究都有一定的创新性。他在欧美等五大洲 20 个国家开设了约 100 家公司和工厂，积累了巨额财富。

诺贝尔去世前于 1895 年立下遗嘱，将其财产中的大部分 920 万美元作为基金，以其年息（每年 20 万美元）设立物理学奖、化学奖、生理学或医学奖、文学奖以及和平奖 5 种奖金（1969 年瑞典银行增设经济学奖），奖励当年在上述领域内做出最大贡献的学者。

从 1901 年开始，奖金在每年诺贝尔逝世时间 12 月 10 日下午四点半颁发。

诺贝尔不仅把自己的毕生精力全部贡献给了科学事业，而且还在身后留下遗嘱，把自己的遗产全部捐献给科学事业，他的名字和人类在科学探索中取得的成就一道，永远地留在了人类社会发展的文明史册上。

5.7　创新的土壤——大学使命

大学作为知识传播的殿堂，更是创新得以培育的土壤，长期以来和创新之间有着密切的连接，大学更是在创新人才培养方面承担着重要的使命与担当，本节中，我们将围绕世界上的一些著名大学以及在其发展过程中的创新进行简要的介绍。

5.7.1　大学的使命及意义

大学的根本使命应该是传承和创新知识，并应以创新知识为主。这里所说的知识包括自然科学、社会科学和艺术。

传承知识是指把以往人类取得的真正知识系统传承下来，以指导现实实践，维持人类生存和发展。创新知识是指通过新科学实验和新社会实践总结出过去没有的新知识，指导人们去开辟新天地改造旧山河，使人类生存和发展进入新水平，这是大学更为重要的使命，甚至是本质使命。西方大学一开始就是为了适应社会发展对知识的传承和创新的需要而建立起来的，现代众多的学科门类也是在此过程中逐渐发展的产物。

几百年来，在大学之路上，没有哪一所大学是专门为了创新而设立的。但是今天的创新几乎离不开大学，这些创新也许是直接从大学诞生的创新成果，也许是大学培养的创新人才。而更重要的一点是，大学是人类思想的智库。大学本身的出现就是人类文明的一项创新之举。大学是一个神圣的殿堂，大学的本质就是培养人，培养一个完善的人、培养一个健全的人、培养一个有伟大的理想和梦想将来能为这个社会承担责任的人。

现如今，大学已经成为创新人才培养的摇篮，是创新孕育的肥沃土壤。年轻的头脑在大学中创造出智慧的火花，知识的种子在这里撒播、创新的思想在这里孕育，正是大学源源不断的人才培养，让现代科学的这棵大树越来越枝繁叶茂，惠及整个人类社会。

5.7.2　乌普萨拉大学

乌普萨拉大学（Uppsala University），是坐落于瑞典古都乌普萨拉市的一所国际顶尖的综合性大学，是北欧地区的第一所大学。乌普萨拉大学经过 500 多年的改革与发展，现已成为全世界最顶尖的研究型大学之一。乌普萨拉大学于 1477 年由雅各布·乌尔夫松创立，是瑞典及全北欧历史最悠久的大学。诺贝尔奖创立者阿尔弗雷德·诺贝尔、著名物理化学家阿伦尼乌斯、前联合国秘书长道格·哈马绍、著名科学家摄尔修斯、西格班、贝采里乌斯、舍勒等众多科学大家和大批的政要，以及瑞典王室成员都曾在此工作或求学。

瑞典伟大的自然科学家和哲学家、分类学的奠基人卡尔·林奈在其职业生涯的大部分时间都活跃于乌普萨拉，在这里您也可以发现最重要的林奈系列名胜——他的家乡哈马比，林奈植物园以及古斯塔维纳姆博物馆盛大的林奈展览。截至 2017 年，乌普萨拉大学共有 15 位校友及教职工获得诺贝尔奖，是拥有诺贝尔奖得主和瑞典皇家科学院院士校友最多的瑞典大学。

17 世纪的一天，乌普萨拉大学迎来这个国家历史上的第一次公开人体解剖实验。这一步是极为艰辛和冒险的，房间里的每个人，特别是进行解剖实验的教授老奥洛夫·鲁德贝克，他们挑战了整个社会。在 17 世纪，人体被认为是灵魂寄居之处，要保持其完整性，解剖行为被教会和法律明令禁止，当时的人体研究工作只能秘密进行，现代医学就是在这样的房间里渐渐走出蒙昧。正是在大学，闪耀的灵感和大胆的探索找到了栖息之地，创新得以滋生和成长。

5.7.3　博洛尼亚大学

博洛尼亚大学（University of Bologna）创立于公元 1088 年，位于意大利的博洛尼亚。神圣罗马帝国时期，是世界上被广泛公认的、拥有完整大学体系并发展的第一所大学，被誉为"世界大学之母"。

由学生办学校是博洛尼亚大学的起源，博洛尼亚大学起初的校长也是学生。1158 年，雄霸欧洲的神圣罗马帝国皇帝腓特烈一世入侵意大利，北部城邦全部陷落，博洛尼亚也在其中。这位红胡子皇帝，却对知识的价值十分尊重，他颁布了一项学术特权法令：每个人都可以自由地做一些学术研究，不会因为自己的观点而受到当地行政长官的迫害，如果和当地发生冲突也可以不由当地行政长官来裁判。这份特权使大学里的学生和学者拥有了崇高和自由的地位，大学不受任何权利影响，作为独立研究场所享有自治的权利。学术特权在冥冥之中成就了大学独立治学的渊源。

随后三百年里，博洛尼亚大学的声誉传遍欧洲，这里成为最著名的罗马学术圣地，还增设了神学、医学、哲学、天文、算术等学科，诗人但丁、文艺复兴之父彼特拉克、哲学家伊拉斯谟、天文学家哥白尼都曾在博洛尼亚大学学习或执教。1988 年 9 月 18 日，博洛尼亚大学建校 900 年之际，欧洲 430 个大学校长在博洛尼亚的大广场共同签署了欧洲大学宪章，正式宣布博洛尼亚大学为"大学之母"，即欧洲所有大学的母校。

5.7.4　牛津大学

牛津大学（University of Oxford），简称"牛津"，位于英国牛津，是世界顶尖的公立研究型大学，采用书院联邦制。罗素大学集团成员，被誉为"金三角名校"和"G5 超级精英大学"。牛津大学是英语世界中最古老的大学，也是世界上现存第二古老的高等教育机构。

牛津是泰晤士河谷地的主要城市，传说是古代牛群涉水而过的地方，因而取名牛津。12 世纪中期，巴黎大学建立，奠定了现代大学的管理基础。早在 1096 年，就已有人在牛津讲学。在 12 世纪之前，英国是没有大学的，人们都是去法国和其他欧陆国家求学。1167 年，英法两国关系恶化，在巴黎大学读书的英国学生们回到家乡，他们来到牛津城的一个小学院，于是人们开始把牛津作为一个"总学"，这实际上就是牛津大学的前身。学者们之所以会聚集在牛津，是由于当时亨利二世把他的一个宫殿建在牛津，学者们为取得国王的保护，就来到了这里。12 世纪末，牛津被称为"师生大学"。

牛津的学院系统产生于大学诞生之时，牛津共有 38 个学院。该校涌现了一批引领时代的科学巨匠，培养包括 28 位英国首相及数十位世界各国元首、政商界领袖。牛津大学在数学、物理、医学、法学、商学等多个领域拥有崇高的学术地位及广泛的影响力，被公认为是当今世界最顶尖的高等教育机构之一。

5.7.5　剑桥大学

剑桥大学（University of Cambridge），是一所世界顶尖的公立研究型大学，采用书院联邦制，坐落于英国剑桥。罗素大学集团成员，被誉为"金三角名校"和"G5 超级精英大学"。

剑桥大学成立于公元 1209 年，是英语世界中第二古老的大学。800 多年的校史汇聚了艾萨克·牛顿、开尔文、麦克斯韦、玻尔、玻恩、狄拉克、奥本海默、霍金、达尔文、沃森、克里克、马尔萨斯、马歇尔、凯恩斯、图灵、怀尔斯、华罗庚等科学巨匠，约翰·弥尔顿、拜伦、丁尼生、培根、罗素、维特根斯坦等文哲大师。

剑桥大学在众多领域拥有崇高学术地位及广泛的影响力，被公认为是当今世界最顶尖的高等教育机构之一，设有八座文理博物馆，馆藏逾 1500 万册的图书馆系统。该校采用书院联邦制，31 所学院错落有致地分布在只有十万人左右的小镇里。各学院高度自治，但是都遵守统一的剑桥大学章程。大学与学院虽相辅相成，却是不同的实体，在经济上也是独立的。

800 年前，剑桥大学制定了这样的校训——此地乃启蒙之所，智识之源。800 余年的积淀，这里诞生了世界上最多的诺贝尔奖获得者，被称为诺贝尔奖的摇篮。而今天，剑桥向世界输送的人才也越来越多样化，但培养和塑造有探索精神、有独立思想、有社会担当的人，依然是剑桥大学最为珍视的理念。

5.7.6　洪堡大学

柏林洪堡大学（Humboldt–Universitat zu Berlin），简称洪堡大学，创办于 1810 年，前身是柏林大学，位于德国首都柏林，是一所公立综合类研究型大学，第二次世界大战前的德国最高学府和世界学术中心。洪堡大学是蜚声中外的高等学府，也是欧洲最具影响力的大学之一，德国精英大学成员。

洪堡大学的创建者洪堡兄弟极力强调大学是科学研究的中心，应该将科学视为永远无法穷尽的事物不停探索下去。科学活动有它独立的价值，当科学似乎多少忘记了生活时，才会为生活带来至善的福祉。洪堡不仅仅想要传播专业知识，而且要超越于此，更好地理解世界、理解人们的需求和人类发展的轨迹。基于这样的理念，洪堡大学成为世界上第一所研究型大学。

洪堡大学建成后的 100 年里，德意志不仅完成了统一，并且由一个农业国变为强大的工业国。1901 年，第一届诺贝尔奖的五个奖项中，三个科学奖项都被德国人摘取，柏林洪堡大学的前身柏林大学历史上曾产生 57 位诺贝尔奖获奖者。爱因斯坦、普朗克、黑格尔、玻恩、亥姆霍兹、赫兹、哈伯、薛定谔、韦伯、格林、叔本华、谢林、海涅、魏格纳等一大批学界大师都曾在该校学习任教。一直到第二次世界大战之前，洪堡大学都是世界学术的中心。

5.7.7　希伯来大学

希伯来大学（The Hebrew University of Jerusalem），全称为耶路撒冷希伯来大学，简称希大，是犹太民族的第一所大学，同时也是犹太民族在其祖先发源地获得文化复兴的象征，全球大学高研院联盟成员。

1925 年 4 月 1 日，这所大学正式建立。这一天，一批世界各国最知名的犹太人，组成了希伯来大学第一届董事会。他们有德国的物理学家爱因斯坦、奥地利的心理学家弗洛伊德、哲学家巴博、英国的化学家魏茨曼。希伯来大学历经了七年的筹备，与其说这是一所大学，莫若说这是犹太人在长达千年的离散后，对光复民族精神的感召和寄托，是呼唤独立的告白。

将希大建成具有国际声誉的高等学府、为犹太人国家的创建与发展发挥重要作用、把希大建成一所犹太人的大学是希伯来大学的三个主要目标。现在的希伯来大学是以色列首屈一指的综合性大学和顶尖研究机构，名列国际大学综合排名前百位，在以色列综合排名第一位，被誉为"中东的哈佛"。

5.7.8　达特茅斯学院

达特茅斯学院（Dartmouth College），成立于 1769 年 12 月 13 日，是位于美国新罕布什尔州汉诺威镇的一所私立研究型综合性大学。达特茅斯是八所常春藤联盟名校之一，是美国历史最悠久的学院之一，也是建校早于美国建国的九所殖民地学院之一，保持着极其"小而精"的学术标准。

1815 年，律师丹尼尔·韦伯斯特接到一份来自母校达特茅斯学院的诉讼请求。达特茅斯学院是一所建立于殖民地时期的大学，一位传教士从殖民地总督那里获得了办大学的特许状，并自筹资金成立了这所学院。在美国独立之后，学院所在的新罕布什尔州州政府接替了殖民地总督的治理权。州政府对达特茅斯学院投入过一些资金，于是要求学院修改章程，把私立大学改成公立大学，加强州政府的控制。对州政府的做法，达特茅斯学院坚决反对，将州政府告上法庭。然而这场官司中，州法院却支持州政府的决定。达特茅斯学院不服判决，上诉到美国最高法院，决意为学院的命运做最后一搏，而希望被寄托在律师韦伯斯特身上。在法庭上，韦伯斯特发表了一篇精彩的辩护演讲，他说："毋庸置疑，本案的种种条件构成了一个契约，向英王申请特许状是为了建立一个宗教和人文的机构，如果此类特许权可以随时被夺走或损害，那么财产也可以被剥夺和改变用途，所有高尚的灵魂都会离开学校。"他认为如果学校特许状的颁布因为政党的变化而左右，会逐渐削弱教育机构在教育上的竞争力，因为它们会表现得政治正确，这也是他在本案中的主要论点。为什么不能让政府改变学校的特许状，因为那会政治化学校的性质。最终，最高法院以五票赞成、一票反对、一票弃权宣判达特茅斯学院获胜。韦伯斯特一战成名，守卫了母校独立。

这次诉讼被列入影响美国的 25 个司法大案，为国家不允许干涉大学这一原则奠定了法律基础，也对美国的教育史影响深远。

5.7.9　哈佛大学

哈佛大学（Harvard University），常春藤盟校、全球大学高研院联盟成员，坐落于美国马萨诸塞州波士顿都市区剑桥市。哈佛大学是美国本土历史最悠久的高等学府，建立于1636 年，1639 年 3 月更名为"哈佛学院"，1780 年正式改称"哈佛大学"。

哈佛大学是美国历史最悠久的学府，比美国建国还要早 140 年，第一届的学生只有九名。1869 年，哈佛大学迎来了历史上最年轻的校长，35 岁的哈佛毕业生查尔斯·艾略特。在艾略特看来，哈佛不应该是对欧洲大学的复制，它应该从美国自身的土壤中成长起来，具有自身的特色，应该富有开拓精神，从根本上使哈佛蜕变为现代美国的研究型大学。到今天，哈佛这样一个有 6000 名左右本科生的学校开出了 6000 门左右的课程，所以学生想学的东西基本上在哈佛都能学到，这是世界上很多其他大学做不到的，这也成了美国教育的一个理念。

艾略特率先在哈佛大学推行的选修制，到 20 世纪初在美国大学得到普及，大学教育实现了颠覆性的突破。现如今，哈佛大学在文学、医学、法学、商学等多个领域拥有崇高的学术地位及广泛的影响力，被公认为是当今世界最顶尖的高等教育及研究机构之一。

5.7.10　麻省理工学院

麻省理工学院（Massachusetts Institute of Technology），位于美国马萨诸塞州波士顿都市区剑桥市，创立于 1861 年，侧重应用科学及工程学，是世界著名私立研究型大学。麻省理工学院素以顶尖的工程学和计算机科学而著名，拥有麻省理工人工智能实验室、林肯实验室和媒体实验室，其研究人员发明了万维网、GNU 系统、Emacs 编辑器、RSA 算法，等等。该校的计算机工程、电机工程等诸多工程学领域在世界大学学术排名中位列前茅，与斯坦福大学、加州大学伯克利分校一同被称为工程科技界的学术领袖。

20 世纪，麻省理工学院最主要的成就是由杰·弗里斯特领导的旋风工程，其制造出了世界上第一台能够实时处理资料的"旋风电脑"，并发明了磁芯存储器。这为个人电脑的发展做出了历史性的贡献。而在 1980 年代，麻省理工大力帮助美国政府研发 B-2 幽灵隐形战略轰炸机，显示出先进的"精确饱和攻击"能力。麻省理工就此赢得"战争学府"之美誉。正如麻省理工学院校徽上向世人展示的那样，图案上一个手持铁锤的人，一个埋头苦读的人，表达了麻省理工学院的教育理念。动手与动脑，行动与思考，两相并举缺一不可，激发了无数善于思考又善于解决实际问题的人。随着时间的推移，这样的理念沉淀成麻省理工学院的独特气质。时至今日，麻省理工学院在基础科学方面的研究硕果累累，为世界的技术进步、商业繁荣贡献了持续前行的动力。今天这所学校创造的财富，相当于世界第十一大经济体。

5.7.11　斯坦福大学

斯坦福大学（Stanford University），位于美国加州旧金山湾区南部帕罗奥多市境内，临近高科技园区硅谷，是私立研究型大学，全球大学高研院联盟成员。斯坦福大学于1885年成立，是美国占地面积最大的大学之一。

斯坦福大学在创建之初便确立了鲜明的办学宗旨，即使所学的东西都对学生的生活直接有用，帮助他们取得成功。斯坦福的腾飞，还得归功于斯坦福8000多英亩的面积。1951年，工程学院院长特曼提出了一个构想：将1000英亩以极低廉、只具象征性的地租，长期租给工商业界或毕业校友设立公司，再由他们与学校合作，提供各种研究项目和学生实习机会。这一思想的提出，成为斯坦福大学的转折点。斯坦福成为美国首家在校园内成立工业园区的大学，工业园区内企业一家接一家地开张，不久就超出斯坦福所能提供的土地范围，不断向外发展扩张的企业，逐渐形成了美国加州地区科技尖端、人才高地的"硅谷"。从此斯坦福大学就成了硅谷的核心，是全世界科技创新的中心。

斯坦福成了一所盛产企业家的大学，著名的科技公司有：惠普、耐克、思科、雅虎、谷歌等。今天世界上至少有5000家公司，其创办者是来自斯坦福的教授或学生。企业家精神就是斯坦福大学的一部分。如果说常春藤大学为整个美国培养精英，斯坦福则在为硅谷源源不断地输送创新人才，这所被称为硅谷心脏的大学。它的校训来自16世纪德国人类学家修顿的一句话——自由之风永远吹拂。

5.7.12　清华大学

清华大学（Tsinghua University），前身清华学堂始建于1911年，校名"清华"源于校址"清华园"地名，是晚清政府设立的留美预备学校，其建校的资金源于1908年美国退还的部分庚子赔款。1912年更名为清华学校。

清华大学的校训"自强不息、厚德载物"是从1914年冬梁启超在清华学校同方部作的题为"君子"的演讲中而来。1914年11月，梁启超到清华演讲，以《周易》的两个象辞"天行健，君子以自强不息"（乾卦）、"地势坤，君子以厚德载物"（坤卦）激励学子，指出：君子自励犹如天体之运行刚健不息，不得一曝十寒，不应见利而进，知难而退，而应重自胜摈私欲尚果毅，不屈不挠、见义勇为、不避艰险、自强不息；同时，君子应如大地的气势厚实和顺，容载万物、责己严、责人轻，以博大之襟怀，吸收新文明，改良我社会，促进我政治，以宽厚的道德，担负起历史重任。

清华大学本科教育传承"培养具有为国家社会服务之健全品格的人才"的教育理念，建立了价值塑造、能力培养和知识传授"三位一体"的教育模式，坚持和完善世界一流、中国特色、清华风格的教育教学体系。通过构建研究型本科教学体系，优化本科培养方案、建设优质的课程，持续提升教育质量，使学生通过本科阶段的培养成长为"高素质，高层次，多样化，创造性"的骨干人才。

5.7.13　北京大学

北京大学（Peking University），创立于 1898 年维新变法之际，初名京师大学堂，是中国近现代第一所国立综合性大学，创办之初也是国家最高教育行政机关。

北京大学是新文化运动的中心和五四运动的策源地，最早在中国传播马克思主义和科学、民主思想，是创建中国共产党的重要基地之一。长期以来，北京大学始终与中国和中国人民共命运，与时代和社会同前进。

1955 年，为了尽快建立中国的核工业体系，北大建立了全国第一个原子能人才培养基地——物理研究室（技术物理系前身）。此外，北大在中国最早培养半导体专业人才，并在中国计算机研究起步阶段就开办了计算机学习班。据 1966 年的统计，北大时有在校生近 9000 人，这期间北大培养的毕业生有百余人后来成为中国科学院、中国工程院院士；北大也取得了一系列科研成果，如人工合成结晶牛胰岛素等；1955 年中国科学院首批 223 名学部委员中，北大在任教师有 28 人，居中国高校之首。

5.7.14　大连海事大学

大连海事大学（Dalian Maritime University），是中华人民共和国交通运输部所属的全国重点大学，是国家世界一流学科建设高校、211 工程建设高校，是中国著名的高等航海学府，有"航海家的摇篮"之称。

作为中国最早的高等航海教育学府，其前身可追溯到 1909 年晚清设立的邮传部上海高等实业学堂船政科，系晚清至新中国建立四十余年间中国仅有的三所海运高等院校合并而成。1953 年，由东北航海学院、上海航务学院、福建航海专科学校合并成立大连海运学院。1994 年，大连海运学院更名为大连海事大学。

在这里，诞生了我国第一部航海表；第一台重型柴油机台；第一台自行设计的自动操舵机；第一项内燃机方面的专利；航海模拟器、轮机陆上机舱、未来海上通信导航、海底工程技术，举世领先。学校自主研发的船舶交通管理系统打破西方垄断，填补国内空白；

参与中国海军亚丁湾护航任务；参与起草完成中国第一部《海商法》。

昨日之海大人才辈出，他们的努力与奉献，浓缩了海大人为交通运输事业终生奋斗的初心。今日之海大，辽宁舰航行事业有海大贡献，神舟飞船有海大技术，蛟龙入海有海大身影，和谐号动车有海大智慧，海事救捞有海大声音，极地科考有海大力量，全球 20余万海大人遍布政经管理、科研创新、军队国防、人文社科各个领域，为时代发展贡献力量。

5.8　创新的环境——政府责任

在国家创新发展过程中，政府发挥了重要作用。一方面，政府是创新的主体，需要不断推进自身变革，以适应经济社会发展要求。另一方面，作为制度供给主体，政府也是创新的"推进器"，为其他层面的创新提供制度保障。在不同的技术发展阶段，政府的作用是不一样的。在跟踪模仿阶段，市场和技术都比较成熟，是可预见的，政府可以通过计划、规划去引导科研经费的投入方向，引进技术消化吸收。目前，我国从跟踪模仿逐步成为并行者，部分领域进入世界技术前沿，此时，技术路线和市场的不确定性增强，政府不宜通过计划、规划确定未来的发展方向，而应重点对前期的研发进行支持，并做好后续的示范和推广。

政府为促进创新发展提供了强大推力。政府凭借其强大的动员和宣传教育能力，能够有效促进创新理念的培育与普及，为创新发展营造有利的社会氛围。政府通过创设外部环境，譬如提供完备的法制体系，利好的政策导向，持续的科研投入，宽松的社会环境以及畅通的信息平台等，来充分调动人的积极性，发挥人的创造潜能。政府可以整合创新资源。创新工作是一项复杂的系统活动，它涉及人才、资金、技术等要素的互动集成，不同主体、层级与部门的协作配合，以及不同制度机制的协调对接。政府提供的各种制度安排，譬如政府、市场、社会等资源配置机制的综合运用，促进了创新要素的自由流动与有机整合，提升了创新资源的配置效率。政府可以保护创新成果。政府通过立法，对创新成果专有权利加以界定和保护，建立创新成果的使用、补偿与回报机制，是创新行为得以持续的关键。如果没有知识产权保护，创新成果就可能会被随意模仿和抄袭，创新者的根本利益将难以得到保障，创新积极性也会备受挫伤。

5.8.1　政府的角色

西方发达国家在 1953—1973 年的 20 年间最有影响的 500 项技术创新中，美国占 63%，英国占 17%，日本和当时的联邦德国各占 7%。曾经在科技实力上遥遥领先的英国，创新排名不再乐观，美国独占半壁江山，日德则一路追赶。英国的变革势在必行，撒切尔夫人正是在此时当选为首相，而她的态度在当选之前就已经明确——政府退出对经济的介入，重建市场活力。

这场改革从一定程度上来说，是创新内部的大挑战，所有的创新都涉及，有人要为改变付出代价和承担后果，改变总是昂贵和困难的。20 世纪 80 年代，英国的铁路、石油、电信、天然气、钢铁、自来水等行业纷纷脱离了国家的投资，走上市场化道路。循序渐进的十年变革为英国注入了新的生长因子，当撒切尔夫人离任时，英国经济一直保持着 5% 的增速。

那是一个全世界都在寻求经济增长，寻求变革和突破的时代，有 80 多个国家先后经历了市场化的过程。在中国，影响深远的改革开放开始启动；在美国，面对美元贬值、油价升高带来的通货膨胀，市场调配资源的方式越来越被看重；在日本，大大小小的企业通过对市场的耕作，开拓成长空间。然而，如同政府替代不了市场一样，很多情况下市场也替代不了政府。

在一个社会的运行中，创新的活力、市场的激励、政府的权力，各自扮演着重要的角色。政府既不高高在上，又不可或缺，但政府应该怎样去做，每个国家都会遇到相似的挑战。

5.8.2　政府的作用

1945 年，马丁·雅克出生于英国。他以一等荣誉学士学位的成绩从曼彻斯特大学毕业，后进入剑桥大学国王学院攻读博士学位，之后在布里斯托大学经济与社会史系担任讲师职位。马丁·雅克认为，中国儒家思想具有说服性和包容性。儒家思想宣扬道德、良政、秉公执法等，这种模式对周边地区有着强大的吸引力，慢慢地周边民族都愿意成为中国的一部分。这种民族融合的过程是很复杂的，融合的原因也不尽相同，最重要的原因是良政善治。中国人对政府作用抱有很大的期望，认为政府应该有所作为，政府必须是有能力的，政府官员必须能干。换句话说，中国采取的是贤能政治，中国政治体制注重的是选贤任能，这跟西方完全不同。

5.8.3 盐碱地治理

中国作为人口大国,人均耕地面积仅有 0.09 公顷,不及世界平均水平的一半。保障粮食安全,始终是我国政府治国安邦的头等大事。从粮食长期短缺,到总量基本平衡、丰年有余,中国政府成功解决了几十亿人的吃饭问题,实现了历史性跨越。进入新世纪,随着人口增加、城镇化推进,人民生活水平提高,粮食需求量呈刚性增长。2004 年以来,党中央就解决"三农"问题连续发布的 16 个中央一号文件均涉及保障粮食安全内容。我国科技界也一直致力于农业科学研究,推动科技创新成果向粮食生产转化,实现"藏粮于地,藏粮于季"。盐碱地治理对解决粮食问题有重要作用。

盐碱地是指土壤所含的盐分影响作物正常生长的土地,盐碱严重的土壤植物几乎不能生存。中国是盐碱地大国,盐碱荒地和影响耕种的盐碱地总面积超过 5 亿亩,分布于西北、东北、华北及滨海地区的 17 个省区,盐碱地面积世界排名第三。

盐碱地治理是一个世界性的难题,因为盐碱地主要分布于北方的干旱半干旱地区,这一地区的淡水资源非常少,如果没有水,盐碱地治理是非常困难的。庆幸的是,这里地下咸水、微咸水资源丰富且冬季寒冷。受当地百姓融化海水冰获取淡水的启示,刘小京带领他的团队因地制宜,创造了咸水结冰融水入渗技术。在冬季最寒冷的节气,他们将咸水灌入农田,低温令咸水结冰。第二年春天,冰点较低的咸水冰首先融化,携带着盐分渗入土壤;随着温度的进一步升高,淡水冰开始融化,淡水在渗透的过程中,将土壤中的盐分带入下层土壤,使地表耕种层的盐分大为降低。随着水、肥、土、种等关键技术的突破,昔日的盐碱滩变成了如今的米粮仓。

5.8.4 沙漠治理

良好的生态环境是最公平的公共产品,是最普惠的民生福祉。推进环保科技创新,强化绿色发展,就是要把大气、水、土壤等关乎百姓美好生活的自然环境,生态系统领域的短板,作为科研攻关的主战场。

乌兰布和沙漠是我国八大沙漠之一,每年以 2~8 米的速度向黄河推进,这里年均降水量不足 160 毫米,蒸发量却高达 3500 毫米,然而在如此恶劣的自然环境中竟有一片 200 多亩的沙漠绿洲,这里就是福建农林大学国家菌草工程技术研究中心的试验基地。试验基地中硕大的西瓜,是在巨菌草种植的第二年从流动沙丘上生长出来的。巨菌草的根能够将沙牢牢固住,如同一个麻袋一般,一个节种下去以后,生长五个月便能达到 15.2 平方米的固沙面积。根系发达的巨菌草数月内就能将流动沙地固住,用菌草在黄河两岸建立起生态安全屏障，阻止乌兰布和沙漠，让母亲河的脚步更轻松。

菌草用途广泛，除了生态治理还是优良的饲草，并可用于菌类培养。2018 年，全国菌草种植面积已超过 60 万亩，每亩年收入达 4000 元。开发菌草的一些产业，既能够使生态环境有力地改善，同时也能够使当地的农民和居民有良好的收益。

目前菌草技术已推广到国内 32 个省（自治区、直辖市），传播到世界 105 个国家。随着我国经济社会深刻变革，国家站在经济社会全局的高度统筹考虑，充分发挥科技创新的基础性作用。在民生领域，从扶贫、医疗、环境生态等多个环节入手，在补短板中提高保障和改善民生，为民生领域发展注入了新活力。

5.8.5 新药研发

没有全民健康，就没有全面小康。2006 年，《国家中长期科学和技术发展规划纲要》将安全科技、环保科技、健康科学等民生科技，纳入了国家科技战略。2008 年，我国启动实施了重大新药创制专项，针对恶性肿瘤等 10 类重大疾病，自主研制和技术改造了诸多药物。截至"十二五"末，累计 90 个品种获得新药证书，在肺癌、白血病、耐药菌防治等领域，打破了国外专利药物的垄断，促使部分国外专利药物大幅降价，减轻了患者的用药负担。

随着我国进入老龄化社会，老年疾病患者日益增多，眼底黄斑变性是全球三大致盲病种之一，我国 50 岁以上人群的黄斑变性发病率已经高达 15.5%，如果得不到有效治疗，两年内患者就有可能致盲。2014 年之前，我国治疗眼底黄斑变性的药物，完全依赖进口，一支针剂的价格高达 9800 元，令普通患者望而却步。

2014 年，康弘药业的研发团队在耗资 10 亿，历经 10 年的艰难探索之后，最终研制出融合蛋白分子结构，破解了眼科生物制药的关键技术，研发出用于治疗湿性黄斑变性的新一代生物制剂康柏西普。康柏西普的面世，打破了国外专利药物垄断，不仅每支针剂的售价降低到 6800 元，并将注射频次从每年 12 次降为 6 次。相对于使用进口药，每年可为每一位患者节省 7 万多元。2017 年，康柏西普进入国家医保目录，进一步减轻了患者的负担。康柏西普，不仅是我国重大新药创制的成就，还是我国第一个获得世界卫生组织国际通用名的生物一类专利新药，中国药企在眼科生物制药领域，实现了由跟跑到并跑的跨越。

5.8.6 中国的精准扶贫及推进措施

精准扶贫，是粗放扶贫的对称，是指针对不同贫困区域环境、不同贫困农户状况，运用科学有效程序对扶贫对象实施精确识别、精确帮扶、精确管理的治贫方式。

中国精准扶贫的一个典型特征，就是充分发挥中国特色社会主义制度的优势，动员全社会参与，形成专项扶贫、行业扶贫、社会扶贫等多方力量、多种举措有机结合和互为支撑的"三位一体"大扶贫格局。具体推进措施如下。

（1）精确识别，这是精准扶贫的前提。通过有效、合规的程序，把谁是贫困居民识别出来。总的原则是：县为单位、规模控制、分级负责、精准识别、动态管理；开展到村到户的贫困状况调查和建档立卡工作，包括群众评议、入户调查、公示公告、抽查检验、信息录入等内容。

（2）精确帮扶，这是精准扶贫的关键。坚持实事求是，因地制宜，分类指导，精准扶贫的工作方针，重在从人钱两个方面细化方式，确保帮扶措施和效果得到落实。

（3）精确管理，这是精准扶贫的保证。农户信息管理、阳光操作管理、扶贫事权管理。各部门以扶贫攻坚规划和重大扶贫项目为平台，加大资金整合力度，确保精准扶贫，集中解决突出问题。

日前，中国官方发布《人类减贫的中国实践》白皮书，公布了这场斗争的成果：2020年年底，中国如期完成脱贫攻坚目标任务，现行标准下9899万农村贫困人口全部脱贫；按照世界银行国际贫困标准，中国减贫人口占同期全球减贫人口70%以上，提前10年实现《联合国2030年可持续发展议程》减贫目标。无论是速度还是体量，中国减贫成就都是当之无愧的"人间奇迹"。

5.9　创新的资本

创新离不开资本，需要资本和资本市场的支持。资本，跟其他生产要素一样，是经济发展过程中不可或缺的。本节将从技术发展的角度来讨论资本、市场、技术和资本的结合等在创新中发挥的重要作用。

5.9.1　资本在企业创新中的作用

资本在企业运作的过程中起到了非常重要的作用，主要表现在如下几个方面。

（1）系统解决公司经营正规化和规范化的问题。很多企业在初始阶段，会出现一个人身兼多职，又是大股东又是财务管理者，致使资源无法整合，没有形成一套系统制度和管理体系。

（2）解决企业结构和业务结构选择的问题。资本市场对产业未来的影响，会影响企业本身的战略设计，并最终体现在对企业产业结构和资产布局的调整。

（3）融资问题和资本对接问题。用资本的方式升级带来利润的升值，则更容易促进资本的收入，通过直接进入二级市场，那些场外场内的资金都可以成为企业经营资金的来源。

（4）吸引优质人才。高级人才的吸引已经不单单是依靠工资更依赖通过资本市场的增值来体现，因此资本制度上也出现了期权等一系列的股权激励方式。一个人真正的劳动能力和专业价值可以得到资本的体现，高端人才的价值更依赖于资本市场的定价。

（5）解决平台问题、手段问题和工具问题。如果有了一定量的资本之后对待同行的态度已经不再是纯粹的竞争关系，可以是合并关系、重组关系和联手上市关系。当具有一定量资本之后，企业自身也会成为整合资源的平台。

5.9.2　计算机的发明

技术的创新对人类生活的改变离不开计算机的发明。如果历数世界范围内为计算机领域做出杰出贡献的人，英国科学家阿兰·图灵是重要的一位，他被称为计算机科学之父。之所以获得如此殊荣，源于他在第二次世界大战期间的一项重要发明。以阿兰·图灵为首的一批数学家在布莱彻利庄园研发了世界上第一台电子计算机，命名为巨人计算机。巨人计算机的研发基于这些年轻学者对于数学理论的创新应用，在第二次世界大战期间被用来破解德国军事密码。图灵曾开创性地提出：人的大脑好似一台巨型的电子计算机，于是电子计算机才有了今天的名字——电脑。但是这位天才关于计算机的构想却没有机会在本国变为现实。第二次世界大战之后，图灵供职的英国国家物理实验室认为图灵计算机在工程与技术方面过于困难，最终放弃了。

30年后，1981年8月12日，世界上第一台个人计算机IBM5150由美国IBM公司推出，这是计算机从实验室走向市场的重要一步。英国发明了计算机，而计算机的商业腾飞却是在美国。计算机，这项源于英国的发明，最终随着个人电脑时代的到来在美国实现了产业化，并带动了软件业、信息技术和互联网等相关产业的飞速发展，塑造了美国在20世纪的经济腾飞，而这一切，离不开市场。发明不会变成创新，除非发明被放到市场中，被大量原来不知道自己需要这些应用的人消费。在人类历史上，激动人心的科学发现和重大发明数不胜数，但是如果没有市场的放大器，这些伟大无法带来社会的进步与繁荣，无法塑造现代经济的活力，更无法将国家推入持续的大繁荣。

5.9.3　人工红细胞生成素

今天我们见到的所有创新，都是经历过市场筛选的，创新背后是更为复杂、艰难地走向市场的探索，也是每一个新技术、新产品、新服务从幕后走向台前的过程。

安进公司总部是全球最大生物制药企业之一。36 年前，当这家公司刚刚成立的时候，公司科学家林福坤带领的研究小组提出了一个在未来有可能造福许多病患甚至改变生物医药史的课题——红细胞生成素的人工合成。

创新有时候不仅取决于付出多巨大的努力，还需要一些幸运之神的眷顾。在历史上，化学家凯库勒是在梦里发现了苯分子的结构；托马斯·爱迪生无意中从手上涂的油烟中发现了一种灯丝；设计出空调的发明家开利，最初的想法只是为了调节空气的湿度；亚历山大·弗莱明因为忘记盖上一个皮氏培养皿而发现了青霉素；创新的偶然为那些从无到有的创新带来了更多不确定性。

1983 年 10 月，这种偶然性降临在了安进公司的实验室，在检查一个 DNA 片段的图像时，林福坤小组有了意外的发现。历经了将近十年的研发和临床试验，1989 年 6 月人工红细胞生成素最终获得美国食品药品监督管理局的批准，正式上市销售。上市销售的第一天，收入达 2000 万美元，上市后的两年时间，收入超过 5.8 亿美元。这种药物的问世为安进公司带来了丰厚的投资和回报，并且在市场中存活了下来。

然而，不是所有的项目都像人工红细胞生成素一样幸运，在生物制药领域，大部分创新都没能走出实验室。创新是需要承担高风险的艰难过程，要有足够的耐心、资源以及杰出的团队，只有这样才可能通过整合资源，最终将创新推向市场。

5.9.4　市场及其在创新中的作用

一个创新最终能否走向市场需要有前瞻眼光的企业家，需要专业的研发人员，需要有资金的注入，还要有生产商的配合，制定严密的市场策略和推广活动。在这些复杂的过程中，哪怕出了一丝差错，也有可能导致一个创新就此夭折。太多的如果、数不清的环节在影响着创新的命运。在当今世界上除市场以外，又有哪种组织形式可以对如此复杂又如此偶然的创新做出甄别、检验和评估呢？

市场是由供给方、需求方、交易设施等硬件要素和交易的结算、评估、信息服务等软件要素构成的商务活动平台，可以对复杂又偶然的创新做出甄别、检验和评估。当前，要发挥市场在创新中的四个方面的作用。

（1）试错作用。创新是伴随风险的智慧型活动，创新有可能成功，也有可能失败，创新常常就是一个试错的过程。由于市场具有分众化、机制活、反应迅速等特点，通过试错可以提升产品的市场适应性。事实上，一个创新成果往往都是在千百次试错的基础上形成的。

（2）聚合作用。创新常常需要协同，既有上下游的协同，也有左中右的协同，还有跨行业的协同等。协同期间，市场的力量起到主导作用。

（3）火车头作用。市场对业态、技术、模式的创新需求最为敏感，只要有适宜的市场环境，各行各业的企业都将争当创新火车头。

（4）反向作用。对政府来说，市场有时会产生反向推动作用，就是倒逼政府该从哪里退出、该从哪里进入，政府要高度重视市场的反作用信号。

今天，在全球创新排行榜上排名靠前的几乎都是市场化程度高的国家，北欧诸国借助开拓全球市场，在资源贫乏的土地上打造了世界上最富裕的国度。以色列拥有中东地区最为完善的创业生态链，被誉为创业的国度。在英国伦敦，科技企业聚集的硅环成为全欧洲创新活跃度最高的地区。而在全球创新排行榜上，韩国作为亚洲国家能够始终名列前茅，制定了以市场经济为主导的策略，更是造就了三星与 LG 等世界级创新公司。中国的深圳，作为改革开放之后最先市场化的城市，经过改革开放 40 年来的发展，成为中国市场化程度最高的城市，来自天南海北的移民，成了这座城市的主人，在这里实现着他们的创新梦想。

5.9.5　诺基亚的兴衰

1865 年一个名叫弗雷德里克·艾德斯坦的工程师在名为诺基亚的河流边开启了创业旅程，他给公司起的名字就叫诺基亚。诺基亚总部大楼占地近 5 万平方米，建于 20 世纪 90 年代，正是诺基亚开始腾飞的时候，这里印证着诺基亚成为芬兰第一家全球性大公司的历程。从 1996 年开始，诺基亚手机的市场份额曾连续 14 年蝉联世界第一。伴随科技以人为本的广告语，它成功地让诺基亚的铃音响彻这个星球的各个角落。

创新并不仅仅是要发明一个新东西，而是去定义文化趋势，使科技更好地融合。作为当时全球最大的手机制造商诺基亚并没有把来自硅谷的苹果公司放在眼里，在 2009 年的一次采访中，诺基亚的首席战略官提出，iPhone 将会一直是小众市场。而就在说这句话的时候，诺基亚的生命时钟已经被调快了。两年后，保持了 14 年的桂冠落下帷幕，而取代诺基亚成为全球最大的手机制造商的是一家来自韩国的公司——三星。

那一年也标志着手机不再是电信设备生产商的天下，与诺基亚同时代的巨头们，那些曾经被市场造就的企业正在逐渐退场，一个时代就此终结。科技公司的运营就像在跑步机上跑步一样，你不能控制跑步机的速度，跑步机的速度根据世界发展规律而变化。很多时候新的技术来自那些并非传统的竞争者，因此他们很少被关注，而当这一切真的发生时，传统公司没有任何反应机会，他们的产品可能一夜之间分文不值。

5.9.6　华大基因

人类基因组计划由美国科学家于 1985 年率先提出，要把人体内的约 2.5 万个基因的密码全部解开，同时绘制出人类基因组的图谱，被誉为生命科学的登月计划，中国于 1998 年加入了这一计划。

2007 年年逾五十的汪建离开中科院，南下深圳开启了一个新的旅程，也是他人生中新的挑战与改变。深圳市盐田区北山工业区的一个厂房，这里就是汪健参与创立的华大基因总部。

既然进入市场，就要适应市场规则。随着基因技术产业化日益成熟，市场竞争也日趋激烈。国外几家主要仪器商，纷纷转型进入技术应用领域，并把业务拓展重点瞄准中国市场，他们同样掌握着基因测序技术，而且还拥有中国企业没有的核心仪器设备、研发制造的优势，这一点成为打压下游企业，尤其是中国本地企业的一大利器。

为摆脱困境，华大基因决定反向收购上游公司。2013 年，华大基因展开对当时美国纳斯达克上市的基因测试设备开发商和制造商 CG 公司的全额收购。这是世界历史上第一次中国私营企业发起对美国上市公司的收购。

华大基因为了这次并购不惜一切，经过长达 9 个月的评估，收购才终于尘埃落定，而此时精疲力尽的汪健已经来不及感受收购之后的喜悦了。在竞争激烈瞬息万变的市场中，一家企业要去探索未知的领域，依然面临着未来的不确定性。但自从选择离开体制的那天开始，就意味着要接受市场的残酷。而对于当今的中国，创新的活力也催生于市场经济的环境之下，越来越多的企业成为引领中国创新的主体。

5.9.7　科技和资本的结合

从历史到今天，几乎每一个改变世界的创新梦想背后，都有资本的力量伴其左右。14 世纪，文艺复兴拉开近代欧洲史的序幕，在达·芬奇、拉菲尔、米开朗基罗这些如雷贯耳的艺术家背后，是来自犹太银行家美帝奇家族的资本。15 世纪，西班牙与葡萄牙开启了地理大发现，与哥伦布一起去往美洲大陆的，除了他的船员，还有来自西班牙女王的巨额资本。17 世纪荷兰人建立了世界上第一个股票交易所，强大的资本市场，奠定了荷兰海上马车夫的地位。18 世纪的英国，当资本与技术第一次大规模结合到一起，带来的震撼效果波及整个世界，从此改变了世界运行的规则。

1702 年前后，第一台原始的蒸汽机，由托马斯·纽柯门制成，但耗煤量大、效率低，并不适合当时英国的工业需求。1764 年英国的仪器修理工詹姆斯·瓦特注意到了纽柯门蒸汽机的缺点，他开始进行一系列改进。但瓦特并不是孤军奋战，1768 年一位名为马修·博尔顿的英国五金工厂主看到了这项技术的前景。他决定卖掉自己的工厂与瓦特结成事业上的伙伴关系，为昂贵的实验和模型筹措资金，倾其所有精力和财力，帮助瓦特的蒸汽机梦想成为现实。

技术与资本的结合，撬动了瓦特蒸汽机的运转，而蒸汽机的强大动力彻底改变了世界的容貌。伴随蒸汽机的改进和广泛应用，纺织、煤炭、冶金等近代工业的兴起，引领了第一次工业革命的爆发。瓦特和博尔顿这一对最佳合伙人，携手开启了一个新的时代，他们的头像被共同印制在 50 英镑的纸币上，今天仍然流通于世。科技与资本的相遇，在 18、19 世纪带来了众多全新的发明和生机勃勃的产业。

美国资本家罗伯特·列文斯顿与发明家富尔顿的相遇带来了世界上第一艘蒸汽机轮船，来自荷兰的范德比尔特家族将美国铁路系统推上全新的巅峰，富可敌国的洛克菲勒家族开启了石油的黄金年代，而在 19 世纪末，银行家皮尔彭特·摩根注资托马斯爱迪生的电力公司开启了电气时代，第二次工业革命爆发。

5.9.8　天使投资人

在整个风险投资链条中走在最前端、最先承担风险的他们往往被称为天使投资。但这个名字的起源却不是来自投资行业，而是诞生在歌舞剧的天堂美国百老汇。20 世纪初，音乐剧的投资高昂，更加残酷的是，每五部新剧中仅有一部能够盈利，但这一部剧的成功足以覆盖其他投资的损失。对于那些充满理想的演员来说，这些赞助高风险创作的富有投资人就像天使一样从天而降，使他们的美好理想变为事实。而今天对于全世界的创业者来说，依然期待着天使的降临，可以让他们的梦想变为现实。

大卫·切瑞顿教授，1998 年他投出了人生中的第一笔天使投资，用一张 10 万美元的支票投资了谷歌，18 年后谷歌为大卫教授带来了近 20 亿美元的财富。事实上当切瑞顿第一次在谷歌上搜索，他输入了加拿大汇率，搜索结果让切瑞顿很惊喜。在市场还没有发现谷歌价值的时候，大卫教授却看到了属于未知世界的价值，他用自己的个人财富，不仅是在投资两个学生的创业梦想，也是在投资未来。不久后凭借独有的运算法则，谷歌从根本上改变了网络搜索的方式，建立了第一个高效快捷，有秩序的搜索引擎，此后赢得了众多风险投资人的追捧，并在 2004 年成为美国历史上最大的首次公开募股之一。

在硅谷活跃着众多像大卫教授这样的天使投资人，他们也许有着不同的职业身份，但只要拥有财富，只要愿意冒险，都可以成为创业者的天使，帮助他们的创业想法变为现实。

5.9.9　风险投资家

在天使投资人之后，创新资本链条上的下一个阶段是更庞大、资金更充足的一个群体——职业风险投资家。对于他们来说，对市场的嗅觉、对未来的判断力就像大海中的灯塔，指引着前行的方向。这是充满梦想的工作，也是充满风险的工作，你可以追逐自己的梦想，但会因此而受伤，所以你需要一路学习，直到你可以分辨哪些是可实现的与有根基的梦想以及对的人。

瑞米·巴拉卡是以色列最大的风险投资机构 Pitango 的风险投资人，在他的工作中，每天要与不同的创业者见面，通过谈话迅速了解一个人、一个想法或一家公司，并在有限的时间里做出投资决定。在很多人看来，风险投资人的工作就是花钱，但他们花钱购买的并不是有形的商品，真正让他们买单的，往往是创业者的梦想，而这些梦想在风险投资人眼里，被换算成另一套评价体系——风险。瑞米·巴拉卡享受承担风险，但风险需要经过全盘衡量，要敢于冒险，但也要具有专业素养，知道如何应对风险。就像运动，人们在极限运动中会受伤，有时会是极严重的伤害，但如果你足够专业，就可以避免受伤。

5.9.10　纳斯达克

位于纽约时报广场的纳斯达克电子交易所是世界上最大的电子交易平台，有 3000 多家公司在这里上市，纳斯达克是第一家真正意义上接受风险投资产业的交易所。纳斯达克是创新公司的筛选器，登上这个舞台是很多创业者的梦想，这一天意味着公司创始人和早期员工获得了创业的回报，风险资本获得了退出的通道。但是站在这个舞台上的公司，很多都是还未盈利的，这些数字所代表的是对公司未来做出的定价。之所以资本市场提供对未来做定价、对未来做变现的手段对创新非常重要，就是因为创新带来的成果往往是需要很长的时间才能够表现出来的。有的可能需要上百年，而资本市场能够做的恰恰是能够对未来很多年潜在的收益提前做一些定价，同时，提供变现的手段。这里实时变化的数字，牵动着无数投资者的心跳，影响着全球资本的流向，也改写着世界财富排行榜。

百年前，美国财富榜上是洛克菲勒家族、是摩根家族、是石油业与银行业。半个世纪前，他们是福特汽车、是通用电器、是沃尔玛，他们来自制造业与零售业。今天他们是微软、是苹果、是谷歌、是来自科技公司的富豪。正是完善的资本退出机制，进一步繁荣了美国的风险投资业。科技与资本共同为美国的经济发展，带来了历史性的变革。今天这样一种追求财富中无意造就创新的模式，成为许多国家争相效仿，渴望复制的样本。2014 年阿里巴巴在纽约交易所上市，融资 218 亿美元，是美国历史上最大的首次公开募股。

5.10　创造者的力量

创新离不开创造者，创造者的力量有多大？它又来源于何处？创新的动机又最终将创新引入哪里？本节将讨论来自创造者的力量。

5.10.1　人类的好奇心

1965 年，名为《生命诞生前的戏剧》的一组照片被送到美国的生活杂志时，编辑部的人都惊呆了！一个 18 周大小的胎儿，静静地卧在胎囊中，第一次人类以如此清晰生动的方式，看到了出生之前的生命。

这组照片的摄影师伦纳特·尼尔森，已年逾九旬，当初为了实现这个惊人的想法，伦纳特一共花了 12 年，他用尽各种方法，在照相机上安装了微距镜头、内窥镜和扫描电镜，把焦距拉近上百近千倍，终于能够在子宫内拍摄到这样神奇的景象。伦纳特的成功引来了人们无数次的询问，为什么他能够成功？他也无数次地给出了一个相同的答案，那就是强烈的好奇心。

伦纳特的照片在生活杂志刊登后，引起巨大轰动，几天之内生命诞生的照片售出数百万份，整个世界都为之感叹。或许是历史的巧合，伦纳特刊登照片的时代，也正是科学家们在生理学和心理学的共同发展下，把好奇心纳入科学研究的时期。

20 世纪最杰出科学家之一爱因斯坦曾经说："我没有什么特殊的才能，只是保持了持续不断的好奇心。"这位天才将所有成就，归功于自己的好奇心，我们很难想象好奇心到底有怎样的力量，但是如果没有好奇心，那会是怎样的一个爱因斯坦呢？

在大自然的生存法则下，好奇心是帮助人类繁衍进化的隐秘武器。人们发现新的事物，寻找新的居所，制造新的工具，人类每一步前行都能找到好奇心的痕迹。观察、疑问、探索、求知，好奇心是生而为人的天性，是焕发生命的原始动力。好奇心是天性，他可以驱使人去发现、去探索，然而学校教育、家庭教育、社会教育这些都在影响着好奇心的命运。

5.10.2 民营太空公司 Space X

100 多年前，法国人梅里埃拍摄了世界上第一部以太空旅行为主题的科幻电影——《月球旅行记》。在很长一段时间里，太空漫游，星际旅行，这些情节似乎仅仅停留在科幻电影里，但今天这些不再是幻想。埃隆·马斯克的创新想法就是要送航天器去火星，或许送一个小型温室上去，使人类走得更远，成为第一个登上火星的生命。

2002 年太空狂人埃隆·马斯克，出资一亿美元创办了 Space X，世界上第一家民营太空探索技术公司，决定倾注一己之力来完成人类的太空梦想。在风险资本的帮助下，太空技术商业化的前景越来越明朗，2015 年 12 月 21 日，Space X 研发的一级火箭猎鹰 9 号，首次实现了从发射到回收的全部过程。这意味着将大幅降低发射卫星，甚至载人飞船的成本。马斯克让人类距离宇宙更近了一步，一个人的太空梦想，或许也能开启人类又一个探索宇宙的全新纪元。马斯克并不喜欢为了冒险而冒险，但他认为如果目标足够重要，那么即便成功的概率不高，也依然值得尝试。

那些打破陈规改变世界的创新者，他们都有着一些共同的特征。他们都具有将不可能变成可能的精神，正是这样的信念，让他们有推动世界前进的动力。他们不会在意怀疑者的否定，甚至不知道失败为何物，这就是一个人的力量。

5.10.3 爱迪生实验室

爱迪生门罗公园实验室是美国著名发明家托马斯·爱迪生的实验室。1876 年，爱迪生在这里开始了他的发明生涯，他对世界的影响，却不仅来自这些数不胜数的发明。在爱迪生创新发明白炽灯前，采用灯泡的想法已经有半个世纪之久。

在 1879 年 2 月，英国物理学家斯旺比爱迪生早 8 个月就发明了碳丝电灯泡。但是斯旺和爱迪生的最大区别是：斯旺发明了一个产品，爱迪生却创造了一个产业。爱迪生不仅是一个伟大的发明家，也是一个杰出的营销人。他懂得如何创造市场，真正实现了电灯产业的商业化。很多人发明改进了灯泡，但爱迪生解决的是如何把电灯推向市场、如何量化生产、如何反复使用并使消费者不断购买。

爱迪生在 1000 次试验后，才发明了白炽灯，但是他并没有止步于发明本身，而是把发明家的想象力和企业管理者精明的商业头脑结合了起来。当爱迪生第一次公开展示照明技术的时候，他做出了精准的选址——位于曼哈顿商业区的珍珠街，他要吸引那些富有的华尔街银行家。借助银行家的资本，爱迪生创办了爱迪生电力照明公司，为商业化道路奠定了基础。爱迪生不仅仅是一个发明者，还是一个革新者，因为他创造了电气系统，发电机、电线、财政分配、市场营销等，这些事情都是为了能让门罗公园里小而简单的白炽灯点亮整个世界。在门罗公园的实验室里，每申请到一项专利时，爱迪生就已经设想好了怎样应用这项发明，怎样使其成为商业产品。同时也在考虑怎样投资和进入市场，而爱迪生实验室也作为世界上第一个产品研发性质的实验室闻名于世，成为今天现代企业研发中心的鼻祖。

5.10.4　企业家精神

在美国历史上，正是像爱迪生这样的企业家，带来了人类商业的繁荣，安德鲁·卡内基建立了美国第一家联合钢铁厂，开创了钢铁时代的第二次工业革命；亨利·福特引入生产线制造的 T 型车，让汽车工业在美国全面崛起；沃特·迪士尼并不是动画技术的发明者，却为全世界奉上了最有影响力的动画片；星巴克创始人霍华德·舒尔茨通过创新经营理念，重新定义了市场。

美国在快速进入新世纪时，超过英国成为最强大的工业大国，其背后的推动力，很大一部分源于众多具有企业家精神的创新者。不仅仅是在美国，企业家精神在世界各地被广泛地传播着。在德国，奔驰的创始人卡尔·本茨奠定了全球汽车行业的发展；在日本，松下幸之助开辟了日本电器企业全球经销史的新纪元；在韩国，三星的创始人李秉哲用手机占领了世界移动终端的半壁江山；在中国，华为的任正非提升了中国制造的能力；腾讯的马化腾改变了国人的通信方式；阿里巴巴的马云加速了中国商业模式的变革。

企业家精神就是创新精神、就是承担风险的精神、就是探索未来的精神。企业是创新的主体，而企业家是主体中的旗帜，企业家发现市场价值的能力，企业家承担与冒险的能力，这些能力构成了企业家精神，这种精神决定着一个行业、一个区域甚至一个国家的创新能力。

5.10.5　创新的动机

创新的动机，在很多时候也许和创新的能力同样重要。在这个世界上，聪明的人不胜枚举，然而最终能够使世界变得更美好的人，往往都是那些心怀善意、拥抱世界的人。亚马逊创始人杰夫·贝佐斯，在母校普林斯顿大学的毕业典礼上曾说：聪明是一种天赋，而善良是一种选择，天赋来得容易，因为他们与生俱来，而选择往往很困难。

2002 年美国普林斯顿大学生物系迎来了历史上最年轻的终身教授施一公。这位只有35 岁的年轻中国学者，已经在分子机理研究方面取得了重要成就。2008 年美国规模最大的生物学及医学研究机构之一霍华·修斯医学研究所向施一公发出邀请，并承诺提供

1000 万美元科研经费。面对优厚的条件，施一公却婉拒了这份邀请，并辞去了普林斯顿大学终身教授职位，回到母校清华大学，他选择用自己在美国取得的成就，发展中国的生命科学技术。2015 年他率领团队，解析了超高分辨率的剪接体三维结构，被业界称为近三十年来中国在基础生命科学领域对世界科学做出的最大贡献。

1950 年，数学家华罗庚乘坐克利夫兰总统号踏上了回国的旅程，这是新中国成立后，第二批回国的留学人员。1955 年，科学家钱学森从美国回到中国，满腔热忱地寻找着科学救国的技术，成为完成两弹一星的最重要力量。从欧洲归来的科学家潘建伟在 2015 年获国家自然科学奖一等奖。

2008 年，施一公教授向国家提出了一项引进海外人才的建议被采纳。随后，海外高层次人才引进计划，也就是"千人计划"正式出台实施。2012 年，培养本土专家学者的"万人计划"开始实施，这与千人计划实现有效互补。聚焦高端、集中资源，通过科研政策创新、人才管理机制创新，最大限度地激发人才的创造能量和活力，加速打造一支领军型的国家创新人才队伍。

人才是衡量一个国家综合国力的重要指标，是创新活动中最为活跃、最为积极的因素。当创新成为驱动发展的核心动力时，中国比历史上任何时期都更加渴求人才，一个具有全球竞争力的人才体系正在中国构建。

课程习题

第 1 课　创新点亮世界

【创新学习简答题】

1. 简述创新的概念。

2. 简述创新指数。

【选择题】

1-1 所谓创新，就是人们利用 _____ 去创造新的产品，改进新的工艺来推向社会，最终达到改善人民生活、提高社会财富的目的。

　　A. 总结的经验和教训

　　B. 新的知识、新的技术

　　C. 已有的知识和技术

1-2 _____ 第一次系统研究了创新对经济发展的作用，提出了创新的概念，他的独到见解轰动了当时的经济学界，从此创新与经济社会的繁荣结下了深厚渊源。

　　A. 阿尔弗雷德·马歇尔

　　B. 艾伦·格林斯潘

　　C. 约瑟夫·熊彼特

1-3 苹果公司的创始人是 _____。

　　A. 比尔·盖茨

　　B. 史蒂夫·乔布斯

　　C. 蒂姆·库克

1-4 苹果公司的诞生地是 _____。

　　A. 哈佛大学　　B. 普林斯顿　　C. 硅谷

1-5 硅谷真正的力量来自 _____。

　　A. 科技进步　　　　　B. 活跃的创造力

　　C. 政府的投资

1-6 未来国家实力、国与国之间的差距更多取决于 _____。

　　A. 创新的活力　　　　　B. 人口数量

　　C. 经济总量

1-7 日本的创新是 _____。

　　A. 跳跃式的　　　　　B. 渐进式的

　　C. 飞跃式的

1-8 索尼公司的创始人是 _____。

　　A. 盛田昭夫　　　　　B. 稻盛和夫

　　C. 土光敏夫

1-9 世界上第一个摄氏温度计、第一款可大量生产的拉链、第一台头部伽马手术刀、首例植入式人工心脏起搏器、影响国际汽车生产标准的三点式安全带，这些发明都来自 _____。

　　A. 美国　　　　B. 芬兰　　　　C. 瑞典

1-10 _____ 是世界上拥有跨国公司最多的国家。

　　A. 美国　　　　B. 瑞典　　　　C. 芬兰

1-11 犹太民族认为资源、土地以及一切有形的东西都会消失，一个人最重要的财富是自己的头脑、是知识、是 _____。

　　A. 创造　　　　B. 经验　　　　C. 传承

1-12 以色列 1948 年建国，面积不及两个北京，人口不到千万，战乱和动荡从未停息，然而科技对 GDP 的贡献率却高达 _____ 以上，它是一个举世公认的创新国度。

　　A. 85%　　　B. 90%　　　C. 95%

1-13 在世界人口中，人口比例不足千分之三，却诞生了 162 位诺贝尔奖，在世界前 50 名的富豪中，该民族就占有 10 人的是 _____。

　　A. 希腊人　　　B. 犹太人　　　C. 日耳曼人

1-14 _____ 年，中国正式提出科技创新是提高社会生产力和综合国力的战略支撑，宣布实施创新驱动发展战略。

　　A. 2011　　　B. 2012　　　C. 2013

1-15 2006 年，中国国家 _____ 诞生，这意味着中国第一次用科学化的手段，努力掌握全球创新跃动的脉搏。

　　A. 创新指数　　B. 创新函数　　C. 创新扳指

1-16 2018 年全球创新指数排行榜中，中国在世界 126 个经济体中位列第 _____ 位。

　　A. 6　　　B. 12　　　C. 17

1-17 2020 年全球创新指数排行榜中，中国在世界 131 个经济体中位列第 _____ 位。

　　A. 6　　　B. 10　　　C. 14

1-18 2006 年，中国铁路完成三次动车大招标，分别从日本、_____ 和德国购买了 280 辆高速列车。

A. 法国　　　B. 瑞士　　　C. 芬兰

1-19 高铁运行每年近 10 亿人次，运营里程超过 1.9 万千米，高速列车保有量超过 _____ 列，运行速度可达 350 千米每小时，三项指标世界第一。

　　A. 1000　　B. 1300　　C. 1500

1-20 LED 灯最显著的优点就是远超其他电灯的 _____ 效果。

　　A. 防水　　B. 节电　　C. 防震

1-21 相比白炽灯，LED 灯的消耗能量减少 _____，节能效果让人感到惊讶。

　　A. 60%　　B. 70%　　C. 80%

1-22 根据政府协议，田湾核电站的总体技术、工程设计、设备供应和技术调试全部由 _____ 方面负责。

　　A. 美国　　B. 德国　　C. 俄罗斯

1-23 2007 年导致田湾核电站工程停滞的原因是 _____。

　　A. 材料短缺　　　　　B. 变压器故障
　　C. 水路故障

1-24 2014 年，中国建成世界第一套 _____ 标准体系，指定了世界性的行业标准。

　　A. 高真空　　B. 特高温　　C. 特高压

1-25 今天，中国的 _____、高铁、核电这三项技术已经处于世界领先水平，成为中国装备制造业的名片。

　　A. 高真空　　B. 特高温　　C. 特高压

第 2 课　创新的保护——专利

【创新学习简答题】
1. 专利及专利的性质。
2. 美国的 337 调查及调查范围。

【选择题】

2-1 用法律的手段，肯定人脑创新的价值，保护人类最主要的财富源泉，为创新者提供着激励的是 _____。

　　A. 专有权　　B. 垄断权　　C. 专利权

2-2 在整个 20 世纪，被称为影响人类的世纪之药指的是 _____。

　　A. 阿莫西林　　B. 阿司匹林　　C. 青霉素

2-3 利用化学知识，创造性地改变并优化水杨酸的化学结构，成功开发出乙酰水杨酸（阿司匹林）的是 _____。

　　A. 弗莱明　　　　　B. 约翰·默克
　　C. 菲利克斯·霍夫曼

2-4 一部售价 400 美元的智能手机，各种专利费用加起来可达到 _____ 美元，甚至超过了设备的零部件的成本。

　　A. 80　　B. 120　　C. 220

2-5 专利制度的诞生地是 _____。

　　A. 英国　　B. 美国　　C. 瑞典

2-6 世界第一部现代专利法是 _____。

　　A. 创新法　　B. 发明法　　C. 垄断法

2-7 1885 年，日本 _____ 条例颁布，通过法律来保护新创造、新发明。

　　A. 专利特许　　B. 垄断特许　　C. 发明特许

2-8 日本丰田公司的创始人丰田佐吉，一生中获得 _____ 项专利，极大地推动了日本现代化进程。

　　A. 89　　B. 112　　C. 132

2-9 爱迪生一生一共获得了 _____ 项发明专利，这些专利在他的有生之年每年给他带来一万美元的收益和世界性的荣誉。

　　A. 1862　　B. 2332　　C. 2695

2-10 专利制度第一次被写入宪法的国家是 _____。

　　A. 瑞士　　B. 英国　　C. 美国

2-11 曾经说过"专利制度是给天才之火添加利益之油"的是 _____。

　　A. 亚伯拉罕·林肯
　　B. 乔治·华盛顿
　　C. 鲍森·豪威尔

2-12 在美国总统中，第一位拥有专利的是 _____。

　　A. 约翰·亚当斯
　　B. 乔治·华盛顿
　　C. 亚伯拉罕·林肯

2-13 在美国被称为工业革命之父，而在英国被称为叛徒的是 _____。

A. 卡尔·本茨

B. 塞缪尔·斯莱特

C. 安德鲁·施莱弗

2-14 _____ 的目的是实现产学合作，将专利权授权下放给科研机构。

A. 雷斯法案　　　　B. 拜杜法案

C. 谢尔曼法案

2-15 拜杜法案在 _____ 年 12 月 12 日正式由国会通过，让美国的经济在十年之内重塑了世界科技的领导地位。

A. 1980　　B. 1981　　C. 1982

2-16 被经济学家杂志评为美国过去 50 年最具激励性立法的是 _____。

A. 雷斯法案　　　　B. 拜杜法案

C. 谢尔曼法案

2-17 拜杜法案是美国从 _____ 的标志。

A. 计划经济向市场经济

B. 计划经济向知识经济

C. 制造经济向知识经济

2-18 将专利制度带入我国的是 _____，他在太平天国的执政纲领《资政新篇》中提出要建立现代的专利制度。

A. 梁启超　　B. 谭嗣同　　C. 洪仁玕

2-19 中国历史上第一部专利法规名称为 _____。

A.《资政新篇》

B.《振兴工艺给奖章程》

C.《创新保护章程》

2-20 中国真正意义的专利法案的实施已经到了 20 世纪 _____ 年代，此时没有专利制度的国家寥寥无几。

A. 60　　B. 70　　C. 80

2-21 我国规模以上的工业企业拥有专利的比例在 _____% 左右。

A. 7　　B. 8　　C. 9

2-22 我国的专利法颁布在 _____ 年。

A. 1983　　B. 1984　　C. 1985

2-23 2006 年，美国对我国企业发起的有关知识产权的 337 调查数量达到了 _____ 起，占美国全球总调查量的近 _____%。

A. 7，20　　B. 10，30　　C. 13，40

2-24 2010 年，美国启动的 56 起 337 调查中，单独以专利侵权为由启动调查的占比为 _____%。

A. 89.9　　B. 95.6　　C. 98.2

2-25 除了加大研发力度，企业还可以通过 _____ 的方式来增加知识产权。

A. 并购　　B. 重组　　C. 融资

第 3 课　知识产权——国际竞争的制高点

【创新学习简答题】

1. 国内专利侵权的诉讼流程。

2. 举例说明专利如何成为商业战场上的利器？

【选择题】

3-1 作为科技创新的基本保障和重要支撑，_____ 成为国际竞争的制高点。

A. 知识产权　　　　B. 商业规模

C. 市场机遇

3-2 通过提升 _____ 质量，中国在高铁、核能、生物医药等领域掌握一批拥有自主知识产权的核心技术。

A. 商标　　B. 专利　　C. 著作

3-3 作为科技创新的基本保障和重要支撑，_____ 被推到了综合国力竞争的风口浪尖。

A. 知识产权　　　　B. 商业规模

C. 市场机遇

3-4 请猜想一下，中国需要出口 _____ 件衬衫的利润能够换回一架空中客车 A380？

A. 5 亿　　B. 8 亿　　C. 10 亿

3-5 世界上保护创新最严格的地方是 _____ 的专利局。

A. 芬兰　　B. 美国　　C. 以色列

3-6 美国是全世界专利诉讼金额最高的国家，每年专利诉讼直接耗费 _____ 美元。

A. 几千万　　　　B. 几十亿

C. 几百亿

3-7 对企业来讲，对知识产权的保护方面的法律主要包括《专利法》《商标法》和_____。

A.《软件权法》　　　　B.《著作权法》

C.《论文权法》

3-8 中国出口1台DVD，如果售价为32美元，扣除成本价格，要缴纳的专利费大约占售价的_____%。

A. 27　　　B. 35　　　C. 56

3-9 有人曾测算，柯达公司的专利价值或许比其业务本身的价值高出_____倍。

A. 4　　　B. 5　　　C. 6

3-10 柯达公司破产后，其1100多项数字影像专利最终以_____美元成交。

A. 525万　　　B. 5250千万　　　C. 5.25亿

3-11 专利申请审查主要有两个方面，一个是专利的新颖性，另一个是专利的_____。

A. 市场性　　　B. 价值性　　　C. 创造性

3-12 不需要提供技术交底书的专利类型为_____。

A. 发明专利　　　　　B. 实用新型专利

C. 外观设计专利

3-13 符合技术交底书中附图和附图说明的为_____。

A. 彩色图　　　B. 工程图　　　C. 示意图

3-14 下面不属于民事案件侵权处理步骤的是_____。

A. 确定案件专利权的权利范围

B. 确定涉案技术是否落在专利保护范围内

C. 考究原告所主张的行政责任

3-15 知识产权诉讼里面比较突出的三个问题包括：周期长、赔偿低和_____。

A. 举证难　　　B. 金额高　　　C. 依据少

3-16 广东建立了两个全国知识产权交易中心，一个是广州知识产权交易中心，另一个是_____知识产权交易中心。

A. 深圳　　　B. 东莞　　　C. 横琴国际

3-17 广东PCT国际专利的申请连续16年全国排名第一，占全国的_____%。

A. 40　　　B. 50　　　C. 60

第4课　WIPO与PCT

【创新学习简答题】

1. 国际专利PCT的申请程序。

2. 简介《视听表演北京条约》。

【选择题】

4-1 在过去50年里，WIPO处理了_____多万件国际专利、商标和外观设计申请。

A. 250　　　B. 350　　　C. 450

4-2 出现知识产权纠纷时，_____提供仲裁和调节。

A. WIPO　　　　　　B. 国际法庭

C. 国际刑事法院

4-3 _____年，巴黎公约产生为专利提供了向国外申请的途径。

A. 1883　　　B. 1884　　　C. 1885

4-4 1978年1月，专利合作条约即_____生效，对于同一发明可以向多国申请专利。

A. PDC　　　B. PCT　　　C. PCC

4-5 2017年，我国通过PCT申请的国际专利达到4.88万件，世界排名第_____位。

A. 2　　　B. 3　　　C. 4

4-6 2017年，通过PCT国际专利申请超过1000件的我国省（自治区、直辖市），有___个。

A. 6　　　B. 7　　　C. 8

4-7 2020年，我国通过PCT申请的国际专利超过_____万件，连续世界排名第一位。

A. 5　　　B. 6　　　C. 7

4-8 2019年，我国通过PCT申请的国际专利达到_____万件，世界排名第一位，终结了美国40多年的统治地位。

A. 4.566　　　B. 5.331　　　C. 5.899

4-9 2019年，华为PCT申请数量在全球排名第一，达到_____多件，远超排名第二的日本三菱电机株式会社。

A. 5000　　　B. 4000　　　C. 3000

4-10 2020年4月28日_____生效。这是新中国成立以来第一个在我国缔结、以我国城市命名的国际知识产权条约，彰显了我国在知识产权保护方面所取得的重大进展。

A. 保护艺术作品上海条约

B. 保护工业产权北京条约

C. 视听表演北京条约

第 5 课　PCT 企业的崛起与荣耀

【创新学习简答题】

1. 简述 PCT 在企业中发挥的作用。

2. 举例说明企业如何进行专利诉讼的博弈。

【选择题】

5-1 华为技术有限公司创立于 _____ 年，注册资金 2.4 万元人民币。

A. 1987　　B. 1991　　C. 1992

5-2 华为公司的业务主要有三大板块，运营商业务、消费者业务和 _____。

A. 政府业务　　　　B. 企业业务

C. 邮电业务

5-3 曾经向美国得克萨斯州法庭指控华为专利侵权，最后经源代码比对证实华为并没有侵权的美国公司是 _____。

A. CISCO　　B. AT&T　　C. Verizon

5-4 华为海思的前身是成立于 1991 年的 _____。

A. SOC 研究团队　　B. GPU 研发办公室

C. ASIC 设计中心

5-5 2013 年年底，华为第一款 SOC 芯片麒麟 910 问世，但却败在了 _____ 上。

A. 稳定性　　B. 兼容性　　C. 耗电性

5-6 2017 年 1 月，_____ 被 Android Authority 评为"2016 年度最佳安卓处理器"。

A. 麒麟 940　　B. 麒麟 960　　C. 麒麟 970

5-7 京东方的前身是 _____。

A. 北京爽口液厂

B. 北京电子管厂

C. 北京液晶显示器厂

5-8 2017 年 10 月京东方第六代柔性屏实现量产，是中国首家全球第 _____ 家实现柔性屏量产的公司。

A. 1　　　　B. 2　　　　C. 3

5-9 至今，京东方在液晶生产线上的累计投资已经达到了 _____ 多亿元人民币。

A. 1000　　B. 2000　　C. 3000

5-10 据国家知识产权局数据，2017 年和 2018 年连续两年，在主营业务为智能终端研发和销售的国内企业中 _____ 蝉联发明专利授权第一。

A. 小米　　B. OPPO　　C. vivo

5-11 国内首个搭载 1080P 分辨率显示屏的手机品牌是 _____。

A. OPPO　　B. vivo　　C. 小米

5-12 OPPO 品牌中荣获被誉为"设计界奥斯卡"的 IF 设计奖的是 Find 系列中的 _____。

A. Find5　　B. Find7　　C. Find9

5-13 在贸易战中被美国紧紧扼住咽喉的中国第二大通信设备商是 _____。

A. 中兴　　B. 华为　　C. 小米

5-14 全球专利申请数量曾连续 9 年进入全球前五的中国企业是 _____。

A. 腾讯　　　　B. 阿里巴巴

C. 中兴

5-15 _____ 年，马化腾在深圳创办了腾讯，现在腾讯已经成长为中国最大的互联网综合服务商之一。

A. 1993　　B. 1998　　C. 2001

5-16 2010 年，腾讯打败了 _____，登顶网游市场第一的宝座。

A. 网易　　B. 盛大　　C. 巨人

5-17 2006 年 11 月，还在读研的 _____ 和同学一起创建了大疆科技有限公司。

A. 张一鸣　　B. 张云飞　　C. 汪滔

5-18 被《时代周刊》评选为 2014 年十大创新科技产品之一的是大疆精灵第 _____ 代产品。

A. 2　　　　B. 3　　　　C. 4

5-19 2017 年 8 月，_____ 凭借在美剧中出色的航拍表现获得了美国电视界最高奖项艾美奖。

A. 3D Robotics　　　　B. Parrot

C. 大疆

第 6 课　创新的基石——科学精神与知识力量

【创新学习简答题】

1. 简述 DNA 的发现及意义。

2. 简述诺贝尔和诺贝尔奖。

【选择题】

6-1 1953 年，卡文迪许实验室的弗朗西斯·克里克和 _____ 发现了 DNA 的双螺旋结构。

　　A. 詹姆斯·沃森　　　　B. 约翰·默克

　　C. 菲利克斯·霍夫曼

6-2 因为 _____，人类才能不断开掘创新的潜能，对它的态度决定着创新之路能走多远。

　　A. 工具　　　B. 科学　　　C. 归纳

6-3 _____ 对疾病做出理性的解释，彻底将医学和巫术区分开来，奠定了现代医学的基础。

　　A. 沃森　　　　　　B. 希波克拉底

　　C. 霍夫曼

6-4 _____ 的著作《几何原本》成为西方文明的数学基础。

　　A. 阿基米德　　B. 欧几里德　　C. 托勒密

6-5 _____ 发现了杠杆原理和浮力，为机械学和应用科学打下基础。

　　A. 阿基米德　　B. 欧几里德　　C. 托勒密

6-6 _____ 结合 400 年来的天文观测数据创立了地心说，统治欧洲天文学界 1400 多年。

　　A. 布鲁诺　　　B. 哥白尼　　　C. 托勒密

6-7 _____ 写下《天体运行论》一书，该书直到 1543 年才得以出版。

　　A. 布鲁诺　　　B. 哥白尼　　　C. 托勒密

6-8 被称为近现代科学之父的是 _____。

　　A. 哥白尼　　　B. 伽利略　　　C. 牛顿

6-9 研制出世界上第一架天文望远镜的是 _____。

　　A. 哥白尼　　　B. 伽利略　　　C. 牛顿

6-10 _____ 发现了万有引力。

　　A. 哥白尼　　　B. 伽利略　　　C. 牛顿

6-11 _____ 发现了微积分。

　　A. 哥白尼　　　B. 伽利略　　　C. 牛顿

6-12 水力纺织机是 _____ 发明的，这项发明不仅仅是带来技术的改进，更是生产模式的颠覆与创新。

　　A. 詹姆斯·沃森

　　B. 理查德·阿克莱特

　　C. 菲利克斯·霍夫曼

6-13 1851 年，首届世界博览会在 _____ 召开，国家之间进行着创新成果的较量。

　　A. 伦敦　　　B. 华盛顿　　　C. 巴黎

6-14 知识就是力量，这是 _____ 的名言。

　　A. 弗朗西斯·培根

　　B. 理查德·阿克莱特

　　C. 菲利克斯·霍夫曼

6-15 _____ 以界、门、纲、目、属、种的分类，将地球上所有的动植物分类命名。

　　A. 林奈　　　B. 阿尔莱特　　　C. 牛顿

6-16 _____ 被誉为现代分类学的奠基人。

　　A. 林奈　　　B. 阿尔莱特　　　C. 牛顿

6-17 正因为有了 _____，植物解剖学、生理学、胚胎学等相关研究才得以发展。

　　A. 准确的计量法

　　B. 有效的统计法

　　C. 科学的分类法

6-18 被誉为德国滑翔机之父的是 _____。

　　A. 詹姆斯·沃森

　　B. 奥托·李林塔尔

　　C. 菲利克斯·霍夫曼

6-19 19 世纪末，_____ 的出现为飞机制造提供了理论基础。

　　A. 量子力学　　B. 电动力学　　C. 空气动力学

6-20 1903 年，_____ 发明的飞行者 1 号成功试飞，开启了人类的飞行历史。

　　A. 莱特兄弟　　B. 李林塔尔　　C. 沃森

6-21 发现了准晶体的是 _____，他因此独享了 2011 年诺贝尔化学奖。

　　A. 莱纳斯·鲍林

　　B. 达尼埃尔·谢赫特曼

　　C. 奥托·李林塔尔

6-22 获得诺贝尔奖时，谢赫特曼 70 岁，他为自己关于准晶体的发现坚守了 _____ 年。

A. 10　　　B. 20　　　C. 30

6-23 Facebook（脸谱）公司的创始人为 _____，该公司最高市值曾达到 3000 亿美元。

A. 比尔·盖茨　　　　B. 马克·扎克伯格

C. 斯蒂夫·乔布斯

6-24 人类首次环球之行用了 _____ 年时间，现在却用不了一天，这一目标的实现离不开创新。

A. 1　　　　B. 2　　　　C. 3

6-25 小米科技的创始人 ____ 认为，真正的创新力量主要源于创业的小公司。

A. 马云　　　B. 任正非　　　C. 雷军

6-26 鼓励冒险 _____，已经成为创新创业市场中最响亮的口号。

A. 宽容失败　　B. 加大投入　C. 勇往直前

6-27 魏巍是一位 80 后科学家，他所关注的领域是 _____。

A. 互联网　　　B. 农业　　　C. 人工智能

6-28 中国的农耕文明曾长期居于世界的领先地位，然而在现代农业市场上活跃着的却是美国、_____。

A. 瑞典　　　B. 加拿大　　　C. 日本

6-29 美国农业人口仅为 _____%，却是第一大农业出产国，60% 的农产品外销。

A. 3　　　　B. 6　　　　C. 10

6-30 被誉为中国杂交水稻之父的是 _____。

A. 屠呦呦　　　B. 范丙全　　　C. 袁隆平

6-31 2014 年 9 月，____ 正式在美国纽约证券交易所上市，成为美股历史上最大规模的 IPO。

A. 腾讯　　　B. 华为　　　C. 阿里巴巴

6-32 全球十大互联网公司，中国占了 ____ 家。

A. 3　　　　B. 4　　　　C. 5

第 7 课　创新的土壤——大学使命

【创新学习简答题】

1. 简述大学的使命及意义。

2. 简述大连海事大学的发展历程。

【选择题】

7-1 瑞典最古老的大学是 _____。

A. 斯德哥尔摩大学　　　　B. 乌普萨拉大学

C. 哥德堡大学

7-2 瑞典的第一次公开人体解剖实验发生在 _____ 世纪。

A. 16　　　　B. 17　　　　C. 18

7-3 由学生聘请老师，起初学校的校长也是学生的大学是 _____。

A. 斯德哥尔摩大学　　　　B. 乌普萨拉大学

C. 博洛尼亚大学

7-4 学术特权成为大学独立治学的渊源，欧洲的学术特权法令是 _____ 颁布的。

A. 腓特烈一世　　　　B. 腓特烈二世

C. 古斯塔夫二世

7-5 诗人但丁、文艺复兴之父比特拉克、哲学家伊拉斯谟、天文学家哥白尼都曾在 _____ 学习或执教。

A. 斯德哥尔摩大学　　　　B. 乌普萨拉大学

C. 博洛尼亚大学

7-6 奠定了现代大学管理基础的是 _____。

A. 剑桥大学　　　　B. 牛津大学

C. 巴黎大学

7-7 在发现牛顿的数学才华超越自己之后，辞去教授之职，让牛顿晋升为数学教授的是 _____。

A. 伊萨克·巴罗　　　　B. 詹姆斯·沃森

C. 约翰·默克

7-8 _____ 诞生了最多的诺贝尔奖获得者，被称为诺贝尔奖的摇篮。

A. 牛津大学　　　　B. 剑桥大学

C. 巴黎大学

7-9 世界上第一所研究型大学是 _____。

A. 剑桥大学　　　　B. 洪堡大学

C. 麻省理工学院

7-10 1901 年，第一届诺贝尔奖的 5 个奖项中 _____ 个科学奖项被德国人摘取。

A. 2　　　　B. 3　　　　C. 4

7-11 直到第二次世界大战之前，_____ 都是世界学术的中心。

A. 剑桥大学　　B. 洪堡大学　C. 哈佛大学

7-12 1925 年 4 月 1 日，第一所犹太人的大学建立，它就是 _____。

A. 以色列大学　　　　　　B. 希伯来大学

C. 耶路撒冷大学

7-13 最早在亚洲创建高等教育的国家日本，最先成立的是 _____。

A. 庆应大学　　B. 东京大学　C. 大阪大学

7-14 政府可以对大学进行资助，但绝不可以干涉大学，这一原则的确立来自 _____ 为独立而战的司法大案。

A. 布朗大学　　　　　　　B. 普林斯顿大学

C. 达特茅斯学院

7-15 为母校打赢官司，从而为国家不允许干涉大学这一原则奠定了法律基础的是 _____。

A. 安德鲁·施莱弗

B. 塞缪尔·斯莱特

C. 丹尼尔·韦伯斯特

7-16 最早实行选修制的大学是 _____。

A. 哈佛大学　　　　　　　B. 达特茅斯学院

C. 麻省理工学院

7-17 要给学生在学习上选择的自由，6000 名左右的本科生就开出 6000 门左右课程的是 _____。

A. 哈佛大学　　　　　　　B. 达特茅斯学院

C. 麻省理工学院

7-18 把原来大学以教课为主改为以学习为主的哈佛历史上最年轻的校长是 _____。

A. 丹尼尔·韦伯斯特

B. 查尔斯·艾略特

C. 安德鲁·施莱弗

7-19 校徽上印有一个手持铁锤的人和一个埋头苦读的人的大学是 _____。

A. 哈佛大学　　　　　　　B. 达特茅斯学院

C. 麻省理工学院

7-20 麻省理工学院的媒体实验室成立于 _____ 年。

A. 1985　　　B. 1988　　　C. 1990

7-21 惠普、耐克、思科、雅虎、谷歌等公司的创

始人来自 _____。

A. 哈佛大学　　　　　　　B. 斯坦福大学

C. 麻省理工学院

7-22 被称为硅谷心脏的大学是 _____。

A. 哈佛大学　　　　　　　B. 达特茅斯学院

C. 斯坦福大学

7-23 _____ 年，中国宣布要建立世界一流大学，这一年距离中国大学诞生 120 年，距离世界大学诞生 934 年。

A. 2013　　　B. 2015　　　C. 2017

7-24 _____ 的校训出自《易经》中的天行健，君子以自强不息；地势坤，君子以厚德载物。

A. 清华大学　　　　　　　B. 北京大学

C. 大连海事大学

第 8 课　创新的环境——政府责任

【创新学习简答题】

1. 简述政府在推动创新发展中的作用。

2. 简述中国的精准扶贫及推进措施。

【选择题】

8-1 奥地利经济学家 _____ 认为，政府干预会损害市场机制的基础，影响长久的繁荣。

A. 约翰·梅纳德·凯恩斯

B. 菲利克斯·霍夫曼

C. 弗里德里希·哈耶克

8-2 英国历史上第一位女首相，也是英国 19 世纪以来在任时间最长的首相是 _____。

A. 雅克·斯密斯

B. 露丝·凯丽

C. 玛格丽特·希尔达·撒切尔

8-3 西方发达国家 1953—1973 年的 20 年间，最有影响的 500 项技术创新中，美国和英国各占 _____。

A. 51%，26%　　　　　　B. 63%，17%

C. 23%，41%

8-4 下面符合撒切尔夫人坚持的执政理念的是 _____。

A. 政府加强对经济的管理

B. 政府加强对经济的控制

C. 政府退出对经济的介入

8-5 ＿＿＿＿＿＿出现了第一家以文化科技命名的公司，这是政府转变方式的体现。

A. 广州　　　B. 上海　　　C. 深圳

8-6 不属于政府构建环境的范畴的是 ＿＿＿＿＿＿。

A. 道路　　　B. 住房　　　C. 技术

8-7 马丁亚克认为，中国民族融合最重要的原因是政府的 ＿＿＿＿＿＿。

A. 良政善治　B. 强权扩张　C. 经济渗透

8-8 从治理能力上看，马丁亚克认为 ＿＿＿＿＿＿政府治理能力最强。

A. 中国　　　B. 美国　　　C. 英国

8-9 中国盐碱荒地和影响耕地的盐碱地的总面积超过 ＿＿＿＿＿＿亿亩，盐碱地面积世界排名第三。

A. 3　　　　　B. 4　　　　　C. 5

8-10 冬小麦品种小偃 60 能够在含盐量 ＿＿＿＿＿＿% 的盐碱地上显著增产。

A. 0.3　　　　B. 0.4　　　　C. 0.5

8-11 国家菌草工程技术研究中心依托于 ＿＿＿＿＿＿。

A. 中国农业大学

B. 福建农林大学

C. 南京农业大学

8-12 2018 年，全国菌草种植面积已经超过 ＿＿＿＿＿＿万亩，每亩年收入 4000 元。

A. 40　　　　B. 50　　　　C. 60

8-13 康柏西普是治疗 ＿＿＿＿＿＿的药物。

A. 糖尿病

B. 眼底黄斑病变

C. 肺癌

8-14 ＿＿＿＿＿＿是我国第一个获得世界卫生组织国际通用名的生物一类专利新药。

A. 阿柏西普　B. 青柏西普　C. 康柏西普

8-15 截至 2018 年 12 月，中国互联网使用人数超过 ＿＿＿＿＿＿亿。

A. 8　　　　　B. 9　　　　　C. 10

8-16 截至 2018 年 12 月，在线教育达到 ＿＿＿＿＿＿亿。

A. 2　　　　　B. 4　　　　　C. 6

8-17 到 2020 年，我国共建设 1000 个农技协联合会，1 万个以上农技协，组织动员 ＿＿＿＿＿＿万个以上科技工作者参与扶贫。

A. 8　　　　　B. 9　　　　　C. 10

8-18 2018 年，中国全国人口平均受教育年限为 ＿＿＿＿＿＿年，兰坪县为 8.5 年。

A. 10　　　　B. 10.5　　　C. 11

8-19 中国 2851 个县中，处于深度贫困的最多的时候是 ＿＿＿＿＿＿个。

A. 402　　　B. 334　　　C. 256

8-20 1978 年数据显示，当时中国 9.63 亿人口中，有 ＿＿＿＿＿＿亿为贫困人口。

A. 5.6　　　B. 6.8　　　C. 7.7

8-21 中国从 ＿＿＿＿＿＿年开始实施生态移民。

A. 1999　　B. 2000　　C. 2001

8-22 中国政府从 ＿＿＿＿＿＿年开始实施精准扶贫，一改过去粗犷式扶贫方式。

A. 2013　　B. 2014　　C. 2015

8-23 2013—2017 年，中国政府投入扶贫专项资金达到 ＿＿＿＿＿＿亿元，超过了过去 30 年的总和。

A. 200　　　B. 300　　　C. 400

8-24 自 1978 年年末到 2018 年年末，中国人口贫困发生率从 97.5% 下降到 ＿＿＿＿＿＿%，中国是全球消除贫困的重要贡献者。

A. 1.7　　　B. 2.7　　　C. 3.7

第 9 课　创新的资本

【创新学习简答题】

1. 简述资本在企业创新中的作用。

2. 简述市场及其在创新中的作用。

【选择题】

9-1 被称为计算机科学之父的是 ＿＿＿＿＿＿。

A. 比尔·盖茨　　　　　B. 阿兰·图灵

C. 冯·诺依曼

9-2 ＿＿＿＿＿＿发明了计算机，而计算机的腾飞却是在 ＿＿＿＿＿＿。

A. 荷兰，美国　　　　　B. 美国，英国

C. 英国，美国

9-3 发明不会变成创新，除非发明被放在 _____ 中。

A. 市场　　　B. 大学　　　C. 资本

9-4 领导人工红细胞生成素合成小组的是 _____。

A. 林福坤　　B. 乔治　　　C. 弗莱明

9-5 _____ 公司历经了接近十年的研发和试验，1989 年 6 月人工红细胞生成素终于正式上市销售。

A. 辉瑞　　　B. 强生　　　C. 安进

9-6 人工红细胞生成素上市的第一天收入为 2000 万美元，上市后两年收入超过 _____ 亿美元。

A. 4.5　　　B. 5.8　　　C. 7.4

9-7 化学家 _____ 在梦里发现了苯分子结构。

A. 凯库勒　　B. 道尔顿　　C. 拉瓦锡

9-8 _____ 无意中从手上涂的油烟中发现了一种灯丝。

A. 爱迪生　　B. 道尔顿　　C. 拉瓦锡

9-9 设计出空调的发明家 _____，最初的想法只是为了调节空气的湿度。

A. 凯库勒　　B. 道尔顿　　C. 开利

9-10 _____ 因为忘记盖上一个皮氏培养皿而发现了青霉素。

A. 弗莱明

B. 约翰·默克

C. 菲利克斯·霍夫曼

9-11 在当今世界上，能够对复杂且偶然的创新做出甄别、检验和评估的组织形式是 _____。

A. 政府　　　B. 市场　　　C. 大学

9-12 经过改革开放 40 年来的发展，_____ 成为中国市场化程度最高的城市。

A. 上海　　　B. 广州　　　C. 深圳

9-13 世界历史上第一个中国私营企业发起对美国上市公司收购的是 _____。

A. 中兴通讯　B. 华大基因　C. 阿里巴巴

9-14 华大基因的创始人是 _____。

A. 汪健　　　B. 林福坤　　C. 雷军

9-15 经济学家 _____ 提出，创新本身就是一个创造性破坏的过程，它塑造了市场的活力，带来人类社会的不断繁荣。

A. 阿尔弗雷德·马歇尔

B. 艾伦·格林斯潘

C. 约瑟夫·熊彼特

9-16 谷歌公司的总部设在 _____。

A. 纽约　　　B. 硅谷　　　C. 波斯顿

9-17 伯克希尔·哈撒韦公司的创始人是 _____。

A. 彼得·林奇

B. 沃伦·巴菲特

C. 乔治·索罗斯

9-18 唯一一个通过投资成为世界首富的人是 _____。

A. 彼得·林奇

B. 沃伦·巴菲特

C. 乔治·索罗斯

9-19 坐拥 700 多亿净资产的巴菲特，投资从来都不涉入的领域是 _____。

A. 食品　　　B. 交通　　　C. 高科技

9-20 14 世纪，文艺复兴拉开近代欧洲的序幕，在达·芬奇、拉斐尔、米开朗基罗这些如雷贯耳的艺术家背后，是来自犹太银行家 _____ 的资本。

A. 罗斯柴尔德　　　　　B. 美第奇家族

C. 赫尔佐格

9-21 15 世纪，西班牙和葡萄牙开启了地理大发现，与哥伦布一起去往美洲大陆的还有来自 _____ 的巨额资本。

A. 罗斯柴尔德　　　　　B. 美第奇家族

C. 西班牙女王

9-22 17 世纪，_____ 建立了世界第一个股票交易所，强大的资本市场奠定了其海上马车夫的地位。

A. 西班牙　　B. 荷兰　　　C. 葡萄牙

9-23 瓦特在事业上的合伙人是 _____，他们的头像被共同印制在 50 英镑的纸币上，今天仍然流通于世。

A. 马修·博尔顿　　　　B. 乔治·索罗斯

C. 罗斯·柴尔德

9-24 美国的资本家罗伯特列文斯顿与发明家 ＿＿＿ 的相遇，带来了世界上第一艘蒸汽机轮船。

Ａ.博尔顿　　　Ｂ.富尔顿　　　Ｃ.柴尔顿

9-25 与 18、19 世纪科技和资本的结合方式不同，在仙童半导体公司的诞生过程中出现了一个新角色，即洛克代表的 ＿＿＿。

Ａ.资本家　　Ｂ.银行家　　Ｃ.风险投资家

9-26 在腾讯公司急需资金的时候，＿＿＿ 为腾讯投了 110 万美元，解了燃眉之急。

Ａ.IDG 资本　Ｂ.红杉资本　Ｃ.NEA 资本

9-27 在整个风险投资链条中，走在最前端最先承担风险的被称为 ＿＿＿。

Ａ.宇宙投资　Ｂ.天使投资　Ｃ.祥云投资

9-28 大卫教授的第一笔天使投资投给了谷歌，18 年后 10 万美元的投资给他带来了 ＿＿＿ 美元的回报。

Ａ.8000 万　　Ｂ.3 亿　　Ｃ.20 亿

9-29 在天使投资之后，创新资本链条上的下一个阶段是更庞大、资金更充足的一个群体 ＿＿＿。

Ａ.银行家

Ｂ.职业风险投资家

Ｃ.资本家

9-30 以色列最大的风险投资机构是 ＿＿＿。

Ａ.IDG 资本　　Ｂ.Pitango　　Ｃ.NEA 资本

9-31 世界上最大的电子交易平台是 ＿＿＿。

Ａ.美国证券　Ｂ.纳斯达克　Ｃ.纽约证券

9-32 ＿＿＿ 是第一家真正意义上接受风险投资产品的交易所。

Ａ.美国证券　Ｂ.纳斯达克　Ｃ.纽约证券

第 10 课　创造者的力量

【创新学习简答题】

1.举例说明人类的好奇心。

2.阐述企业家精神。

【选择题】

10-1 1965 年，摄影作品《生命诞生前的戏剧》问世，＿＿＿ 之所以能够通过 12 年的努力完成它，都要归功于强烈的好奇心。

Ａ.霍德华·舒尔茨

Ｂ.赫伦·福克斯

Ｃ.伦纳特·尼尔森

10-2 ＿＿＿ 是人类内在的一种奖励机制，这种机制可能使人类喜欢探索。

Ａ.好奇　　Ｂ.冒险　　Ｃ.激进

10-3 华人的诺贝尔奖获奖人数与世界平均水平相比处于什么地位? ＿＿＿。

Ａ.低于　　Ｂ.持平　　Ｃ.高于

10-4 英国阿尔斯特大学名誉教授理查德·林恩研究表明，＿＿＿ 是全世界最聪明的人，他们拥有全世界最高的智商，平均值为 105。

Ａ.美国人、英国人、法国人

Ｂ.中国人、日本人、朝鲜人

Ｃ.西班牙人、意大利人、土耳其人

10-5 创新能力的构成要素为知识、智力因素和 ＿＿＿。

Ａ.创造性思维能力

Ｂ.非智力因素

Ｃ.特殊才能

10-6 国内外专家普遍对中国学生的评价为：中国学生知识丰富、善于考试，但却不善于 ＿＿＿。

Ａ.分析、归纳和整理

Ｂ.总结、模仿和复制

Ｃ.想象、发挥和创造

10-7 创造性人格是创造者在后天的学习中逐渐养成的，在创造活动中表现出来的优良的理想、信念、＿＿＿、情感、情绪、道德等非智力因素的总和。

Ａ.精神　　　Ｂ.意志　　　Ｃ.想象

10-8 爱迪生在发明电灯中，为了找到合适的灯丝材料，他试验了 1600 多种的耐热材料和 ＿＿＿ 多种植物纤维。

Ａ.4000　　Ｂ.5000　　Ｃ.6000

10-9 爱迪生几千次的灯丝测试实验说明他具有很强的 ＿＿＿。

A. 道德品质　　　　　B. 创造性人格

C. 专业知识

10-10 有文艺天赋和富有幽默感都被认为是具有
_____ 的特征。

A. 道德品质　　　　　B. 创造性人格

C. 专业知识

10-11 你不必生而富贵，你可以生而一无所有，但
却能改变世界。这是人们对 _____ 做出的
评价。

A. 乔布斯　　　B. 马斯克　　　C. 扎克伯格

10-12 世界上第一家民营太空探索技术公司 Space
X 的创始人是 _____。

A. 乔布斯　　　B. 马斯克　　　C. 扎克伯格

10-13 2015 年 12 月 21 日，Space X 研发的一级火箭
_____，首次实现从发射到回收的全部过程。

A. 猎鹰 8 号　　B. 猎鹰 9 号　　C. 猎鹰 10 号

10-14 在 1879 年 2 月，英国物理学家 _____ 比爱迪
生早 8 个月发明了碳丝电灯泡，但他与爱迪
生的主要区别是，他只发明了一个产品而爱
迪生却创造了一个产业。

A. 约瑟夫·斯旺

B. 艾萨克·牛顿

C. 詹姆斯·瓦特

10-15 爱迪生第一次公开展示照明技术时，将地址
选在曼哈顿商业区的珍珠街，因为 _____。

A. 租金便宜

B. 贫民区比较热闹

C. 他要吸引富有的华尔街银行家

10-16 _____ 建立了美国第一家联合钢铁厂，开创
了钢铁时代的第二次工业革命。

A. 霍德华·舒尔茨　　　　B. 亨利·福特

C. 安德鲁·卡内基

10-17 _____ 引入生产线制造的 T 型车，让汽车
工业在美国全面崛起。

A. 霍德华·舒尔茨　　　　B. 亨利·福特

C. 安德鲁·卡内基

10-18 星巴克的创始人 _____ 通过创新经营理念，
重新定义了市场。

A. 霍德华·舒尔茨　　　　B. 亨利·福特

C. 安德鲁·卡内基

10-19 奔驰的创始人 _____，奠定了全球汽车行业
的发展。

A. 霍德华·舒尔茨　　　　B. 亨利·福特

C. 卡尔·本茨

10-20 企业家精神就是 _____ 精神，就是承担风
险的精神，就是探索未来的精神。

A. 创新　　　B. 激进　　　C. 奉献

10-21 谷歌创新中心被设计成了一间 _____，这里
成为训练创造性头脑的地方。

A. 健身房　　　B. 车库　　　C. 音乐室

10-22 在谷歌，工程师们拥有 _____% 的自由时
间去研究自己钟爱的项目，诸如谷歌邮箱、
谷歌新闻等都是源于这项政策。

A. 10　　　B. 15　　　C. 20

10-23 德国的声学教授 _____ 为了公益事业创建
了自己的基金会。

A. 霍德华·舒尔茨　　　　B. 亨利·福特

C. 赫伦·福克斯

10-24 亚马逊创始人 _____ 曾说聪明是一种天赋，
而善良是一种选择。

A. 杰夫·贝佐斯　　　　B. 亨利·福特

C. 赫伦·福克斯

10-25 2002 年，美国普林斯顿大学生物系迎来了历
史上最年轻的终身教授 _____。

A. 施一公　　　B. 潘建伟　　　C. 张忠谋

10-26 2015 年，_____ 率领团队解析了超高分辨率
的剪接体三维结构，被业界称为近 30 年来
中国在基础生命科学领域对世界科学做出的
最大贡献。

A. 施一公　　　B. 潘建伟　　　C. 张忠谋

10-27 2015 年获得国家自然科学一等奖的是
_____。

A. 施一公　　　B. 潘建伟　　　C. 张忠谋

10-28 从 1960 年到 2013 年，美国有 _____ 名移民
科学家获得了诺贝尔奖。

A. 56　　　B. 68　　　C. 72

10-29 2008 年，施一公向国家提出引进海外高层次
人才的计划，这就是 _____。

A. 星火计划　　B. 千人计划　　C. 曙光计划

第 11 课　补充选择题

【选择题】

11-1 美国哈佛大学校长陆登庭说过，一个成功者和一个失败者之间的差别，并不在于知识和经验，而在于 _____。

　　A. 思维方式　　B. 行为方式　　C. 技术水平

11-2 形象思维一般分为四种，分别是想象思维、联想思维、直觉思维和 _____。

　　A. 灵感思维　　B. 发散思维　　C. 收敛思维

11-3 做梦和走神，这属于想象思维中的 _____。

　　A. 再造性想象　　　　　　B. 无意想象

　　C. 幻想

11-4 鲁迅笔下的阿 Q、祥林嫂、华老栓等人物的构造过程属于想象思维中的 _____。

　　A. 再造性想象　　　　　　B. 创造性想象

　　C. 幻想

11-5 100 多年前，法国人梅里埃拍摄了世界上第一部以太空旅行为主题的科幻电影 _____。

　　A. 火星探索　　　　　　　B. 月球旅行记

　　C. 木星之旅

11-6 将太空旅行作为事业目标，创办了世界上第一家民营太空探索与技术公司的太空狂人是 _____。

　　A. 扎克伯格　　B. 马斯克　　C. 梅里埃

11-7 18 世纪法国著名科幻作家 _____，一生运用憧憬性想象写出 104 部科幻和探险小说，书中的霓虹灯、雷达、导弹等在 20 世纪都成为现实。

　　A. 凡尔纳　　B. 贝尔纳　　C. 勃朗特

11-8 人工智能的英文缩写是 _____。

　　A. AI　　　　B. MS　　　　C. MI

11-9 六度分割理论指出，你和任何一个陌生人之间所间隔的人不会超过六个，这是 _____ 的一个典型案例。

　　A. 相似联想　　　　　　　B. 类比联想

　　C. 相关联想

11-10 莱特兄弟发明飞机的时候，机翼的形状受到了老鹰翅膀的启发，这种思维方式属于 _____。

　　A. 相似联想　　　　　　　B. 类比联想

　　C. 相关联想

11-11 1901 年，最初出现的除尘器是将尘土吹起来，这一现象引起了赫伯斯的注意，他采用 _____ 的思维方式发明了吸尘器。

　　A. 相似联想　　B. 对称联想　　C. 相关联想

11-12 美国的工程师斯波塞在做雷达起振实验时，发现口袋里的巧克力熔化了，究其原因是雷达发射时的微波造成的，于是利用 _____ 发明了微波炉。

　　A. 相似联想　　B. 对称联想　　C. 因果联想

11-13 植物生长素被发现之前，达尔文就通过观察向日葵总是面朝太阳这一现象而提出可能由于某种物质导致，这一思维方式属于 _____。

　　A. 直觉思维　　B. 发散思维　　C. 收敛思维

11-14 发散思维与收敛思维、正向思维与逆向思维、侧向思维与转向思维，它们都属于 _____。

　　A. 灵感思维　　B. 形象思维　　C. 方向性思维

11-15 化学家霍夫曼提议用化学方法合成奎宁，学生柏琴没有合成奎宁却在无意间发明了染料苯胺紫，这是 _____ 的一个案例。

　　A. 发散思维　　B. 收敛思维　　C. 联想思维

11-16 围绕"洗"这个关键词，充分吸收各种方法的优点，最终研制出洗衣机的思维方式属于 _____。

　　A. 发散思维　　B. 收敛思维　　C. 联想思维

11-17 头脑风暴法是由美国创造学家 _____ 在 1939 年首次提出，是一种无限制的自由联想和讨论，目的在于产生新观念或激发创造性设想。

　　A. 亚历克斯·奥斯本

　　B. 丹尼尔·韦伯斯特

　　C. 弗里德里希·哈耶克

11-18 盖莫里公司是法国一家小企业，在为新产品命名这一问题上，主管采用了 _____，经过大家热烈讨论提出 300 多个名字，再经一系列筛选确定最后命名。

A. 头脑风暴法

B. 奥斯本检核表法

C. 仿生法

11-19 "三个臭皮匠，顶个诸葛亮"是最接近如下创新方法中 _____ 的"中国式"译义。

A. 头脑风暴法

B. 奥斯本检核表法

C. 仿生法

11-20 邓禄普通过改变浇花用的水龙带的用途而发明了第一个自行车内胎，他的创新方法属于 _____。

A. 头脑风暴法

B. 奥斯本检核表法

C. 仿生法

11-21 和田十二法是我国学者许立言、张福奎在 _____ 基础上，借用其基本原理加以创造而提出的一种思维技法。

A. 头脑风暴法

B. 奥斯本检核表法

C. 仿生法

11-22 海尔一位领导去四川农村调研，了解到农民希望用洗衣机来洗地瓜这一信息，为此，海尔专门发明了一款地瓜洗衣机，这是一个 _____ 的应用案例。

A. 头脑风暴法   B. 缺点列举法

C. 仿生法

11-23 美国的戴维德等人把超声波和静电场的方法结合起来，设计出一种硬水软化装置，他们用到了 _____ 创新方法。

A. 组合型   B. 分解型   C. 列举型

11-24 弗兰克·怀特把喷气推进理论与燃气轮机技术相结合发明了喷气式发动机，这里用到了 _____ 创新方法。

A. 组合型   B. 分解型   C. 列举型

11-25 英国生物学家艾伦·克鲁克把衍射原理与电子显微镜组合，发明了晶体电子显微镜，这里用到了 _____ 创新方法。

A. 组合型   B. 分解型   C. 列举型

11-26 制瓶工人罗特，受女朋友所穿裙子启发，制造了形状类似的瓶子，并将专利权卖给了可口可乐公司，他运用了 _____ 的创新方法。

A. 类比型   B. 激励型   C. 列举型

11-27 利用蚂蚁寻找食物的方法开发出的蚁群优化算法，能够用来解决城市之间寻找最佳路线。该算法运用了 _____ 的创新方法。

A. 类比型   B. 激励型   C. 列举型

11-28 飞机发动机的燃烧器，由于气流无法控制而出现气体湍流紊乱现象，我国学者根据沙丘的形状发明了沙丘驻涡火焰稳定器，这里运用了 _____ 的创新方法。

A. 类比型   B. 激励型   C. 列举型

11-29 在超高的速度下，空气中的湿气突然凝结成了水，也就形成了云，云朵能够让机翼上突然增加的重量达到大约一辆 _____ 的重量。

A. 摩托车   B. 小汽车   C. 坦克

11-30 _____ 在空气动力学方面的神奇表现一直困扰着科学家。

A. 蜻蜓   B. 蜂鸟   C. 大黄蜂

11-31 _____ 是地球上加速最快的动物，可以在 2 秒内由静止加速到 20 英里 / 小时。

A. 海豚   B. 蝙蝠   C. 水玉霉孢子

11-32 手枪虾真正袭击螃蟹的是 _____。

A. 钳子   B. 高速水流引起的气泡

C. 沙子

11-33 螺旋桨高速旋转能够使桨叶尖端周围空气汽化，产生一连串超高温气泡，这些气泡破裂时会释放巨大的能量，这一现象被称为 _____。

A. 超高温破裂   B. 气泡燃烧

C. 气蚀

11-34 TRIZ 理论的创始人是 _____。

A. 根里奇·阿奇舒勒

B. 齐奥尔·科夫斯基

C. 列夫·贝格

11-35 TRIZ 理论的发明原则有 _____ 种。

A.35　　　　B. 38　　　　C. 40

11-36 TRIZ 理论最适于解决的问题是 _____。

A. 社会问题

B. 工程技术问题

C. 管理问题

11-37 中国东西向线路里程最长，经过省份最多的一条高铁线路是 _____。

A. 京沪高铁线　　　　B. 兰新高铁线

C. 沪昆高铁线

11-38 目前世界运营列车运行试验速度最高的铁路线是 _____，曾创造运营速度 486.1 千米 / 小时的世界纪录。

A. 京沪高铁线　　　　B. 兰新高铁线

C. 哈大高铁线

11-39 世界上第一条穿越高寒季节性冻土地区的高速铁路是 _____。

A. 哈齐高铁线　　　　B. 兰新高铁线

C. 哈大高铁线

11-40 迄今为止全球运营里程最长的高速铁路是 _____。

A. 京沪高铁线　　　　B. 京广高铁线

C. 兰新高铁线

11-41 _____、_____ 和 _____ 是评价高速铁路水平高低的重要指标。

A. 高速度，高密度，大载客量

B. 高速度，高稳定性，大覆盖面

C. 高频率，高密度，高速度

11-42 目前世界上高速铁路运营平均速度最高的国家是 _____，达 _____。

A. 法国，200 千米 / 小时

B. 中国，280 千米 / 小时

C. 日本，280 千米 / 小时

11-43 我国是全球高速铁路运营里程最长的国家，高速铁路覆盖了从 _____ 气候带到 _____ 气候带，从 40℃到 −40℃，从高纬度严寒地区到海拔 3000 米以上的高原地区。

A. 热带，寒带

B. 亚热带，寒带

C. 热带，冷温带

11-44 国际铁路联盟曾规定，列车开行时速在 _____ 千米的新建铁路线，以及经改造后达到 _____ 千米的既有铁路旧线视为高速铁路线。

A. 250，200　　B. 250，150　　C. 350，250

11-45 当英国工程师 _____ 发明蒸汽机车时，火车成为人类历史上第一个完全依赖机械动力的交通工具。

A. 瓦特

B. 罗伯特·汤姆森

C. 史蒂芬森

11-46 人类历史上第一次突破 200 千米并投入商业运营的高速铁路是在 _____ 建设的。

A. 英国　　　　B. 日本　　　　C. 法国

11-47 _____ 年，中国自行设计，自行建造和自行运营的第一条铁路是 _____，由著名工程师 _____ 主持修建。

A. 1909，京张铁路，詹天佑

B. 1919，京津铁路，茅以升

C. 1909，京张铁路，茅以升

11-48 中国第一条电气化铁路是 _____。

A. 京沪铁路　　B. 京广铁路　　C. 宝成铁路

11-49 为京沪高铁跨越长江而建设的桥梁名称是 _____。

A. 北盘江长江大桥

B. 大胜关长江大桥

C. 丹昆长江大桥

11-50 2012 年，国际桥梁协会将这一年度的乔治里查德森大奖授予 _____，这是国际桥梁工程领域的最高奖项。

A. 北盘江长江大桥

B. 大胜关长江大桥

C. 丹昆长江大桥

11-51 沪昆高铁第一桥是 _____。

A. 北盘江长江大桥

B. 大胜关长江大桥

C. 沪通长江大桥

11-52 _____ 是钢筋混凝土拱桥最大跨径，高铁桥梁最大跨度，大跨度桥梁刚性控制等一系列世界纪录的创造者和书写者，标志着中国高速铁路桥梁建设所能达到的新高度。

A. 北盘江长江大桥

B. 大胜关长江大桥

C. 丹昆长江大桥

11-53 高速列车在轨道上以 _____ 方式运行。

A. 鱼形   B. 豹形   C. 蛇形

11-54 中国高铁的运营速度早已创下多项世界纪录。_____ 千米每小时的最高试验速度和 _____ 千米每小时的世界铁路最高运营试验速度让中国高铁在领跑世界的同时也成为中国速度的代名词。

A. 650，486.1   B. 605，486.1   C. 650，380

11-55 为了提高速度，高铁车辆总是要千方百计地减轻重量，在行业术语中称为 _____。

A. 减负   B. 轻量化   C. 减重

11-56 为减轻铝合金车体的重量，中国高铁车厢表皮采用 _____ 的中空型材，这种大型超薄中空型材只有包括中国在内的少数几个国家有能力研发制造。

A. 菱形   B. 梯形   C. 三角形

11-57 我国生产的和谐号列车车体重量与欧洲传统高速列车相比可以减重 _____。

A. 4 吨   B. 1 吨   C. 6 吨

11-58 和谐号 8 节车厢中 _____。

A. 每节车厢都带动力

B. 前后两节车厢带动力

C. 六节车厢带动力，两节车厢不带动力

11-59 高铁从时速 350 千米 / 小时到完全停稳的距离需要 _____ 千米。

A. 6   B. 4   C. 2

11-60 目前国际上对高速动车组司机室冲击实验的时速要求是 _____ 千米 / 小时，中车四方技术中心进行的两次实验时速为 _____ 千米 / 小时，已超过了国际标准。

A. 46，50.6   B. 28，36.8   C. 36，41.6

参 考 文 献

[1] 曾平标 . 中国桥——港珠澳大桥圆梦之路 [M]. 广州：花城出版社，2018.

[2] 程景全 . 天文望远镜史话 1：从浑仪到海尔望远镜 [M]. 南京：南京大学出版社，2021.

[3] 蒋世仰 . 大双筒望远镜（LBT）[J]. 天文爱好者，2001(5):53.

[4] Hill J.M. The Large Binocular Telescope[J]. Appl Opt, 2008,49(16):115.

[5] 矫勇 . 中国大坝 70 年 [M]. 北京：中国三峡出版社，2021.

[6] 刘卫丰 . 隧道工程 [M]. 北京：北京交通大学出版社，2012.

[7] 蒋雅君，方勇，王士民，等 . 隧道工程 [M]. 北京：机械工业出版社，2021.

[8] 康拉德·贝克 . 建隧道 [M]. 梁媛，译 . 北京：北京科学技术出版社，2017.

[9] 叶洲南 . 世界著名战术运输机发展历程 [M]. 北京：航空工业出版社，2011.

[10] 顾诵芬，史超礼 . 世界航空发展史 [M]. 郑州：河南科学技术出版社，1998.

[11] 陈鹤岁，王爱淑 . 世界名塔 [M]. 珠海：珠海出版社，1995.

[12] 罗恩·米勒，加里·基特马赫，罗伯特·珀尔曼 . 空间站简史：前往下一颗星球的前哨 [M]. 罗妍莉，
     译 . 成都：四川科学技术出版社，2021.

[13] 庞之浩 . 宇宙城堡：空间站发展之路 [M]. 南昌：江西高校出版社，2005.

[14] 克莱夫·吉福德，丹·施利茨库斯 . 国际空间站 [M]. 谢怀栋，译 . 北京：台海出版社，2020.

[15] 戴维·杰弗里斯 . 太空探索系列 [M]. 仇金玲，译 . 杭州：浙江教育出版社，2011.

[16] 刘进军 . 天上的街市—空间站 [M]. 北京：航空工业出版社，2012.

[17] 林明华 . 中国大兴—北京大兴国际机场诞生记 [M]. 北京：中国民航有限公司出版社，2021.

[18] 罗仁全 . 发明与创新：L 发明法助你成为发明家 [M]. 北京：科学普及出版社，2010.

[19] 季晓棠，苏静波，何良德，等 . 巴拿马运河船闸省水技术综述 [J]. 水运工程，2021,578:115.

[20] 邵云飞，叶茂，唐小我 . 技术创新方法的发展历程及解决方案研究 [J]. 电子科技大学学报（社科版），
     2009,11(15):1.

[21] 张玉龙，严晓峰 . 航空母舰 [M]. 北京：化学工业出版社，2015.

[22] 房兵 . 大国航母 [M]. 北京：中国长安出版社，2012.

[23] 张召忠 . 百年航母 [M]. 广州：广东经济出版社，2011.

[24] 张召忠 . 走向深蓝 [M]. 广州：广东经济出版社，2011.

[25] 兰宁远 . 中国航天路 [M]. 长沙：湖南科学技术出版社，2020.

[26] 万婷 . 神州飞天梦 [M]. 北京：东方出版社，2021.

[27] 孙丁玲 . 科技创新力推神八飞天 [J]. 中国航天，2011,11:23.

[28] 五轩 . 神舟天河会 "情人" [J]. 中国航天，2011,11:9.

[29] 中国成功实现神舟八号与天宫一号交会对接 [J]. 中国航天，2011,11:4.

[30] 庞之浩，王东 . 艰苦卓绝的 "北斗" 发展历程 [J]. 国际太空，2020,8:13.

[31] 秦加法 . 北斗星光照 神州放眼量 [J]. 全球定位系统，2003,3:50.

[32] 秦旭东，龙乐豪，容易 . 我国航天运输系统成就与展望 [J]. 深空探测学报，2016,3:315.

[33] 范瑞祥，王小军，程堂明，等 . 中国新一代中型运载火箭总体方案及发展展望 [J]. 导弹与航天运载技术，2016,4:1.

[34] 秦旭东，容易，王小军，等 . 我国运载火箭划代技术研究 [J]. 中国航天报，2013,10:18.

[35] 秦旭东，容易，王小军，等 . 基于划时代研究的中国运载火箭未来发展趋势分析 [J]. 导弹与航天运载技术，2014,1:1.

[36] 《世界航天运载器大全》编委会 . 世界航天运载器大全 [M]. 北京：宇航出版社，1996.

[37] 庞之浩 . 苏联空间站的发展历程 [J]. 中国航天，1991,9:18.

[38] 昂海松，童明波，余雄庆 . 航空航天概论 [M]. 北京：科学出版社，2015.

[39] 宁津生，姚宜斌，张小红 . 全球导航卫星系统发展综述 [J]. 导航定位学报，2013,1:3.

[40] 陈倩，易炯 . 全球 4 大卫星导航系统浅析 [J]. 导航定位学报，2020,8:115.

[41] 刘健，曹冲 . 全球卫星导航系统发展现状与趋势 [J]. 导航定位学报，2020,8:1.

[42] 张庆伟 . 中国载人航天工程成就述评及未来展望 [J]. 中国航天，2003,11:3.

[43] 张全景 . 敢于斗争敢于胜利是共产党人的政治本色 [J]. 中华魂，2020,3:483.

[44] 赵雁 . 中国飞天梦 [M]. 北京：解放军文艺出版社，2014.

[45] 阅微 . 神舟追梦 2[M]. 石家庄：河北科学技术出版社，2017.

[46] 王轩 . 揭开神舟八号飞船面纱 [J]. 太空探索，2011,12:12.

[47] 诺曼·波尔马 . 航空母舰 [M]. 王华，温华川，等译 . 上海：上海科学技术文献出版社，2013.

[48] 海人社 . 世界航空母舰全史图鉴 [M]. 青岛：青岛出版社，2009.

[49] 安东尼·普雷斯顿 . 航空母舰发展史 [M]. 金连栓，译 . 北京：中国市场出版社，2009.

[50] 切斯特·G. 赫恩 . 美军战史·海军 [M]. 胡升新，译 . 北京：中国市场出版社，2011.

[51] 京虎子 . 美国海军史 [M]. 广州：广东旅游出版社，2013.

[52] 大卫·霍布斯 . 决不，决不，决不放弃：英国航母折腾史：1945 年以后 [M]. 谭星，译 . 北京：民主与建设出版社，2020.

[53] 本·威尔逊 . 深蓝帝国：英国海军的兴衰 [M]. 沈祥麟，译 . 北京：社会科学文献出版社，2019.

[54] 大卫·K. 布朗 . 英国皇家海军战舰设计发展史 [M]. 张宇翔，译 . 南京：江苏凤凰文艺出版社，2019.

[55] 江泓 . 英国战列舰全史 (1914—1960)[M]. 北京：中国长安出版社，2015.

[56] 高飞 . 苏俄航空母舰史 [M]. 北京：中国青年出版社，2012.

[57] 伊·尼·波塔波夫 . 战后海军的发展 [M]. 南京师范学院外语系俄语翻译组，译 . 上海：上海人民出版社，1977.

[58] 曹晓光 . 特例独行的航母大国 [M]. 北京：清华大学出版社，2015.

[59] 曹晓光 . 日本百年航母 [M]. 北京：新华出版社，2015.

[60] 张召忠 . 航母档案——日本卷 [M]. 北京：中信出版集团，2021.

[61] 潘越 . 日本航空母舰全史 [M]. 北京：中国长安出版社，2016.

[62] 何永胜 . 日本海军陆战队 [M]. 香港：华文出版社，2010.

[63] 外山三郎 . 日本海军史 [M]. 龚建国，方希和，译 . 北京：解放军出版社，1988.

[64] 阎京生 . 日本帝国海军兴亡史 [M]. 呼和浩特：内蒙古人民出版社，2008.

[65] 陈书方 . 二战大海战：海魂之梦 [M]. 北京：中国长安出版社，2005.

[66] 汤森·沃特福德 . 二战巅峰战役之经典大海战 [M]. 贾华林，等译 . 北京：京华出版社，2009.

[67] 左立平 . 中国海军史 [M]. 武汉：华中科技大学出版社，2015.

[68] 陈文中，陈润之 . 中国航母 [M]. 北京：中国发展出版社，2012.

[69] 罗伯特·杰克逊 . 海上力量：战列舰发展史 [M]. 张国良，译 . 北京：中国市场出版社，2009.

[70] 胡元斌 . 海上鏖战：第二次世界大战著名海战 [M]. 北京：台海出版社，2014.